Bielefelder Schriften zur Didaktik der Mathematik

Band 16

Reihe herausgegeben von

Andrea Peter-Koop, Universität Bielefeld, Bielefeld, Deutschland

Miriam Lüken, Institut für Didaktik der Mathematik, Universität Bielefeld, Bielefeld, Deutschland

Michael Kleine, Institut für Didaktik der Mathematik, Universität Bielefeld, Bielefeld, Deutschland

Die Reihe Bielefelder Schriften zur Didaktik der Mathematik fokussiert sich auf aktuelle Studien zum Lehren und Lernen von Mathematik in allen Schulstufen und -formen einschließlich des Elementarbereichs und des Studiums sowie der Fort- und Weiterbildung. Dabei ist die Reihe offen für alle diesbezüglichen Forschungsrichtungen und -methoden. Berichtet werden neben Studien im Rahmen von sehr guten und herausragenden Promotionen und Habilitationen auch

- empirische Forschungs- und Entwicklungsprojekte,
- theoretische Grundlagenarbeiten zur Mathematikdidaktik,
- thematisch fokussierte Proceedings zu Forschungstagungen oder Workshops.

Die Bielefelder Schriften zur Didaktik der Mathematik nehmen Themen auf, die für Lehre und Forschung relevant sind und innovative wissenschaftliche Aspekte der Mathematikdidaktik beleuchten.

Nina Flottmann

Fermi-Aufgaben im inklusiven Mathematikunterricht der Grundschule

Eine qualitative Studie zu Lösungsstrategien und kooperativem Lernen „Aus der Sache heraus"

Nina Flottmann
Bielefeld, Deutschland

Dissertation Universität Bielefeld, 2023

ISSN 2199-739X   ISSN 2199-7403 (electronic)
Bielefelder Schriften zur Didaktik der Mathematik
ISBN 978-3-658-44601-7   ISBN 978-3-658-44602-4 (eBook)
https://doi.org/10.1007/978-3-658-44602-4

Die Deutsche Nationalbibliothek verzeichnet diese Publikation in der Deutschen Nationalbibliografie; detaillierte bibliografische Daten sind im Internet über https://portal.dnb.de abrufbar.

© Der/die Herausgeber bzw. der/die Autor(en), exklusiv lizenziert an Springer Fachmedien Wiesbaden GmbH, ein Teil von Springer Nature 2024

Das Werk einschließlich aller seiner Teile ist urheberrechtlich geschützt. Jede Verwertung, die nicht ausdrücklich vom Urheberrechtsgesetz zugelassen ist, bedarf der vorherigen Zustimmung des Verlags. Das gilt insbesondere für Vervielfältigungen, Bearbeitungen, Übersetzungen, Mikroverfilmungen und die Einspeicherung und Verarbeitung in elektronischen Systemen.
Die Wiedergabe von allgemein beschreibenden Bezeichnungen, Marken, Unternehmensnamen etc. in diesem Werk bedeutet nicht, dass diese frei durch jedermann benutzt werden dürfen. Die Berechtigung zur Benutzung unterliegt, auch ohne gesonderten Hinweis hierzu, den Regeln des Markenrechts. Die Rechte des jeweiligen Zeicheninhabers sind zu beachten.
Der Verlag, die Autoren und die Herausgeber gehen davon aus, dass die Angaben und Informationen in diesem Werk zum Zeitpunkt der Veröffentlichung vollständig und korrekt sind. Weder der Verlag noch die Autoren oder die Herausgeber übernehmen, ausdrücklich oder implizit, Gewähr für den Inhalt des Werkes, etwaige Fehler oder Äußerungen. Der Verlag bleibt im Hinblick auf geografische Zuordnungen und Gebietsbezeichnungen in veröffentlichten Karten und Institutionsadressen neutral.

Planung/Lektorat: Marija Mann
Springer Spektrum ist ein Imprint der eingetragenen Gesellschaft Springer Fachmedien Wiesbaden GmbH und ist ein Teil von Springer Nature.
Die Anschrift der Gesellschaft ist: Abraham-Lincoln-Str. 46, 65189 Wiesbaden, Germany

Wenn Sie dieses Produkt entsorgen, geben Sie das Papier bitte zum Recycling.

In dieser Arbeit werden gendersensible Personalbezeichnungen verwendet, die auf den Empfehlungen der Universität Bielefeld beruhen.
Der Begriff Schüler*innen bezieht sich auf Gruppen von Kindern, auf deren Geschlecht kein Bezug genommen werden soll (z. B. weil die Gruppe gemischtgeschlechtlich zusammengesetzt ist). Mit dem Begriff Schülerin ist explizit die weibliche Form gemeint, mit dem Begriff Schüler explizit die männliche Form.
Wörtliche Zitate bleiben davon unberührt und werden unverändert zitiert. Bei Paraphrasierungen wird durchgängig die gendersensible Personalbezeichnung genutzt.

Geleitwort

Das dieser Arbeit zugrunde liegende Forschungsinteresse basiert auf erlebten unterrichtspraktischen Herausforderungen und eigenen Erfahrungen im inklusiven Mathematikunterricht. Mit der Teilabordnung an die Universität Bielefeld ergab sich für Nina Flottmann die Chance für die intensive theoretische und empirische Auseinandersetzung mit wahrgenommenen Praxisphänomenen. Ihre Dissertation stützt sich dabei auf drei konzeptionelle Eckpfeiler: (1) den bildungspolitisch begründeten Anspruch auf ein Von- und Miteinanderlernen im inklusiven Mathematikunterricht und seine wissenschaftliche Rahmung, (2) die Wahl von mathematischen Aufgaben, die ein solches Lernen fördern und unterstützen (Fermi-Aufgaben) und (3) das Postulat des Lernens an einem gemeinsamen Gegenstand trotz unterschiedlicher Vorkenntnisse, Interessen und Begabungen der Lernenden nach FEUSER (1988). Diese bilden die Rahmung für ihre Studie zur Analyse der Lösungsstrategien, die Viertklässlerinnen und Viertklässler einer inklusiven Lerngruppe bei der mathematischen Modellierung einer Fermi-Aufgabe wählen und umsetzen und der dabei zu beobachtenden Interaktionsmuster. Damit lenkt Nina Flottmann den Blick auf zwei Dimensionen, die von Lehrerinnen und Lehrern in ihrem Unterricht nur ansatzweise beobachtet und verstanden werden können, weil die Lehrkraft nicht parallel vollumfänglich die Diskussionen, Argumentationen, Modellierungsversuche und Rechnungen aller Kleingruppen einer Klasse verfolgen kann, und deren Lösungsprozesse vielmehr meist immer nur punktuell erlebt, begleitet und vielleicht auch steuert. Die im Unterricht handelnde Lehrperson orientiert sich somit eher an der Oberflächenstruktur des mathematischen Lehrens und Lernens, während ihr die Tiefenstruktur der Denk-, Lern- und Interaktionsprozesse der Kinder weitgehend verborgen bleibt. Der erfahrenen Grundschullehrerin Nina Flottmann sind dabei die besonderen Erkenntnischancen diesbezüglicher wissenschaftlicher Analysen und der potenzielle Gewinn diesbezüglicher Befunde und Erkenntnisse sowohl für die mathematikdidaktische Forschung als auch für die mathematische Unterrichtspraxis sehr wohl bewusst. Erlaubt diesbezügliches Wissen der Lehrkraft doch potenziell effektivere Hilfestellungen und unterrichtliche Interventionen bei der (kooperativen) Entwicklung von kindlichen Modellierungsprozessen.

Kooperative Modellierungsprozesse von Grundschulkindern sind bislang kaum erforscht. Forschungsarbeiten zur mathematischen Modellierung sind meist in den Sekundarstufen angesiedelt und betreffen häufig nur ausgewählte Schülerinnen und Schüler in oft eher klinischen Forschungssettings. Für die Grundschule liegen diesbezüglich eher unterrichtspraktische Erfahrungen in Form von Aufsätzen in Lehrerzeitschriften und Handbüchern vor, weniger explizite Forschungsarbeiten.

Nina Flottmanns umsichtige und gründliche Analysen der Interaktionen in Kleingruppen eröffnen einen besonderen Zugang zum kindlichen Denken, indem sie im Detail aufzeigen, wie sich aus den verschiedenen Beiträgen der Kinder einer Gruppe beim Lösen der Aufgabe eine Strategie durchsetzt. So werden tiefenstrukturelle Prozesse offengelegt und verstanden, die im Unterricht nicht beobachtet werden können. Nina Flottmann nutzt in vorbildlicher Form die Chance, im Rahmen der wissenschaftlichen Auseinandersetzung mit Gruppenarbeiten zu Modellierungsaufgaben im Mathematikunterricht, diese Prozesse zu heben und theoriegeleitet zu analysieren. Darüber hinaus liefert die Arbeit neue Erkenntnisse zur Nutzung bzw. auch Nicht-Nutzung heuristischer Lösungsstrategien und entmythisiert die mit der Kleingruppenarbeit verbundene Hoffnung auf ‚echtes' kooperatives Lernen. Damit leistet die vorliegende Arbeit einen wichtigen Beitrag zum wissenschaftlichen und curricularen Diskurs und es ist zu hoffen, dass sich weitere Studien auf diesem Gebiet anschließen.

Bielefeld
im Januar 2024

Andrea Peter-Koop

Danksagung

Der Geist ist kein Schiff, das man beladen kann, sondern ein Feuer, das man entfachen muss

Plutarch (46–120 n. Chr.)

Kooperatives Lernen und die Gestaltung von inklusivem Unterricht waren bereits vor meiner Abordnung an das Institut für Didaktik der Mathematik der Universität Bielefeld zwei Arbeitsfelder, die mich in meinen mittlerweile über zwanzig Berufsjahren als Grundschullehrerin sehr beschäftigt haben und dies auch immer noch tun. Verknüpft mit meiner Leidenschaft für das Fach Mathematik und der täglichen Auseinandersetzung mit der immer stärker ausgeprägten Heterogenität meiner Schüler*innen konnte ich meine Interessen und meine Forschungsarbeit dank meiner Doktormutter Prof. Dr. Andrea Peter-Koop verbinden. An dieser Stelle möchte ich mich bei dir, Andrea, ganz herzlich dafür bedanken, dass du etwas in mir gesehen hast, von dem ich noch nicht ahnte, dass es in mir steckt, dass du stets an mich und meine Arbeit geglaubt und mich immer motiviert hast, meine Ideen weiterzuverfolgen und zu vertiefen. Danke für alle Tipps und wertvollen Anregungen. Ich habe durch dich ein Thema gefunden, dass mich auch nach Abschluss meiner Promotion immer noch fasziniert und mitreißt. Ein herzliches Dankeschön auch an Prof. Dr. Annette Textor für das Zweitgutachten. Liebe Annette, du hast mit deinen Workshops und vielen wertvollen Hinweisen den finalen Schlussspurt eingeleitet. Danke für die Zeit und die Unterstützung!

Herzlich danken möchte ich auch meinen Kolleg*innen vom IDM der Universität Bielefeld für die stets offenen Bürotüren und die Zoom-Meetings. Ich hoffe, dass wir auch in Zukunft immer wieder Schnittstellen finden, um miteinander zu arbeiten (oder Kaffee zu trinken). Auch bei meinem Kollegium des Grundschulverbundes Wichern-Lohe möchte ich mich bedanken, ohne deren Unterstützung und Rücksichtnahme auf meine zwei Arbeitsstellen die Arbeit an meiner Dissertation nicht funktioniert hätte. Mein Dank gilt hier in besonderer Weise Anja, Kathrin und Martina.

Diese Publikation wäre auch nicht denkbar gewesen ohne die Hilfe von Magnus als auch von den lieben Menschen, die meine Texte Korrektur gelesen haben. Danke Kathrin, Sandra, Inga und Lisa.

Bei allem Rückhalt sowohl im schulischen, universitären und familiären Umfeld wäre meine Arbeit ohne die aktive Mitarbeit der Schüler*innen nicht möglich gewesen. Vielen Dank für den Einblick in eure Strategien und eure ko-konstruktive Zusammenarbeit! Es ist und bleibt faszinierend – ich habe Erkenntnisse gewonnen, die mir im Berufsalltag in dieser Weise nicht zugänglich gewesen wären.

Bedanken möchte ich mich auch ganz besonders bei meiner Familie und meinen Freunden. Mein Dank gilt in besonderer Weise Judith, Sebastian, Gudrun, Ivonne und Bi – danke für den Rückhalt beim Zweifeln, besonders aber auch für das Teilen der fröhlichen Momente.

Besonders dankbar bin ich meiner Familie. Danke, Marcy, ohne dich hätte der Alltag mich oft verschlungen. Danke, liebe Lisa, lieber Erik und lieber Christian! Ihr habt mich immer unterstützt und musstet doch oft auf mich verzichten. Letztendlich ist es euch zu verdanken, dass diese Arbeit fertig geworden ist. Ihr seid die Besten!

Nun ist die Arbeit fertig und liegt hier zwischen zwei Buchdeckeln. Wenngleich es mir gelungen ist, meine Forschungsfragen zu beantworten, ist die Frage, wie eine Promotion mit der Lehrtätigkeit an der Uni, der Unterrichtstätigkeit in der Schule und dem Familienleben in Einklang zu bringen ist, ungeklärt – fest steht nur, es hat geklappt.

Bielefeld
im Februar 2024

Nina Flottmann

Transkriptionsregeln

Transkriptionsregeln in Anlehnung an Dresing und Pehl (2017), Kuckartz (2018) und Langer (2013)

Textbausteine	Bezeichnung / Gebrauch
(unv.)	unverständlich; Vermutungen werden in Klammern gesetzt und gekennzeichnet (Vermutung:)
hm	Laut, der bejahend oder verneinend sein kann; Rezeptionssignale werden als Antwort transkribiert, wenn sie den Redefluss nicht unterbrechen
//	Überlappung der Aussagen; der Einwurf der anderen Person wird ebenfalls mit // kenntlich gemacht
/	Abbruch; Kind wird nicht unterbrochen, sondern hört im Satz auf zu sprechen; Halbsätze werden mit dem Zeichen / gekennzeichnet
(.)	kurze Pause, kleiner als 0,2 Sekunden
(..)	Pause, Dauer ungefähr 1 Sekunde
(...)	längere Pause ab 3 Sekunden
(Zahl sec)	lange Pause in Sekunden
GROSSBUCHSTABEN	sehr lautes Sprechen, Schreien
_	unterstrichene Äußerungen für besondere Betonungen; betonte Begriffe
((Text))	nicht-verbale Äußerungen in doppelt runden Klammern ((lacht)), ((atmet hörbar aus))

(Fortsetzung)

(Fortsetzung)

Textbausteine	Bezeichnung / Gebrauch
ne	Umgangssprachliche Partikel werden mittranskribiert
ähm	Zögerungslaut wird transkribiert
‚Zitat'	Beim Zitieren wörtlicher Rede im Sprechbeitrag wird dieser mit Anführungszeichen kenntlich gemacht

Inhaltsverzeichnis

1	**Einleitung**	1
2	**Forschungskontext**	7
2.1	Inklusion in der Grundschule	8
2.2	Inklusiver Mathematikunterricht	17
2.3	Effekte inklusiver Beschulung	31
2.4	Aktueller Forschungsstand in der Mathematikdidaktik	35
2.5	Inklusionsverständnis dieser Arbeit	37
3	**Kooperatives Lernen im Mathematikunterricht**	41
3.1	Kooperation und Ko-Konstruktion	42
3.2	Kooperatives Lernen im Mathematikunterricht	52
3.3	Kooperatives Lernen „aus der Sache heraus" nach Röhr	58
3.4	Aktueller Forschungsstand	62
3.5	Abgeleitetes Kategoriensystem für die Hauptstudie	66
4	**Fermi-Aufgaben in der Grundschule**	69
4.1	Klärung der Begriffe Modell und Modellieren	70
4.2	Didaktische Einordnung	71
4.3	Wissenschaftliche Befunde zu Modellierungskompetenzen	76
4.4	Fermi-Aufgaben als Unterrichts- und Untersuchungsgegenstand	79
4.5	Forschungsstand zu Fermi-Aufgaben und mehrzyklischen Modellierungskreisläufen	85
4.6	Schwierigkeiten, Probleme und häufige Fehler beim Modellieren	88
4.7	Lösungsstrategien – Begriffsklärung und Abgrenzung	92

4.8	Aufgabenanalyse Fahrrad	96
4.9	Aufgabenanalyse Fahrstuhl	101
4.10	Abgeleitetes Kategorienmodell für die Hauptstudie	105

5 Konkretisierung der Forschungsfragen ... 111
    5.1 Fazit des Theorieteils ... 111
    5.2 Forschungsfragen ... 115
    5.3 Konzeption der Studie ... 116

6 Methodologische Rahmung und methodisches Vorgehen ... 119
    6.1 Forschungsdesign ... 119
    6.2 Durchführung der Vorstudie und Implikationen für die Hauptstudie ... 126
    6.3 Durchführung der Hauptstudie ... 140

7 Ergebnisse ... 161
    7.1 Identifizierung von Gesprächssequenzen ... 161
    7.2 Herausarbeitung der Modellierungskreisläufe ... 164
    7.3 Mathematische Kernphasen ... 189
    7.4 Lösungsstrategien ... 194
    7.5 Zusammenfassung der Erkenntnisse zu Lösungsstrategien ... 233
    7.6 Interaktionsanalyse – Fallstudien ... 240
    7.7 Erkenntnisse der Interaktionsanalyse ... 260

8 Forschungsfragen, Diskussion und Ausblick ... 267
    8.1 Beantwortung der Forschungsfragen ... 267
    8.2 Grenzen und kritische Reflexion der Untersuchung ... 272
    8.3 Implikationen für die Forschung ... 274
    8.4 Implikationen für den inklusiven Mathematikunterricht ... 276
    8.5 Fazit und Perspektiven ... 279

Literaturverzeichnis ... 283

Abkürzungsverzeichnis

BRK	Behindertenrechtskonvention
DaZ	Deutsch als Zweitsprache
DSGVO	Datenschutzgrundverordnung
ESE	Emotionale und soziale Entwicklung
KMK	Kultusministerkonferenz
LK	Lehrkraft
M	Menge
NF	Nina Flottmann
R(gF)	Repräsentant großer Fahrstuhl
R(kF)	Repräsentant kleiner Fahrstuhl
S1	Summe 1
S2	Summe 2
SFP	Sonderpädagogischer Förderschwerpunkt
SuS	Schülerinnen und Schüler (bei Abbildungen)
TA	Teilaufgabe
TN	Teilnehmer*innen

Abbildungsverzeichnis

Abbildung 2.1	Von der Homogenität zur Heterogenität (Sliwka, 2014, S. 338)	26
Abbildung 2.2	Index für Inklusion (Peter-Koop, 2016, S. 4)	29
Abbildung 3.1	Koexistene Lernsituationen (Wocken, 1998, S. 41)	45
Abbildung 3.2	Subsidiär-unterstützende Lernsituationen (Wocken, 1998, S. 46 f.)	45
Abbildung 3.3	Subsidiär-prosoziale Lernsituationen (Wocken, 1998, S. 46 f.)	46
Abbildung 3.4	Kooperativ-solidarische Lernsituationen (Wocken, 1998, S. 48 f.)	46
Abbildung 3.5	Kooperativ-komplementäre Lernsituationen (Wocken, 1998, S. 48 f.)	47
Abbildung 3.6	Basiselemente des Kooperativen Lernens nach Bochmann & Kirchmann (2012)	55
Abbildung 3.7	Lenkungstypen für kooperatives Lernen (Röhr, 1995, S. 79)	60
Abbildung 4.1	Modellierungskreislauf nach Müller und Wittmann, 1984, S. 253	75
Abbildung 4.2	Grafische Darstellung einer Gruppenarbeit (Peter-Koop, 2004, S. 460)	87
Abbildung 4.3	Modellierungskreislauf mit möglichen Hindernissen und Hilfen	90
Abbildung 4.4	Verlaufsschema nach Polya, 1948	93

Abbildung 4.5	Überblick über Heurismen für den Mathematikunterricht (Bruder und Bauer, 2011, S. 45)	95
Abbildung 4.6	Exemplarischer, mehrzyklischer Modellierungskreislauf für die Aufgabe Fahrrad	100
Abbildung 4.7	Exemplarischer Modellierungskreislauf Aufgabe Fahrstuhl (Hunold, 2019, unveröffentlichte Hausarbeit)	104
Abbildung 6.1	Ablaufschema einer inhaltlich strukturierten Inhaltsanalyse; Kuckartz (2018, S. 100)	121
Abbildung 6.2	Forschungsprozess Vorstudie	126
Abbildung 6.3	Anordnung im Raum	128
Abbildung 6.4	Datenmaterial Vorstudie	129
Abbildung 6.5	Erste Ergebnisse der Vorstudie	131
Abbildung 6.6	Gruppe B Foto 20	132
Abbildung 6.7	Gruppe B Foto 22	132
Abbildung 6.8	Gruppe C Foto 10	133
Abbildung 6.9	Gruppe C Foto 12	133
Abbildung 6.10	Gruppe D Foto 2	134
Abbildung 6.11	Design cycle von Plomp und Nieven, 2013, S. 17	137
Abbildung 6.12	Überblick methodisches Vorgehen	141
Abbildung 6.13	Sitzordnung Hauptstudie	145
Abbildung 6.14	Zerlegung in Teilaufgaben	156
Abbildung 7.1	Gruppe E Foto 1	166
Abbildung 7.2	Gruppe E Foto 4	167
Abbildung 7.3	Modellierungskreislauf Gruppe E	168
Abbildung 7.4	Gruppe F Foto 2	171
Abbildung 7.5	Gruppe F Foto 3	171
Abbildung 7.6	Gruppe F Foto 5	172
Abbildung 7.7	Modellierungskreislauf Gruppe F	174
Abbildung 7.8	Gruppe G Foto 5	178
Abbildung 7.9	Modellierungskreislauf Gruppe G	179
Abbildung 7.10	Gruppe H Foto 1	180
Abbildung 7.11	Gruppe H Foto 3	181
Abbildung 7.12	Gruppe H Foto 4	182
Abbildung 7.13	Modellierungskreislauf Grupp H	183
Abbildung 7.14	Modellierungskreislauf Gruppe I	187
Abbildung 7.15	Lösungsstrategien für Teilaufgabe 1a	192

Abbildungsverzeichnis

Abbildung 7.16	Gruppe E Prozess Teilaufgabe 1	203
Abbildung 7.17	Gruppe F Prozess Teilaufgabe 1	206
Abbildung 7.18	Gruppe G Prozess Teilaufgabe 1 – 1	209
Abbildung 7.19	Gruppe G Prozess Teilaufgabe 1 – 2	209
Abbildung 7.20	Gruppe H Prozess Teilaufgabe 1	212
Abbildung 7.21	Gruppe I Prozess Teilaufgabe 1	213
Abbildung 7.22	Punktebild; Gruppe F Foto 1	223
Abbildung 7.23	Strichliste; Gruppe F Foto 2	223
Abbildung 7.24	Strichliste; Gruppe F Foto 3	223
Abbildung 7.25	Notieren von Einzelergebnissen; Gruppe H Foto 1	223
Abbildung 7.26	Gruppe E Prozess Teilaufgabe 2	224
Abbildung 7.27	Gruppe F Prozess Aufgabe 2 – 1	226
Abbildung 7.28	Gruppe F Prozess Aufgabe 2 – 2	226
Abbildung 7.29	Gruppe G Prozess Teilaufgabe 2	228
Abbildung 7.30	Gruppe H Foto 1	229
Abbildung 7.31	Gruppe H Prozess Teilaufgabe 2	230
Abbildung 7.32	Gruppe I Prozess Teilaufgabe 2	231
Abbildung 7.33	Gruppe E Sequenz 1	246
Abbildung 7.34	Gruppe E Sequenz 2	247
Abbildung 7.35	Gruppe F Sequenz 1	249
Abbildung 7.36	Gruppe F Sequenz 2	250
Abbildung 7.37	Gruppe G Sequenz 1	252
Abbildung 7.38	Gruppe G Sequenz 2	253
Abbildung 7.39	Gruppe H Sequenz 1	255
Abbildung 7.40	Gruppe H Sequenz 2	256
Abbildung 7.41	Gruppe I Sequenz 1	258
Abbildung 7.42	Gruppe I Sequenz 2	259

Tabellenverzeichnis

Tabelle 3.1	Deduktives Kategorienmodell	67
Tabelle 4.1	Abgeleitetes Kategorienmodell – Lösungsstrategien	106
Tabelle 6.1	Ablauf und zentrale Datenerhebungspunkte – Vorstudie	127
Tabelle 6.2	Lösungsstrategien Aufgabe Fahrrad	134
Tabelle 6.3	Implikationen für die Hauptstudie	137
Tabelle 6.4	Übersicht über Datenerhebung	143
Tabelle 6.5	Übersicht über das entstandene Datenmaterial	143
Tabelle 6.6	Gesamtstichprobe	150
Tabelle 6.7	Stichprobe für die Hauptstudie	151
Tabelle 7.1	Übersicht über die Gesprächssequenzen	162
Tabelle 7.2	Teilaufgaben der Modellierungskreisläufe	190
Tabelle 7.3	Vorkommen der einzelnen Teilaufgaben	191
Tabelle 7.4	Lösungsstrategien 1 – induktiv-deduktiv	195
Tabelle 7.5	Lösungsstrategien 2 – induktiv-deduktiv	217
Tabelle 7.6	Ergebnisse im Überblick	235
Tabelle 7.7	Kategorienmodell	241
Tabelle 7.8	Ausgewählte Sequenzen	245
Tabelle 7.9	Dominante Interaktionsmuster	265

Einleitung 1

Um Schule als einen Ort zu etablieren, an dem Vielfalt als Ressource nicht nur gesetzt ist, sondern auch umgesetzt wird, um im Sinne der Kinder zu agieren, sind die Auseinandersetzung mit der zunehmenden Heterogenität der Schülerschaft genauso unausweichlich wie die Suche nach Lösungen für den Umgang damit. Dies hat die eigene, langjährige Unterrichtserfahrung gezeigt; seit der Ratifizierung der Behindertenrechtskonvention der Vereinten Nationen mit der festen Verankerung des besonders signifikanten Anspruchs auf Bildungsgerechtigkeit im Artikel 24 (UN-BRK, 2008) ist das inklusive Lernen im gemeinsamen Unterricht für alle Kinder gesetzlich festgeschrieben und in seinem Anspruch unangreifbar und nicht verhandelbar. Bildungspolitisch und gesellschaftlich werden Erwartungen an einen inklusiven Unterricht gestellt, mit deren Umsetzung Lehrkräfte tagtäglich konfrontiert sind. Inklusion und die Gestaltung von inklusivem Unterricht sind in der aktuellen Diskussion unverzichtbar (vgl. Fetzer, 2019; Seitz & Scheidt, 2012; Wember, 2013; Werner, 2019).

Das Forschungsinteresse für diese Arbeit ist aus den Herausforderungen der Praxis und den eigenen schulpraktischen Erfahrungen erwachsen. Bei der Umsetzung gibt es viele ermutigende und motivierende Momente, es gilt aber auch, Rückschläge hinzunehmen und auszuhalten. Gerade dies mündet in der Praxis aber häufig in einer beobachtbaren Individualisierung und Separation (Brügelmann, 2011; Deckert-Peaceman & Scholz, 2017; Häsel-Weide & Nührenbörger, 2017b; Korff, 2015b).

Unter wissenschaftlicher Perspektive werden Überlegungen angestellt, wie der zunehmenden Heterogenität der Schüler*innen unter Berücksichtigung der Rahmenbedingungen und Ressourcen sowie den vorliegenden Forschungsergebnissen und empirisch erprobten Konzepten begegnet werden kann. Dies alles geschieht – wie auch in der Praxis – unter der Zielsetzung, jedes einzelne Kind zu fördern, die Vielfalt der Lerngruppe wertzuschätzen und Vielfalt als Ressource zu nutzen (vgl. z. B. Korff, 2015b; Prengel, 1995). Wenngleich es bislang in der Mathematikdidaktik an einer empirisch abgesicherten Theoriebildung fehlt (Werner, 2019, S. 14), was an vielen Stellen kritisch angemerkt wird (u. a. Dexel, 2020; Fetzer, 2019; Peter-Koop, 2016; Rottmann & Peter-Koop, 2015a; Werner, 2019), ist der Umgang mit der Heterogenität der Schüler*innen schon lange ein Forschungsthema der Mathematikdidaktik. Wegweisend sind zum einen die Forderung nach dem „Lernen am gemeinsamen Gegenstand" (Feuser, 1998) sowie der gezielte Einsatz von „guten" Aufgaben im Mathematikunterricht (vgl. Ruwisch & Peter-Koop, 2003), um Inklusion als Chance des Von- und Miteinanderlernens zu verstehen.

Des Weiteren gibt es in der Mathematikdidaktik Forschungsaktivitäten, die sich mit dem inklusiven Mathematikunterricht und der inklusiven Unterrichtsgestaltung befassen. Zum einen finden sich konkrete Unterrichtserprobungen, die vor allem offene Aufgaben im Sinne der natürlichen Differenzierung in den Blick nehmen (u. a. Benölken, 2016; Häsel-Weide & Nührenbörger, 2015, 2017a; Käpnick, 2016a; Nührenbörger & Pust, 2016); aber auch im Bereich der Diagnostik gibt es vielerlei Bestrebungen und Anpassungen an bestehende Diagnoseverfahren, um dem inklusiven Gedanken und somit vor allem den Kindern Rechnung zu tragen (Flottmann, Streit-Lehmann & Peter-Koop, 2021; Käpnick, 2016b; Rottmann, Streit-Lehmann & Fricke, 2015; Scherer & Moser Opitz, 2010). Konzeptionelle Vorschläge für die Mathematikdidaktik liegen vor (Häsel-Weide & Nührenbörger, 2017a; Käpnick, 2016c; Peter-Koop, Rottmann & Lüken, 2015) und müssen nun adaptiert werden.

An dieser Stelle setzt diese Forschungsarbeit an. Anhand der Ausführungen sind die drei Eckpfeiler dieser Arbeit bereits umrissen: Inklusiver Mathematikunterricht, der Einsatz von guten Aufgaben und die Arbeit am gemeinsamen Lerngegenstand. Dies mündet in der Frage, wie guter, inklusiver Mathematikunterricht gelingen kann, denn gerade in der Mathematik scheint das gemeinsame Lernen eine besondere Herausforderung zu sein (vgl. Korff, 2015a, 2015b).

Erwachsen ist daraus die vorliegende Arbeit, in der den Fragen nachgegangen wird, welche Lösungsstrategien Kinder bei der Modellierung ausgewählter Fermi-Aufgaben wählen und welche kooperativen Muster bei der Arbeit am gemeinsamen Gegenstand abbildbar sind. Um diesem Forschungsinteresse nachzugehen, werden Videoaufnahmen von Gruppenarbeiten mit Hilfe der qualitativen Unterrichtsforschung nach Kuckartz (2018) ausgewertet und analysiert. Zentral ist der Fokus auf die gewählten Lösungsstrategien und die mathematischen Gespräche, in denen die Kinder miteinander an einer Lösung der Aufgabe arbeiten. Die Lösungsstrategien, die die Kinder wählen, sind dabei vielfältig und

1 Einleitung

geben Einblicke in das Denken der Kinder. Es zeigt sich aber auch, wie Kinder zusammenarbeiten, wie sie Lösungen für eine Problemaufgabe finden, ihre Lösungsvorschläge darstellen und begründen.

Ausgehend vom dargelegten Forschungsinteresse, das als Motor für das Entstehen dieser Arbeit zu sehen ist, werden die einzelnen theoretischen Eckpfeiler, die die Arbeit maßgeblich prägen, in den Kapiteln 2 bis 4 ausgeführt.

In Kapitel 2 erfolgt die Auseinandersetzung mit dem ersten Eckpfeiler. Im Zentrum der Auseinandersetzung steht der aktuelle Forschungs- und Praxisstand zur Inklusion in der Grundschule mit fokussiertem Blick auf die inklusive Unterrichtsgestaltung im Fach Mathematik. Die bewusste Verknüpfung der Erkenntnisse der Mathematikdidaktik mit den Erkenntnissen der Integrations- und Inklusionsforschung wird an dieser Stelle forciert, um Gemeinsamkeiten herauszustellen und von den Ergebnissen zu profitieren, was Korten (2020) treffend formuliert:

„Hierbei ist es Chance und Herausforderung zugleich, die *wissenschaftlich fundierten Vorarbeiten der allgemeinen Mathematikdidaktik zu nutzen* und diese zu modifizieren, indem sie mit Erkenntnissen aus der Sonderpädagogik des Bereichs ‚Lernen' und mit der Integrations-/Inklusionsforschung ergänzt werden" (ebd., 2020, S. 41; Hervorhebungen im Original).

Die Forderung nach dem viel zitierten Lernen am gemeinsamen Gegenstand (Feuser, 1998) führt zu Kapitel 3, in dem es um das Kooperative Lernen geht – ein weiterer Eckpfeiler dieser Arbeit, der fundamental für den Problemaufriss als auch für das Forschungsinteresse ist. Ausgehend von Piaget (1972), Vygotskij (1978) und den konstruktivistischen Theorien (vgl. Ausführungen von Rathgeb-Schnierer, 2006) steht die Annahme, dass Gespräche im Mathematikunterricht über gute, problemhaltige Aufgaben das Lernen positiv beeinflussen können, was von vielen Mathematikdidaktikern aufgenommen worden ist (vgl. Cobb, Yackel & McClain, 2000; Ruf & Gallin, 1999; Winter, 1989, 1991, 2016; Wittmann & Müller, 1992, 1994). Auf kooperativen Arbeitsformen wird dabei ein besonderes Augenmerk gelegt. Auch hier sind in den letzten Jahren zunehmend Forschungsaktivitäten zu verzeichnen (u. a. Brandt & Nührenbörger, 2009b; Gummels, 2020; Häsel-Weide, 2016b; Häsel-Weide & Nührenbörger, 2017a; Wittich, 2017). Es sollen gemeinsame Lernsituationen intendiert werden, die ein *Mit- und Voneinander* Lernen ermöglichen, wobei dem kommunikativen Austausch der Kinder eine besondere Rolle zukommt. Die Autor*innen der zitierten Publikationen betonen die Anregung des Austausches der Kinder über ihr mathematisches Wissen und die besondere Bedeutung der gesprächsfördernden Kommunikation für den Mathematikunterricht (Götze, 2007; Götze,

Selter & Zannetin, 2020; Prediger, Götze, Steinbring, Tiedemann & Verboom, 2017; Schütte, 2009; Tiedemann, 2012).

Die Forschung der vorliegenden Arbeit konzentriert sich auch auf die Frage, inwieweit kooperative Prozesse die Arbeit am gemeinsamen Gegenstand und am Kern der Sache (nach Seitz, 2006) fördern und unterstützen. Ein Forschungsansatz ist an dieser Stelle von besonderem Interesse: Die Konzeption von Röhr (1995) zum kooperativen Lernen „aus der Sache heraus". Dieser Ansatz, der bislang nur in wenigen Publikationen aufgegriffen wird (z. B. Häsel-Weide, 2016b; Peter-Koop, 2006), ist leitend für die Auseinandersetzung in Kapitel 3.

In Kapitel 4 erfolgt die Auseinandersetzung mit der Kompetenz des Modellierens und mit mehrzyklischen Modellierungskreisläufen, mit besonderem Augenmerk auf Fermi-Aufgaben, die als Aufgabenformat im Zentrum der Bearbeitung stehen. Wenngleich es den „Universaltreffer" bei dem Einsatz von guten Aufgaben im Mathematikunterricht nicht gibt (Bauersfeld, 2003, S. 15), wird aber immer wieder auf offene Aufgabenstellungen, die der natürlichen Differenzierung unterliegen, verwiesen. In dieser Arbeit wird der o.g. Ansatz zum Einsatz von guten Aufgaben, der in der Mathematikdidaktik bereits lange verfolgt wird, und als Gelingensbedingung für den Umgang mit Heterogenität der Schülerschaft verstanden wird, weiterverfolgt. Fermi-Aufgaben erfüllen zum einen die Kriterien, die an eine gute Aufgabe gestellt werden, zum anderen bietet der unterrichtliche Einsatz auch die Möglichkeit, neben der Arbeit am mathematischen Kern, die prozessbezogenen Kompetenzen des Modellierens, Problemlösens, Kommunizierens und Argumentierens anzusprechen und zu fördern. Ziel ist es, Erkenntnisse für den Einsatz von Fermi-Aufgaben in inklusiven Lerngruppen zu gewinnen. Auch hier gibt es didaktische Abhandlungen, die sich sehr konkret mit dem Format Fermi-Aufgaben auseinandersetzen (Bönig & Lange, 2017; Grassmann, 2008; Hülse & Neubert, 2015; Kaufmann, 2006; Korff, 2016). Nationale Forschungsansätze betonen den Einsatz gerade für das Grundschulalter (Albarracín & Gorgorio, 2014, 2019; Ärlebäck, 2009; Ferrando & Albarracín, 2019; Peter-Koop, 2003, 2004). Die meisten Publikationen erfassen Modellierungskompetenzen von Schüler*innen der Sekundarstufe 1. Auch diesem Forschungsdesiderat ist in den Ausführungen nachzugehen.

Wenngleich die langjährige Unterrichtserfahrung und die tägliche Arbeit mit den wandelnden Ausgangsbedingungen die Basis für das Erkenntnisinteresse dieser Forschungsarbeit bilden, tritt die Rolle der Lehrenden in den Hintergrund und wird durch die Rolle der Beobachterin und Forscherin erweitert und ergänzt.

In Kapitel 5 münden die theoretischen Überlegungen in der Verknüpfung der einzelnen Bausteine mit den daraus gezogenen Schlussfolgerungen, als auch in der Anpassung bzw. Präzisierung der Forschungsfragen. Die Darstellung orientiert sich am Forschungsprozess und erfährt dabei eine partielle Weiterentwicklung der Forschungsfragen. Demzufolge werden die zwei leitenden Forschungsfragen dargelegt und das übergeordnete Erkenntnisinteresse formuliert. Bedingt durch die Forschungsfragen und das Forschungsfeld ist eine Zuordnung zur qualitativen Forschung folgerichtig. Basierend auf diesen Ausführungen werden in Kapitel 6 die methodischen Entscheidungen vorgestellt und diskutiert, um den Forschungsprozess transparent zu machen. Die qualitative Inhaltsanalyse nach Kuckartz (2018) wird genutzt, um die Lösungsstrategien der Kinder zu kategorisieren sowie die Kooperativen Muster nach Röhr (1995) abzubilden.

Inklusive Lernsituationen sind sehr komplex und aufgrund vieler Variablen und deren Zusammenspiel schwer zu beschreiben. Aus diesem Grund ist in den theoretischen Kapiteln die Verknüpfung von Theorie und Praxis bewusst gewollt. Die Anlage der Vorstudie ermöglicht es, im Rahmen des Design-Based Research die gewählte Aufgabe sowie das Setting und die Rahmenbedingungen zu modifizieren, um erste Implikationen herauszuarbeiten. Die anschließende qualitative Ausrichtung der Arbeit verhilft zu einem detaillierten Blick auf die Lehr-Lernprozesse, um darauf aufbauend Gelingensbedingungen für inklusive Lernsituationen herauszuarbeiten.

Nach der methodologischen Rahmung und der Anlage der Studie sowie der Durchführung der Vor- und Hauptstudie folgt in Kapitel 7 die Darstellung der Ergebnisse mit Blick auf die Forschungsfragen. Lösungsstrategien und die Entschlüsselung der Prozesse mit Einbettung in die bestehende Theoriegrundlage sind dabei zentral.

Nach der Auswertung und Ergebnisdarstellung der empirischen Daten folgt eine Zusammenfassung in Kapitel 8. Das Entwicklungsinteresse in Bezug auf die inklusive Unterrichtsgestaltung wird wieder aufgegriffen. Zentral sind dabei Implikationen für die Forschung, aber auch Implikationen für den inklusiven Mathematikunterricht, was die beiden Stränge Theorie und Praxis wieder verbindet. Es soll betrachtet werden, welche Konsequenzen und Gelingensbedingungen aus den Forschungsergebnissen für die Gestaltung eines inklusiven Mathematikunterrichts abgeleitet werden können. Eine kritische Reflexion der Untersuchung sowie die Nennung noch offener Fragen bleiben im Kapitel 8 nicht unerwähnt.

Forschungskontext 2

Im folgenden Kapitel erfolgt die Einordnung in den Forschungskontext. Ziel des vorliegenden Kapitels ist es zum einen, einen aktuellen Überblick zur Thematik Inklusion in der Schule zu geben. Dabei werden die theoretischen Grundlagen aus verschiedenen Perspektiven dargestellt, beleuchtet und analysiert. Nach den rechtlichen Grundlagen folgt eine komprimierte Darstellung der praktischen Umsetzung in der Grundschule, um zu zeigen, wie sich nach der rechtlichen Festschreibung durch die UN-Behindertenrechtskonvention im Jahr 2008 Förderquoten und Förderbesuchsquoten in den Bundesländern, aber auch die Verteilung und Festschreibung der Förderschwerpunkte verändert haben (Abschnitt 2.1).

In den darauffolgenden Ausführungen knüpft die Betrachtung des inklusiven Mathematikunterrichts – als weiteres Ziel dieses Kapitels – an. Im Fokus stehen an dieser Stelle eine kurze Darstellung der Ziele des Mathematikunterrichts, die zugrundeliegenden Prinzipien sowie die Erläuterung erster Konzepte für die inklusive Unterrichtsgestaltung. Wichtig ist an dieser Stelle die Auseinandersetzung mit den Begriffen Heterogenität und Differenzierung, um die Implikationen für einen guten, inklusiven Mathematikunterricht folgerichtig abzuleiten (Abschnitt 2.2). Leitend für das Unterkapitel 2.2 ist das dargelegte Forschungsinteresse als auch die bereits vorgestellten Eckpfeiler dieser Arbeit; zentrale Implikationen für die Gestaltung von gutem, inklusivem Unterricht unter Berücksichtigung der Ziele und Prinzipien dienen als Grundlage zur Klassifizierung der angelegten Studie, wobei auch auf das sich abzeichnende Spannungsfeld im Mathematikunterricht der Grundschule kurz eingegangen wird.

Zum Forschungskontext gehören sowohl die vorliegenden Ergebnisse verschiedener internationaler und nationaler Studien zu den Effekten inklusiven

© Der/die Autor(en), exklusiv lizenziert an Springer Fachmedien Wiesbaden GmbH, ein Teil von Springer Nature 2024
N. Flottmann, *Fermi-Aufgaben im inklusiven Mathematikunterricht der Grundschule*, Bielefelder Schriften zur Didaktik der Mathematik 16, https://doi.org/10.1007/978-3-658-44602-4_2

Unterrichts (Abschnitt 2.3) als auch der aktuelle Forschungsstand der Mathematikdidaktik (Abschnitt 2.4). Das zweite Kapitel schließt mit einer Zusammenfassung und einer Positionierung (Abschnitt 2.5).

2.1 Inklusion in der Grundschule

Die Behindertenrechtskonvention (kurz: BRK) der Vereinten Nationen von 2006 als ein Übereinkommen über die Rechte von Menschen mit Behinderung hat eine internationale Debatte zur Umsetzung auf Chancengleichheit und zu den Rechten von Menschen mit Behinderung entfacht. Besonders die Ratifizierung (ratifiziert am 31.12.2008, rechtlich bindend seit dem 26.03.2009, vgl. dazu Textor, 2018, S. 52) von dem für das Schulwesen signifikanten Artikel 24 der UN-Konvention über die fest verankerten Rechte und die damit verbundenen Ansprüche haben in Deutschland zu einem bildungspolitischen Diskurs geführt (Sikora & Voß, 2018; Sturm, 2011).

In der Schule wird der Anspruch auf Bildungsgerechtigkeit im Sinne der Leitvorstellung der BRK als Recht eines jeden Kindes auf Zugang zum regulären Bildungssystem verstanden – immer verbunden mit dem Anspruch auf individuelle Unterstützung (Speck-Hamdan, 2015, S. 13). Ein inklusives Bildungssystem für alle Kinder muss somit nicht nur eine Teilnahme am Unterricht ermöglichen, sondern auch die nötige individuelle Unterstützung bieten, um eine erfolgreiche Bildung im Sinne einer bestmöglichen Entwicklung zu gewährleisten. Inklusion wird zur Regel erhoben (Textor, 2018, S. 53). Daran schließt sich an, dass Inklusion sowohl eine gesellschaftliche als auch bildungspolitische Pflicht ist, die ein Recht auf Teilhabe sichern sollen. Es handelt sich nicht um ein besonderes Recht für besondere Menschen, sondern um die Einforderung der allgemeinen Menschenrechte für Menschen mit Behinderungen (Wocken, 2010). Der Grundstein für ein inklusives Schulsystem wird mit der BRK gelegt, die 2008 ratifiziert und in der BRD seit 2009 rechtskräftig ist. Alle Lernenden werden gemeinsam unterrichtet, eine „Rückschulung" an Förderschulen ist nicht vorgesehen (Scholz, 2007, S. 9). „Vielfalt als Normalfall" (Sander, 2004; Scholz, 2007) bezeichnet den abgeschlossenen Prozess der Inklusion und nimmt dieses im Sinne Prengels (1995) „Pädagogik der Vielfalt" als selbstverständlich an.

Ausführliche und detaillierte Darstellungen zur (historischen) Entwicklung, um den Wandel des Bildungssystems einerseits und die begrifflichen Schwierigkeiten andererseits in den Blick zu nehmen, finden sich bei Sander (2004), Hinz (2004) und Scholz (2007) sowie Textor (2018).

2.1 Inklusion in der Grundschule

Die Umsetzung der BRK wird von der Kultusministerkonferenz (kurz: KMK) eingefordert und betrifft Schulorganisation, Richtlinien, Bildungs- und Lehrpläne, Pädagogik, Lehrerbildung und in besonderem Maße die Gestaltung von Unterricht:

> „Ein inklusiver Unterricht trägt der Vielfalt von unterschiedlichen Lern- und Leistungsvoraussetzungen der Kinder und Jugendlichen Rechnung. Alle Kinder und Jugendlichen erhalten Zugang zu den verschiedenen Lernumgebungen und Lerninformationen. Es werden die Voraussetzungen dafür geschaffen, dass sie sich über eine Vielfalt an Handlungsmöglichkeiten selbstbestimmt und selbstgesteuert in ihren Entwicklungsprozess einbringen." (KMK, 2011, S. 9).

Umsetzung in den Schulen

Daran anschließend ist zu klären, wie sich die aktuelle Situation in den Schulen darstellt bzw. wie die Forderungen nach Inklusion und Teilhabe ohne Ausgrenzung umgesetzt werden, denn in den o.g. Ausführungen bleibt weitestgehend offen, wie die geforderte Partizipation in der Praxis konkret zu erreichen und umzusetzen ist. Es gibt vielversprechende Konzepte für die schulische Umsetzung (vgl. u. a. Booth & Ainscow, 2019; Feuser, 1998; Seitz, 2006; Wocken, 2016) – im Besonderen auch für das Fach Mathematik (DZLM, 2015; Häsel-Weide, 2017; Käpnick, 2016a; Moser Opitz, 2014; Sikora & Voß, 2018) – aber es fehlt ein gemeinsamer Konsens. Die rechtliche Grundlage für die schulische Inklusion ist zwar vollzogen und trotz aller struktureller Schwierigkeiten ein erster Schritt, nichtsdestotrotz sind evaluierte didaktische Konzepte zwingend erforderlich.

Eine „allein an Platzierungs- und Förderungsfragen von Kindern und Jugendlichen mit Behinderungen orientierte Sichtweise" (Werning & Löser, 2012, S. 298) scheint überwunden. Festzuhalten ist auch, dass der Begriff „sonderpädagogischer Förderbedarf" den Begriff der „Behinderung" als Zuweisungskategorie abgelöst hat (vgl. Textor, 2018, 22 ff.). Der Aussage des KMK, die besagt, dass eine Beeinträchtigung kontextabhängig und nur ein Teil der Gesamtpersönlichkeit ist (KMK, 1994), wird somit entsprochen.

Die angesprochenen strukturellen Probleme und die nicht stringenten Organisationssysteme zeigen sich in der sehr unterschiedlichen Umsetzung der einzelnen Bundesländer. Vorrangig bezieht sich Inklusion im Bildungsbereich in Deutschland in der Regel auf die Beschulung von Kindern mit und ohne Förderschwerpunkt. Aber gerade diese Unterteilung beeinflusst den schulischen Alltag immens, was im Verlauf der folgenden Überlegungen in diesem Kapitel noch zu erörtern ist.

Es existieren Hemmnisse und Unsicherheiten im Diskurs, die sich durch die vielen Unklarheiten verstärken. Ohne eine genaue Spezifizierung der Umsetzung sind viele Fragen offen: Fragen nach Implikationen, Fragen nach den konkreten Erwartungen – von Seiten der Schulaufsicht, aber auch von Seiten der Kinder und Eltern, Fragen nach Ressourcen, Fragen nach der theoretischen Basis und Fragen nach praktischen Konzepten als Handlungsleitfaden (vgl. Piezunka, Schaffus & Grosche, 2017).

Aktuelle Studien lassen nicht darauf schließen, dass das deutsche Schulsystem inklusiv ist. Erwähnenswert sind an dieser Stelle die Ergebnisse des Autorenteams Hollenbach-Biele und Klemm (2020), die im Auftrag der Bertelsmann-Stiftung die Bildungsstatistiken untersuchen und analysieren, ebenso wie das umfangreiche Datenmaterial der KMK, das regelmäßig für jedes Schuljahr veröffentlicht wird.

Vor der Verabschiedung der UN-BRK liegt die Inklusionsquote 2005 bei 14,5 %. Hiermit wird der Anteil der Schüler*innen mit ausgewiesenem Förderschwerpunkt angegeben, die eine allgemeine Schule besuchen. Nach der Ratifizierung 2008 liegt der Anteil 2012 bei 28,2 %, 2016 bei 39,3 % und 2020 bei 44,5 % (vgl. KMK, 2014, 2016, 2018, 2022b). Konkret heißt das für das Jahr 2020, dass es 582.148 Schüler*innen gibt, die mindestens einen Förderschwerpunkt zugewiesen bekommen haben; davon werden 327.953 in Förderschulen und 254.465 Schüler*innen in allgemeinen Schulen unterrichtet (vgl. KMK, 2022b, XVI bis XX). Die Exklusionsquote liegt 2020 somit bei 55,5 %. Dies lässt auf eine positive Tendenz hinsichtlich der Inklusion von Schüler*innen mit ausgewiesenem Förderschwerpunkt an einer Regelschule schließen.

Betrachtet man die Förderquoten (bezieht sich auf Schüler*Innen mit ausgewiesenem sonderpädagogischen Förderbedarf, die in einer Schule mit gemeinsamen Lernen beschult werden), und die Förderbesuchsquoten (bezieht sich auf Schüler*innen, die eine Förderschule besuchen) für den Zeitraum von 2011 bis 2020, sieht man einen Anstieg der Schüler*innen mit sonderpädagogischem Förderbedarf mit steigender Tendenz (von 2011 bis 2020 von 6,3 % auf 7,7 %). In der gleichen Zeit ist die Förderbesuchsquote aber nur leicht gesunken und wieder auf dem Niveau von 1992 (Textor, 2018, S. 57).

Auf der einen Seite steigt somit die Quote der Kinder, die mit sonderpädagogischem Förderschwerpunkt (kurz: SFP) an einer allgemeinen Schule unterrichtet werden; zeitgleich bleibt aber die Förderbesuchsquote der Kinder, die eine Förderschule besuchen, weitestgehend stabil. Zusammenfassend heißt das, dass mehr Schüler*innen einen nachgewiesenen Förderschwerpunkt haben, sich zeitgleich der Anteil der Schüler*innen, die eine Förderschule besuchen, aber nur geringfügig verändert hat bzw. wieder auf dem Niveau von 2011 angekommen ist. Auch wenn die Förderquote steigt, ist die Förderbesuchsquote mit leichten Schwankungen auf einem gleichbleibenden Niveau. Wie Textor (2018) ausführt (die Autorin

2.1 Inklusion in der Grundschule

bezieht sich auf die Zahlen bis 2016), ist dies „auf eine massive Ausweitung der sonderpädagogischen Förderung zurückzuführen" (ebd., 2018, S. 56). Aber: „Davon, dass ein Förderschulbesuch die Ausnahme ist (...), kann also noch längst nicht die Rede sein" (ebd., 2018, S. 57; Auslassungen durch die Autorin NF). Die länderspezifischen Divergenzen ergeben sich aus schulpolitischen und regionalen Unterschieden, aber auch aus mannigfachen Ausgangslagen, wie z. B. Größe und demografische Struktur (vgl. Werning, 2017, 23ff). Insgesamt untermauern die Daten aus den Bundesländern die sehr divergente Umsetzung – von umfassenden Änderungen bis hin zu Rückschritten. Während von 2011 bis 2016 ein durchgängiger Rückgang der Förderbesuchsquote vorliegt und somit weniger Kinder mit SFP eine Förderschule besuchen, die stattdessen in einer allgemeinen Schule beschult werden, zeigt sich bei den Zahlen von 2016 hin zu 2020 ein anderes Bild. Insgesamt steigt die Quote der Kinder, die mit ausgewiesenem Förderschwerpunkt eine allgemeine Schule besuchen, in allen Bundesländern signifikant. Wenngleich die Zahlen zum einen zeigen, dass die Zielsetzung der UN-Konvention erreichbar ist (Hollenbach-Biele & Klemm, 2020, S. 11), lässt sich dies aber vor allem auf die Entwicklung in den nord- und ostdeutschen Bundesländern beziehen (Textor, 2018, S. 60). Die Inklusionsstrategie des Bundeslandes Mecklenburg-Vorpommern (Ministerium für Bildung, Wissenschaft und Kultur Mecklenburg-Vorpommern, 2017), die auf dem Beschulungskonzept RTI (Response to Intervention) basiert und auf die komplette Vermeidung von sonderpädagogischem Förderbedarf ausgelegt ist (vgl. dazu Sikora & Voß, 2018, 94ff), ist an dieser Stelle gesondert zu erwähnen.

Da sich die vorliegende Arbeit auf die inklusive Beschulung in der Primarstufe bezieht, ist nach Textor (2018) zu ergänzen, dass sich Inklusion vor allem in dieser Schulstufe vollzieht. An den weiterführenden Schulen ist es aufgrund des segregierenden Schulsystems eher problematisch bzw. ein „Randphänomen": „Nach der Grundschule ist Inklusion oft nur ein Fremdwort" (Klemm, 2015, S. 10). Homogenität ist aber auch eine große Illusion (Reich, 2012a, S. 45), wenngleich aber gerade diese eine lange Tradition auf der Ebene der Sekundarstufe 1 hat (Sliwka, 2014, S. 336). Das dreigliedrige Schulsystem ab Klasse 5 ist der Kategorie „äußere Differenzierung" (Bönsch, 1995) zuzuordnen. Die „diskriminierende Grundstruktur des deutschen Bildungswesens" (Preuß, 2012, S. 63) bleibt bestehen – es mutet (fast) paradox an, dass das Bildungssystem sich an einer Heterogenitätsfiktion orientiert, aber zugleich eine selektive Alltagspraxis vorliegt (ebd., 2012). Zudem steht dies im Widerspruch zu den Forschungen, die besagen, dass Lernwege individuell sind und dass sich der Lernzuwachs aus einer Kombination von Vorwissen, familiärem Umfeld, Begabung und individueller Förderung ergibt. Feuser (2010, S. 20) weist auf eine Fehlentwicklung des selektierenden und segregierenden Schulsystems in Deutschland hin, die in seinen Augen noch nicht korrigiert ist und im weiteren Verlauf dieser Arbeit in Bezug auf die aktuelle Schulsituation noch Beachtung findet. Die Statistiken der KMK bestätigen die These, dass Inklusion vor allem in der Grundschule möglich ist, eine Umsetzung beim mehrgliedrigen Schulsystem zunehmend schwieriger wird.

Sonderpädagogischer Förderbedarf
Unerlässlich ist in diesem Zusammenhang ein Blick auf den sonderpädagogischen Förderbedarf – ein etablierter Begriff in den Bundesländern. Die Zuweisung eines „sonderpädagogischen Förderbedarfs" ist eine schuleigene Bezeichnung für Behinderung (Sturm, 2016); in den Schulen hat eine Abkehr vom Begriff Behinderung stattgefunden, auch weil Behinderung keine Kategorie mehr sein darf, wie Boban und Hinz (2009, S. 34) betonen (vgl. auch Ausführungen oben zu Textor, 2018, S. 22 ff.).

Wie die KMK (1994) ausführt, sind die Entwicklungsbereiche Motorik, Wahrnehmung, Kognition, Motivation, sprachliche Kommunikation, Interaktion, Emotionalität und Kreativität bei der Feststellung eines Förderbedarfs zu berücksichtigen und in die Bestimmung der Lernausgangslage einzubeziehen (ebd. 1994, S. 6); gleichwohl stehen diese Bereiche in ständiger Wechselwirkung zu- und miteinander und die Feststellung bezieht sich nicht auf ein temporär auftretendes bzw. vorübergehendes Verhalten. Zudem muss feststehen, dass die Kinder im Regelunterricht ohne weitere sonderpädagogische Unterstützung nicht in hinreichendem Maße gefördert werden können (vgl. KMK, 1994, S. 5).

Die Kultusministerkonferenz (KMK) unterscheidet zwischen folgenden Förderschwerpunkten (KMK, 1994, 6 f.), die bis heute aktuell und etabliert sind, wobei ein sonderpädagogischer Förderbedarf immer nur einen Aspekt der Gesamtpersönlichkeit des Kindes darstellt und an den bereits vorhandenen Fähigkeiten und Fertigkeiten angeknüpft werden soll (ebd., S. 7):

- Förderschwerpunkt Lernen: Dieser Förderschwerpunkt beschreibt einen allgemeinen Förderbedarf im Bereich des Lernens und des Leistungsverhaltens (vgl. KMK, 1994). Lernprozesse von Schüler*innen mit diesem Förderschwerpunkt verlaufen nicht einheitlich und unterliegen förderlichen und hemmenden Bedingungen, sodass die Ziele und Inhalte der allgemeinen Schule nicht oder nur ansatzweise erreicht werden können (KMK, 1999). Zusammenfassend kann gesagt werden, dass es sich hierbei um Schüler*innen handelt, die erheblich erschwerte Lebens- und Entwicklungsbedingungen haben und aufgrund dieser Erschwernisse beim Lernen Unterstützung benötigen (Werning &

2.1 Inklusion in der Grundschule

Lütje-Klose, 2016). Meist fallen die Kinder mit diesem SFP erst bei der Konfrontation mit dem Schulcurriculum auf (Werning, 2018).
- Förderschwerpunkt Sprache: Hier wird ein Förderbedarf aller Sprachbeeinträchtigungen beschrieben, dazu gehören entwicklungsbedingte Sprach- und Sprechstörungen wie z. B. Aussprachestörungen, Stottern oder Mutismus (vgl. Mayer, 2019, S. 114).
- Förderschwerpunkt soziale und emotionale Entwicklung: Unter diesem Begriff werden alle Auffälligkeiten im Bereich der Selbststeuerung und der sozialen und emotionalen Entwicklung beschrieben, die besonders gefördert werden müssen. Verhaltensstörungen sind „ein von den zeit- und kulturspezifischen Erwartungen abweichendes Verhalten, das organogen und/oder milieuaktiv bedingt ist, wegen der Mehrdimensionalität, der Häufigkeit und des Schweregrades die Entwicklungs-, Lern- und Arbeitsfähigkeit sowie das Interaktionsgeschehen in der Umwelt beeinträchtigt und ohne besondere pädagogisch-therapeutische Hilfe nicht oder nur unzureichend überwunden werden kann" (Myschker, 2009, S. 49).
- Förderschwerpunkt Hören: Dies betrifft alle Kinder mit Hörschädigungen bis hin zur Gehörlosigkeit (vgl. Leonhardt, 2019).
- Förderschwerpunkt Sehen: Dies betrifft alle Kinder mit Sehschädigungen bis hin zur Blindheit (vgl. Hofer, 2019).
- Förderschwerpunkt geistige Entwicklung: Dieser Förderschwerpunkt wird beim Vorliegen einer geistigen Behinderung beschrieben. Die Varianz reicht von kognitiven Fähigkeiten bis hin zu anderen Entwicklungsdimensionen. (Vgl. Fischer, 2019, S. 131)
- Förderschwerpunkt körperliche und motorische Entwicklung: Bei erheblichen Beeinträchtigungen der Bewegung und/oder einer Körperbehinderung kommt dieser Förderschwerpunkt zum Tragen.
- Förderschwerpunkt Kranke (langandauernde Krankheit): Bei einer langandauernden Erkrankung (z. B. einer Krebserkrankung) greift dieser Förderschwerpunkt.

Gelungene und ausführliche Darstellungen zu den Förderschwerpunkten und der Diagnostik finden sich bei Rix und Nitschke-Junge (2018) und Kahlert (2019).

Wie erwähnt wurden im Jahr 2020 in Deutschland über eine halbe Million Schüler*innen mit SFP unterrichtet. Die am stärksten zugewiesenen Förderschwerpunkte sind der Förderschwerpunkt Lernen (39,2 %) sowie die Förderschwerpunkte Sprache (10,2 %), geistige Entwicklung (17,2 %) und emotionale und soziale Entwicklung (17,8 %). Besonders der Förderschwerpunkt emotionale und soziale Entwicklung (kurz: ESE) verzeichnet im dargestellten Zeitraum von 2011 bis 2020 einen Anstieg von 58,4 % (alle Angaben: KMK, 2022b, S. XVI). Betrachtet man die Verteilung der Schüler*innen mit ausgewiesenem Förderbedarf nach Förderschulen und allgemeinen Schulen, wird deutlich, dass bestimmte Förderschwerpunkte (wie ESE, Lernen, Hören und Sehen) wesentlich häufiger an allgemeinen Schulen vertreten sind, während dies für Schüler*innen mit den Förderschwerpunkten geistige Entwicklung oder Kranke eher selten zutrifft. Eine Kombination aus Schwierigkeiten in den Bereichen Lernen, Sprache und emotionale und soziale Entwicklung ist ausschließlich an Förderschulen zu finden.

Zusammenfassend lässt sich sagen, dass der Anteil der Kinder mit sonderpädagogischem Förderbedarf, die inklusiv an allgemeinen Schulen unterrichtet werden, zwar stetig steigt, gleichzeitig aber auch bei mehr Kindern ein Förderbedarf festgestellt wird. Der Anteil der Kinder, die an einer Förderschule unterrichtet werden – abgebildet durch die Förderbesuchsquote –, ist nahezu gleichbleibend. Der Anstieg der Inklusionsquote scheint somit nicht zu weniger Exklusion zu führen (Klemm, 2015).

Hollenbach-Biele und Klemm (2020) führen dazu folgende Erklärungsansätze an:

- „Immer mehr Schüler sind den Anforderungen der allgemeinen Schule nicht gewachsen" (ebd. S. 13),
- „Wenn Schulen mehr diagnostizierte Kinder und Jugendliche melden, erhalten sie mehr Ressourcen" (ebd. S. 14),
- „Die Diagnosekompetenzen von Lehrkräften haben sich verbessert" (ebd. S. 14),
- „Diagnosen wirken in Zeiten der Inklusion weniger stigmatisierend" (ebd. S. 14).

Die Erklärungsansätze von Hollenbach-Biele und Klemm (2020) erscheinen schlüssig, stellen aber auch das Dilemma dar, in dem sich das inklusive Schulsystem (immer noch) befindet.

Der gesellschaftliche Anspruch an Inklusion besagt, dass die Gesellschaft ihrerseits Leistungen erbringen muss, um dies zu ermöglichen (Abbott, 2000, S. 65; Reich, 2012b, S. 39), jedoch zeigt die bildungsstatische Untersuchung durchaus Probleme und Diskrepanzen.

Es geht darum, die optimale Förderung jedes einzelnen Kindes zu gewährleisten, die Vielfalt der Lerngruppe wertzuschätzen und dies auch als Ressource zu begreifen (Korff, 2015b, S. 1); es fehlt aber an einem gemeinsamen Verständnis von Inklusion, an praxiserprobten Ansätzen und evaluativer Forschung

2.1 Inklusion in der Grundschule

(Preuß, 2018, S. 11) und – wie die Zahlen in diesem Kapitel gezeigt haben – an einer stringenten und konsequenten Umsetzung in den Bundesländern. Hier fordert Preuß (2018) Inklusion auf allen schulischen Ebenen, da es ihrer Ansicht nach aktuell darauf hinausläuft, dass Einzelschulen es richten sollen.

Pädagogische Diagnostik
Im Laufe der Zeit hat sich die pädagogische Diagnostik im schulischen Kontext sehr verändert, wobei die sonderpädagogische Diagnostik eine Teildisziplin der pädagogischen Diagnostik im Allgemeinen bleibt (Schrader & Heimlich, 2016, S. 340). Zur Diagnostik gehören „alle diagnostischen Tätigkeiten, durch die bei einzelnen Lernenden und den in einer Gruppe Lernenden Voraussetzungen und Bedingungen planmäßiger Lehr- und Lernprozesse ermittelt, Lernprozesse analysiert und Lernergebnisse festgestellt werden, um individuelles Lernen zu optimieren" (Ingenkamp & Lissmann, 2008, S. 13). Diese Ausrichtung impliziert die – zugegebenermaßen plakative – Äußerung „Ohne Diagnostik kann Unterricht nicht erfolgreich sein" (Schipper, Wartha & Schroeders, 2013, S. 22), trifft aber den Kern der Anforderungen, die an Lehrer*innen aktuell gestellt werden. Es bedarf für die Durchführung eines kompetenzorientierten und an der Lernausgangslage orientierten, inklusiven Unterrichts einer genauen Analyse desselben, um die Schüler*innen entsprechend ihrer Fähigkeiten und Fertigkeiten zu fördern: „*Alle* Kinder sollen im gemeinsamen Unterricht *auf ihrem individuellen Niveau* möglichst optimal lernen" (Rottmann et al., 2015, S. 135; Hervorh. i. O). Zusammenfassend heißt dies: Erst eine umfassende und fundierte Diagnostik eröffnet die Chance, die Schüler*innen gemäß ihrer individuellen Lernausgangslage zu unterrichten.

Zu diagnostischen Tätigkeiten gehören neben standardisierten Tests auch informelle Tests, Unterrichtsbeobachtungen, Screenings, Diagnosetests, Interviews usw. Zu unterscheiden ist hier grundsätzlich zwischen produkt- und prozessorientierten Diagnoseinstrumenten. Der Einsatz erfolgt je nachdem, ob ein Leistungsvergleich auf Grundlage richtig oder falsch gelöster Aufgaben vorgenommen wird (produktorientiert) oder ob der Lösungsprozess des Kindes im Mittelpunkt steht (prozessorientiert). Geht es um die Feststellung eines sonderpädagogischen Förderbedarfs liegt dieser zumeist eine produktorientierte „Statusdiagnostik" (Horstkemper, 2006, S. 5) zugrunde.

Wenngleich Einigkeit darüber besteht, wie wichtig diagnostische Kompetenzen sind, führt die Diagnose bei der Ausweisung von sonderpädagogischem Förderbedarf aber auch zur Kritik. So schreibt Korff (2015b), dass die Zuschreibung von Förderschwerpunkten nicht pädagogisch basiert ist und somit auch keine diagnostisch klar unterscheidbaren Kriterien aufweist. Gleichwohl ist laut Emmrich (2016) eine professionelle Diagnostik eine Bedingung für Inklusion.

Diskussion
Der Blick auf die Förderquoten als auch auf die Anteile der festgestellten sonderpädagogischen Förderbedarfe unter Einbezug der Kritik von Korff (2015b) und der Forderung von Emmrich (2016), macht in Summe mehr als deutlich, dass eine professionelle Diagnostik als Bedingung nicht vorliegt. Vielmehr geht es um ein Zusammenspiel von Schulstrukturen, sozialen Ungleichheiten und institutioneller Diskriminierung, wie Korff (2015b, S. 21) verdeutlicht und dabei auf die Befunde von Kottmann (2007) und Klemm (2013) verweist: Es zeigt sich dementsprechend eine enge Verknüpfung von sozio-ökonomischen Faktoren.

Auch Katzenbach (2017) spricht von einer Unschärfe der Etikettierung. Besonders bei der Diagnose der Förderschwerpunkte Lernen und emotionale und soziale Entwicklung scheint dies auffallend unscharf zu sein (vgl. Textor, 2007, 18 ff., 2018, S. 58). Die Kritik richtet sich gegen eine Uneinheitlichkeit bei den Verfahren und der breitgefächerten Vielfalt an vorzufindenden Bedingungen, aber vor allem werden die diagnostisch nicht trennscharfen Kriterien diskutiert.

Diese Ausführungen zeigen grundsätzliche Widersprüche im Erziehungssystem, was durch eine schulorganisatorische Einteilung in Kinder mit und ohne sonderpädagogischen Förderbedarf noch verstärkt wird. Betrachtet man die Ausführungen zur Heterogenität und die dazuzählenden Differenzlinien (z. B. Boban & Hinz, 2003; Dexel, 2020), zeigt sich deutlich, dass die o.g. Förderschwerpunkte nur bestimmte Facetten von Heterogenität und Diversität abbilden. Wieder ist es Korff (2015b), die sich kritisch äußert, da eine Zuweisung eines Förderschwerpunktes ihrer Meinung nach vorrangig „eine Entlastungsfunktion im Schulsystem – sei es durch Förderschulweisung oder als Bedingung für die Ressourcenzuweisung in integrativen Systemen" (ebd., S. 21) ist.

In der Praxis trifft genau dies zu: Ohne die Feststellung eines sonderpädagogischen Förderbedarfs entfällt der Anspruch auf sonderpädagogische Förderstunden durch Sonderschullehrkräfte. Ein weiteres Inklusionsdilemma wird deutlich: Ohne eine pädagogische Selektion entfällt der Anspruch auf Sonderleistungen (Preuß, 2012, S. 39).

Das „Etikettierungs-Ressourcen-Dilemma" (Kornmann, 1994, 1996) – über die Etikettierung von Schüler*innen mit SFP werden Ressourcen zugewiesen – ist aktuell immer noch ein Problemfeld: Einerseits möchte man als Lehrkraft eine Etikettierung und somit ein mögliches Stigma vermeiden, andererseits hängen von dem festgestellten sonderpädagogischen Förderbedarf die Ressourcen ab (Dexel, 2020; Korff, 2015b; Textor, 2018).

Aber Diagnostizieren bedeutet „eben immer auch Kategorisieren und Klassifizieren" (Breitenbach, 2017, S. 104). Biewer und Koenig (2019, S. 42), die sich mit der Dekategorisierung in Bezug auf den Förderschwerpunkt geistige Entwicklung auseinandergesetzt haben, kommen zu dem Schluss, dass man dem Problem der unterschiedlichen Wertung von Begriffen nicht ausweichen kann, sondern stattdessen versuchen sollte, allen mit Respekt und Wertschätzung zu begegnen. Das Dilemma bleibt aber bestehen: Wenn sich der Blick in der Auseinandersetzung immer auf Gruppen richtet, die einen sonderpädagogischen Förderschwerpunkt haben, und dieser dann wegfällt, müsste im Umkehrschluss auch für die Kinder eine Zuschreibung wegfallen, die z. B. durch eine Hochbegabung auffallen.

Ein weiteres Problem ist die Organisationsverlagerung. Dadurch dass die Sonderpädagog*innen nunmehr an der Regelschule und nicht mehr an einer speziellen Förderschule unterrichten, kommt es – plakativ formuliert – lediglich zu einer Umverteilung im Bereich der Organisation. Für eine inklusive Pädagogik müssen bisher angenommene Grenzen, auch bedingt durch die bisherige Praxis der Integration, neu definiert werden, sodass es nicht mehr nur die Organisation betrifft (der Sonderpädagoge / die Sonderpädagogin kommt für das integrative Kind), sondern auch die kommunikativen Prozesse. Diese sollten innerhalb der Interaktionssysteme der allgemeinen Schule vor Ort verortet werden, so die Forderung von Werning und Löser (2012). Damit soll zum einen einer Trennung zwischen regulärer und sonderpädagogischer Förderung entgegengewirkt werden, zum anderen sollen die kommunikativen Strukturen zwischen Lehrer*innen und Sonderpädagog*innen angebahnt werden.

2.2 Inklusiver Mathematikunterricht

Inklusiver Unterricht zielt darauf ab, „die optimale Förderung jedes einzelnen Kindes zu gewährleisten und dabei die Vielfalt der Lerngruppe wertzuschätzen, wobei diese zugleich als Ressource für das Lernen des Einzelnen genutzt werden soll" (Korff, 2015b, S. 1). Um dieses Ziel zu erreichen, muss auf politischer, schul- und unterrichtsorganisatorischer Ebene vieles bedacht werden: Heterogenitätsdimensionen, schulpädagogische Herausforderungen, strukturelle Rahmenbedingungen, personelle Komponenten, bauliche Veränderungen, angemessene Klassengrößen, zeitliche Ressourcen, Selbstverständlichkeit von Teams, sowie eine feste Verankerung sonderpädagogischer Expertise als auch die Lehrerausbildung (Lütje-Klose, 2012; Speck-Hamdan, 2015; Sturm, 2012).

In den folgenden Ausführungen schließt die Betrachtung des inklusiven Mathematikunterrichts unter Berücksichtigung des Forschungskontextes an. Es ist bedeutsam die einzelnen Fächer separat zu betrachten, da die Ausgestaltung von Unterricht sehr unterschiedlich erfolgen kann (Rischke, 2017, S. 152), gerade inklusiver Mathematikunterricht scheint eine persönliche Herausforderung zu sein (Sikora & Voß, 2018), was die Publikationen von Korff (2015b) und Dexel (2017, 2020) belegen.

„In der Regel vollziehen sich die pädagogischen Forderungen und bildungspolitischen Maßnahmen, ohne die Akteure selbst zu befragen, die die Reformen umsetzen sollen", führen S. Miller und Kemena (2011, S. 124) aus. Dies verstärkt den Eindruck eines vorliegenden Spannungsfeldes, das sich den Lehrkräften in den Schulen vor Ort bietet, was durch die besondere Herausforderung der Umsetzung im Mathematikunterricht begünstigt wird (Korff, 2015b). Auf der einen Seite stehen der bildungspolitische Gedanke und die schulorganisatorischen Herausforderungen, auf der anderen Seite die Forderung nach der praktischen Umsetzung. Eine fundierte Theoriebildung, die empirisch abgesichert ist, sieht Werner (2019, S. 14) (noch) nicht, dennoch sind verschiedene Ansätze, die an den Zielen und Prinzipien des Mathematikunterrichts orientiert sind, vorhanden. Vorgestellt werden an dieser Stelle Konzepte, die den für heterogene Lerngruppen abgeleiteten Kriterien eines inklusiven Mathematikunterrichts sowie denen der inneren Differenzierung der Mathematikdidaktik entsprechen. Dies steht in den folgenden Ausführungen genauso im Fokus wie die für die Mathematikdidaktik schon lange zentralen Themen der Heterogenität und Differenzierung.

Ziele des Mathematikunterrichts

„Es herrscht Konsens, dass alle Kinder mit- und voneinander lernen, jedoch auch individuell gefördert werden sollen" (Jütte & Lüken, 2021, S. 31)

„Mathematiklernen ist ein individueller, sozial vermittelnder Prozess der eigenen Konstruktion von Wissen, Fähigkeiten und Fertigkeiten" (Schipper, 2016, S. 33).

Es geht beim Mathematiklernen um Fähigkeiten und Fertigkeiten und folglich um die Aneignung von mathematischen Kenntnissen. Zugleich ist aber der Erwerb eines mathematischen Verständnisses und auch der inklusive Gedanke zentral: Kinder sollen mit- und voneinander lernen, dabei aber auch individuelle Förderung erfahren. Diese Überlegungen gilt es nun für einen inklusiven

2.2 Inklusiver Mathematikunterricht

Mathematikunterricht zu verbinden, was in den Bildungsstandards als Forderung festgeschrieben ist (KMK, 2022a, 6 f.).

Die Verknüpfung – oder auch „Akzentverschiebung" (Walther, Selter & Neubrand, 2008, S. 24) – gründet auf den Bemühungen und Ausführungen von Winter (1975), der die allgemeinen Lernziele des Mathematikunterrichts hinterfragt. Winter benennt die Möglichkeiten, schöpferisch tätig zu sein, rationale Argumente zu nutzen, den praktischen Nutzen der Mathematik zu erfahren als auch formale Fertigkeiten zu erwerben (ebd., S. 107 ff.). Die Vermittlung der mathematischen Inhalte steht im Vordergrund – bedenkenswert ist die hierarchische Struktur, die dem Mathematikunterricht zugrunde liegt, denn das Repertoire an Kenntnissen und Fertigkeiten bildet die Basis für den weiteren Mathematikunterricht. Die Zielsetzung der Entwicklung eines mathematischen Verständnisses betont aber auch die soziale Komponente: Kinder sollen die Gelegenheit haben, selbst eigene mathematische Entdeckungen zu machen, aber auch sozial eingebunden sein.

Bei der Umsetzung zeichnet sich ein Spannungsfeld ab (vgl. Schipper, 2016, 34 f.), das durch die beobachtbaren, immer größer werdenden Unterschiede im Lern- und Entwicklungsniveau bei Kindern in Bezug auf ihre mathematischen Kompetenzen (vgl. z. B. Käpnick & Benölken, 2020, S. IX zu einer typischen Alltagssituation), und die Frage, wie Lehrpersonen im Besonderen, aber auch die Institution Schule im Allgemeinen, mit der immer größeren Heterogenität der Lerngruppen umgehen (sollen), bedingt ist.

Prinzipien für einen guten Mathematikunterricht

Beschäftigt man sich mit den Prinzipien, die der Gestaltung eines guten Mathematikunterrichts zugrunde liegen, sind die genannten Komponenten der Wissensvermittlung – und dabei ist die hierarchische Struktur der Inhalte (wie oben bereits erwähnt) stets mitzudenken –, die Entwicklung eines Verständnisses und die Erarbeitung mathematischer Zusammenhänge sowie das soziale Miteinander, ohne eine Berücksichtigung der vorliegenden Heterogenität der Kinder nicht zielführend, im Wesentlichen aber auch nicht möglich.

Die Gestaltung guten Unterrichts ist in der allgemeinen Didaktik ein wichtiges und durchgängig aktuelles Thema (Bastian, 2007; Helmke, 2003, 2009; Meyer, 2004). Für die Mathematikdidaktik müssen die o.g. Aspekte ergänzt werden.

Didaktische Prinzipien sind durchgängige Leitvorstellungen für die Inhalte, die Organisation sowie für die Unterrichtsdurchführung (vgl. Müller & Wittmann, 1984, 1998). Ausgehend von diesen Überlegungen haben Krauthausen und Scherer (2006, S. 123) ein didaktisches Dreieck entworfen, um soziale, epistemologische und psychologische Prinzipien bei der Gestaltung von Mathematikunterricht zu verorten. Im Zentrum des Dreiecks steht das operative Prinzip, welches fordert, „den Lernenden durchgängig Gelegenheit zu geben, mathematische Objekte und Operationen im Hinblick auf deren Eigenschaften und deren Beziehungen zu untersuchen" (Selter, 2017, S. 10). Korff (2015b, 62 ff.) stützt sich auf dieses Dreieck und beleuchtet guten Mathematikunterricht mit Hilfe der Begriffe Lerninhalt, Lernprozess und Lernsituation, welche in dieser Arbeit als strukturierende Elemente dienen. Dezidierte Ausführungen zu diesen Bezugspunkten finden sich bei Korff (2015b). Sie arbeitet heraus, was herausfordernde Lerninhalte auf unterschiedliche Niveaustufen zu leisten haben, sodass das Mathematiklernen als aktiv-entdeckendes Lernen zu verstehen ist (dieser Ansatz geht auf Müller und Wittmann (1984, 1998) zurück und ist ein „Durchbruch im Mathematikunterricht der Grundschule" (Käpnick & Benölken, 2020, S. 4) und wie die Berücksichtigung von Sinnzusammenhängen u. a. durch Austauschmöglichkeiten und die Verknüpfung von inhalts- und prozessbezogenen Kompetenzen einzubinden sind.

Konzepte für den inklusiven Mathematikunterricht
Das Kooperationsprojekt **PIKAS**, 2009 gegründet, um Lehrkräfte bei der Umsetzung der neuen Lehrpläne und der Gestaltung von gutem Mathematikunterricht zu unterstützen (Selter, 2017, S. 5), beschäftigt sich intensiv mit Kriterien für guten Mathematikunterricht. Der entstandene Katalog besteht aus elf Merkmalen, die jeweils durch mindestens zwei Indikatoren beschrieben werden (auch abrufbar unter www.pikas.dzlm.de).

Folgende Merkmale sind dort zu finden: 1. Ergiebige Aufgaben; 2. Anforderungsniveau passt zum Leistungsvermögen; 3. Gestaltung passt zu Inhalt und Ziel; 4. Adäquate Medien; 5. Lernzuwachs; 6. Förderung der Selbstständigkeit; 7. Strukturierte Partner- und Gruppenarbeit; 8. Strukturierte Arbeit im Plenum; 9. Vorbereitete Lernumgebung; 10. Intensive Nutzung der Lernzeit; 11. Positives pädagogisches Klima (vgl. ausführlich Selter, 2017, S. 128).

Unterteilt sind die Merkmale zum einen bezüglich der fachlichen und didaktischen Gestaltung (1 bis 8) und zum anderen in Bezug auf die Lernumgebung und Lernatmosphäre (9 bis 11).

Der Merkmalskatalog umfasst zahlreiche Aspekte, die einen guten und lernförderlichen Mathematikunterricht ausmachen. Es werden fachliche, didaktische und auch methodische Aspekte aufgegriffen, die Lehrkräften als Orientierungshilfe dienen. Auf dieser Basis geht es PIKAS vor allem um die konkrete Unterrichtsgestaltung. Darauf aufbauend ist das Konzept Mathematik inklusiv mit PIKAS entstanden (DZLM, 2015). Es werden die o.g. inhaltsübergreifenden Aspekte als

2.2 Inklusiver Mathematikunterricht

Basis genutzt und verschiedene Möglichkeiten mit Unterrichtsbeispielen für die Praxis konkretisiert. Neben der Differenzierung auf verschiedenen Niveaus, um alle Kinder einzubinden, gibt es weitere Informationen zur Sachanalyse, zum Material und eine Ausformulierung der Lernziele auf verschiedenen Ebenen. Mit Hilfe der Materialien sollten Lehrkräfte „für die Grundzüge eines guten inklusiven Mathematikunterrichts" sensibilisiert und „für eine Übertragung auf weitere Inhalte" professionalisiert werden (Jütte & Lüken, 2021, S. 39).

In der aktuellen Diskussion spielt zum einen die Heterogenität der Lerngruppe, zum anderen die Betonung des gemeinsamen Lernens eine große Rolle. Eine besondere Rolle spielt für die Mathematikdidaktik das **Konzept von Feuser** (1998), der das **Lernen am gemeinsamen Gegenstand** forciert.

Der Sonderpädagoge Feuser nimmt – ausgehend von der integrativen Didaktik – didaktische Fragen in den Blick (vgl. Feuser, 1995); er selbst ordnet seinen Ansatz der allgemeinen Pädagogik zu und übt entschieden Kritik an der bis dato für Kinder mit sonderpädagogischem Förderbedarf zuständigen Sonderpädagogik (vgl. Feuser, 2011). Im Zentrum seiner Kritik steht das segregierende Schulsystem mit seinen äußeren Differenzierungsformen in Form von Sonder- und Förderschulen. Diese Differenzierung hält er für unangemessen, um Kinder gemäß ihres individuellen Lernstandes zu fördern, da es zu einem Ausschluss am regulären Leben und Lernen führt (vgl. Werning & Lütje-Klose, 2016). Seine Forderungen richten sich an eine durchgängige Integration in einer Schule für alle Kinder, die individualisierende und differenzierende Maßnahmen beinhaltet. Im Zentrum seines grundsätzlichen Anliegens steht das Prinzip des Lernens am gemeinsamen Gegenstand (Feuser, 1998).

Diese „erste umfassende integrationsdidaktische Konzeption" (Korff, 2015b, S. 39), die auf Klafki und seine Didaktik zurückgeht, lenkt den Blick auf die inhaltliche Kooperation: Alle Kinder einer Lerngruppe arbeiten in Kooperation, gemäß ihres individuellen Entwicklungs- und Lernstandes an und an einem gemeinsamen Lerngegenstand (Feuser, 1998).

Zentral ist an seinem entwicklungslogischen Ansatz zum einen die Berücksichtigung des individuellen Lernstandes jedes Kindes, aber auch der Fokus auf den gemeinsamen Lerninhalt bzw. gemeinsamen Gegenstand (vgl. Korff, 2015b, 39 ff.). In seinem Verständnis von Integration sind somit Lernziele, Methoden und Medien mit Blick auf den gemeinsamen Gegenstand möglich und nötig (u. a. Werning & Lütje-Klose, 2016, S. 145). Symbolisiert wird dies in einem von ihm entworfenen Entwicklungsbaum.

Die Idee der entwicklungslogischen Didaktik und der Arbeit am gemeinsamen Gegenstand ist besonders in der Mathematikdidaktik sehr präsent und häufig zitiert, da Feuser das gemeinsame Lernen an einem mathematischen Thema und „Die Zone der nächsten Entwicklung" von Vygotskij (1978) aufgreift. Die Lernausgangslage und die individuellen Lernvoraussetzungen der Schüler*innen werden in den Blick genommen und stellen eine zentrale Forderung für die Gestaltung eines inklusiven Mathematikunterrichts dar (Benölken, Berlinger & Veber, 2018; Fetzer, 2019; Häsel-Weide & Nührenbörger, 2017b; Korff, 2015b; Rottmann & Peter-Koop, 2015a).

Werning und Lütje-Klose (2016, S. 155) sehen in diesem Ansatz die Möglichkeit der Erfüllung des gemeinsamen Lernens, wenn alle Schüler*innen ihre Aufmerksamkeit auf einen gemeinsamen Lerngegenstand richten, aktiv werden und arbeiten, und ein gemeinsames Handlungsziel vorliegt. Wichtig ist hier die Anmerkung von Korff (2015b, S. 54), dass nicht zu erwarten ist, dass alle Lernenden das Gleiche, sondern das für sie Relevante lernen. An dieser Stelle kann man im Sinne Feusers von einer dialektisch vermittelten Einheit sprechen, die eine innere Differenzierung durch die Bearbeitung auf dem individuellen Niveau impliziert und trotzdem als „Tätigkeit im Kollektiv" (Feuser, 2001, S. 27) anzusehen ist.

Die grundlegende Bedingung des beschriebenen Ansatzes hat insgesamt in der inklusionspädagogischen Diskussion einen hohen Stellenwert (Werning & Lütje-Klose, 2016), wenngleich es auch kritische Stimmen gibt. Ein Kritikpunkt richtet sich an fehlende didaktisch-praktische Umsetzungsmöglichkeiten (Dexel, 2020; Korff, 2015b; Werner, 2019), was durch die Studien von Korff (2015b) aus Praxisperspektive verschärft wird: Lehrkräfte nehmen besonders den Inhaltsbereich Arithmetik als Spannungsfeld für gemeinsames Lernen wahr. Zudem fokussiert Feuser den Projektunterricht, der nicht durchgängig als Unterrichtsform einsetzbar ist.

Der zentrale Begriff des „gemeinsamen Gegenstandes" ist zudem sehr weit gefasst und wenig konkret (Seitz, 2006; Wocken, 1998). Pool Maag und Moser Opitz (2014) weisen darauf hin, dass es einer Definition vom gemeinsamen Lerngegenstand bedarf, da Lehrkräfte darunter sehr unterschiedliche Dinge fassen: Die Bildung leistungsheterogener Gruppen, kooperatives Lernen generell, einen gemeinsamen Stundenanfang, differenzierte Aufgabenstellungen zum selben Thema oder Unterrichtsgespräche mit der ganzen Klasse. Zudem ist ein Arbeiten am gemeinsamen Gegenstand nicht immer möglich. Die Forderung der Integrationsforschung, dass das gemeinsame Lernen durch individuelle Förderung ergänzt werden muss (Pool Maag & Moser Opitz, 2014), darf nicht in Vergessenheit geraten. Feusers Ausführungen ohne konkrete Unterrichtsbeispiele bleiben abstrakt, sind dennoch für den inklusiven Mathematikunterricht als theoretische Grundlage ein eminenter Beitrag.

2.2 Inklusiver Mathematikunterricht

Die beiden vorgestellten Konzepte von Feuser (1998) und PIKAS (DZLM, 2015) zeigen Optionen auf, wie das Lernen auf unterschiedlichen Niveaus am gemeinsamen inhaltlichen Gegenstand für alle Kinder zusammen gelingen kann, und sie entsprechen den o.g. Kriterien des inklusiven Mathematikunterrichts als auch den Anforderungen der inneren Differenzierung im Mathematikunterricht. Des Weiteren können inhalts- und prozessbezogene Kompetenzen verknüpft und Kommunikation und Kooperation gefördert werden; zugleich wird aber auch das mathematische Verständnis ebenso wie die Kontinuität berücksichtigt. Neben dem Arbeiten am gemeinsamen Lerngegenstand kann auch individuelle Förderung mitgedacht werden, zum Beispiel in einer Art „Drehtürmodell" (Veber, Bertels & Käpnick, 2016, S. 120).

Wie dies möglicherweise für einen inklusionssensiblen und potenzialorientierten Mathematikunterricht aussehen kann, haben **Benölken, Veber und Berlinger** (2018) mit Hilfe einer Illustration dargestellt. Sie verbinden die Erkenntnisse und Prinzipien der Mathematikdidaktik mit denen der Inklusionspädagogik, um alle Lernenden anzusprechen und ihnen gleichwohl zu ermöglichen, gemeinsam an einer mathematischen Leitidee zu arbeiten. Die Mathematikdidaktik und die Inklusionspädagogik wird zu einem inklusionssensiblen, potenzialorientierten Mathematikunterricht zusammengeführt, dass Grunderfahrungen für alle Schüler*innen ermöglicht und an mathematischen Leitideen orientiert ist (vgl. Benölken, Veber & Berlinger, 2018, S. 7).

Die Entwicklung von fachdidaktischen Modellen hat für den inklusiven Mathematikunterricht noch nicht vollständig stattgefunden, wie Peter-Koop (2016) kritisch anmerkt. Fetzer (2019) geht noch weiter und schreibt, dass „eine wissenschaftliche Fundierung der Unterrichtsrealität hinterherzuhinken scheint" (ebd., 2019, S. 1). Dieses Desiderat ist auch bei der Auseinandersetzung mit den aktuellen Konzepten für den Mathematikunterricht augenscheinlich, wenngleich anhand der konzeptionellen Darstellungen viele Ansätze und Ideen zu erkennen sind.

Umfangreiche Forschungsaktivität ist in der Mathematikdidaktik im Bereich **Heterogenität** und der Unterrichtsgestaltung zu verzeichnen (Krauthausen & Scherer, 2010; Leiss & Tropper, 2014; J. Leuders, Leuders, Prediger & Ruwisch, 2017; Nührenbörger, 2010).

Kinder besitzen ganz unterschiedliche Fähigkeiten und Kompetenzen. Dies kann sich auf individuelle Lernpotenziale, wie zum Beispiel Vorwissen, Intelligenz oder Sprachkenntnisse beziehen, aber auch auf familiäre Merkmale, wie der sozioökonomische Hintergrund und/oder ein Migrationshintergrund (Helmke, 2009). Boban und Hinz (2003, S. 117) ergänzen Geschlecht, Alter, alle Arten von

Beeinträchtigungen, Kultur und sexuelle Orientierung und sprechen damit weitere Facetten an.

Es zeigt sich erneut, dass sich die Differenzlinien nicht anhand von sonderpädagogischem Förderbedarf bewegen, sondern auch im sozialen Status, besonderen Begabungen, Lernbiografien, Lernpotenzial(en), Muttersprache, Religion und Gender zeigen können (Feuser, 2010). Heterogenität ist keine messbare Eigenschaft, sondern – ebenso wie eine vermeintliche Homogenität – eine perspektivengebundene Konstruktion, die laut Seitz (2008, S. 175) diskursiv behandelt werden sollte. Auch bestimmte Gruppencharakteristika, die sich mit bestimmten Merkmalen und Differenzlinien beschreiben lassen, sind in ihrem Ausprägungsgrad mitunter wieder sehr unterschiedlich; viel hängt an dieser Stelle von den Maßstäben des Betrachters ab (Trautmann & Wischer, 2011, S. 39).

In der Mathematikdidaktik rückt Wittmann (1995b, 1996) mit seinem Paradigma des aktiv-entdeckenden und sozialen Lernens immer schon das Kind mit seinem individuellen Lernprozess in den Fokus – unter Berücksichtigung der jeweiligen Stärken und Schwächen und anknüpfend an den individuellen Lernstand. Es ist eine langjährige Tradition des Mathematikunterrichts und der Mathematikdidaktik differenziert mit Heterogenität umzugehen. Werner (2019) bezeichnet den Begriff „Umgang mit Heterogenität" als Subsummierung für den inklusiven Mathematikunterricht und verweist ebenfalls auf die zahlreiche fachdidaktische Literatur für den Primarbereich.

Die Heterogenität, die sich im Mathematikunterricht zeigt, beginnt bereits vor der Einschulung in Bezug auf Vorwissen und mathematische Vorläuferfähigkeiten, was sich in zahlreichen Studien zeigt (z. B. J. Baumert, 2011; Grassmann, Mirwald, Klunter & Veith, 1995; Selter, 1995). Fakt ist, dass sich das mathematische Denken bereits lange vor Schulbeginn entwickelt und die vor Schuleintritt erworbenen Fähigkeiten den späteren Schulerfolg beeinflussen (Krajewski, 2008; Krajewski & Ennemoser, 2013; Peter-Koop, 2021).

„Wenn eine Lehrerin eine Klasse mit 20 siebenjährigen vor sich hat, dann unterscheiden sich die Kinder in ihrem Entwicklungsalter um mindestens drei Jahre" (Largo & Beglinger, 2010, S. 18). Dieses breite Fähigkeitsspektrum kann mitunter also bei drei bis fünf Jahren liegen (Hengartner, 2004; Lorenz, 2000) und bleibt innerhalb einer Lerngruppe bestehen.

Fetzer (2019) bringt die vorhandene Heterogenität und die damit verbundenen Ansprüche an inklusiven Mathematikunterricht aus Lehrersicht auf den Punkt: „Wie soll man den Zahlenraum bis 1000 erobern, wenn zwei Kinder in der Klasse noch an den Fingern zählend mühsam bis 10 zählen? Wie kann man Sachrechenaufgaben gestalten, wenn einzelne Kinder kaum lesen können?" (ebd., 2019, S. 1).

2.2 Inklusiver Mathematikunterricht

Für den Mathematikunterricht müssen die zahlreichen Heterogenitätsdimensionen (vgl. Boban & Hinz, 2003; Feuser, 2010; Helmke, 2009) ergänzt werden, da auf besondere, fachspezifische Facetten zu achten ist: Sei es eine vorhandene Rechenschwäche, besondere Interessen, Begabungen, wenig bis kaum ausgebildete Vorläuferfähigkeiten bei Schuleintritt oder auch der sprachliche Anteil (zum Beispiel beim Verständnis von Aufgabenstellungen), Lerntempo, Lernstil, Umgang mit Herausforderungen, Ausprägung prozessbezogener Kompetenzen u. Ä. m.. Die Anforderungen sind vielfältig und auch von Lerngruppe zu Lerngruppe sehr divers. Heterogenität ist unvermeidlich (Brügelmann, 2011), anderenfalls läuft man Gefahr, eine Homogenität nach vermeintlichem Leistungsniveau anzustreben, während andere Facetten unberücksichtigt bleiben. Die sonderpädagogischen Förderschwerpunkte sind eine Facette und können im Fachunterricht zu einer Etikettierung führen, die die o.g. anderen Dimensionen unberücksichtigt lassen. Vorsicht ist auch geboten, wenn die „neue Heterogenität" (Richter & Pant, 2016, S. 11) aufgrund der verschiedenen Heterogenitätsdimensionen Möglichkeiten der Mehrfachdiskriminierungen schafft. Merkmalspezifische Benachteiligungen dürfen daher keinesfalls summiert werden. Vielmehr sollte jede mögliche Form der Heterogenität als Inklusionsanlass gesehen werden, auch wenn es letztendlich häufig der Lehrkraft obliegt, Heterogenität als Problemfall, Normalfall oder als Chance (Buholzer & Kummer Wyss, 2010) anzusehen und anzunehmen. Wenn das Ziel eines inklusiven Mathematikunterrichts eine bessere Teilhabe am gesellschaftlichen Leben ist, bedeutet dies, dass Heterogenität nicht nur natürlich vorhanden, sondern auch gewollt ist, und die Schüler*innen gemäß ihrer individuellen Bedürfnisse gefördert und unterstützt werden (T. Böttinger, 2016, S. 25).

Heterogenität im Mathematikunterricht ist folglich nicht nur ein zentrales und schon lange aktuelles, sondern auch sehr vielschichtiges Thema der Mathematikdidaktik, was die Erweiterungen der Heterogenitätsdimensionen im Bereich der mathematischen Kompetenzen eindrücklich zeigen.

Interessant ist an dieser Stelle der Ansatz von **Sliwka** (2014), die am Beispiel der Provinz Alberta in Kanada darstellt, wie ein Schulsystem funktionieren kann, das bereits seit 1972 auf inklusive Bildung setzt und dabei die zentralen Zieldimensionen – Chancengerechtigkeit, Leistungsorientierung und Wohlbefinden aller schulische Akteure – erfüllt (vgl. ebd. 2014, S. 334 ff.). Heterogenität wird zu einer Lernressource, die es zu nutzen gilt. Der Begriff der Heterogenität wird hier im Sinne der inklusiven Unterrichtsgestaltung durch das Leitbild der Diversität abgelöst: „Im Paradigma der Diversität wird die Unterschiedlichkeit der Schülerinnen und Schüler nicht mehr als Problem, sondern als normale

Realität und sogar als Bildungsgewinn wahrgenommen. Die Diversität der Individuen (...) kann dann zu einer Lernressource werden (...)" (Sliwka, 2012, S. 170 f.Auslassungen durch die Verfasserin dieser Arbeit) (Abbildung 2.1).

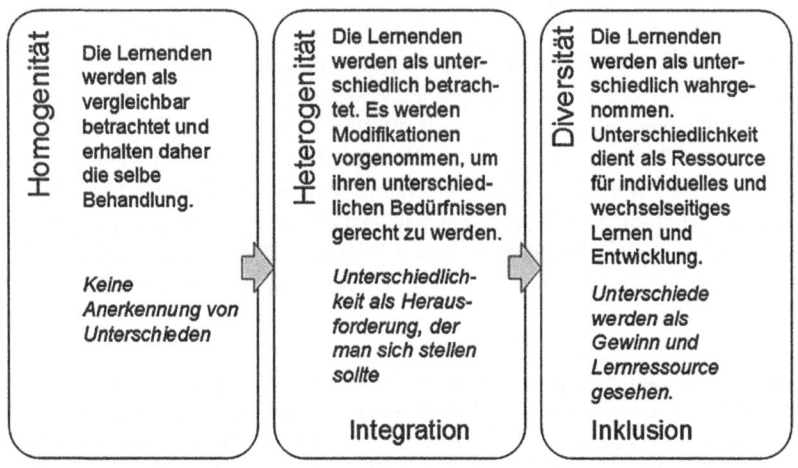

Abbildung 2.1 Von der Homogenität zur Heterogenität (Sliwka, 2014, S. 338)

Es wird deutlich, dass das Leitbild der Heterogenität nur als Zwischenstation dient: Das zentrale Moment ist, Vielfalt als Chance zu sehen und individuelle und gruppenbezogene Entwicklungspotenziale zu nutzen (vgl.Käpnick, 2016c, S. 116). Krauthausen und Scherer (2010) ergänzen: „Versteht man die Heterogenität nicht als»Not«, sondern akzeptiert sie als *Normalität*, dann lässt sich Vielfalt und Verschiedenheit nicht als Hindernis, sondern als *Vorteil* für gemeinsames Lernen verstehen und nutzen" (ebd., S. 3, Hervorh. im Original). Das Autorenteam bezieht sich dabei auf Freudenthal (1974). Dieser verweist auf die Akzeptanz von Heterogenität als Normalität und stellt das miteinander Tätigsein am gleichen Gegenstand in den Mittelpunkt (Freudenthal, 1974, S. 166), was sich zum einen im Konzept von Feuser widerspiegelt und sich zum anderen wie ein roter Faden durch die Publikationen der Mathematikdidaktik zieht.

Die Thesen von Sliwka (2012, 172 ff.) sind als Abkehr von Diversitätsfacetten zu verstehen und weisen viele Überschneidungen mit den von PIKAS aufgestellten Prinzipien für guten Mathematikunterricht auf.

2.2 Inklusiver Mathematikunterricht

Eine (mögliche) Antwort für den Umgang mit der Heterogenität/Diversität ist **Differenzierung**: Ein weiteres Thema mit langer Tradition in der Mathematikdidaktik. In der Schule existieren vielerlei Arten von *innerer Differenzierung*: Sozial, methodisch, inhaltlich, medial, qualitativ und auch quantitativ (vgl. z. B. Krauthausen & Scherer, 2010; T. Leuders & Philipp, 2015; T. Leuders & Prediger, 2017). Im Mathematikunterricht der Grundschule trifft man, neben sozialer und methodischer Differenzierung, vor allem auf quantitative und qualitative Differenzierungsformen. Konkret bedeutet das, dass die Lehrkraft Zusatzaufgaben stellt (quantitativ) oder im Vorfeld nach Schwierigkeiten abstuft (qualitativ) – leider häufig subjektiv (vgl. Krauthausen & Scherer, 2010, S. 4). Abgesehen von dieser Kritik warnt das Autorenteam auch vor der Nutzung des Wortes Differenzierung als „Schlagwort" und „Etikett", was eine „Allzweckwaffe" und/oder ein „Patentrezept" suggeriert (ebd., S. 3).

Rückblickend fordern bereits Klafki und Stöcker (1985) eine innere Differenzierung und legen damit den Grundstein für die weiteren Überlegungen eines differenzierten Mathematikunterrichts. Eine Fortsetzung findet sich in den Unterrichtsvorschlägen von Wittmann und Müller (1992, 1994), die ein gemeinsames Lernangebot präsentieren, das unterschiedliche Schwierigkeitsgrade bietet, Freiheiten bei der Bearbeitung des Lösungsweges und der Darstellung zulässt und soziales Miteinander ermöglicht. Zunehmend gerät die *natürliche Differenzierung* in den Blick, die das „Vorabdifferenzieren" durch die Lehrkraft oder die „Sternchenaufgaben" als Zusatz ersetzt: Der Inhalt rückt in den Fokus und damit Aufgaben, die selbstdifferenzierend sind. Es geht um einen mathematischen Sachverhalt und eine übergeordnete Fragestellung, die zum einen den Ansprüchen einer inhaltlichen Ganzheitlichkeit mit fachlicher Rahmung genügen (vgl. Feuser, 1998) und zum anderen das Kind miteinbeziehen. Durch die selbstdifferenzierenden Aufgaben hat das Kind eine Wahl in Bezug auf Darstellungsform und die Zusammenarbeit. Besonders die Differenzierung vom Kind aus rückt ins Zentrum (Käpnick, 2016c, S. 195): Jedes Kind kann auf seinem Niveau den Lerngegenstand bearbeiten und dabei seinen eigenen Weg der Lösungsfindung wählen, während es bei der Wahl des Hilfsmittels und der Darstellungsweisen frei ist.

Es muss im Vorfeld nicht jedwede Kompetenz- und Niveaustufe durch die Lehrkraft festgelegt sein: Die Differenzierung ergibt sich „aus der Sache heraus". „Eine hohe individuelle Passung" (Korff, 2016, S. 9) wird dadurch erreicht, dass sich die Lehrkraft im Vorfeld genau mit dem Gegenstand beschäftigt hat und das differenzierende Potenzial kennt. Käpnick und Benölken (2020, S. 20) betonen an dieser Stelle die Rolle der Lehrkraft sowie deren Einstellung hinsichtlich der individuellen Förderung jedes Kindes.

Verbindet man die Forderungen nach Teilhabe und gemeinsamen Lernerfahrungen unter besonderer Berücksichtigung der inklusions- und sonderpädagogischen Ausführungen mit den Betrachtungen zu den fachdidaktischen Prinzipien Heterogenität und Differenzierung sowie mit dem Appell, jedes Kind gemäß der „Zone der nächsten Entwicklung" (Vygotskij, 1978) zu unterrichten, weist dies in Summe auf eine natürliche Differenzierung mit guten Aufgaben hin, um guten inklusiven Mathematikunterricht zu gestalten. Gleichzeitig kann damit die Forderung nach Gemeinsamkeit im Sinne eines kommunikativen und kooperativen Austausches geschehen. Auch hier gilt wieder, dass gute Aufgaben kein „Allheilmittel" sind, sondern immer wieder adaptiert werden müssen, jede Gruppe diagnosegeleitet unterrichtet werden sollte, gemeinsamer Austausch ebenso wie effektives Üben gewährleistet werden muss, da sich Lerngruppen immer wieder voneinander unterscheiden und keine wie die andere ist. Die Rahmenbedingungen müssen stimmen und von der Lehrkraft durchdrungen sein, was sich in Korffs Resümee (2015b, S. 69) wiederfindet: Es geht um einen mathematischen Kern, eine Initiierung der Lernprozesse und die Akzeptanz individueller Lernwege. All das fasst **Implikationen für die Gestaltung von gutem, inklusiven Mathematikunterricht** zusammen.

„In einem inklusiven Fachunterricht sind die fachdidaktischen Ansprüche des jeweiligen Unterrichtsfaches mit den individuellen Bildungsbedarfen sowie den Lernausgangslagen und –möglichkeiten der Schüler miteinander in Beziehung zu setzen" (Werner, 2019, S. 15).

Die Frage, welche Aufgabe die Fachdidaktik übergeordnet in Bezug auf Inklusion hat – dies betrifft primär die Schul- und Unterrichtsentwicklung und deren Dimensionen –, beantwortet Peter-Koop (2016) mit einem Schaubild (Abbildung 2.2):

2.2 Inklusiver Mathematikunterricht

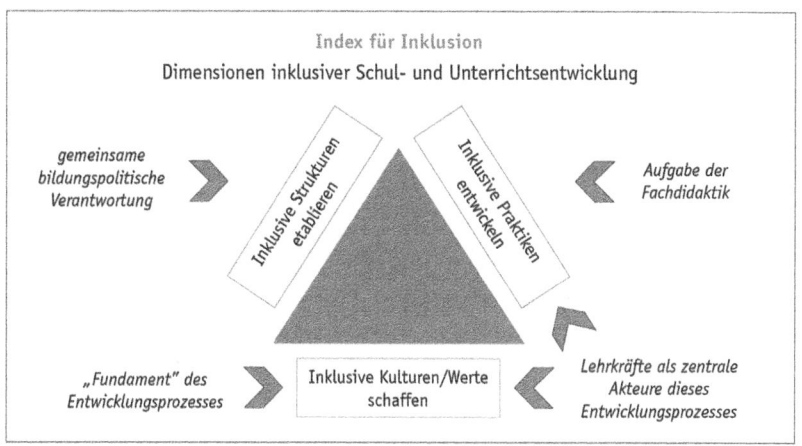

Abbildung 2.2 Index für Inklusion (Peter-Koop, 2016, S. 4). (in Anlehnung an Boban und Hinz, 2003, weiterentwickelt)

Die Abbildung zeigt zudem die zentrale und nicht zu unterschätzende Rolle der Lehrkräfte als „die wichtigste Ressource" (Peter-Koop, 2016, S. 5) die bei der Umsetzung des gemeinsamen Lernens sowohl für die Unterrichtsgestaltung als auch für eine der Inklusion angemessene Umgebung Verantwortung tragen.

Für den inklusiven Unterricht allgemein sind international als auch national sehr umfangreiche Gelingensbedingungen zusammengestellt (vgl. z. B. B. Baumert & Vierbuchen, 2018; Boban & Hinz, 2003; Booth & Ainscow, 2019; Meijer, 2003). Für den inklusiven Mathematikunterricht findet man weitere fachspezifische Gelingensbedingungen. Als besonders inklusionsrelevant und signifikant können – wie oben bereits erwähnt – folgende Aspekte für den inklusiven Mathematikunterricht angenommen werden: Die (zunehmende) Heterogenität der Schülerschaft und der Umgang damit, sowie Differenzierung, Kooperation, Kommunikation und der gemeinsame Lerngegenstand bzw. gute Aufgaben.

Ein inklusiver Mathematikunterricht...

- ermöglicht uneingeschränkte Teilhabe (Dexel, 2020; Gummels, 2020; Korff, 2015b).
- berücksichtigt alle Facetten von Heterogenität, nimmt alle Schüler*innen in ihrer Vielfalt und Individualität wahr und ist ganzheitlich angelegt.

- nutzt vielfältige Differenzierungsformen (vorzugsweise die natürliche Differenzierung), um den individuellen Lernvoraussetzungen der Schüler*innen gerecht zu werden.
- macht sich im Sinne einer ganzheitlichen Einordnung auf den Weg von der Heterogenität zur Diversität (Dexel, 2020; Veber et al., 2016).
- bezieht Vorerfahrung und Vorwissen bei der Unterrichtsgestaltung mit ein (Käpnick, 2016c; Schipper, 2016) und nutzt die „Zone der nächsten Entwicklung" (Vygotskij, 1978).
- nutzt eine prozessorientierte Diagnostik (Häsel-Weide & Nührenbörger, 2017c; Käpnick, 2016b; Scherer & Moser Opitz, 2010).
- aktiviert die Lernenden im Sinne des aktiv-entdeckenden Lernens nach dem Ansatz von Wittmann (Käpnick, 2016c; Sikora & Voß, 2018).
- fördert sowohl rechenschwache (Häsel-Weide, 2016b) als auch besonders begabte Schüler*innen gleichermaßen (Käpnick & Benölken, 2016), indem differenzierende Aufgaben genutzt werden, die alle Kinder ansprechen (Hirt & Wälti, 2016).
- beachtet besondere Hürden im Lernprozess (Schulz, 2020; Streit-Lehmann, Flottmann & Peter-Koop, 2022).
- achtet auf besondere Probleme beim Rechnenlernen (J. Leuders, 2016; Ratz & Moser Opitz, 2016; Scherer & Moser Opitz, 2010).
- legt Wert auf die Entwicklung eines mathematischen Verständnisses und sieht den eigenen Lern- und Lösungsprozess der Schüler*innen (Götze et al., 2020).
- berücksichtigt die Fachsprache und die Gestaltung eines sprachsensiblen Mathematikunterrichts (Prediger et al., 2017; Tiedemann, 2012, 2015).
- setzt auf Kommunikation und Kooperation, vor allem in Bezug auf Lösungswege und Lösungsstrategien (Häsel-Weide & Nührenbörger, 2017a; Nührenbörger & Verboom, 2005).
- öffnet den Unterricht vom Fach aus (Hirt & Wälti, 2016).
- ermöglicht fachlichen Austausch (Gummels, 2020; Korff, 2016).
- erfordert eine transparente Leistungsbewertung (Käpnick, 2016c).
- nutzt gute Aufgaben, die realitätsbezogen zwischen Wissen und Lebenswelt einzuordnen sind (Benölken, 2016; Dexel, 2020).
- nutzt Feusers Ansatz als Basis für die Arbeit am gemeinsamen Gegenstand (vgl. Abschnitt 4.1.1 und 4.1.2) (Fetzer, 2019; Häsel-Weide, 2017; Peter-Koop, 2016; Prediger & Höveler, 2017; Rottmann & Peter-Koop, 2015a; Werner, 2019).
- fördert sowohl inhalts- als auch prozessbezogene Kompetenzen (Hirt & Wälti, 2016).

- setzt auf Darstellungsmittel, die im Sinne des EIS-Prinzips nach Bruner (1972) unterschiedliche Darstellungsebenen berücksichtigen (Korff, 2015b; Schulz, 2020).

Setzt man diese Implikationen bzw. Gelingensbedingungen in Beziehung zu der gängigen Schulpraxis und der Kategorisierung mit Hilfe von zugewiesenen Förderschwerpunkten, fällt auf, dass sich Spannungsfelder abzeichnen. Korff (2015b, S. 23) kritisiert, dass es in der Schule an einer „konsequenten Überwindung einheitlicher Lernziele" fehlt. In der Schulpraxis ist eine Überwindung nur durch eine lernzieldifferente Beschulung möglich, was aber wiederum die Feststellung eines sonderpädagogischen Förderbedarfs voraussetzt (betrifft alle Förderschwerpunkte, bis auf den Förderschwerpunkt ESE). Ein Zielkonflikt: Es werden wieder die Grenzen der Inklusion deutlich, die durch das Schulsystem vorgegeben sind (Moser & Lütje-Klose, 2016, S. 9).

In der Schulpraxis entwickelt sich eine doppelte Dialektik zwischen individueller Förderung und Gemeinsamkeit. Rottmann und Peter-Koop (2015a) führen aus, dass beides „in dieser Extremposition nicht gelingen" (ebd., 2015, S. 6) kann, sondern das Motto lauten sollte: „So viel gemeinsam wie möglich, so individuell unterstützt wie nötig." (ebd., 2015, S. 6). Ein Gedanke, der in den abschließenden Überlegungen aufgegriffen werden wird.

2.3 Effekte inklusiver Beschulung

Die Effekte inklusiver Beschulung von Schüler*innen werden bereits seit Jahrzehnten mit unterschiedlicher Schwerpunktsetzung untersucht (Jütte & Lüken, 2021; Lütje-Klose & Miller, 2015). An dieser Stelle sind die empirischen Forschungsergebnisse zu den Auswirkungen von inklusivem Unterricht auf die schulischen Leistungen der Schüler*innen, auf deren Persönlichkeitsentwicklung sowie auf das Wohlbefinden der Klassen von Belang.

Beim Vergleich der vorliegenden empirischen Ergebnisse von nationalen und internationalen Studien sind Divergenzen zu beachten, die z. B. bei der schulischen Umsetzung oder der Diagnostik vorliegen, wodurch ein direkter Vergleich erschwert wird. Ebenso ist anzumerken, dass bei den Studien vor allem zwischen Schüler*innen mit und ohne Förderschwerpunkt unterschieden wird; andere Differenzlinien werden in separaten Studien erhoben (z. B.: Mehrsprachigkeit). Möller (2013) kritisiert an dieser Stelle, dass sich die meisten Untersuchungen auf Kinder mit leichten bis mittleren kognitiven Einschränkungen beziehen (ebd., 2013, S. 18).

Die überwiegende Anzahl der Studien weist in Bezug auf die **Leistungen** von Schüler*innen mit sonderpädagogischem Förderbedarf darauf hin, dass die Leistungen bei inklusiver Beschulung in einer Regelschule besser sind als die von Schüler*innen, die eine Förderschule besuchen, und zwar unabhängig von dem festgestellten Förderbedarf (Baker, Wang & Walberg, 1994; Haeberlin, Bless, Moser & Klaghofer, 1999; Kocaj et al., 2015; Lütje-Klose, Neumann, Gorges & Wild, 2018; Sermier Dessemontet, Benoit & Bless, 2011; Tent, Witt, Zschoche-Lieberum & Buerger, 1991; Walter-Klose, 2013).

„Insbesondere für eher leistungsschwache Schülerinnen und Schüler erweisen sich heterogene Lerngruppen, in denen auch leistungsstarke Schülerinnen und Schüler unterrichtet werden, in unterschiedlichen Kontexten als günstig" (Textor, 2018, S. 73). Als Erklärungsansatz verweist Textor (2018) auf das Lernen von- und miteinander und auf den insgesamt vermutlich eher fordernden Unterricht, da sich im Unterricht das gesamte Leistungsspektrum zeigt. Eine Durchmischung kann sich somit positiv auf den Lernerfolg auswirken und die Leistungsentwicklung unterstützen.

Die Befunde in Bezug auf die Effekte des gemeinsamen Lernens sind bei Kindern mit und ohne sonderpädagogischem Förderbedarf folglich tendenziell positiv, wenngleich im Allgemeinen eher die Lernschwachen profitieren (Werning, 2018). Es wird davon ausgegangen, dass Schüler*innen mit dem Förderschwerpunkt Lernen gleichwertige oder auch bessere Leistungen zeigen und mit zusätzlicher sonderpädagogischer Unterstützung vom gemeinsamen Unterricht profitieren. Die Untersuchungen von Wocken (2005, 2007) zeigen, dass Kinder mit sonderpädagogischem Förderbedarf von der gemeinsamen Beschulung in der allgemeinen Schule profitieren, als auch, dass die Förderung an Förderschulen weniger wirksam ist und sich der Leistungsrückstand vergrößert, je länger die Schüler*innen eine Förderschule besuchen. Moser Opitz (2011) und Ginnold (2008) kommen in ihren Untersuchungen zu dem Schluss, dass bei Schüler*innen mit dem Förderschwerpunkt Lernen auch die beruflichen Perspektiven nach Besuch einer inklusiven Schule besser sind.

Heimlich und Wember (2016) kritisieren jedoch die Uneinheitlichkeit der Befunde und rücken stattdessen die Lehrperson ins Zentrum der Überlegungen, da von dieser die Unterrichtsgestaltung, Kooperation und Einstellung abhängig ist (siehe auch Peter-Koop (2016) sowie Abb. 8 in Abschnitt 2.2). Souvignier (2016, S. 142) hinterfragt in seinem Aufsatz, ob es aufgrund der eingeschränkten Kapazitäten von Schüler*innen mit Lernschwierigkeiten überhaupt möglich ist, dass alle voneinander profitieren. An seiner Kritik wird erneut der hohe Anspruch von Inklusion und inklusivem Unterricht deutlich, gleichzeitig wird aber auch die Bedeutung der individuellen Lernausgangslage betont.

2.3 Effekte inklusiver Beschulung

Trotz kritischer Stimmen kann belegt werden, dass Schüler*innen mit sonderpädagogischem Förderbedarf in inklusiven Unterrichtssettings bessere Leistungen zeigen. Daran schließt sich die Frage an, welche Effekte die gemeinsame Beschulung auf die übrige Lerngruppe ohne Förderschwerpunkt hat. Textor (2018, S. 73) kommt aufgrund der Datenlage zu dem Schluss, dass die Schulleistungen ähnlich gut sind, die Streuungen im unteren als auch im oberen Leistungsbereich jedoch größer sind. Möllers Befürchtungen (vgl. Möller, 2013, 27 f.), dass in einem inklusiven Unterricht die Leistungen abnehmen, die Schüler*innen ohne Förderschwerpunkt schlechter gefördert oder sogar gebremst werden, lässt sich empirisch nicht belegen (vgl. Schöttler, 2019, 15f). Nichtsdestotrotz ist weitere empirische Arbeit hier von Nöten.

Bezogen auf die **soziale Entwicklung und soziale Integration** finden sich laut Möller keine eindeutigen Effekte (vgl. Möller, 2013). Ein festgestelltes positiveres Selbstkonzept von Schüler*innen an Förderschulen geht möglicherweise auf ein besseres Notenniveau an der Förderschule zurück (Tent et al., 1991). Eine neuere Studie von Lütje-Klose et al. (2018) setzt sich umfassend mit dem Wohlbefinden von Schüler*innen auseinander; dort sind ebenfalls keine signifikanten Unterschiede festzustellen.

Studien zum Wohlbefinden der Schüler*innen sind ein weiteres Forschungsdesiderat – ein genauerer Blick auf das soziale Lernklima in Lerngruppen bezüglich inklusiver Settings scheint wesentlich. Textor (2018, S. 78) folgert, dass es prinzipiell positive Einschätzungen gibt, es aber auf die konkrete Unterrichtsgestaltung, Beziehungsarbeit und die Rahmenbedingungen ankommt; auch hier scheint sehr viel von Lehrperson und der individuellen Gestaltung des Unterrichts abzuhängen. Positive Beliefs und somit eine handlungsleitende Diagnostik, die sich aus den eigenen Erfahrungen und dem bisherigen erlernten Wissen ergibt, werden als besonders förderlich für den Umgang mit Heterogenität angesehen (J. Baumert & Kunter, 2006; Kunter et al., 2011).

Kahlert und Grasy (2019) führen neben den Schwierigkeiten der Definition und Feststellung eines Förderbedarfs an, dass zahlreiche Bedingungen zu berücksichtigen sind, um zu entscheiden, wie gut ein institutionelles Setting die Fähigkeit zur Teilhabe fördert: Vorwissen, Können, Schüler-Lehrer-Interaktion, Vorgaben, die Lehrkraft, die räumlichen Gegebenheiten, das schulische Umfeld und außerschulische Unterstützungsmöglichkeiten (ebd., 2019, S. 14).

Die Untersuchung interaktionaler Aushandlungen im Unterricht zeigen positive Auswirkungen – durch **kooperatives Miteinander** profitieren alle in der Lerngruppe und können sich in ihrer heterogenen Umgebung fachlich weiterentwickeln (Wocken, 2005).

Jütte und Lüken (2021), die die Forschungsergebnisse unter besonderer Berücksichtigung des **mathematischen Lernens** zusammengefasst haben, weisen darauf hin, dass die Forschungsergebnisse neutrale bis positive Effekte zeigen. Das Autorinnen-Team verweist auf internationale Studien (z. B. Karsten 2001; Peetsma 2001 und Slavin 1995), die belegen, dass Kinder mit Förderschwerpunkten Lernen und ESE in ihren mathematischen Kompetenzen stärker entwickelt sind, als in separativen Settings (Jütte & Lüken, 2021). Andere Studien finden nur vergleichbare Leistungen bei Kindern mit SFP.

Bei Kindern ohne Förderschwerpunkt scheint inklusive Beschulung keine bzw. leicht positive Auswirkungen auf ihre mathematischen Leistungen zu haben (z. B. McDonell 2003, Cole 2004). Jütte und Lüken (2021) führen die divergenten Ergebnisse auf Forschungssettings und die jeweilige Unterrichtsgestaltung zurück und folgen damit den Argumentationen von Textor (2018) und Kahlert und Grasy (2019).

Zugleich ist aber auffällig, dass speziell das Fach Mathematik von Lehrkräften als herausfordernd empfunden wird. Empirische Befunde zu den Einstellungen von Lehrkräften finden sich bei Korff (2015b) und Dexel (2017, 2020), Fallstudien zu gemeinsamen Lernsituationen im Mathematikunterricht bei Oechsle (2020), sowie eine Übersicht über die Sicht von Lehrkräften auf Inklusion bei Textor (2018, 79 ff.).

In Bezug auf inklusive Unterrichtssettings und die Schulleistungen zeichnet sich zusammenfassend ein positives Bild für Schüler*innen mit Förderschwerpunkt ab, gleichwohl scheint es für Schüler*innen ohne Förderschwerpunkt keine negativen Auswirkungen zu geben. Alle Ergebnisse deuten darauf hin, dass ein inklusiver Unterricht erfolgreich für alle sein kann, dass aber die Bedingungen sehr entscheidend sind (Möller, 2013; Textor, 2018). Auch der Bereich der Feststellung der Förderschwerpunkte und damit verbunden die stattfindende Diagnostik ist von übergeordneter Brisanz. Des Weiteren ist kritisch anzumerken, dass sich die Ergebnisse zu den mathematischen Leistungen häufig auf den arithmetischen Inhaltsbereich beziehen (Jütte & Lüken, 2021). Die übrigen inhaltsbezogenen sowie die prozessbezogenen Kompetenzen bleiben unberücksichtigt (siehe Forderungen KMK, 2022a).

2.4 Aktueller Forschungsstand in der Mathematikdidaktik

In der Mathematikdidaktik und den einschlägigen Publikationen gehört das Thema Heterogenität und der Umgang damit im Mathematikunterricht zu den zentralen Forschungsthemen (vgl. Einleitung und Abschnitt 2.2). Das Auftreten von Heterogenität bezieht sich dabei besonders auf Kinder und ihre mathematischen Leistungen; dazu zählen Lernende mit Schwierigkeiten in Mathematik, rechenschwache Kinder oder Kinder mit sonderpädagogischem Förderbedarf, der sich auf das Mathematiklernen auswirkt (Häsel-Weide & Nührenbörger, 2017c; Häsel-Weide, 2019; Korten, 2020; Ratz, 2011; Ratz & Moser Opitz, 2016).

Die Weiterentwicklung der Heterogenität mit Hilfe ergänzender Thesen finden sich im „Hexagon inklusiver Lernkultur" nach Käpnick (2016c) wieder und unterstreicht die Forderung nach einem Konzept für den inklusiven Mathematikunterricht, um der Diversität der Schülerschaft unter Berücksichtigung der Kriterien und Prinzipien für guten Mathematikunterricht angemessen zu begegnen.

Erreicht wird die angestrebte und geforderte natürliche Differenzierung mit guten Aufgaben, die sich in der Fachliteratur vielfach finden lassen (Benölken, 2016; Büchter & Leuders, 2005; Häsel-Weide & Nührenbörger, 2017b; Hirt & Wälti, 2016; Käpnick, 2016c; T. Leuders & Philipp, 2015; Nührenbörger & Pust, 2016; Pliquet, Selter & Korten, 2017; Ruwisch & Peter-Koop, 2003).

Die Vielfalt der Lernvoraussetzungen im Mathematikunterricht der Grundschule hat in den letzten Jahren in besonderem Maße zugenommen. Unterricht muss aber nicht prinzipiell neu gedacht oder sogar neu erfunden werden; stattdessen sollten grundlegende Prinzipien für guten Mathematikunterricht weitergedacht werden. Die Ausführungen zu Heterogenität und natürlicher Differenzierung (siehe Abschnitt 2.2) zeigen, dass sich die Mathematikdidaktik schon vor langer Zeit auf den Weg gemacht hat, die unterschiedlichen Voraussetzungen, Lerntempi, Fähigkeiten, Fertigkeiten der Lerngruppe als Herausforderung, aber auch als Ressource anzunehmen und zu nutzen. Scherer und Moser Opitz (2010) führen dazu aus, dass die Kriterien eines guten Mathematikunterrichts zu berücksichtigen, aber in Bezug auf spezifische Rahmenbedingungen und auf die heterogene Schülerschaft anzupassen sind.

Das zentrale Merkmal inklusiver Didaktik ist die Verknüpfung von Gemeinsamkeit mit der Offenheit für Differenzierung in der heterogenen Lerngruppe (vgl. z. B. Prengel, 2013). Exakt diese Begrifflichkeiten finden sich als besonders inklusionsrelevant im Mathematikunterricht und in Feusers Konzept (1998) zum Lernen am gemeinsamen Lerngegenstand wieder. Im Zentrum steht die gemeinsame Arbeit an einem fachlichen Lerngegenstand; dieser Ansatz „fügt sich nahtlos in das Konzept der Natürlichen Differenzierung (...) ein" (Fetzer, 2019, S. 17Auslassungen durch die Autorin NF) und ist folglich mit didaktisch-methodischen Ansprüchen und grundlegenden Prinzipien für guten Mathematikunterricht verbunden. Natürliche Differenzierung ist keine Erfolgsgarantie, aber es ist ein Weg, um gemeinsames Lernen aller Kinder zu ermöglichen (vgl. auch Krauthausen & Scherer, 2010, S. 17). An dieser Stelle muss eine Konkretisierung auf das gemeinsame fachliche Lernen mitgedacht werden (Häsel-Weide & Nührenbörger, 2017b).

In Bezug auf die Ansprüche und Prinzipien wird deutlich, welche qualitativen Erfordernisse für die Unterrichtsgestaltung von Nöten sind, um ein gemeinsames Lernen als von- und miteinander Lernen am mathematischen Kern zu ermöglichen. Der Ausspruch „Ausgangspunkt der Überlegungen sollte stets der gemeinsame Gegenstand sein" (Häsel-Weide, 2017, S. 21), zeigt die zentrale und vor allem nicht zu unterschätzende Aufgabe der Lehrkraft. Diese muss einen Lerngegenstand identifizieren, der gleichzeitig auf unterschiedlichen Niveaus bearbeitet werden kann, sodass alle Kinder einer Lerngruppe daran arbeiten können. Es ist von fundamentaler Bedeutung, Aufgaben entsprechend der Lerngruppe zu adaptieren (Pliquet et al., 2017). Dabei ist der Anspruch, dass alle vorliegenden Heterogenitätsfacetten berücksichtigt werden und sich nicht auf das mathematische Leistungsgefälle beschränken. Auf diese Weise trägt der Unterricht der Gemeinsamkeit und der individuellen Förderung Rechnung.

Besondere Chancen bieten gute Aufgaben, die im Sinne der natürlichen Differenzierung eingesetzt werden und ein breites Forschungsgebiet der Mathematikdidaktik sind (Benölken, Berlinger & Veber, 2018; Häsel-Weide & Nührenbörger, 2015; Scherer, 2017). Auch hier steht das gemeinsame Arbeiten auf inhaltlicher Ebene im Fokus. Nicht gemeint ist zielgleiches Arbeiten im Gleichschritt, sondern auf unterschiedlichen Niveaus, in unterschiedlichem Tempo sowie auf eigenen Wegen lernen, was wiederum die individuelle Förderung abdeckt (Schöttler, 2019, S. 28).

Es bedarf konkreter Unterrichtsbeispiele, wie ein gemeinsamer Lerngegenstand für die Unterrichtspraxis aussehen kann. Ein möglicher Ausgangspunkt dafür können die fundamentalen Ideen von Winter (2001) oder die Vorschläge von Wittmann (1996) sein, auf die Häsel-Weide (2017, 21 f.) verweist: Bedeutsame Inhalte sind ausgewählt und unter Berücksichtigung des Spiralprinzips umsetzbar. Korff (2015a) schlussfolgert für die Entwicklung des inklusiven Mathematikunterrichts Folgendes:

„Eine Konzentration auf das Wesentliche, i.S. der fundamentalen Ideen der Mathematik kann die Voraussetzung schaffen für ein mit- und voneinander Lernen aller Schüler_innen über diverse Kompetenzniveaus hinweg" (ebd., S. 252).

Für den inklusiven Mathematikunterricht in der Grundschule gibt es (bislang noch) kein tragfähiges Konzept (Rottmann & Peter-Koop, 2015a; Werner, 2019). Auf der anderen Seite ist im vorliegenden Kapitel dieser Arbeit deutlich geworden, dass sich die Mathematikdidaktik bereits seit Jahrzehnten mit inklusionsrelevanten Aspekten auseinandersetzt und weiterentwickelt. Bereits Freudenthal (1974) hat sich mit der zunehmenden Heterogenität im Mathematikunterricht beschäftigt und diese als Normalfall bezeichnet. In der aktuellen Diskussion setzt sich zudem immer mehr durch, die Unterschiedlichkeit der Lernenden nicht nur als Normalität, sondern als positive Ressource zu verstehen, die es nicht zu verhindern, sondern zu nutzen gilt.

2.5 Inklusionsverständnis dieser Arbeit

Aktuell rückt folgerichtig die Forschung zur Heterogenität, Unterrichtsdidaktik, Schulentwicklungsforschung und Professionalisierung der (zukünftigen) Lehrkräfte (Moser & Lütje-Klose, 2016, S. 9) in den Fokus der Betrachtung; besonders die Begriffe Heterogenität und Diversität sind von übergeordneter Bedeutung, während man in der Praxis vorrangig der dichotomen Einteilung „Schüler*innen mit und ohne Förderbedarf" begegnet.

Die Zielsetzung der schulischen Inklusion als Teilhabe und Partizipation aller Kinder ist jedoch weiter zu fassen und zwar „unabhängig von individuellen Merkmalen oder Zugehörigkeitszuschreibungen zu bestimmten Gruppen" (Textor, 2018, S. 13). Eine Unterscheidung bezüglich eines Merkmals führt erneut zu einer Kategorisierung hinsichtlich eines zugeschriebenen Merkmals (Faust-Siehl & Speck-Hamdan, 2001, S. 14). Es geht um Betonung der Unterschiede von Kindern und Berücksichtigung aller Heterogenitätsdimensionen (Grosche, 2015, S. 24; Werning & Avci-Werning, 2016, 16f). Hinz (2010) bezeichnet Inklusion als „Vielfalt willkommen heißen" (o.S.). Entscheidend ist folglich das Adressatenverständnis.

C. Lindmeier und Lütje-Klose (2015b) differenzieren zwischen einem engen, behinderungsbezogenen Adressatenverständnis, einem weiten auf „alle" Diversitätsmerkmale bezogenen Adressatenverständnis und einem Verständnis, das auf alle Lernenden, besonders aber auf vulnerable Gruppen, bezogen ist (2015b, 7f).

Ein „*enges, behinderungsbezogenes Adressatenverständnis*" (C. Lindmeier & Lütje-Klose, 2015b, S. 7; Hervorhebung i.O) bezieht sich vor allem auf Menschen mit Behinderung(en) und nimmt ihre Bedürfnisse einerseits und das Recht auf Partizipation andererseits in den Blick, ist dementsprechend konventionell sonderpädagogisch geprägt. Ein enges Inklusionsverständnis verengt den Blick auf Behinderung und sonderpädagogische Förderung und ignoriert „viele andere Aspekte von Verschiedenheit (...), die die Bildungspartizipation von Schüler(inne)n behindern und fördern können" (Werning & Avci-Werning, 2016, S. 16). Inklusion und inklusiven Unterricht auf diese Differenzlinie zu beschränken und sich entlang sonderpädagogischer Kategorien zu bewegen (Preuß, 2018, S. 18), greift aber zu kurz, wie die Ausführungen gezeigt haben.

Ein „*weites, auf „alle" Diversitätsmerkmale bezogenes Adressatenverständnis*" (C. Lindmeier & Lütje-Klose, 2015b, S. 8; Hervorhebung i.O) verzichtet auf die Unterteilung und Kategorisierung und orientiert sich an Prengels „Pädagogik der Vielfalt" (1990). Alle Schüler*innen werden als normal angesehen, starre Kategorien verworfen und stattdessen durch einen individuellen Blick auf die Kinder und ihre Bedürfnisse ersetzt (Textor, 2018, S. 31). Trotz eines Verzichts auf Kategorisierungen sollen individuelle Bedürfnisse einzelner Schüler*innen ausreichend berücksichtigt werden.

Das dritte „*auf alle Lernenden, besonders auf vulnerable Gruppen bezogenes Adressatenverständnis*" (C. Lindmeier & Lütje-Klose, 2015b, S. 8; Hervorhebung i.O) adressiert wie beim weiten Inklusionsverständnis alle Schüler*innen, besonderen Stellenwert nehmen aber Kinder aus gesellschaftlich benachteiligten Gruppen, die als marginalisiert gelten, ein.

An der vorgenommenen Untergliederung von C. Lindmeier und Lütje-Klose (2015b) werden die unterschiedlichen Positionen, aber auch die Widersprüche innerhalb der Diskussionen deutlich. Es zeigen sich erneut die Probleme der wissenschaftlichen Fundierung aufgrund des fehlenden gemeinsamen Konsens. Wieder spielt der Begriff der Heterogenität eine zentrale Rolle – doch dieses ist bei einem engen Inklusionsverständnis auf die beschriebene Kategorisierung ausgerichtet. Mit dem Begriff des sonderpädagogischen Förderbedarfs wird im Allgemeinen ein Synonym für Behinderung geschaffen, andere Heterogenitätsmerkmale aber weitestgehend ausgelassen. Förderschwerpunkte stellen nur Facetten der vorhandenen Heterogenität dar, was eine mögliche Einengung der Denkweise birgt, wenn andere Perspektiven der Verschiedenheit ignoriert werden. Der Vorwurf von Hinz (2004) ist somit (immer noch) aktuell, da mit der Kategorie eines sonderpädagogischen Förderbedarfs weiterhin eine dichotome Einteilung stattfindet. Die Dichotomie vernachlässigt neben der dynamischen Entwicklung

2.5 Inklusionsverständnis dieser Arbeit

bestimmte Merkmale, ist pädagogisch nicht einheitlich definiert oder klar unterscheidbar (vgl. dazu Korff, 2015b, S. 21). Zudem kommen bei der Festschreibung der SFP normierte und standardisierte Tests zum Einsatz, um mit Hilfe dieser Verfahren Leistung und Persönlichkeit zu erfassen. Diese Statusdiagnostik grenzt sich von individuellen Lern- und Leistungsentwicklungen ab (Prozessdiagnostik). Im Bereich der Kompetenzmessung sind viele Methoden aber gerade bei Kindern mit sonderpädagogischem Förderbedarf nicht differenziert genug, wie Luder und Kunz (2012) in der Auseinandersetzung mit Bildungsstandards in der Sonderpädagogik ausführen. Prengel (2006) hält dies nur dann für zulässig, wenn Prozessanalysen in Bezug auf die individuelle Entwicklung gerichtet werden.

Zugleich kann die Sicht auf die individuelle Lernsituation, was dem Fokus der Sonderpädagogik entspricht und in der Schule weit verbreitet und wichtig ist, aber auch „einseitig" sein: „Völlig unbeachtet bleibt als ein wesentliches Ziel inklusiver Bildung hier, Gemeinsamkeit zu stiften, Unterschiede als konstruktiv und als Bereicherung anzunehmen und wirklich allen Lernenden Teilhabe an unterrichtlichen Prozessen zu ermöglichen" (Käpnick & Benölken, 2020, S. 293, Hervorh. i. O).

Von Seiten der Bildungsadministration wird ein enger Inklusionsbegriff verwendet, wie Lütje-Klose et al. (2018) ausführen, während „in der erziehungswissenschaftlichen Theoriebildung und im internationalen menschenrechtlichen Diskurs maßgeblich auf einen weiten Inklusionsbegriff im Sinne einer „Education for all" unter Berücksichtigung weiterer Aspekte von Ungleichheit rekurriert wird" (ebd. 2018, S. 110).

Es gilt eine an Platzierungs- und Etikettierungsfragen orientierte Sichtweise auf Schule zu überwinden. Ein Wechsel der Sichtweisen ist fundamental: Statt sich an Defiziten zu orientieren, stehen Potenziale im Blick. Das heißt nicht, dass eine generelle Dekategorisierung, wie zum Beispiel die Abschaffung von Förderschwerpunkten, kompromisslos zu fordern ist, sondern bedacht werden muss, dass auch Diagnosen nicht immer punktgenau sind und Schwankungen unterliegen, da Heterogenität dynamisch ist.

Außer Frage steht, dass die Vielfalt der Heterogenitätsdimensionen den Blick erweitert und die Pädagogik der Vielfalt nach Prengel (1995) an dieser Stelle als Wegbereiter zu sehen ist. Inklusion wird konsequent auf alle vorliegenden Facetten der Diversität übertragen. Die vorliegende Arbeit folgt somit einem weiten Inklusionsbegriff. Ein Ausweg aus dem Begriffsdilemma ist dies in den Augen der Verfasserin dieser Arbeit jedoch nicht. Bildungsstandards und Lehrplan fordern die Einhaltung von Standards und Lernzielen, die nur dann eine lernzieldifferente Beschulung erlauben, wenn ein diagnostizierter Förderschwerpunkt vorliegt.

Korff (2016, S. 9) führt aus, dass sich gelungener inklusiver Unterricht dadurch auszeichnet, dass „er sich an geöffneten, am Kind orientierten Lehr- und Lernformen verpflichtet sieht..." (Korff, 2016, S. 9) und somit differenzierte Gemeinsamkeit ermöglicht. Eine verständnisorientierte Gemeinsamkeit, bei der der Lernprozess im Vordergrund steht, ist zentral (Feuser, 1998; Korff, 2015b; Krauthausen & Scherer, 2010, 2016; Seitz, Finnern, Korff & Scheidt, 2012).

3 Kooperatives Lernen im Mathematikunterricht

Der zu erfüllende Anspruch ist deutlich und klar formuliert: Ein gemeinsames Lernen aller Schüler*innen im Mathematikunterricht soll möglich sein, indem alle Schüler*innen gemeinsam lernen, ohne Ausgrenzung, Benachteiligung oder Bevorzugung (vgl. B. Baumert & Vierbuchen, 2018).

„Gemeinsam" zeigt hier sowohl den inklusiven Grundgedanken als auch eine Gelingensbedingung (B. Baumert & Vierbuchen, 2018), was durch die Ausführungen der Kultusministerkonferenz zur gleichberechtigten Teilhabe verstärkt wird: „Die Schulorganisation, die Richtlinien, Bildungs- und Lehrpläne, die Pädagogik und nicht zuletzt die Lehrerbildung sind perspektivisch so zu gestalten, dass an den allgemeinen Schulen ein Lernumfeld geschaffen wird, in dem sich auch Kinder und Jugendliche mit Behinderungen bestmöglich entfalten können und ein höchstmögliches Maß an Aktivität und gleichberechtigter Teilhabe für sich erreichen" (KMK, 2010, S. 4).

Im Sinne des Lernens am gemeinsamen Gegenstand (Feuser, 1998) gilt es nun, dieses Theorem mit der immer wieder geforderten Kooperation zu verknüpfen (u. a. Brandt & Nührenbörger, 2009b; Häsel-Weide, 2016b; Häsel-Weide & Nührenbörger, 2017b). „Eine Voraussetzung für die erfolgreiche Umsetzung schulischer Inklusion [...] und die damit verbundene Berücksichtigung der Heterogenität [...] beim gemeinsamen Lernen ist die ermöglichte Partizipation an gemeinsamen unterrichtlichen Lehr-Lernprozessen" (Hähn, 2021, S. 91, Auslassungen durch die Autorin NF).

Die Bedeutung des sozialen Aspektes ist unbestritten und eindeutig belegt. Krummheuer (1997, S. 7) führt aus, dass Lernen sozial konstituiert ist, auch Bruner (1972) betont Lernen als sozialen Prozess, und Nührenbörger (2009) geht davon aus, dass „kindliches Lernen nicht allein ein interner mentaler Prozess der individuellen Wissensaneignung ist, sondern dass gerade soziale Beziehungen und Kommunikation mit anderen Personen fundamental für die Weiterentwicklung des Wissen sind" (ebd., 2009, S. 147). Kommunikation und Interaktion sind wesentlich beim Erwerb neuen Wissens; für den Mathematikunterricht ist der Austausch fundamental, denn „(Mathematik-) Lernen findet in sozialer Begegnung mit anderen statt" (Häsel-Weide & Hintz, 2017, S. 78), dabei wird die gesprächsfördernde Kommunikation in der Mathematikdidaktik besonders betont (u. a. Götze, 2007; Götze et al., 2020; Prediger et al., 2017).

Im folgenden Kapitel steht am Anfang eine Präzisierung der Begriffe Kooperation und Ko-Konstruktion mit Blick auf die theoretischen Hintergründe, die beim kooperativen Lernen eine Rolle spielen. Berücksichtigt wird dabei zum einen, welche Ziele mit dem Einsatz im Mathematikunterricht verfolgt werden, als auch die praktische Umsetzung. Das Interesse am kooperativen Lernen im Mathematikunterricht nimmt zu (Konrad & Traub, 2019; Wittich, 2017). Begründungen für den Einsatz lassen sich in vielfältiger Weise finden. Besonders im Kontext von Inklusion stellt sich immer wieder die Frage nach der Unterrichtsgestaltung unter Berücksichtigung des besonderen Potenzials der Heterogenität als Ressource. Das kooperative Lernen wird als wesentliches Gestaltungselement betrachtet (Avci-Werning, 2007; Johnson & Johnson, 1989; Slavin, 1995), wobei in den Ausführungen auf die Basiselemente sowie auf die unterschiedlichen Ansätze eingegangen wird. Ein besonderer Fokus liegt auf dem fachdidaktischen Konzept von Röhr (1995), da es richtungsweisend für diese Arbeit ist. Auf Basis dieser Ausführungen wird ein Blick auf den aktuellen Forschungsstand zum kooperativen Lernen geworfen.

3.1 Kooperation und Ko-Konstruktion

Der Begriff „Kooperation" ist im Alltag sehr präsent und scheint allgemeinverständlich zu sein, eine genauere Betrachtung zeigt aber die enge und teilweise synonyme Verwendung mit anderen Begrifflichkeiten (vgl. Boller, Fabel-Lamla & Wischer, 2018, S. 7). In den mathematikdidaktischen Publikationen taucht zunehmend der Begriff „Ko-Konstruktion" auf (u. a. Brandt & Höck, 2012; Höck, 2015; Howe, 2009; Sutter, 2004), sodass aufgrund der begrifflichen Nähe Klärungsbedarf besteht (Friebertshäuser, Langer & Prengel, 2013).

Ahlgrimm, Krey und Huber (2012) haben sich mit den Konzeptionen intensiv beschäftigt und dabei über sechzig Begriffsdefinitionen verschiedener Disziplinen systematisiert: Kooperation kann demnach als Koordination, Vernetzung, Kollaboration oder Teamarbeit verstanden werden, je nach Gewichtung, Schwerpunkt und Bereich. Die Schnittmenge ist identisch: Es geht um ein gemeinsames Ziel,

3.1 Kooperation und Ko-Konstruktion

das in Zusammenarbeit koordiniert zu erreichen ist, wie es Grillenbacher (1980) beschreibt: „... das Vermögen, mit gleichrangigen Partnern durch koordiniertes Handeln ein gemeinsames Ziel zu erreichen" (Grillenbacher, 1980, S. 12 zitiert nach Röhr (1995, S. 74)). Konrad und Traub (2019, S. 5) ergänzen den wechselseitigen Austausch, mit dem Ziel, Kenntnisse und Fähigkeiten zu erwerben. Ähnlich wie bei Götze (2007, S. 39) geht es um eine Form der sozialen Interaktion, mit dem Ziel für eine gemeinsam zu bewältigende Aufgabe zusammen eine Lösung zu finden. Die Ziele der kooperativen Interaktion in der Gruppe implizieren neben der Lösung der Aufgabe folglich sowohl soziale Lernziele als auch die Förderung inhalts- und prozessbezogener Kompetenzen (vgl. auch Wellenreuther, 2018).

Das gemeinsame Ziel ist das zentrale Element, das durch kooperatives Lernen erreicht werden soll. Nach Johnson, Johnson und Johnson Holubec (1994) heißt das: „Cooperation means working together to accomplish shared goals. Within cooperative activities individuals seek outcomes that are beneficial to all other group members. (…) allows students to work together and maximize their own and each other´s learning" (ebd., 1994, S. 3).

Ein Unterscheidungsmerkmal des kooperativen Lernens zu Gruppenarbeiten ist der Fokus auf das mit- und voneinander Lernen (vgl. Wittich, 2017, S. 73). Eine Gruppenarbeit kann methodisch zentriert sein, ist damit häufig eher ein Selbstzweck und nicht automatisch mit kooperativem Lernen gleichzusetzen, denn nicht jede Gruppenarbeit verläuft kooperativ (Borsch, 2019; Johnson & Johnson, 1999; Lipowsky, 2015). Eine Gruppenarbeit „bezeichnet lediglich die Tatsache, dass Schüler zu einer bestimmen Zeit etwas zusammen erledigen, sie können dabei kooperieren, sie müssen es aber nicht" (Woolfolk, 2008, S. 508). Borsch (2019, S. 25) führt an, dass positive Interpendenz und individuelle Verantwortlichkeit erlebt werden muss, um eine Kooperation zu erreichen – zentrale Gedanken, die für die Forschungsfragen und die Analyse der Ergebnisse maßgeblich sind.

Der Begriff der Ko-Konstruktion geht auf Youniss (1982) zurück, der darunter Aushandlungs- und Kooperationsprozesse unter Interaktionspartner*innen versteht; Sutter (2004) schafft eine deutlichere Differenzierung: Es geht nicht nur um Gemeinsamkeit und Kooperation, sondern letztlich um die Bedeutung und somit auch um die eigene Identität. Bezugnehmend auf Piaget bedeutet das: Jeder befindet sich in einem Prozess der interaktiven Auseinandersetzung mit der Außenwelt/Umwelt. Der Bogen vom Konstruktivismus über die Entwicklungspsychologie hin zur interaktionistischen Perspektive der Soziologie wird damit gespannt. Fthenakis (2009, S. 6) formuliert es wie folgt: Zentral ist die Erforschung von Bedeutung, folglich geht es in einem ko-konstruktiven Prozess um

Verständnis und Interpretation von Bedeutung, was sich im miteinander Diskutieren und Verhandeln widerspiegelt. Dadurch lernen die Kinder, dass die Welt auf verschiedene Weisen erklärt werden kann, Probleme können unterschiedlich angegangen und gelöst werden, Ideen können ausgetauscht, verändert und ausgeweitet werden, das Verständnis wird erweitert; zudem gewinnen die Kinder eine Achtung vor Diversität (ebd., S. 8) – ein Fakt, der besonders fundamental ist. Brandt und Höck (2012, S. 245) definieren Ko-Konstruktion als einen Aushandlungs- und Kooperationsprozess gleichberechtigter Partner*innen; diese Präzisierung ist leitend für die vorliegende Arbeit.

Während Korten (2020, S. 42) von einer synonymen Verwendung von Ko-Konstruktion und Kooperation spricht, unterscheiden Gräsel, Fußangel und Pröbstel (2006) auf der Unterrichtsebene zwischen Austausch, arbeitsteiliger Kooperation und Ko-Konstruktion. Beim Austausch geht es um das wechselseitige Austauschen von Material, Informationen o.ä., bei einer arbeitsteiligen Kooperation werden die Aufgaben unter einer gemeinsamen Zielsetzung nach Absprache anteilig bearbeitet und bei einer Ko-Konstruktion gibt es einen intensiven Austausch und eine enge Zusammenarbeit im Team. Ko-Konstruktion ist folglich eine Form der Kooperation, die sich durch die stärkere Betonung der Bedeutungsaushandlung auszeichnet.

Kooperation ist als komplexer zwischenmenschlicher Prozess zu verstehen, „in dem die Beteiligten im Sinne von Gegenseitigkeit miteinander Handlungsziele und -mittel absprechen und diese in konkrete Handlungsschritte umsetzen (Petillon, 1993, S. 103), während Ko-Konstruktion eine mögliche Form der Kooperation ist. Des Weiteren ist zu ergänzen, dass bei der Kooperation das wesentliche Ziel des von- und miteinander Lernens eine große Rolle spielt. Dies muss im Kontext dieser Arbeit mitgedacht werden, geht es doch um das gemeinsame Lösen einer Aufgabe und das Entwickeln von Lösungsstrategien.

Ein weiteres Modell, das für die Analyse von Lernsituationen relevant ist, stammt von Wocken (1998). Nach Wocken entstehen **koexistente Lernsituationen**, wenn die Gemeinsamkeit über ein räumliches oder zeitliches Dabeisein besteht (vgl. die Ausführungen zu Gruppenarbeiten). Im Zentrum steht nicht die Interaktion, sondern vielmehr die individuellen Handlungen und Ziele der Kinder. Das für Kooperation zentrale Ziel, eine Aufgabe gemeinsam zu lösen, hat hier keine Relevanz (Abbildung 3.1).

3.1 Kooperation und Ko-Konstruktion

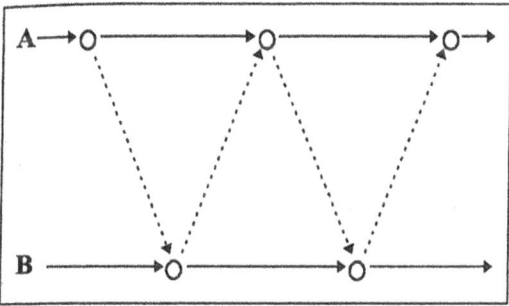

Abbildung 3.1 Koexistene Lernsituationen (Wocken, 1998, S. 41)

Gemeinsamkeit in **kommunikativen Lernsituationen** entsteht über informelle Interaktion, die weder auf den Inhalt noch auf das Lernziel bezogen ist, sondern andere Aspekte (z. B. Befindlichkeiten) thematisiert.

Subsidiäre Lernsituationen zeichnen sich durch gegenseitiges Unterstützen aus: Ein Kind übernimmt die Rolle des Helfers. Unterschieden wird hier zwischen **subsidiär-unterstützend**, wenn es sich um kurzzeitige Hilfe handelt, und **subsidiär-prosozial**, wenn der Helfende sich ganz auf den Hilfsbedürftigen einstellt (Abbildung 3.2 und 3.3).

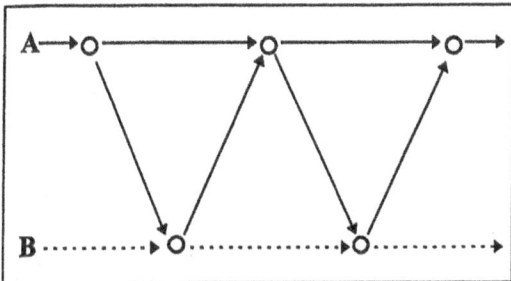

Abbildung 3.2 Subsidiär-unterstützende Lernsituationen (Wocken, 1998, S. 46 f.)

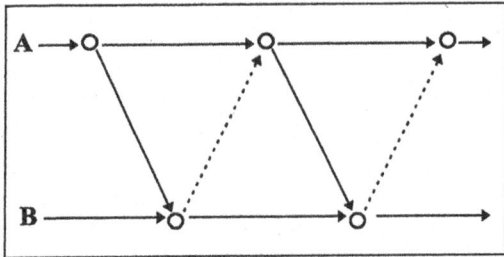

Abbildung 3.3 Subsidiär-prosoziale Lernsituationen (Wocken, 1998, S. 46 f.)

Kooperative Lernsituationen entstehen über den Arbeitsinhalt und die Arbeitsprozesse. Inhalts- und Beziehungsaspekt sind symmetrisch; es findet eine aufgabenbezogene Interaktion statt. Wocken (1998, 48 f.) unterscheidet zwischen **kooperativ-solidarisch** „Wir arbeiten an einem gemeinsamen Ziel" und **kooperativ-komplementär** „Wir verfolgen unterschiedliche Ziele" (vgl. Wocken, 1998, 48 ff.) (Abbildung 3.4 und 3.5).

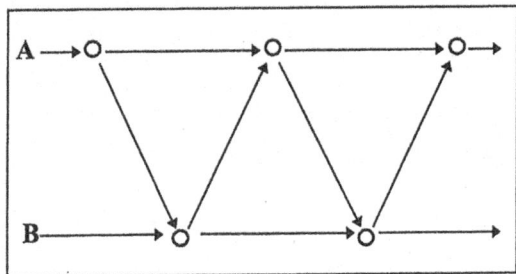

Abbildung 3.4 Kooperativ-solidarische Lernsituationen (Wocken, 1998, S. 48 f.)

3.1 Kooperation und Ko-Konstruktion

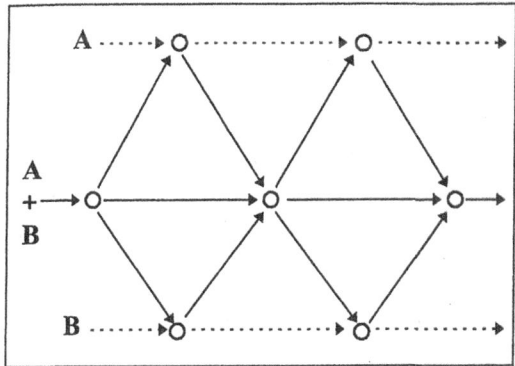

Abbildung 3.5 Kooperativ-komplementäre Lernsituationen (Wocken, 1998, S. 48 f.)

Diese Einteilung zeigt die Option einer genauen Spezifikation. Vor diesem Hintergrund sind Wockens Überlegungen für die weitere Analyse ebenfalls ein leitendes Modell.

Um Grundtypen der Interaktion modellhaft abzubilden und darauf aufbauend Muster zu identifizieren sei des Weiteren auf die Erkenntnisse des Forscherteams Jones und Gerard (1976) verwiesen. Mit Hilfe der von ihnen beschriebenen Interaktionsmuster lassen sich vier Grundtypen unterscheiden, die für die Analyse herangezogen werden. Sie nutzen, ähnlich wie Wocken, Diagrammdarstellung/ Pfeilmuster, um die Interaktionen sichtbar zu machen. Jones und Gerard (1976) unterscheiden zwischen **Pseudokontingenz**, wenn jeder Teilnehmende der Interaktion eigene Ziele und Pläne verfolgt und inhaltlich nicht auf die Äußerungen des anderen eingeht (ebd., 1975, S. 506). Verfolgt jedoch ein*e Gesprächspartner*in eigene Ziele, beeinflusst die eigenen Handlungen maßgeblich, während der andere Gesprächspartner / die andere Gesprächspartnerin reagiert, aber keine eigenen Ziele verfolgt, liegt eine **asymmetrische Kontingenz** vor (ebd., 1976, S. 506). Das Verhalten kann als nicht kontingent versus kontingent klassifiziert werden. Stellen sich die Gesprächspartner*innen nach einer Äußerung spontan auf den anderen ein und entwickeln die Interaktion auf Basis einer vorangegangenen Äußerung weiter, beschreiben sie die Interaktion als **reaktive Kontingenz** (ebd., 1976, S. 510). Wenngleich die Interagierenden aufeinander eingehen, verfolgen sie doch keine Eigenstrategie, was Peter-Koop (2006, S. 52), die den Ansatz für die Beschreibung von Interaktionsmustern bei Fermi-Aufgaben genutzt hat, als sprunghaft und assoziativ bezeichnet. Ist in einer Interaktion zweier Personen ein kontingentes und strategisches Verhalten erkennbar, sprechen Jones und Gerard (1976, S. 511) von einer **wechselseitigen Kontingenz**, was die wechselseitige Steuerung in der Interaktion beschreibt (vgl. auch Peter-Koop, 2006, 51 ff.). Diese sozialpsychologische Perspektive wird ebenfalls für die Analyse der Gesprächssequenzen genutzt.

Festzuhalten ist, dass kooperatives Lernen als eine Interaktionsform zu bezeichnen ist, bei der unter einer gemeinsamen Zielsetzung im Team zusammengearbeitet wird. Abzugrenzen ist das kooperative Arbeiten vom bloßen Austausch als auch von einer arbeitsteiligen Verteilung der Aufgaben. Der inhaltliche Austausch in Bezug auf die Aufgabe steht dabei im Vordergrund – was dem Anspruch des gemeinsamen Lernens am gemeinsamen Gegenstand entspricht – und ist somit als kooperativ-solidarisch zu bezeichnen. Die fachliche Perspektive mit den Bedürfnissen und Besonderheiten des Faches stärkt die Ko-Konstruktion und die daraus entstehenden fachlichen Diskussionen und Bedeutungsaushandlungen. Eine besondere Rolle kommt an dieser Stelle erneut der gestellten Aufgabe zu, denn diese muss den Kindern überhaupt erst die Möglichkeit eröffnen, gemeinsam kooperativ arbeiten zu wollen und zu können (vgl. Abschnitt 2.2).

„Kooperatives Lernen bezeichnet eine Form von Gruppenarbeit, bei der Schülerinnen und Schüler unterschiedlicher Leistungsniveaus zunehmend selbstgesteuert zusammenarbeiten und sich unterstützen" (Avci-Werning & Lanphen, 2013, S. 150) – ergänzt werden muss die zielgerichtete Interaktion sowie die aufgabenbezogene Kommunikation.

Die Verknüpfung des pädagogischen Ansatzes der Interaktion durch Zusammenarbeit und der konstruktivistische Ansatz (Kinder lernen durch aktive Auseinandersetzung mit der Umwelt und handeln Bedeutung aus) zeigt sich bei den Überlegungen von Howe (2009).Die Bedeutung von ko-konstruktiven Problemlöseprozessen unterscheidet sich durch die Integration verschiedener Ideen, den Austausch von Meinungen sowie die Diskussion und die Weiterentwicklung von Lösungsansätzen innerhalb des kooperativen Lernens: Wie nehmen die Kinder aufeinander Bezug? Wie wird neues Wissen erworben? Wie werden Lösungen gefunden? Howe (2009, S. 217 ff.) fokussiert in ihrer Untersuchung den wechselseitigen Austausch, vor allem in Bezug auf den Inhaltsaspekt und unterscheidet zwei Typen:

Typ 1: Symmetrischer Verlauf: Verschiedene Ideen werden zu einer gemeinsamen Lösung von den Gruppenmitgliedern weiterentwickelt.

3.1 Kooperation und Ko-Konstruktion

Typ 2: Asymmetrischer Verlauf: Eine Idee wird akzeptiert, aufgegriffen und weiterentwickelt.

Brandt und Höck (2012, 274 ff.) ergänzen einen weiteren Typus:

Typ 0: Es werden keine divergierenden Ideen ausgehandelt, da am Anfang eine Idee steht, die für alle schlüssig und gleich ist.

Folglich ist nicht jede Interaktion kooperativ. Zwar hat das Interaktionsverhalten einen entscheidenden Einfluss, aber nicht alle sind gleichermaßen an der Interaktion beteiligt (Webb, 1982). Das Ergebnis ist nicht das Ergebnis individueller Anstrengungen, sondern das Ergebnis der Interaktion. Die eingenommenen Rollen sind im Rahmen der Partizipationsanalyse (u. a. Krummheuer & Brandt, 2001) erforscht und beschrieben, was im weiteren Verlaufs dieses Kapitels näher erläutert wird.

Theoretische Perspektiven

Kooperatives Lernen hält sowohl in der Fachdidaktiken als auch in der Unterrichtspraxis in unterschiedlicher Intensität Einzug. Die Grundlagen gehen zum einen auf die Psychologie und die Auseinandersetzung mit der sozialen Interaktion als Beitrag für die kognitive Entwicklung, zum anderen auf die Pädagogik und den Blick auf die Sozialentwicklung des Kindes zurück (vgl. Röhr, 1995, S. 5). Diese zwei theoretischen Perspektiven – kognitiv und sozialbehavioristisch – sind untrennbar miteinander verbunden und wesentlich für die Erforschung von Kooperation (Konrad & Traub, 2019, 102 f.) Wittmann zeichnet diese Entwicklung in seinem Beitrag von 2006 (erstmalig veröffentlicht 1992) nach und bezieht sich dabei auf die grundlegenden Lerntheorien: Behaviourismus, Kognitivismus und Konstruktivismus (vgl. dazu auch Krauthausen, 2018; Wittmann, 1992, 1994).

Während der **Behaviourismus** die äußeren Ursachen betont, die dazu führen, dass neues Wissen erworben wird, und seine Umsetzung im Unterricht im kleinschrittigen Vorgehen sowie im fragend-entwickelten Unterrichtsgespräch und einer Isolierung von Schwierigkeiten stattfindet (Wittmann, 1992, 1994, S. 157), distanzieren sich die Theorien des Kognitivismus und des Konstruktivismus von diesem Ansatz (Krauthausen, 2018; Wittmann, 1992, 1994, 178 f.).

Der **Kognitivismus** betont die aktive Rolle des Lernenden und das Wechselspiel vom Lernenden und Umwelt. Die Entstehung von Wissen ist „das Resultat einer Wechselwirkung zwischen „innen" und „außen"" (Wittmann, 1992, 1994, S. 157 Hervorh. im Original). Wegweisend sind die Ergebnisse der Kognitionspsychologie von Piaget als auch von Vygotskij: Piaget betont die sozial-kognitiven Konflikte, Vygotskij versteht Wissen als im Kern sozial organisiert und als Resultat von sozial-kooperativen Aktivitäten.

Der **Konstruktivismus** ist die Weiterentwicklung von Piagets Epistomologie und betont die aktive Komponente, denn der Lernende konstruiert neues Wissen selbst und lernt auf Basis bestehender, eigener innerer Schemata (Wälti, Schütte & Friesen, 2020a, S. 17). Während der Kognitivismus den Lernzuwachs in Form eines „Trichters" sieht, kann man beim Konstruktivismus eher von einem „Puzzle" der Wissenskonstruktion sprechen. Der Lernende ist dabei aktiv am Vorgang des Lernens beteiligt. Lernen ist ein individueller, aktiver und selbstgesteuerter Prozess.

Das Verständnis vom „Lernen als konstruktiver Prozess" ist von vielen Mathematikdidaktikern aufgenommen worden (Cobb et al., 2000; Ruf & Gallin, 1999; Winter, 1989, 1991, 2016; Wittmann & Müller, 1992, 1994; Wittmann, 1995a; Yackel, Cobb & Wood, 1993). Zahlreiche substanzielle Übungsformate und die sich daraus entwickelte natürliche Differenzierung auf Basis des aktiv-entdeckenden Lernens fußen auf konstruktivistischen Annahmen.

Während Lernen aus konstruktivistischer Perspektive einen Vorgang innerhalb eines Subjekts beschreibt (Wildt, 2007, S. 34), kommt beim Entwurf der individualpsychologischen und kognitivistischen zusätzlich die soziologische Perspektive für die Mathematikdidaktik hinzu (Brandt & Naujok, 2010, S. 15). Menschliches Verhalten hängt nicht nur mit Situationen und Personen, sondern mit dem Zusammenspiel beider zusammen. Die Ergebnisse haben besonders unter dem Aspekt, dass sozio-kognitive Konflikte in sozialer Interaktion entstehen – zum Beispiel bei unterschiedlichen Lösungsansätzen –, zu einem veränderten Verständnis in der Mathematikdidaktik geführt: „Mathematik lässt sich mittlerweile als eine soziale, durch die Sprache vermittelte und kollektiv konstruierte Kulturtechnik verstehen" (Wälti et al., 2020a, S. 22). Aufbauend auf dem sozialen Konstruktivismus entwickeln sich zunehmend **interaktionistische Ansätze** der interpretativen Unterrichtsforschung. In Bezug auf das Lernen von Mathematik werden die Lerntheorien mit Hilfe soziologischer Ansätze und in Verbindung mit dem symbolischen Interaktionismus und der Ethnomethodologie weiterentwickelt (vgl. dazu die Ausführungen von Tiedemann (2012, 44 ff.) oder auch Blumer (1986) zu den Prämissen des symbolischen Interaktionismus).

Lernen findet in und durch Interaktion statt – eine Sichtweise, die in den Ausführungen von M. Miller (1986) unter Betonung der soziologischen Komponente als besonders effektiv für das Lernen zum Tragen kommt. Nührenbörger (2009, S. 150) spricht unter Rückbezug auf Miller davon, dass neues Wissen von Kindern im Zuge einer kollektiven Auseinandersetzung entwickelt wird, wenn die

3.1 Kooperation und Ko-Konstruktion

Grenzen bisherigen Wissens überschritten werden: Das Überschreiten der eigenen Grenzen ist nur im Austausch möglich (M. Miller, 1986). Dies basiert auf Piagets Annahme, dass Wissen aufgrund von kognitiven Konflikten zu Neukonstruktion von Wissen führt, ebenso wie auf Vygotskijs Theorem der Zone der nächsten Entwicklung. Entscheidend ist an dieser Stelle, dass es nicht vorrangig um eine allgemeingültige Lösung geht, die es zu finden gilt, sondern um die Verständigung über die unterschiedlichen Ansätze. Gerade dies festigt die Annahme, dass Heterogenität als Ressource zu verstehen ist. Pauli und Reusser (2000, S. 425) betonen, dass erst durch ein gemeinsam geteiltes Verständnis eines Problems Lernen in sozialer Interaktion möglich ist.

Bauersfeld und Cobb (1995) zeigen, dass Lernen nicht auf das Individuum selbst beschränkt ist, sondern in Interaktion stattfindet. Dies ergänzt die Ausführungen von Krummheuer (1992), der Lernen als sozialen Prozess bezeichnet und den Schnittpunkt zwischen sozialer und persönlicher Identität beschreibt. Krummheuer gilt als Wegbereiter des **Interaktionismus** und hat die Idee der Deutungszuweisung begründet. Subjektive Deutungen sind nach Schütte (2009, S. 56) der Motor des Lernens, denn nur dadurch kann in der Konfrontation ein Abgleich (sprich: eine Deutungsaushandlung) stattfinden.

Seit 1980 gibt es immer mehr interaktionistische Ansätze (u. a. Krummheuer, 1992; Schütte, 2009; Voigt, 1984, 1986), die den interaktiven Austausch als „grundlegend für fundamentales Lernen von Neuem" (Wälti et al., 2020a, S. 20) betonen. Besonders Krummheuer hebt hervor, dass es nicht unbedingt zu einem Diskurs, wie Miller es in Bezug auf Piaget und die kognitive Konflikte voraussetzt, kommen muss, sondern vorrangig der Austausch wichtig ist, um die Kinder beim Finden einer Lösung weiterzubringen (Krummheuer, 1992, 116 f).

In der Partizipationsanalyse (Brandt, 2004; Krummheuer & Brandt, 2001; Krummheuer, 2007; Krummheuer & Fetzer, 2010) werden folgende Rollen identifiziert:

- Kreator*in: Der- oder diejenige, die diese Rolle einnimmt, weiß etwas bzw. hat bereits etwas verstanden und übernimmt die Formulierungs- und Inhaltsfunktion für die Entwicklung einer Lösungsidee.
- Imitierer*in: Der- oder diejenige wiederholt eine bereits getätigte Äußerung und bewegt sich damit auf sicherem Terrain. Sowohl die Formulierungs- als auch die Inhaltsfunktion einer anderen Person wird aufgegriffen. Dies hat wenig lernförderliches Potenzial, stärkt aber die Sicherheitsorientierung.
- Traduzierer*in: Anknüpfend an eine bereits vorgestellte Idee wird eine neue formuliert; traduziert wird diese Idee einer anderen Person mit eigenen Worten oder leicht verändertem Sinn.

- Paraphasierer*in: Eine Idee eines anderen Teilnehmenden wird übernommen und mit eigenen Worten wiedergegeben. (vgl. u. a. Krummheuer & Brandt, 2001, S. 41 ff.)

Die Ausführungen der o.g. Autor*innen passen zur schulischen Realität: Die interaktive Wechselbeziehung im Unterricht bringt Lösungen und Lösungsstrategien hervor – nicht immer muss dabei ein Diskurs stattfinden (siehe auch die Typenbildung von Howe (2009) und Brandt und Höck (2012) in Abschnitt 3.1), es können auch bereits vorgestellte Lösungen traduziert, paraphrasiert oder imitiert werden.

Im Kern heißt das, dass Lernprozesse gelingen können, wenn Lernende selbstständig Lernwege beschreiten und in sozialen Kontexten Wissen ko-konstruieren und re-konstruieren können (Terhart, 1978). Da das kooperative Lernen der sozio-konstruktivistischen Auffassung von Lehren und Lernen entspricht (Borsch, 2019, S. 22), aber auch die Bezüge zu den Lösungsstrategien beim Modellieren von Fermi-Aufgaben und zur Forschungsfrage 2 eingeordnet werden müssen, ist ein kurzes Nachzeichnen der Entwicklungen unabdingbar.

3.2 Kooperatives Lernen im Mathematikunterricht

Im (inklusiven) Unterricht nehmen Schüler*innen mit ganz unterschiedlichen Fähigkeiten und Fertigkeiten teil; die Niveaus sind vielfältig – sowohl auf pädagogischer als auch auf inhaltlicher Ebene. Die Frage, inwieweit sich kooperatives Lernen im Mathematikunterricht anbietet, um im Sinne einer inklusiven Unterrichtsgestaltung Vielfalt als Normalfall und als Ressource zu verstehen und zu nutzen, ist nicht neu. Kooperative Lernformen für den Unterricht werden allgemein als „Königsweg" (Wocken, 2014b) oder „Best Practice" (Boban & Hinz, 2007, S. 124) bezeichnet, da es die Barrieren für Lernen verringert und Teilhabe steigert.

Ziele für den Einsatz kooperativer Lernformen sind vielfältig und reichen von der Beteiligung des Einzelnen hin zur Förderung von kommunikativen als auch sozialen Fähigkeiten. Avci-Werning und Lanphen (2013, 153 ff.) zählen – insbesondere für inklusive/heterogene Lerngruppen – Motivaktivierung und Förderung des inhaltlichen Lernens, des sozialen Lernens und der Beziehungen zwischen den Kindern dazu. Der gemeinsame Austausch schafft ein höheres Reflexionsniveau und ein tiefergehendes Verstehen (T. Leuders, 2008, S. 129). T. Leuders (2008) führt aus, dass sich Mathematiktreiben und Mathematiklernen in kommunikativen Prozessen vollzieht. Gummels (2020, S. 104) fordert,

3.2 Kooperatives Lernen im Mathematikunterricht

dass den kooperativen Aufgaben im inklusiven Mathematikunterricht eine besondere Aufmerksamkeit geschenkt werden solle, die eine innere Differenzierung durch Aufgaben auf verschiedenen Ebenen ermöglichen (vgl. Abschnitt 2.2). Da anforderungsdifferenzierte Aufgaben weniger Optionen zur gemeinsamen Arbeit bieten, stellt Gummels Leitlinien für kooperatives Arbeiten im inklusiven Mathematikunterricht auf:
„Kooperatives Lernen im inklusiven Mathematikunterricht

- fördert neben fachlichen Fähigkeiten auch motivationale, emotionale und soziale Ziele.
- braucht eine Fokussierung der positiven Interdependenz durch die Aufgabengestaltung der SchülerInnen zur effektiven gemeinsamen Zielerreichung.
- erfordert eine aktive Partizipation und Teilhabe aller SchülerInnen am Bearbeitungsprozess zur Zielerreichung.
- bildet die individuellen Anteile der SchülerInnen im Ergebnis der Kooperation ab.
- hebt die Verantwortung für die MitschülerInnen hervor.
- fordert die SchülerInnen auf, Denkwege zu erklären, die der MitschülerInnen nachzuvollziehen sowie diese gemeinsam zu reflektieren.
- braucht und fördert einen wertschätzenden Umgang miteinander.
- fordert ein Feedback auf verschiedenen Ebenen ein.
- ermöglicht die Übernahme verschiedener Aufgaben oder Rollen im Bearbeitungsprozess.
- ermöglicht wechselnde Gruppenzusammensetzungen.
- fokussiert konstruktive und entdeckende Bearbeitungsprozesse." (edb., 2020, S. 105)

Mit diesen Leitlinien wird das Potenzial für den Mathematikunterricht deutlich. Die prozessbezogenen Kompetenzen sind ein weiterer Dreh- und Angelpunkt, wie es im Lehrplan (MSB – Ministerium für Schule und Bildung des Landes NRW, 2021) und in den Bildungsstandards (KMK, 2022a) gefordert wird.

Basiselemente des kooperativen Lernens
Kooperatives Lernen ist „eine Interaktionsform, bei der die beteiligten Personen gemeinsam und in wechselseitigem Austausch Kenntnisse und Fertigkeiten erwerben" (Konrad & Traub, 2019, S. 5). Das Erreichen eines maximalen Lernerfolgs aller Gruppenmitglieder (Johnson, Johnson & Holubec, 1993, 2009) zeigt den hohen Anspruch an die Interaktion. Ein wesentlicher Unterschied zur unstrukturierten Gruppenarbeit ist die Realisierung von Basiselementen des kooperativen

Lernens als kennzeichnende Bestimmungsmerkmale (Avci-Werning & Lanphen, 2013, S. 151). Diese Basiselemente sind: 1. Positive Abhängigkeit / positive Interdependenz, 2. Individuelle Verantwortlichkeit, 3. Direkte Interaktion, 4. Soziale Kompetenz, 5. Prozessevaluation (vgl. u. a. Avci-Werning & Lanphen, 2013; Borsch, 2019; Green & Green, 2005; Johnson & Johnson, 1989, 1999).

Positive Abhängigkeit bzw. positive Interdependenz ist als „Herzstück kooperativen Lernens" (Büttner, Warwas & Adl-Amini, 2012, o.S.) über ein gemeinsames Ziel erreichbar, mit dem sich alle Gruppenmitglieder identifizieren können. Besonders gefordert ist an dieser Stelle die Integrationsbereitschaft und die Disziplin der Kinder (Johnson & Johnson, 1989), denn zum einen soll die an die Kinder gestellte Aufgabe bearbeitet und gelöst werden, zum anderen sollen alle Gruppenmitglieder das gesetzte Ziel erreichen (Johnson et al., 1993, 2009). Eine positive wechselseitige Abhängigkeit liegt somit vor, „wenn alle Gruppenmitglieder für den gemeinsamen Erfolg mitverantwortlich sind" (Brüning & Saum, 2009, S. 133). Es gilt: Je höher der Grad der positiven Interdependenz, desto ausgeprägter die Kooperation (vgl. Weidner, 2006, S. 54). An dieser Stelle greifen nach Johnson et al. (1993, 2009) verschiedene Formen der Interdependenz, um das Ziel zu erreichen: Dies kann über die bereits erwähnte gemeinsame Zielsetzung erfolgen, aber auch über eine Belohnung, durch Ressourcen(-knappheit), die Übernahme von Rollen, die Mehrgliedrigkeit von Aufgaben, die Gruppenidentität, einen Wettbewerb oder über eine Simulationsinterdependenz (vgl. dazu Gummels, 2020, S. 70 ff.). Den Gegensatz dazu bildet negative Interdependenz, wenn z. B. kompetitive Strukturen greifen (Büttner et al., 2012, o.S.).

Individuelle Verantwortlichkeit bedeutet, dass jedes Teammitglied sich gemäß der eigenen Stärken einbringt, aber auch, dass jedes Gruppenmitglied einen persönlichen Lernzuwachs verzeichnet. Gummels (2020, S. 72 f.) verweist an dieser Stelle auf besondere Schwierigkeiten, zum Beispiel bei ungleicher Aufgabenverteilung oder bei abnehmender Motivation.

Direkte Interaktion beinhaltet, dass alle Gruppenmitglieder leicht miteinander ins Gespräch kommen, was an Vorgaben (wie zum Beispiel die Gruppengröße oder räumliche Nähe) gekoppelt ist (Brüning & Saum, 2009, S. 133). Diese äußeren Rahmenbedingungen sind den jeweiligen Gegebenheiten vor Ort anzupassen (Gummels, 2020, S. 74) und impliziert, dass nicht separiert voneinander Teilaufgaben bearbeitet werden, sondern ein wechselseitiger Austausch stattfindet (Büttner et al., 2012).

Grundlegend für den Ansatz des kooperativen Lernens ist, dass vorhandene **soziale Kompetenzen** weiterentwickelt werden. Ohne soziale Fertigkeiten ist die

3.2 Kooperatives Lernen im Mathematikunterricht

„doppelte Herausforderung" (Büttner et al., 2012) – nämlich die sachliche Lösung UND die effiziente Arbeit in der Gruppe – nicht zu bewältigen. Wichtig für das kooperative Lernen ist die **Prozessevaluation**, d.h. der reflektierte Rückblick auf die stattgefundene Arbeit, um in sog. Feedback-Situationen über Methoden und Lernstrategien zu sprechen und diese einzuschätzen (vgl. Bochmann & Kirchmann, 2012, S. 35) sowie fachliche, methodische, soziale und personale Kompetenzen zu optimieren (vgl. Johnson & Johnson, 1999, 69 f.) (Abbildung 3.6).

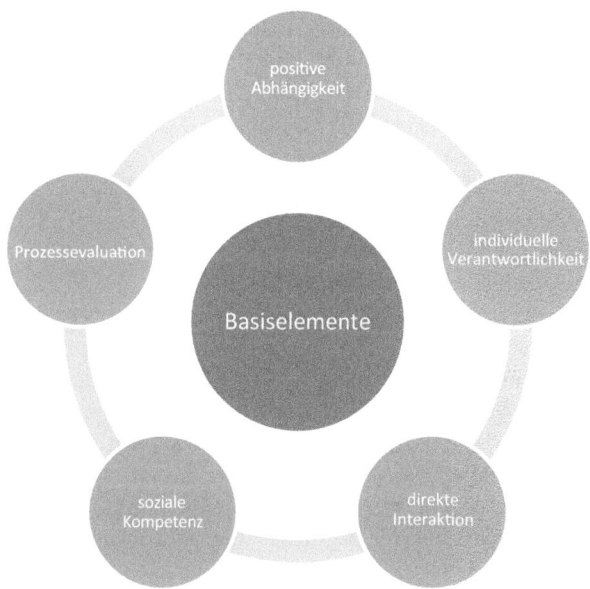

Abbildung 3.6 Basiselemente des Kooperativen Lernens nach Bochmann & Kirchmann (2012). (Eigene Darstellung)

Ansätze des Kooperativen Lernens

Unterricht, der angemessen mit der Heterogenität der Schüler*innen umgeht, erfordert Lernmethoden, um den unterschiedlichen Lernausgangslagen gerecht zu werden (Avci-Werning & Lanphen, 2013, S. 150). In Kapitel 2 sind die vielfältigen Heterogenitätsdimensionen benannt; das Lernen am gemeinsamen

Gegenstand nach Feuser (1998) ist in der mathematikdidaktischen Diskussion als Gelingensbedingung gesetzt.
Die Forderung von Freudenthal (1974, S. 166) nach Mathematiklernen als gemeinsame Tätigkeit, die gegenseitige Förderung ermöglicht, ist mit Kooperationen möglich, um individuelle Förderprozesse in sozial-interaktive Prozesse einzubetten (Brandt & Nührenbörger, 2009b; Nührenbörger & Verboom, 2005). Die stärkere Beteiligung der Lernenden (vgl. Leikin & Zaslavsky, 1997) spricht für kooperative Lernformen. Neben der aktiven Einbindung der Schüler*innen wird besonders auf die Lernförderlichkeit von ko-konstruktiven Problemlösegesprächen verwiesen (vgl. Pauli & Reusser, 2000). Das kooperative Lernen als Interaktionsform, die den Erwerb von Kenntnissen und Fertigkeiten im gemeinsamen und wechselseitigen Austausch ermöglicht und Lernen als aktiven, auf Kommunikation basierenden Prozess versteht, ist folglich unstritig. Die Umsetzung erfolgt aber mit unterschiedlicher Gewichtung. Das Autorenteam Wälti et al. (2020a, S. 12 ff.) differenziert zwischen:

- Methodenzentriertem kooperativen Lernen,
- Kooperativem, dialogischen Lernen,
- Mathematiklernen kooperativ rahmen und
- Kooperativem Lernen aus der Sache heraus.

Die Basis für das **methodenzentrierte kooperative Lernen** legen Johnson und Johnson (1986, 1989, 1999) – sie entwickeln eine allgemein didaktische Konzeption, die auf den o.g. Basiselementen beruht und ein Methodenrepertoire umfasst, das nicht fachspezifisch angelegt ist. Der Ansatz von Johnson, Johnson und Stanne (2000) setzt auf effiziente und evidenzbasierte Instruktionsmethoden, die theoretisch als auch empirisch begründet sind. Aufbauend auf den Ideen von Johnson und Johnson erfolgt eine Weiterentwicklung durch Green und Green (2005). Ausgangspunkt ist und bleibt die Methode (zum Beispiel „Placemat", „Jigsaw" oder „Fishbowl" (edb., S. 131 ff.)). Diese kann verschiedene Funktionen haben: Vom Kennenlernen bis zum Austausch von Ideen oder auch dem Üben von Inhalten. Eine Etablierung für den deutschsprachigen Raum erfolgt z. B. über die Werke von Bochmann und Kirchmann (2008), Borsch (2019) und Brüning und Saum (2009). Die Kooperationsanlässe ergeben sich auch fachspezifisch aus der Methode und den damit einhergehenden Regeln. Die Aufgaben sind jeweils austauschbar und inhaltlich variabel, wobei es weniger um den fachlichen Inhalt geht. Wälti et al. (2020a, S. 11) nennen als Charakteristika, dass die Methoden der Automatisierung der fachlichen Grundfertigkeiten dienen sowie oft extrinsische Belohnungssysteme beinhalten.

3.2 Kooperatives Lernen im Mathematikunterricht

Das **kooperative, dialogische Lernen** geht auf Ruf und Gallin (1999) zurück und ist eine Konzeption für den Deutsch- und Mathematikunterricht, die Lernaufgaben nach dem „Ich-Du-Wir"-Prinzip zu Bearbeitung vorgibt, d.h. erst wird die Aufgabe individuell bearbeitet, dann erfolgt ein Austausch im Lerntandem, bevor eine Reflexion im Klassenverbund den Abschluss bildet (Castelli, Fast & Kleine, 2016; SINUS-Transfer, o.J.; Wälti et al., 2020a). Ausgangspunkt für die beiden Didaktiker Ruf und Gallin ist das „Lernen auf eigenen Wegen" als eine Möglichkeit, sich individuell mit einem Lernstoff auseinanderzusetzen, dann über Entdeckungen und Zusammenhänge mit einem Partner ins Gespräch zu kommen, um auf diese Weise Wissen nicht bloß anzuwenden, sondern nachhaltig zu erlangen. Die Autoren betonen die Arbeit mit „Kernideen" als bedeutsam für die Schüler*innen sowie die Bedeutung der Aufgabenstellung: „Kernideen wecken Energien und lenken die Aufmerksamkeit auf die Sache. Ob es nun allerdings zu einer fruchtbaren und anhaltenden Auseinandersetzung mit dem Stoff kommt, steht und fällt mit den Perspektiven, die der Auftrag eröffnet" (Ruf & Gallin, 2005, S. 49). Das „Ich-Du-Wir"-Prinzip hat in der Mathematikdidaktik viel Zuspruch erfahren und betont die Bedeutung des eigenständigen Lernens und der Interaktion. Bei diesem Ansatz des Kooperativen Lernens stehen die individuellen Entdeckungen und nicht die gemeinsame Erarbeitung im Fokus (vgl. Wälti et al., 2020a, S. 11).

Ein weiteres Konzept ist **Mathematiklernen kooperativ rahmen**: Wälti et al. (2020a, 15 f.) verfolgen diesen Ansatz und stellen in ihren beiden Publikationen Lernumgebungen für das 3. bis 5. sowie das 5. bis 7. Schuljahr vor (Wälti et al., 2020a, 2020b). Im Zentrum der Bearbeitung steht explizit die Kooperation und das Mathematiklernen. Es geht um „substanzielle mathematische Inhalte, welche untrennbar mit den Aufgaben verbunden sind" (Wälti et al., 2020a, S. 11). Die darauf aufbauenden Interaktionsformen sind auf die Aufgabe angepasst – und nicht wie bei Johnson und Johnson (1999) von der Methode ausgehend. Die ausgewählten Lernumgebungen ermöglichen vielfältige Bearbeitungswege sowie unterschiedliche Niveaus der Bearbeitung. Das Basiselement der positiven Interpendenz spielt eine zentrale Rolle. Des Weiteren sind die spielerische Bearbeitung sowie die Tatsache hervorzuheben, dass die Kooperation für die Bearbeitung notwendig ist (Wälti et al., 2020a, S. 16). Die Aufgaben bieten ein Kontinuum an eher kompetitiv, gleichwohl aber auch kooperativ oder teil-kooperativ ausgerichteten Varianten (ebd., 2020a, S. 15).

Die fachdidaktische Konzeption des **Kooperativen Lernens aus der Sache heraus** von Röhr (1995) erfährt im folgenden Abschnitt 3.4 eine detailliertere Darstellung, da sie grundlegend für die vorliegende Forschungsarbeit ist.

Zusammenfassend gilt für alle vier Ansätze, dass sie sich zum Ziel gesetzt haben, die unterschiedlichen Kompetenzen und Fertigkeiten der Schüler*innen zu berücksichtigen. Die didaktische Herausforderung, mit einer Aufgabenstellung alle Schüler*innen anzusprechen, ist dabei ebenso bedeutsam wie die Motivation zur gemeinsamen Arbeit an einer gemeinsamen Sache. Gerade das Kooperative Lernen zielt nicht darauf ab, eine Unterteilung nach Fähigkeiten oder Leistung vorzunehmen, sondern betont die Produktivität der unterschiedlichen Ansätze und Ideen der Kinder. Diese arbeiten nicht nebeneinander, sondern miteinander; sie interagieren und erwerben auf diese Weise Wissen. Nührenbörger und Verboom (2005, S. 15) formulieren das Paradigma für den Mathematikunterricht wie folgt: „Mathematisches Wissen entwickelt sich grundsätzlich im Kontext sozialer und individueller Deutungsprozesse", wenngleich nicht jede kooperative Aufgabe zu einer produktiven Kommunikation führt (vgl. Korten, 2020, S. 63).

3.3 Kooperatives Lernen „aus der Sache heraus" nach Röhr

Die Forderung der Allgemeinpädagogik, kooperative Lernformen mit individueller Förderung zu kombinieren, ist nicht neu, bedarf aber eines elaborierten Konzepts (vgl. z. B. Werning & Löser, 2012). Ein für diese Arbeit relevantes mathematikdidaktisches Konzept stammt von Röhr (1995), die sich intensiv mit dem Lernen „aus der Sache heraus" auseinandersetzt. Die Arbeit ist aus dem Mathematikunterricht im Rahmen des Projekts „mathe 2000" erwachsen (Projektleitung: Prof. Dr. Wittmann und Prof. Dr. Müller, 1987; siehe https://www.mathe2 000.de/Projektbeschreibung; Röhr, 1995, S. 71). Röhr geht es um die Entwicklung und Förderung der Kooperationsfähigkeit der Schüler*innen durch geeignete Aufgaben – zu einer Zeit, als kooperatives Lernen im Mathematikunterricht ebenso wie die Thematik der Inklusion eine noch untergeordnete Rolle spielten.

Im Zentrum der Konzeption steht die Entwicklung und Evaluation von Aufgaben, die beziehungsreich und anspruchsvoll sind und gleichwohl die Kooperation der Grundschüler*innen fördern (Röhr, 1995, S. 75). Das Verständnis vom „kooperativen Lernen aus der Sache heraus" ist die Basis für Lernumgebungen im Mathematikunterricht. Im Zentrum steht das Problemlösen, eine prozessbezogene Kompetenz, die erst nach Erscheinen von Röhrs Arbeit in die Bildungsstandards explizit aufgenommen worden ist (vgl. KMK, 2004).

Während bei anderen Formen des kooperativen Arbeitens (siehe Abschnitt 3.2) positive Abhängigkeit, individuelle Verantwortung, kooperative Arbeitstechniken, wechselseitige Kommunikation und Gruppenreflexion methodenorientiert (z. B.

3.3 Kooperatives Lernen „aus der Sache heraus" nach Röhr

Green & Green, 2005; Johnson & Johnson, 1999) oder nach Ruf und Gallin (1999) über dialogisches Lernen angebahnt werden, setzt Röhr auf Kooperation „aus der Sache heraus", d.h. der mathematische Inhalt ist die Motivation zur Kooperation; sie folgt damit dem Ansatz von Yackel et al. (1993).

Ein weiteres Unterscheidungsmerkmal ist die intrinsische Motivation, die nach Röhr durch das gemeinsame Lösen der Aufgabe in der Gruppe impliziert wird. Statt einer Inszenierung von außen erfolgt die Initiierung des kooperativen Zusammenarbeitens aus der Aufgabe heraus, was durch die Konzeption der Aufgabe anzuregen ist (Wälti et al., 2020a, S. 11). Das kooperative Lernen ist mit den jeweiligen mathematischen Inhalten verknüpft, und die Aufgaben regen zum Nachdenken, Diskutieren und Argumentieren an, wobei gleichzeitig fachliches als auch soziales Lernen angesprochen werden: „Die Kooperation soll aus den Fachinhalten, aus der Notwendigkeit zur Zusammenarbeit heraus entstehen und zur Verbesserung der sozialen wie der kognitiven Fähigkeiten beitragen" (Röhr, 1995, S. 74).

Röhr definiert ihr Kooperationsverständnis wie folgt: Die Kinder setzen sich gemeinsam mit einer interessanten und problemhaltigen Aufgabenstellung auseinander, sie argumentieren, machen Vorschläge, betrachten andere Beiträge kritisch und entwickeln diese ggf. weiter. Zudem sollte die Kooperation symmetrisch verlaufen und unter einer gemeinsamen Zielsetzung stattfinden (vgl. Röhr, 1999, S. 159). Kooperationsfähigkeit kann ihrer Meinung nach bereits ab Klasse 1 gefördert werden, solange fachliches und soziales Lernen untrennbar miteinander verbunden sind und dies auch gilt, wenn die einzelnen Gruppen zu einem vermeintlich nicht richtigen Ergebnis gelangen, aber dennoch kooperativ und intensiv gearbeitet haben (ebd, 1999, S. 159).

Die Kooperationsfähigkeit der Schüler*innen kann besonders im Mathematikunterricht gezielt gefördert werden; entscheidend sind die Kriterien, die die Autorin für die Aufgabenkonzeption anstellt:

1. „Die Aufgabe soll beziehungsreich sein.
2. Die Aufgabe soll das aktiv-entdeckende Lernen ansprechen und mehrere Lösungswege ermöglichen.
3. Die Aufgabe soll komplex sein.
4. Die Lösungsbeiträge sollen auf verschiedenen Niveaus möglich sein, ebenso wie der Einsatz unterschiedlicher Fertigkeiten und Fähigkeiten.
5. Die Lösung der Aufgabe wird durch die Zusammenarbeit der Schüler erleichtert."
(Röhr, 1995, S. 76).

Während das letztgenannte Kriterium auch auf andere Fächer und Unterrichtssituationen übertragbar ist, sind die ersten vier Punkte ohne einen konkreten mathematischen Inhalt nicht denkbar.

Röhr (1995, S. 78 ff.) unterscheidet beim Ausprägungsgrad der Kooperation drei Lenkungstypen (siehe Abb. 3.9). Bei den drei Typen wird zwischen der Lenkung durch die Schüler*innen, durch die Aufgaben und durch den Lehrer unterschieden, wenngleich die Übergänge fließend sein können.

Zu **Typ 1** führt Röhr (1995, S. 80) aus, dass vorrangig Aufgaben eingesetzt werden, die aufgrund ihrer Komplexität in Gruppen bearbeitet werden müssen. Wichtig ist Röhr, dass die Lösungswege diskutiert und Muster und Strukturen entdeckt werden. Die Lehrkraft hat an dieser Stelle eine wichtige Rolle, da diese die Ergebnisse sammelt sowie die Reflexion steuert und lenkt: „Er trägt so entschieden dazu bei, daß die Kinder Kooperation als etwas Sinnvolles und Interessantes erfahren können" (ebd., 1995, S. 80). Die Aufgabe spielt eine gleichwertige Rolle. Das kooperative Lernen ist hier weniger ausgeprägt als bei Typ 2 oder Typ 3.

Bei **Typ 2** erfolgt die Lenkung vor allem durch die Aufgabe und die Schüler*innen, die Lehrkraft spielt eine eher unbedeutende Rolle. Wesentlich ist die Aufgabenstellung; der Einfluss der Kinder auf die Kooperation wächst dann dementsprechend wie die intrinsische Motivation.

Bei **Typ 3** ist die Aufgabenstellung sehr offen und die Kinder sind auf „ihre eigene Kreativität und ihre kooperativen Fähigkeiten angewiesen" (ebd., 1995, S. 81). Wichtig ist nicht die gezielte Förderung von kooperativen Fähigkeiten, sondern die Weiterentwicklung der bereits erworbenen kooperativen Erfahrungen, um diese als effektiv und interessant wahrzunehmen (Abbildung 3.7).

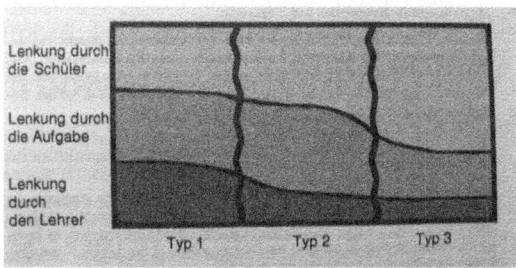

Abbildung 3.7 Lenkungstypen für kooperatives Lernen (Röhr, 1995, S. 79)

Bei der Auswertung ihrer Studie zeichnet Röhr verschiedene kooperative Muster nach, die wiederholt auftreten und die sie als Indizien für kooperatives

3.3 Kooperatives Lernen „aus der Sache heraus" nach Röhr

Lernen tituliert: „M 1: Vorschläge der Kinder für gemeinsames Vorgehen", „M 2: Gemeinsame Entwicklung von Lösungsideen" sowie „M 3: Argumentatives Vorgehen der Kinder" (ebd., 1995, S. 226). Diese werden wie folgt ausdifferenziert und beschrieben:

„M1: Vorschläge der Kinder für gemeinsames Vorgehen

- von sich aus
- aufbauend auf Gedanken oder Fragen eines Mitschülers

M2: Gemeinsame Entwicklung von Lösungsideen

- anknüpfend an Anregungen eines Kooperationspartners
- als Reaktion auf Fehler der Mitschüler

M3: Argumentatives Vorgehen der Kinder

- als Reaktion auf Fragen der Mitschüler oder wenn es zum Verständnis erforderlich erscheint
- spontan und zur Erklärung eigener Beiträge
- nach der Feststellung eines Fehlers bzw. bei einer Gegenthese" (ebd., 1995, S. 226).

Wie mehrfach in Bezug auf Kooperation und kooperatives Lernen als auch in Bezug auf das Lernen am gemeinsamen Gegenstand erwähnt, ist das Denken vom Fach Mathematik aus entscheidend. Auf Basis ihrer Untersuchungen ist die Umsetzung nur möglich, wenn man ein bestimmtes Bild vom Fach hat; sie betont die Bedeutung der Sache: „Das gemeinsame Nachdenken, das Diskutieren und Argumentieren und das gemeinsame Entwickeln von Lösungswegen sollen im Mittelpunkt der kooperativen Arbeit stehen" (ebd., S. 74). Ebenso bedeutungsvoll ist das gemeinsame Handeln mit dem gemeinsamen Ziel – aus einer problemhaltigen Aufgabe ergibt sich die Notwendigkeit der Zusammenarbeit.

Die Untrennbarkeit von fachlichem und sozialem Lernen zeigt sich in der Verknüpfung der inhalts- und auch prozessbezogenen Kompetenzen, was über das Argumentieren, Hinterfragen, Vorschläge äußern, kritische Betrachtung von Ideen und der Weitentwicklung von Ideen gelingen kann. Aufgrund der wichtigen Ergebnisse von Röhr im Bereich der Interaktion und Kooperation unter Berücksichtigung des mathematischen Inhalts, aber auch aufgrund der Betonung der Gemeinsamkeit, wird diese Arbeit in den vorliegenden Ausführungen grundlegend für die Auswertung der empirischen Daten sein.

Bemerkenswert ist, dass Röhr in ihrer Veröffentlichung anführt, was in den nachfolgenden Jahrzehnten als wesentliche Kriterien für die Entwicklung von guten Aufgaben im Mathematikunterricht fungiert, als auch, dass sie die inhaltliche Nähe zum Lernen am gemeinsamen Gegenstand (Feuser, 1998) ebenso wie die Kompetenzorientierung nennt und aufzeigt. Anhand der Ergebnisse ihrer empirischen Untersuchung zeigt sie, dass Gruppenarbeit als Arbeitsform selbst gewählt wird, was sie auf die problemhaltigen, offenen und zugleich kooperationsfördernden Aufgaben zurückführt (Röhr, 1999, S. 159).

Das mathematikdidaktische Konzept von Röhr (1995) ist bislang in wenigen Publikationen erwähnt (Wälti et al., 2020a, S. 11). Häsel-Weide (2016a, 2016b) nutzt das Konzept für Untersuchungen zu mathematischen Lernprozessen in inklusiven Lerntandems (bestehend aus einem leistungsschwächeren und einem leistungsstärkeren Kind) und entwickelt Lernumgebungen in Kombination mit dialogischem Lernen (Ruf & Gallin, 1999). Sie betont, dass es „…bereits im Anfangsunterricht möglich ist, kooperative gemeinsame Lernsituationen zu gestalten, in denen Schülerinnen und Schüler mit unterschiedlichen Kompetenzen am gemeinsamen Gegenstand lernen können", aber es ist „nicht jede Lernumgebung für jedes Kinderpaar gleich produktiv" (Häsel-Weide, 2016a, S. 369).

3.4 Aktueller Forschungsstand

Im Lehrplan für NRW (MSB – Ministerium für Schule und Bildung des Landes NRW, 2021, z. B. S. 73) als auch in den Bildungsstandards (KMK, 2022a, z. B. S. 7) sind die Begriffe „Kooperation" und „Kommunikation" fest verankert und gehören zu den geforderten Kompetenzen. Lernförderlicher Unterricht hat die Förderung und Bereitschaft, mit anderen zusammenzuarbeiten, zur Aufgabe. Seit mehreren Jahrzehnten sind verstärkt Forschungsaktivitäten zu verzeichnen, die sich mit Kooperation, Ko-Konstruktion und Interaktion auseinandersetzen bzw. kooperatives Lernen untersuchen. In den folgenden Ausführungen werden für diese Forschungsarbeit relevante Erkenntnisse zusammengefasst.

Die Gelingensbedingungen des kooperativen Lernens, welches zu den peer-mediierten Ansätzen zählt (Büttner et al., 2012, o.S.), werden seit den 70er Jahren, vor allem im angloamerikanischen Raum, erforscht. Als grundlegend sind die Arbeiten von Johnson und Johnson (1986) anzusehen, die national für Deutschland über die Publikationen und Fortbildungen von Green und Green (2005) verstärkt ins Zentrum unterrichtlicher Aktivitäten gerückt sind. Der in 3.2 vorgestellte Ansatz des kooperativen Lernens mit methodenzentriertem Fokus nach Johnson und Johnson (1986) ist empirisch gut erforscht und zeigt positive Effekte des interaktiv-kooperativen Lernens. Diese Effekte beziehen sich u. a. auf die Entwicklung der Denkfähigkeit, auf das Selbstkonzept und auf die Entwicklung sozialer und kommunikativer Kompetenzen (vgl. ebd., 1986, S. 33 ff.). Zu bedenken ist bei den bisherigen Ergebnissen zum einen, dass es sich bei den Studien vor allem um internationale Ergebnisse (vor allem des angloamerikanischen Raumes) handelt, als auch, dass die bisherigen Daten noch keine Rückschlüsse auf inklusive Aspekte zulassen, und es um das methodenzentrierte kooperative Lernen geht. Die theoretisch gut begründeten Instruktionsmethoden, deren Wirksamkeit effizient und evidenzbasiert ist, sind durch weitere Studien belegt (Gillies & Ashman, 2000; Gillies & Asaduzzaman, 2008; Gillies, Robyn M., Ashman, Adrian, Terwel, Jan, 2008; Johnson et al., 2000; Rohrbeck, Ginsburg-Block, Fantuzzo & Miller, 2003; Slavin, 1995). Neben den genannten Aspekten ist bei den Befunden nicht zu vernachlässigen, dass Lipowsky (2015) weitere Forschung für nötig hält, da eine genauere Betrachtung der Effektstärken in den Metaanalysen variiert und folglich auch andere Bedingungen neben den kooperativen Lernmethoden einen Einfluss haben könnten (vgl. ebd., S. 85). Die Methode des kooperativen Lernens hat laut Büttner et al. (2012) ein wissenschaftliches Interesse hervorgerufen wie kaum eine andere. Das Autorenteam fragt berechtigterweise nach Studien zur Wirksamkeit im inklusiven Unterricht. Das Zitat von Ashman (2008, S. 176) stimmt bezüglich der Wirksamkeit optimistisch: "that students with special learning needs might benefit from peer-mediated learning experience but it is not inevitable that they will if placed in such a learning context and it is certain that peer mediation is not necessarily the most efficient or effective learning strategy for all".

Bei weiteren Forschungen wird der Effekt methodenzentrierten Arbeitens für Kinder mit Lernschwierigkeiten bestätigt: Grundschulkinder kooperieren besser, wenn eine klare Aufgabenverteilung und Strukturierung vorliegt (Borsch, Gold, Kronenberger & Souvignier, 2007; Borsch, 2019; Kronenberger & Souvignier, 2005). Souvignier (2016, S. 138) betont für die Sonderpädagogik, dass interaktive-kooperative Lernaktivitäten eine wichtige Rolle einnehmen, da diese für den Erwerb kognitiver und sozialer Kompetenzen voraussetzungsreich und relevant sind. Er merkt an, wie herausfordernd die planvolle Umsetzung der eigenen Arbeitsschritte und die Kommunikation und Darstellung der eigenen Ideen für Kinder mit Lernschwächen sind. Auf der einen Seite werden wesentliche Kompetenzen durch kooperatives Lernen eingefordert und gefördert, es sind aber erneut die inhalts- und prozessbezogenen Kompetenzen, die es besonders im Blick zu behalten gilt. Auch hier steht fest: Je nach Operationalisierung sind unterschiedliche Effekte zu beobachten (Avci-Werning & Lanphen, 2013, S. 166 ff.).

Für den Einsatz im Mathematikunterricht sind die Befunde zur Wirksamkeit kooperativer Lernmethoden/Lernformen nicht eindeutig (Häsel-Weide, 2016b, S. 41; Korten, 2020, S. 50). Verwunderlich ist dies aufgrund der unterschiedlichen Ansätze nicht, ebenso machen Untersuchungsbedingungen und unterschiedliche Forschungsbedingungen eine Vergleichbarkeit schwierig (Wittich, 2017, S. 76).

Bei Tarim und Akdeniz (2008) zeigt sich, dass das strukturiert-kooperative Lernen in Kombination mit dialogischem Lernen zu besseren mathematischen Leistungen führt; sie führen dies auf die Kombination von Individualisierung und Gruppenarbeit zurück. Die Effektivität der Kombination der individuellen Auseinandersetzung mit Phasen des Austausches und der Interaktion untermauert die Studie von Peter-Koop (2002, 565 f.). In Bezug auf das Lösen von problemhaltigen Aufgaben sind diese Erkenntnisse insbesondere vor dem Hintergrund dieser Arbeit von besonderem Interesse, da Peter-Koop (2003, 2004, 2006) beim Einsatz von Fermi-Aufgaben in leistungshomogenen und leistungsheterogenen Kleingruppen zeigt, dass besonders die Leistungsstärkeren die Arbeit dominieren und eine wechselseitige Interaktion nicht immer beobachtbar ist. Ihr Forschungsansatz zu Interaktionsmustern bei Fermi-Aufgaben nutzt die sozialpsychologischen Muster nach Jones und Gerard (1976). Peter-Koop kann bei ihren empirischen Daten besonders den vorherrschenden Typ der reaktiven Kontingenz nachweisen (Peter-Koop, 2004, 2006).

Kroesbergen und van Luit (2003) folgern aus ihren Ergebnissen, dass kooperatives Lernen weniger effektiv in Bezug auf Faktenwissen im Mathematikunterricht der Primarstufe ist und betonen besonders die Rolle der Lehrkraft.

Aktuell ist in der Mathematikdidaktik besonders die soziologische Perspektive auf Lernprozesse zentral (vgl. Brandt & Naujok, 2010, S. 15), des Weiteren ist eine zunehmende Anzahl von Dissertationsschriften zu verzeichnen, die sich mit unterschiedlichem Fokus mit dem kooperativen Lernen im Mathematikunterricht der Primarstufe auseinandersetzen (u. a. Gummels, 2020; Hähn, 2021; Korten, 2020; Wittich, 2017).

Einige Didaktiker setzen auf kooperativ-strukturierte Partnerarbeit (z. B. Wittich, 2017), teilweise mit Lerntandems bestehend aus einer leistungsstärkeren und einer leistungsschwächeren Schüler*in (z. B. Häsel-Weide, 2016b). Während allerdings häufig nur das Ergebnis der jeweiligen Interaktion beachtet wird, steht die Gruppeninteraktion noch zu wenig im Vordergrund (wie z. B. bei Peter-Koop, 2002, 2003). Götze (2007) betont in ihrer Studie zu Interaktionsmustern bei Rechenkonferenzen zudem, dass die Qualität der Interaktion ausschlaggebend ist. Untersuchungen zu kooperativem Lernen, besonders für den Mathematikunterricht, sind anhängig.

3.4 Aktueller Forschungsstand

Des Weiteren ergänzen Gräsel et al. (2006), dass durch einen differenzierten Blick auf die Lernsituation neben der Aufgabenstellung auch die Beteiligung an den Problemlöseprozessen und den jeweilgen Bedeutungsaushandlungen – sprich: die Beteiligung an der Aufgabenbearbeitung – in den Fokus der Überlegungen gerückt werden muss. Der Ansatz von Röhr (1995) bietet Optionen, die Aufgabe zu fokussieren und ein kooperatives Arbeiten ohne formelle Vorgaben über die Auswahl derselben zu initiieren, wenngleich ihr Ansatz keine weitere Forschungsarbeit zum kooperativen Lernen „Aus der Sache heraus" hervorgebracht hat. Ihr Ansatz wird in Publikationen erwähnt, aber bislang nicht weiter empirisch erforscht (siehe Abschnitt 3.3).

Von besonderem Interesse sind zudem die Befunde von Hackbarth (2017), die unterschiedliche Interaktions- und Kooperationstypen im inklusiven Unterricht untersucht hat. Wenngleich es in ihrem Forschungskontext nicht vorrangig um Mathematikunterricht geht, richtet sich ihr Forschungsinteresse auf spontan auftretende Schülerinteraktion, das aufgabenbezogen ist. Die von Hackbarth unterschiedenen Interaktionstypen (Konkurrenz, Instruktion, Ko-Konstruktion) sind für die spätere Analyse von Belang, da es sich um emergierende Interaktionen handelt, die sich aus der jeweiligen Aufgabenstellung ergeben haben und nicht methodisch strukturiert sind. Mit Hilfe der Typen lässt sich zeigen, dass nicht jede aufgabenbezogene Interaktion eine Kooperation ist, sondern es wird verdeutlicht, dass es um gleichberechtigte Positionierungen und das gemeinsame Aushandeln einer Sache geht (Hackbarth, 2017, S. 144).

Neben den zu unterscheidenden Lernsituationen nach Wocken (1998) (vgl. Abschnitt 3.1), die in der Forschung aktuell stark frequentiert werden (z. B. Korten, 2020), sind die Erkenntnisse der interpretativen Unterrichtsforschung für den Mathematikunterricht signifikant. Krummheuer und Brandt (2001) haben in mathematikdidaktischen Lernprozessanalysen die Verantwortlichkeit der Lernenden untersucht und unterscheiden zwischen Kreator*in, Traduzierer*in, Paraphrasierer*in und Imitierer*in, wobei bei der Auflistung die produktive Verantwortlichkeit abnimmt. Die genannten Rollen sind für die Interaktionsanalyse ein weiterer fundamentaler Baustein, wie bereits in Abschnitt 3.1 beschrieben.

An der aufgezeigten Forschungslücke in Bezug auf Röhrs Arbeit setzt diese Arbeit an. Im Zentrum dieser Studie stehen Kleingruppenarbeiten mit einer Gruppengröße von vier Kindern. Dabei wird sowohl der Aufgabe als auch den Interaktionen innerhalb der Gruppe besondere Bedeutung beigemessen. Benkmann (2007, 89) fordert eine „minuziöse Beobachtung von Ko-Konstruktionsprozessen"; dieser Forderung wird mit Hilfe der Kooperativen Muster beim Lösen einer Fermi-Aufgabe nachgegangen.

Nach den Ausführungen des vergangenen Kapitels liegt die Schlussfolgerung nahe, dass die natürliche Differenzierung mit Hilfe guter Aufgaben dem inklusiven Gedanken in besonderer Weise entgegenkommt. Der inklusive Gedanke des uneingeschränkten Lernens und die Herstellung von Gemeinsamkeit zeigen sich auch darin, dass keine Vordifferenzierung durch die Lehrkraft nötig ist und kooperatives Miteinander ermöglicht wird. Die pädagogische Differenzierungspraktik – sei es quantitativ oder qualitativ durch die Lehrkraft – ist ebenso problematisch wie eine lernzieldifferente Differenzierung: „Auch Lernzieldifferenzierung oder niveaudifferenzierte Aufgabenformate erzeugen und verstärken notwendigerweise Abweichungen" (Emmrich, 2016, S. 43).

Im Rahmen dieser Arbeit liegt das Erkenntnisinteresse bei den Gestaltungsmerkmalen eines inklusiven Mathematikunterrichts mit Hilfe einer gemeinsamen Aufgabenstellung. Da die Wahl auf eine Fermi-Aufgabe gefallen ist, ist im folgenden Kapitel 4 zuerst der theoretische Hintergrund zu diesem Aufgabentyps darzustellen sowie die Auswahl zu begründen. Die Konkretisierung des Arbeitens an einem gemeinsamen Gegenstand nach Feuser (1998) wird anhand dieses Aufgabenformates konkretisiert und aufeinander bezogen, um zu beleuchten, wie man dem Anspruch auf Teilhabe begegnen und gleichzeitig der Forderung nach gemeinsamen Lernerfahrungen mit Hilfe von guten Aufgaben – hier: Fermi-Aufgaben – ermöglichen kann. Unter Einbezug bisheriger Forschungsergebnisse ist ein abgeleitetes Kategoriensystem für die Interaktionen entwickelt worden, das im folgenden Kapitel vorgestellt wird.

3.5 Abgeleitetes Kategoriensystem für die Hauptstudie

Als Basis für die Auseinandersetzung mit dem kooperativen Lernen dient die Grundlagenarbeit von Röhr (1995). Die von Röhr beschriebenen, nachgewiesenen Muster dienen als Gerüst für das Kategorienmodell. Die theoretischen Ausführungen zu Lernsituationen (vgl. Wocken, 1998) sowie zu symmetrischen und asymmetrischen Verläufen von ko-konstruktiven Problemlöseprozessen (vgl. Brandt & Höck, 2012; Wocken, 1998) belegen, dass nicht jede Interaktion kooperativ verläuft und gleichwohl auch nicht alle an beteiligt sind (Webb, 1982). Da eine Kooperation im Sinne der vorgenommenen Definition folglich nicht vorausgesetzt werden kann, wird an dieser Stelle und im weiteren Verlauf von Interaktion bzw. von Interaktionsmustern gesprochen. Des Weiteren wurde das Muster 2 von Röhr um die aus der Interaktionsanalyse beschriebenen Typen ergänzt. Die Forschungsgrundlage dafür sind die Arbeiten von Krummheuer und Brandt (2001), Krummheuer (2007), Krummheuer und Fetzer (2010) sowie Höck

3.5 Abgeleitetes Kategoriensystem für die Hauptstudie

(2015), die in ihren Studien zwischen den bereits beschriebenen Beschreibungskategorien unterscheiden. Das Kategorienmodell dient als Kodiermanual für die erste Analyse der Interaktionsmuster (Tabelle 3.1).

Tabelle 3.1 Deduktives Kategorienmodell. (Eigene Darstellung)

Muster 1

Erläuterung	Subkategorien	Beschreibung	Theoriebezüge
Vorschläge der Kinder für gemeinsames Vorgehen	M1a von sich aus	Der Vorschlag für eine Zusammenarbeit erfolgt spontan vom Kind aus.	Röhr (1995)
	M1b aufbauend auf Gedanken oder Fragen eines Gruppenmitgliedes	Der Vorschlag der Zusammenarbeit wird anknüpfend an den Vorschlag eines Interaktionspartners gemacht.	Röhr (1995)

Muster 2

Erläuterung	Subkategorien	Beschreibung	Theoriebezüge
(Weiter-) Entwicklung von Lösungsideen	M2a Lösungsidee, die anknüpfend an eine Äußerung/Geste eines Interaktionspartners weiterentwickelt wird	Ein Vorschlag / eine Idee eines Gruppenmitgliedes wird akzeptiert, aufgegriffen und weiterentwickelt. Die Idee kann imitiert, paraphrasiert oder traduziert werden.	Krummheuer und Brandt (2001); Krummheuer und Fetzer (2010); Röhr (1995)
	M2b ablehnende Reaktion auf eine Idee	Ein Vorschlag / eine Idee eines Gruppenmitgliedes wird abgelehnt/ verneint.	Krummheuer (2007)
	M2c Einbringen einer neuen Lösungsidee	Es wird eine (neue) weitere Idee / ein (neuer) Vorschlag eingebracht. (Kreator*in)	Höck (2015); Krummheuer und Brandt (2001); Krummheuer und Fetzer (2010)

(Fortsetzung)

Tabelle 3.1 (Fortsetzung)

Muster 2

Erläuterung	Subkategorien	Beschreibung	Theoriebezüge
	M2d Nachfrage zu einer Lösungsidee	Anknüpfend an die Lösungsidee eines Interaktionspartners wird eine Nachfrage zum Verständnis gestellt.	

Muster 3

Erläuterung	Subkategorien	Beschreibung	Theoriebezüge
Argumentatives Vorgehen der Kinder	**M3a** Reaktion auf Fragen	Traduktion: Als Reaktion auf eine Frage oder eine Äußerung eines Mitschülers wird der Inhalt der vorherigen Aussage traduziert und ausgeführt, warum der Ansatz passend ist.	Krummheuer und Brandt (2001); Röhr (1995)
	M3b spontan, zur Erklärung eigener Beiträge	Um eine Lösungsidee argumentativ zu stützen, wird verbal (oder gestisch) erklärt. Dies geschieht spontan, ohne eine konkrete Aufforderung der Gruppenmitglieder (keine Nachfrage, keine Gegenthese)	Röhr (1995)
	M3c nach Feststellung eines Fehlers bzw. bei einer Gegenthese	Ein Lösungsansatz wird mit Begründung abgelehnt.	Röhr (1995)
	M3d zur Bestätigung eines Beitrages eines Gruppenmitgliedes	Ein Lösungsansatz wird bestätig und begründet; der Ansatz gilt als akzeptiert. Der Inhalt kann traduziert oder paraphrasiert werden.	Krummheuer und Brandt (2001)

Fermi-Aufgaben in der Grundschule 4

Im Anschluss an die Ausführungen in Kapitel 2 und 3 zeichnet sich für den inklusiven Mathematikunterricht ein Paradigmenwechsel ab. Das Recht auf Teilhabe und Partizipation eines jeden Kindes (…), rechtlich unantastbar durch die UN-BRK (2008), birgt viele Herausforderungen für den Bildungssektor. Der Weg zum inklusiven Schulsystem bringt konzeptionelle Veränderungen mit sich; dies betrifft unfraglich auch den Mathematikunterricht in der Grundschule. Die Mathematikdidaktik hat sich schon vor Jahrzehnten mit dem Thema Differenzierung beschäftigt, um den Heterogenitätsdimensionen der Schüler*innen Rechnung zu tragen. Im Kern steht der Einsatz von guten Aufgaben, die es den Schüler*innen erlauben auf unterschiedlichem Niveau an einem mathematischen Inhalt zu arbeiten: Der Inhalt bleibt thematisch gleich, die Differenzierung ergibt sich durch die Aufgabe und das bearbeitende Kind selbst (vgl. dazu Kapitel 2).

Aufgrund der PISA-Ergebnisse, die den sog. „PISA-Schock" ausgelöst haben, findet im Bereich der Grundschule eine Neuausrichtung statt, die sich in den länderübergreifenden Bildungsstandards (KMK, 2004, 2022a) und im Lehrplan für NRW (MSB – Ministerium für Schule und Bildung des Landes NRW, 2021; MSW – Ministerium für Schule und Weiterentwicklung des Landes NRW, 2008) niederschlägt. Neben der Ausbildung und Förderung von inhaltsbezogenen Kompetenzen bilden die prozessbezogenen Kompetenzen einen festen Bestandteil der mathematischen Grundbildung. Dazu zählen Modellieren, Problemlösen, Darstellen, Argumentieren und Kommunizieren.

Das nun folgende Kapitel beschäftigt sich vor allem mit der Kompetenz des Modellierens im Kontext der Bearbeitung von Fermi-Aufgaben, was als zentraler Baustein dieser Forschungsarbeit gilt. Am Anfang des Kapitels werden die Begriffe „Modell" und „Modellieren" definiert (Abschnitt 4.1), bevor die didaktische Einordnung mit Blick auf das Modellieren und Problemlösen

(Abschnitt 4.2) sowie die wissenschaftlichen Befunde zu Modellierungskompetenzen von Grundschulkindern erläutert werden (Abschnitt 4.3). Fermi-Aufgaben als Aufgabentypus des Sachrechnens werden im Folgenden als Aufgabenformat für den Unterricht, unter Berücksichtigung von Schwierigkeiten und Problemen, dargestellt, ebenso wie die wissenschaftlichen Ergebnisse berücksichtigt werden müssen (Abschnitt 4.4 bis 4.5). Um zu verdeutlichen, welche Schritte die Kinder beim Modellieren durchlaufen, steht im Abschnitt 4.6 der Modellierungskreislauf im Zentrum der Betrachtung. Erkenntnisse aus Wissenschaft und Forschung sind an dieser Stelle mit einer Verknüpfung von Fermi-Aufgaben und den zu durchlaufenden Modellierungsprozessen in Form eines Kreislaufes von besonderem Interesse. Der Vorgang, ein reales Problem in ein mathematisches Modell zu überführen, die Aufgabe mathematisch zu lösen und den Bezug zur Ausgangssituation herzustellen, ist bei Fermi-Aufgaben sehr komplex. Da sich diese Arbeit zum Ziel gesetzt hat, bei Fermi-Aufgaben besonders die ablaufenden Prozesse sowie die Lösungswege der Kinder zu akzentuieren, folgt eine Konkretisierung des Begriffs „Lösungsstrategien" mit Hilfe einer Übersicht der bisherigen wissenschaftlichen Befunde und Erkenntnisse, die als Basis für die Auswertung der für diese Arbeit erhobenen Daten dient. Im Anschluss werden die beiden Fermi-Aufgaben der Vor- und der Hauptstudie fachdidaktisch analysiert (vgl. Abschnitt 4.8 und 4.9). Auf die Darstellung beispielhafter Modellierungskreisläufe für die Aufgabe der Hauptstudie folgen in Form eines abgeleiteten Kategoriensystems mögliche Lösungsstrategien, die für die Auswertung und Analyse signifikant sind.

4.1 Klärung der Begriffe Modell und Modellieren

Die prozessbezogene Kompetenz des Modellierens ist seit 20 Jahren durch die explizite Aufnahme in die Bildungsstandards und den Lehrplan NRW ein etablierter Bestandteil des Mathematikunterrichts. Als Kompetenzerwartung ist gesetzt, dass Schüler*innen sich beim mathematischen Modellieren bzw. bei der mathematischen Bearbeitung einer Fragestellung mit den relevanten Informationen auseinandersetzen sowie ein Sachproblem in die Sprache der Mathematik übersetzen, das Ergebnis prüfen und ihre mathematische Lösung ausgehend von der Sachsituation interpretieren (KMK, 2022a, S. 11). „Beim Modellieren geht es darum, eine realitätsbezogene Situation durch den Einsatz mathematischer Mittel zu verstehen, zu strukturieren und einer Lösung zuzuführen sowie Mathematik in der Realität zu erkennen und zu beurteilen" – die Formulierung von Blum, Drüke-Noe, Hartung und Köller (2006, 40 f.) für die Sekundarstufe 1 gilt im gleichen Maße auch für die Grundschule: Es geht darum, die Mathematik, die

die Kinder aus ihrer Erfahrungswelt kennen, aufzugreifen und mit Hilfe von Modellierungsaufgaben im Unterricht zu behandeln und somit auch erfahrbar zu machen, welchen Stellenwert Mathematik im Alltag hat. Dadurch rückt auch die Forderung von Blum (2007) nach lebensweltorientierten Aufgaben in den Fokus, damit die Lebenswelt mit Hilfe der Mathematik erschlossen wird. Dies unterstreicht aber auch die Tatsache, dass Mathematik weit mehr ist als Berechnungen durchzuführen (vgl. Fischer und Malle, 1985).

Da ein realistischer Sachverhalt in der Umwelt sehr komplex sein kann, braucht es zur Vereinfachung ein Modell, mit dem gerechnet werden kann. Winter (1994, S. 10) führt aus, dass es sich bei einem Modell um ein Konstrukt zwischen einer lebensweltlichen Situation und arithmetischen Begriffen handelt. Es „[...] werden Probleme aus der Lebenswirklichkeit in die Sprache der Mathematik übersetzt, innermathematisch gelöst und anschließend die Angemessenheit der Lösung in Bezug auf das reale Problem überprüft" (Schmidt, 2010, S. 11 f.). Rasch und Sturm (2018, S. 100) ergänzen, dass ein mathematisches Modell in Worten, Symbolen und auch Grafiken dargestellt werden kann. Übereinstimmend lässt sich feststellen, dass ein Modell den Zweck hat, einen realen Sachverhalt so vereinfacht darzustellen, dass die nur für die jeweilige Fragestellung relevanten Aspekte besonders herausgestellt und berücksichtig werden (K. Maaß, 2018, S. 2; Möwes-Butschko, 2010, S. 40).

Unterschieden wird an dieser Stelle zwischen deskriptiven und normativen Modellen (vgl. u. a. Hinrichs, 2008; K. Maaß, 2004; Möwes-Butschko, 2010; Winter, 1994). Es lässt sich ableiten, dass sich die Kompetenz des Modellierens als zentral für die Beantwortung einer Fragestellung aus dem Alltag erweist, wobei die Entwicklung eines Modells über die mathematische Weiterverarbeitung der Daten hin zur Lösung abläuft. Die Erstellung eines Modelles ist als grundlegend zu bezeichnen: Das Modell ist eine vereinfachte Darstellung des Sachverhalts, d. h. Mathematik findet Anwendung in der Realität und macht beides greif- und nachvollziehbar. Des Weiteren kann mit Hilfe der Modellierung auch ein Sachverhalt simuliert werden, der real nicht eintreten kann oder soll (Hinrichs, 2008, S. 11).

4.2 Didaktische Einordnung

Die Bildungsstandards (KMK, 2022a) beschreiben die mathematischen Kompetenzen, die Schüler*innen in der Grundschulzeit erwerben sollen. Unterschieden wird dabei zwischen inhalts- und prozessbezogenen mathematischen Kompetenzen. Die inhaltsbezogenen Kompetenzen beziehen sich auf die Leitideen Zahl und Operation, Raum und Form, Größen und Messen, Daten und Zufall sowie auf den übergeordneten Kern der Muster, Strukturen und funktionalen Zusammenhänge (ebd. 2022a, S. 13). Zu den prozessbezogenen Kompetenzen gehört neben dem mathematischen Modellieren auch mathematisches Argumentieren, mathematisches Darstellen, mathematisches Kommunizieren sowie die Kompetenzen, Probleme mathematisch zu lösen als auch mit mathematischen Objekten und Werkzeugen zu arbeiten – Kompetenzen, die als entscheidend für den Aufbau einer positiven Einstellung zum Fach als auch für eine Entdeckerhaltung angesehen werden (vgl. KMK, 2022a, S. 7).

Unter dem Begriff Probleme mathematisch lösen versteht man das Lösen problemhaltiger Aufgaben: Mit Hilfe erworbener mathematischer Kenntnisse, Fähigkeiten und Fertigkeiten werden mathematische Probleme gelöst. Das mathematische Kommunizieren impliziert, dass Schüler*innen in der Lage sind, eigene Vorgehensweisen zu beschreiben, Lösungswege anderer nachvollziehen zu können und diese gemeinsam zu reflektieren. Berücksichtigt werden soll dabei die sachgerechte Nutzung von Fachbegriffen und mathematischen Zeichen. Im engen Zusammenhang damit steht das mathematische Argumentieren, da Aussagen auf ihre Korrektheit hinterfragt und Zusammenhänge hergestellt werden sollen. Das mathematische Darstellen umfasst die Auswahl und den Einsatz von geeigneten Darstellungsmitteln für die Repräsentation mathematischer Objekte und Sachverhalte. Die Kompetenz mit mathematischen Objekten und Werkzeugen arbeiten umfasst den Umgang mit mathematischen Objekten in Bezug auf die jeweilige inhaltsbezogene Leitidee. (Vgl. KMK, 2022a, S. 10 ff.)

Der Bereich des Sachrechnens ist der Leitidee Größen und Messen zuzuordnen und steht in enger Verbindung mit der bereits näher erläuterten Kompetenz des Modellierens (Walther et al., 2008, S. 19). Während traditioneller Sachrechenunterricht sich vorrangig mit dem Festigen und Üben von Grundfertigkeiten beschäftigt, betont das heute in der Schule praktizierte Teilgebiet die Brücke zwischen Mathematik und Umwelt (Häsel-Weide, 2011, S. 280); eine Brücke, die in beide Richtungen beschritten werden kann und auch soll. Der Kontext zeichnet sich möglichst durch Lebensnähe und Lebensbedeutung aus. Realitätsbezüge werden betont (K. Maaß, 2004, S. 14, 2011, S. 3), denn gerade das Modellieren von Realität und das Simulieren ausgewählter Aspekte sind Säulen eines realitätsbezogenen Mathematikunterrichts (vgl. J. Maaß, 2015, S. 5).

Auf Grundlage des großen Themenbereiches Sachrechnen lässt sich der Stellenwert der Verarbeitung von Sachinformationen (Franke & Ruwisch, 2010, S. 31) und von Anwendungsaufgaben (Müller & Wittmann, 1984, 1998) ableiten. Drei zentrale und in der Fachliteratur fest etablierte Funktionen des Sachrechnens

4.2 Didaktische Einordnung

formuliert Winter (1992, 2003): **Sachrechnen als Lernstoff, als Lernprinzip und als Lernziel** (vgl. dazu detailliert 2003, S. 15 ff., S. 31 ff.).
Winters Ausführungen schließen lückenlos an das Ziel der Verbindung von Fach-, Sach- und Kindorientierung an (Franke & Ruwisch, 2010, S. 19). Je nach Gewichtung ist es möglich, dass das Anwenden von Mathematik ins Zentrum zu stellen ist, oder aber die Problemlösefähigkeit besonders betont wird oder eine Betonung des Zusammenhangs zwischen Alltag und Mathematik erfolgt (ebd. 2010, S. 20 ff.).

Die Zielsetzung von Freudenthal (1973, S. 76): „Ich möchte, daß der Schüler nicht angewandte Mathematik lernt, sondern lernt, wie man Mathematik anwendet" betont die Querschnittsaufgabe des Sachrechnens, in dem die Bereiche Zahl und Operation sowie der Umgang mit Größen eng verknüpft sind. Mathematik wird nicht um ihrer selbst willen verwendet und gelernt, sondern die Anwendung soll als Nutzen im Alltag erkannt werden: „Mit der Umwelt kann man rechnen. [...] Mit der Umwelt soll man rechnen. [...] Mit der Umwelt muß man rechnen." (Müller, 1995, S. 42 Auslassungen durch die Autorin dieser Arbeit).

Die Aufgabentypen, die in der Literatur für den Bereich des Sachrechnens zu finden sind, sind vielfältig. An dieser Stelle folgt die Autorin der groben Einteilung von Franke (2003), die zwischen eingekleideten Aufgaben, Text- und Sachaufgaben unterscheidet (weitere Einteilungen bei Franke & Ruwisch, 2010, S. 31 ff.; Krauthausen & Scherer, 2006, S. 77 ff.; Müller & Wittmann, 1984, S. 258 ff.).

Bei eingekleideten Aufgaben geht es vorrangig um das Anwenden und Üben von Rechenverfahren (vgl. dazu Borromeo Ferri, Greefrath & Kaiser, 2013, S. 25), sprich: Es geht darum, den passenden Zahlensatz zu finden. Gerade das Entkleiden von Sachaufgaben ohne Realitätsbezug fällt vielen Kindern schwer: „Sie verknüpfen mehr oder weniger wahllos die im Aufgabenkontext vorgegebenen Zahlen mit Operationen, die ihnen angemessen erscheinen." (Peter-Koop, 2003, S. 111). Die Aufgabe ist dann nur noch ein „Beispiellieferant" (ebd., 2003, S. 111).

Neben den eingekleideten Aufgaben differenziert Franke (2003) noch zwischen Text- und Sachaufgaben (vgl. auch Borromeo Ferri, Greefrath & Kaiser, 2013). Bei Textaufgaben erfolgt das Zuordnen der im Text vorhandenen Zahlen zu einer passenden Rechnung, während bei Sachaufgaben das Mathematisieren das Ziel ist und Modellieren erfordert. Zu betonen sind infolgedessen erneut die Realitätsbezüge, die helfen und unterstützen, Mathematik im Alltag zu deuten und zu verstehen sowie die Umwelt bewusster wahrzunehmen. Realität und Mathematik werden verknüpft und stellen eine Anregung zum authentischen

Mathematiklernen dar (Eilerts & Skutella, 2018, S. V). Die Schüler*innen erwerben beim Modellieren die Fähigkeit, zwischen Realität und Mathematik in beide Richtungen übersetzen zu können (Borromeo Ferri, Greefrath & Kaiser, 2013, S. 18). Durch das mathematische Modellieren erfolgt eine bewusste und kritische Auseinandersetzung mit umweltlichen Situationen.

Es bleibt festzuhalten, dass Modellieren als fester Bestandteil des mathematischen Lernens gilt (vgl. Klieme, 2009). Im besonderen Fokus stehen beim Modellieren die einzelnen Schritte, die für die Bewältigung der Aufgabe nötig sind: „Die Schülerinnen und Schüler wenden Mathematik auf konkrete Aufgabenstellungen aus ihrer Lebenswirklichkeit an. Dabei erfassen sie Sachsituationen, übertragen sie in ein mathematisches Modell und bearbeiten sie mithilfe mathematischer Kompetenzen […]. Ihre Lösung beziehen sie anschließend wieder auf die Sachsituation" (MSB – Ministerium für Schule und Bildung des Landes NRW, 2021, S. 78 Auslassungen durch die Autorin dieser Arbeit NF). Es zeigt sich die enge Verknüpfung zu den Übersetzungsprozessen, die zwischen Umwelt und Mathematik nötig sind: Der Kompetenzbereich des Modellierens greift somit das „Herzstück des Sachrechnens auf und fokussiert das Spannungsfeld von Mathematik und außermathematischer Realität" (Neubert & Thiel, 2012, S. 5). Diese nötigen einzelnen Teilschritte sind charakteristisch für das mathematische Modellieren und die gelingende Ausführung dieser Teilschritte ist ein wesentlicher Aspekt der Modellierungskompetenz (Blum & Leiss, 2005; Blum, 2007; Borromeo Ferri, Leiss & Blum, 2006). Die geforderten Teilkompetenzen und das Durchlaufen der einzelnen Schritte wird von Mathematikdidaktikern unterschiedlich visualisiert. Entscheidende Beiträge gehen u. a. auf Blum (1985), Blum und Leiss (2005), Kaiser (1986), Kaiser (1995), Büchter und Leuders (2005), K. Maaß (2004), Schukajlow (2011) und Müller und Wittmann (1984) zurück. Basierend auf dem Modell von Pollak (1977) sind verschiedene Darstellungen entstanden, wobei Blum (1985) den richtungsweisenden Beitrag für den deutschsprachigen Raum verfasst hat, der von Blum und Leiss (2005) weitentwickelt worden ist.

Das Modell von Müller und Wittmann (1984) verdeutlicht diesen Prozess ebenfalls. Die Auseinandersetzung mit der Aufgabe beginnt auf der Sachebene. Die vorliegende reale Situation der Aufgabe wird zu einem Realmodell verarbeitet. Dabei werden die relevanten Informationen betrachtet. Dieses vereinfachte Realmodell wird mit Hilfe einer Mathematisierung in ein mathematisches Modell übersetzt (zum Beispiel mit Hilfe einer Rechnung). Nach der Auswertung des mathematischen Modells erhält man die mathematische Lösung. Es folgt die Interpretation der Lösung, die auf die reale Situation „zurück"-übersetzt wird. Im Anschluss wird die Lösung im Idealfall auf ihre Plausibilität geprüft. Die Validierung zeigt, ob die Lösung realistisch ist (Abbildung 4.1).

4.2 Didaktische Einordnung

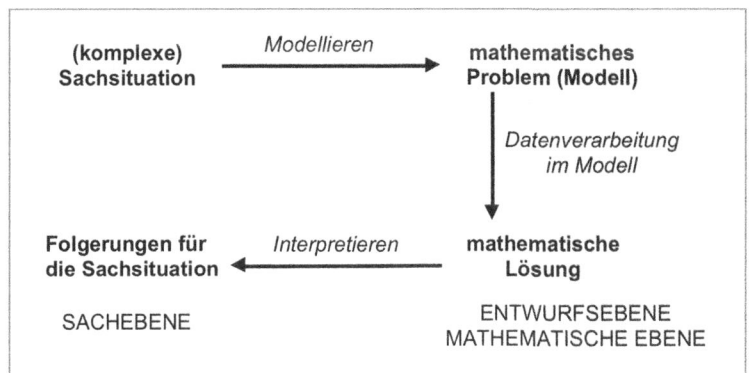

Abbildung 4.1 Modellierungskreislauf nach Müller und Wittmann, 1984, S. 253

Für die vorliegende Studie und die grafische Darstellung der Modellierungskreisläufe ist das Modell von Müller und Wittmann (1984) ausgewählt worden, da es sich aufgrund des klaren strukturellen Aufbaus besonders für Modellierungsaufgaben der Grundschule eignet und vereinfachen lässt. Das Modell ebenso wie die grafische Darstellung, die die Übersetzung in das mathematische Modell als auch die Rückübersetzung veranschaulicht, sind die Basis für die übersichtliche Darstellung des Ablaufes und werden durchgängig für diese Arbeit benutzt.

Vorteile an dieser Form der grafischen Darstellung sind das genaue Ablesen der benötigten Kompetenzen und das Durchlaufen der Arbeitsschritte der Schüler*innen, wenngleich immer mitzudenken ist, dass die angesprochenen zentralen Begriffe (die reale Situation, das reale Modell, das mathematische Modell, das mathematische Resultat) nicht selbsterklärend sind, und die einzelnen Phasen nicht linear und idealtypisch durchlaufen werden. Borromeo Ferri (2011) und Verschaffel, Greer und Corte (2000) zeigen, dass die Abläufe hochindividuell sind und die verschiedenen Schritte auch mehrfach oder in anderer Reihenfolge durchlaufen werden (können).

Die Darstellung der Modellierungsaufgabe mit Hilfe eines Kreislaufes hat zentrale Vorteile für die Unterrichtsvorbereitung. Auf diese Weise können diejenigen Prozesse differenziert betrachtet werden, die mögliche Schwierigkeiten für Schüler*innen bergen (vgl. Schukajlow, 2011). Mit Hilfe des Kreislaufes kann ebenso der Lösungsweg der Kinder nachgezeichnet werden: An welchen Stellen verfolgen die Kinder einen Lösungsweg weiter, wo durchbrechen sie den Kreislauf, überspringen Schritte oder machen Rückschritte usw.

An dieser Stelle ist zu bedenken, dass die Darstellung als Kreislauf auch kritisch zu betrachten ist. Für Voigt (2013) ist der Kreislauf in Bezug auf die Trennung zwischen Realität und Mathematik zu normativ. Zudem fehlt in den Augen der Verfasserin dieser Arbeit der Bezug zum Problemlösen in enger Verknüpfung mit dem Modellieren, da bei komplexeren Sachaufgaben in der Ausgangssituation ein Problem vorliegt, das es zu lösen gilt. Dieser Ansatz wird im weiteren Verlauf dieser Arbeit vertiefend betrachtet.

Zusammenfassend ist festzuhalten, dass die Konzeption des Modellierungskreislaufes mit Teilschritten gewiss auch immer von der Fragestellung der Aufgabe und dem Ziel abhängig ist, sich insgesamt aber eine Möglichkeit ergibt, die Lösungsprozesse der Kinder anschaulich darzustellen und nachzuzeichnen, um mehr über das Denken der Kinder zu erfahren.

4.3 Wissenschaftliche Befunde zu Modellierungskompetenzen

Das Modellieren hat im mathematikdidaktischen Diskurs einen hohen Stellenwert erlangt (u. a. Blum & Leiss, 2005; Blum & Borromeo Ferri, 2009b; Borromeo Ferri et al., 2006; Braun, 2020; Greefrath & Stein, 2012; Leiss, 2007; K. Maaß, 2004, 2005, 2011; J. Maaß, 2015; Möwes-Butschko, 2010; Reit, 2016; Schukajlow, 2011). Die Auflistung dieser Forschungsarbeiten zeigt, dass das Forschungsfeld des Modellierens fest etabliert ist. Gleichwohl wird aber bei Überprüfung der vorliegenden Befunde deutlich, dass das Modellieren in der Grundschulforschung unterrepräsentiert ist, was kritisch anzumerken ist.

Als Anstoß für die Auseinandersetzung mit dem Modellieren kann die Arbeit von Pollak (1977) angenommen werden, der mehrere voneinander unterscheidbare Schritte beim Modellieren beschrieben hat, aus denen sich im Laufe der wissenschaftlichen Bearbeitung ein Modellierungskreislauf entwickelt hat. Wie bereits im vergangenen Kapitel beschrieben, ist der Modellierungskreislauf von Blum (1985) als Vorläufer oder auch als Grundstein anzusehen, aus dem sich eine Vielzahl von Publikationen entwickelt haben (siehe Abschnitt 4.2). Auch Blum selbst hat „seinen" Modellierungskreislauf stetig weiterentwickelt und ausdifferenziert (Blum & Leiss, 2005). Auch der für die Analyse dieser Forschungsarbeit ausgewählte Modellierungskreislauf von Müller und Wittmann (1984) ist nicht geschlossen und lässt das Verfolgen individueller Lösungsstränge der Schüler*innen zu, was bei der Bearbeitung von Fermi-Aufgaben eine besondere Rolle spielt. Detaillierte Übersichten über die verschiedenen Modellierungskreisläufe und deren Einsatz finden sich bei Borromeo Ferri (2006) und Schukajlow (2011).

4.3 Wissenschaftliche Befunde zu Modellierungskompetenzen

Wenngleich bereits Freudenthal (1973, 1974) auf eine Verknüpfung von Mathematik und realitäts- und anwendungsorientierten Aufgaben drängt, spielen Modellierungsaufgaben bisher eine geringe Rolle (Borromeo Ferri, Grünewald & Kaiser, 2013, S. 41). Büchter und Leuders (2005) haben sich von der Form des Kreises zugunsten einer Spirale entschieden, um zu verdeutlichen, wie sich die Schüler*innen dem Ziel immer weiter nähern.

Untersuchungen zum Messen von Modellierungskompetenzen liegen für den englischsprachigen Bereich vor, national sind die Arbeiten von Kaiser-Meßmer (1986) und K. Maaß (2004) zu nennen. Die Ergebnisse der Arbeiten zeigen, dass sich durch die Beschäftigung mit Modellierungsaufgaben die Kompetenzen verbessern.

G. Kaiser, Blum, Borromeo Ferri und Greefrath (2015, S. 369) unterteilen die globalen Modellierungskompetenzen vor dem Hintergrund bereits vorliegender Forschungsergebnisse (u. a. K. Maaß, 2004; Houston & Neill, 2003), noch in weitere Teilkompetenzen, um die einzelnen Schritte zu verdeutlichen:

„a. Kompetenzen zum Verständnis eines realen Problems und zum Aufstellen eines realen Modells, d. h. die Fähigkeiten,
- nach verfügbaren Informationen zu suchen und relevante von irrelevanten Informationen zu trennen;
- auf die Situation bezogene Annahmen zu machen bzw. Situationen zu vereinfachen;
- die eine Situation beeinflussenden Größen zu erkennen bzw. zu explizieren und Schlüsselvariablen zu identifizieren;
- Beziehungen zwischen den Variablen herzustellen;

b. Kompetenzen zum Aufstellen eines mathematischen Modells aus einem realen Modell, d. h. die Fähigkeiten,
- die relevanten Größen und Beziehungen zu mathematisieren, genauer in mathematische Sprache zu übersetzen;
- falls nötig, die relevanten Größen und ihre Beziehungen zu vereinfachen bzw. ihre Anzahl und Komplexität zu reduzieren;
- adäquate mathematische Notationen zu wählen und Situationen ggf. graphisch darzustellen;

c. Kompetenzen zur Lösung mathematischer Fragestellungen innerhalb eines mathematischen Modells, d. h. die Fähigkeiten,
- heuristische Strategien anzuwenden wie Aufteilung des Problems in Teilprobleme, Herstellung von Bezügen zu verwandten oder analogen Problemen, Reformulierung des Problems, Darstellung des Problems in anderer Form, Variation der Einflussgrößen bzw. der verfügbaren Daten usw.;

d. Kompetenzen zur Interpretation mathematischer Resultate in einem realen Modell bzw. einer realen Situation, d. h. die Fähigkeiten,
- mathematische Resultate in außermathematischen Situationen zu interpretieren;
- für spezielle Situationen entwickelte Lösungen zu verallgemeinern;
- Problemlösungen unter angemessener Verwendung mathematischer Sprache darzustellen bzw. über die Lösungen zu kommunizieren;
e. Kompetenzen zur Infragestellung der Lösung und ggf. erneuten Durchführung eines Modellierungsprozesses, d. h. die Fähigkeiten,
- gefundene Lösungen kritisch zu überprüfen und zu reflektieren;
- entsprechende Teile des Modells zu revidieren bzw. den Modellierungsprozess erneut durchzuführen, falls Lösungen der Situation nicht angemessen sind;
- zu überlegen, ob andere Lösungswege möglich sind, bzw. Lösungen auch anders entwickelt werden können;
- ein Modell grundsätzlich in Frage zu stellen" (G. Kaiser et al., 2015, 369 f.).

Wenngleich diese Liste nach eigenen Angaben nicht vollständig ist (G. Kaiser et al., 2015, S. 370) und je nach Bildungsbereich einzelne Unterkompetenzen mehr oder weniger ausgebildet sein können, liefert sie für die eigene Forschungsarbeit viele Ansatzpunkte, um die Aufgaben der Vorstudie und der Hauptstudie in Bezug auf die geforderten Teilkompetenzen genauer zu untersuchen und um die gewählten Lösungsstrategien gezielter in den Blick zu nehmen.

Die aufgelisteten Teilkompetenzen folgen einer normativen Einteilung. Eine weitere Untersuchung von Borromeo Ferri, Grünewald und Kaiser (2013) verweist auf die Fähigkeiten, die die Schüler*innen beim Bearbeiten nutzen: „1. Fähigkeit zum Vereinfachen eines Problems; 2. Fähigkeiten zur Ermittlung eines (erreichbaren) Ziels; 3. Fähigkeit zur Beschreibung des Problems; 4. Fähigkeit zur Identifikation zentraler Variablen und ihrer Beziehungen; 5. Fähigkeit zur Formulierung adäquater mathematischer Beschreibungen des Problems; 6. Fähigkeit zur Interpretation von Lösungen innerhalb des realen Problemkontextes; 7. Fähigkeit zur Validierung der Angemessenheit der Lösungen" (ebd., 2013, S. 43). Die Studie zeigt ‚dass sich sämtliche Schülergruppen verbessern.

In der aktuellen Diskussion werden verschiedene Ansätze verfolgt und diskutiert, wie Modellieren in mathematische Lehr- und Lern-Prozesse eingebunden werden kann (vgl. dazu G. Kaiser et al., 2015, S. 359). Um Schüler*innen zu befähigen, Mathematik zur Lösung von Problemen zu nutzen, die für sie im Alltag relevant sind, sind gute Aufgaben zum Modellieren in der Grundschule unabdingbar. Die Kriterien für gute Aufgaben im Mathematikunterricht spielen dabei eine wichtige Rolle (vgl. Abschnitt 2.2).

Für die Analyse sind die Forschungsergebnisse von Borromeo Ferri (2011) und Verschaffel et al. (2000) hochrelevant, da die Autor*innen nachweisen können, dass beim Durchlaufen der Modellierungsschritte eben diese Abläufe hochindividuell sind, verschiedene Schritte aber auch mehrfach oder in anderer Reihenfolge durchlaufen werden (s. Abschnitt 4.2). Trotz der Kritik (vgl. Voigt, 2013) schließt sich die Autorin dieser Arbeit der Schlussfolgerung von Schukajlow (2011, S. 83) an: Für die Analyse von individuellen Lösungsprozessen ist der Modellierungskreislauf geeignet, da individuelle Lösungsprozesse nachgezeichnet, die zu erbringenden Teilleistungen erfasst und Aktivitäten sehr präzise beschrieben werden können.

4.4 Fermi-Aufgaben als Unterrichts- und Untersuchungsgegenstand

In Kapitel 2 ist dargelegt, welche zentrale Rolle Aufgaben seit jeher im Mathematikunterricht spielen, was sich – unter Berücksichtigung zunehmender Heterogenität der Schülerschaft – für die Gestaltung inklusiver Lernumgebungen mit Blick auf das Lernen am gemeinsamen Gegenstand intensiviert hat. Bezogen auf die Kompetenzerwartungen des Lehrplans für NRW (MSB – Ministerium für Schule und Bildung des Landes NRW, 2021, S. 79 und S. 83) als auch auf die beschriebenen Befunden (s. Abschnitt 4.3) wird deutlich, dass für das Erreichen der Vorgaben ein Unterricht erforderlich ist, der sinnvoll zum Modellieren anregt. Dafür braucht es geeignete Aufgaben. An dieser Stelle herrscht breiter Konsens in der Mathematikdidaktik, wenngleich immer mitzudenken ist, dass es den „Universaltreffer" (Bauersfeld, 2003, S. 15) für eine Aufgabe nicht gibt. Wie in Kapitel 2 erklärt, bedarf es der Berücksichtigung weiterer Faktoren für die Unterrichtsgestaltung. Grundvoraussetzung ist, dass alle Überlegungen zu geeigneten Aufgaben vom Einsatz bzw. vom Ziel abhängig sind.

Zu den Kriterien für geeignete Aufgaben gehört, dass sie eine Verbindung zwischen grundlegenden mathematischen Begriffen und Verfahren herstellen sowie den Erwerb der prozessbezogenen Kompetenzen unterstützen und fördern (vgl. Walther et al., 2008, S. 39). Die Bearbeitung soll als sinnvoll erachtet werden (vgl. Büchter & Leuders, 2005, S. 13), was durch einen sinnstiftenden Kontext erreichen kann: Aufgaben werden als Herausforderung auf unterschiedlichem Anspruchsniveau erfahren (Selter, 2017, S. 109). Des Weiteren sollen sie Anlässe für das Kommunizieren als auch das Argumentieren bieten, um einen verbalen Austausch zu ermöglichen und kommunikative Fähigkeiten zu erweitern (Büchter & Leuders, 2005, S. 13). Die Autor*innen von Pik As erweitern das Spektrum der Kriterien um das Nutzen vielfältiger Lösungsstrategien, unterschiedlicher Darstellungsformen sowie das Zulassen individueller Denkstrategien und das eigenständige Erkunden mathematischer Strukturen (Pik As, 2009). Es zeigt sich die Verknüpfung zwischen dem Lernen am gemeinsamen Gegenstand und dem individuellen Lernen entsprechend des eigenen Leistungsniveaus.

Beim Modellieren, dessen Bedeutung seit Jahrzehnten bekannt, aber noch nicht ausreichend inhaltlich verankert ist (vgl. Leiss & Tropper, 2014, S. 23), greifen weitere Kriterien für die Auswahl der Aufgaben (vgl. K. Maaß, 2018, S. 5). Nach K. Maaß (2018) sollen Schüler*innen lernen, Mathematik in ihrer Umwelt wahrzunehmen und anzuwenden, die Bedeutung für ihr eigenes Leben kennenzulernen, inhalts- und prozessbezogenen Kompetenzen gleichermaßen zu erwerben und Motivation zu erfahren, sich mit lebensweltlichen Aufgaben zu beschäftigen. Der von Freudenthal (1973, 1974) geforderte Realitätsbezug wird erneut aufgegriffen. Zudem zeigen die Befunde zu den Modellierungskompetenzen, dass sich diese nur in Auseinandersetzung mit Modellierungsaufgaben verbessern. Für das Finden dieser Aufgaben raten Büchter und Leuders (2005, S. 77) zum Tragen einer „mathematischen Brille" ebenso wie zum Verzicht auf eingekleidete Aufgaben und künstlicher Kontexte. Besonders im Hinblick auf die Fähigkeit des Vereinfachens brauchen Kinder Aufgaben in ganzer Komplexität.

Als besonders geeignete Modellierungsaufgaben gelten Fermi-Aufgaben (Büchter, Herget, Leuders & Müller, 2007; Ferrando & Albarracín, 2019; Korff, 2016; K. Maaß, 2011; Peter-Koop, 2005). Fermi-Aufgaben gehen ursprünglich auf Enrico Fermi (1901–1954) zurück. Der italienische Kernphysiker lehrte erst an der Universität in Rom und später – nach der Flucht vor dem faschistischen Regime in Italien – in Chicago das Fach Physik. 1938 gewann er den Nobelpreis in Physik (Peter-Koop, 2005, S. 5). Er schrieb theoretische Arbeiten zur Festkörper- und Quantenphysik und war an der Forschung radioaktiver Kettenreaktionen beteiligt. Wenngleich er später Gegner von Massenvernichtungswaffen war, hat er an der Entwicklung der ersten Atombombe in den USA mitgearbeitet (Efthimiou & Llewellyn, 2007, S. 253).

Fermi war bekannt für seine guten Abschätzungen; eine Kompetenz, die er auch bei seinen Studierenden fördern wollte. Aus diesem Grund stellte er seinen Studierenden Aufgaben, die mit einer einfachen Rechnung nicht lösbar waren, sondern guter Schätzungen bedurften. Damit verbunden war die Herausforderung an die Lerngruppe, mit einer unterbestimmten Aufgabe zu arbeiten, gleichwohl wurde die Lerngruppe herausgefordert, motiviert und zu eigenen

4.4 Fermi-Aufgaben als Unterrichts- und Untersuchungsgegenstand

Datenerhebungen und Hypothesen ermutigt (vgl. z. B Hinrichs, 2008; Lang, 2019).

Die wohl bekannteste Aufgabe, die E. Fermi konzipiert hat, ist: „How many piano tuners are there in the city of Chicago?" (Efthimiou & Llewellyn, 2007, S. 253). Um herauszufinden, wie viele Klavierstimmer es in Chicago gibt, hat Fermi zuerst die Einwohnerzahl von Chicago sowie im Anschluss die durchschnittliche Größe einer Familie geschätzt und des Weiteren überlegt, wie viele Familien ein Klavier besitzen. Auf Grundlage der Annahme, dass ein Klavier alle zehn Jahre gestimmt werden sollte, überlegte er weiter, wie viele Klaviere ein Klavierstimmer an einem Tag stimmen kann und wie viele dann in einem Jahr gestimmt werden können (vgl. Büchter et al., 2007, S. 3). An dieser exemplarischen Aufgabe wird deutlich, welche Schritte von der Aufgabe bis zur Lösung und Validierung nötig sind (vgl. die Schritte des Modellierungskreislaufes), ebenso wie die Signifikanz des Modellierens und Schätzens. Fermi richtete den Blick auf Eigenschaften, die wir im Alltag brauchen. Ihm war wichtig, den gesunden Menschenverstand und Alltagswissen zu nutzen (vgl. Hinrichs, 2008, S. 148).

Der Aufgabentypus der Fermi-Aufgaben ist der Leitidee Größen und Messen und dort dem Bereich Sachrechnen zuzuordnen.

Im Sachrechnen der Grundschule kommen häufig eingekleidete Aufgaben zum Einsatz, was ein Hauptproblem des Sachrechnens offenlegt: Die zu wählende Rechenoperation steht bei dieser Art von Aufgaben im Zentrum, und der Kontext ist nahezu beliebig austauschbar. Das geforderte Kriterium des Realitätsbezuges ist nicht erfüllt. K. Maaß (2004, S. 17) verweist darauf, dass ein unkritischer Einsatz von Aufgaben ein falsches Bild von Mathematik vermitteln kann und bezieht u. a. auf Henn (2000) und Galbraith und Stillman (2002). Borromeo Ferri (2019, S. 145) formuliert in Bezug auf die zu nutzende Strategie plakativ: „Entnimm dem Aufgabentext die gegebenen Größen und rechne mit ihnen nach einem vertrauten Schema (und denk dabei nicht über den Realkontext nach)!" (Weitere Beispiele bei: Verschaffel, Corte, van Vaerenbergh, Bogaerts & Ratinchx, 1999; Verschaffel et al., 2000).

Bei Fermi-Aufgaben steht der Realitätsbezug im Vordergrund (Kaufmann, 2006, S. 16). Zudem findet eine Abkehr vom Frage-Rechnung-Antwort Schema statt (Pik As, 2010); ein Schema, das den Sachrechenunterricht der Schule bereits lange prägt. Wie die Klavierstimmer-Aufgabe, die wohl bekannteste Fermi-Aufgabe, ist eine Beantwortung der Frage mit einer einfachen Rechnung nicht möglich.

Wenngleich die Frage in den meisten Fällen vorgegeben ist, sind bei dem vorgestellten Aufgabentypus in der Regel die Zusammenhänge hinreichend komplex und enthalten keine oder unzureichende Informationen (Büchter & Leuders, 2005, S. 158). Die Schüler*innen stehen vor der Herausforderung, zu schätzen, zu recherchieren oder mit Hilfe von Alltagswissen Fehlendes zu ergänzen (vgl. z. B. Haberzettl, Klett & Schukajlow, 2018).

„Liegen für eine vollständige Mathematisierung einer Situation noch nicht genügend Daten vor, kann zur Phase der Strukturierung und Vereinfachung durchaus auch eine erste Phase der Datenbeschaffung (Recherche oder Messung) gehören" (Hinrichs, 2008, S. 22).

Es fehlen Informationen und ein feststehender Lösungsalgorithmus: Der Lösungsweg muss von den Lernenden selbst entwickelt werden. Die auf den ersten Blick unlösbaren Aufgaben fordern heraus und bieten vielfältige Herangehensweisen, auch im Bereich des Austausches zur Datenbeschaffung, zur Nutzung der Daten und zum Lösungsweg. Jedes Kind kann sich der Aufgabe individuell nähern. Des Weiteren können Themen behandelt werden, die bisher noch nicht explizit Thema des Unterrichts waren – sei es inhalts- oder prozessbezogen oder bezogen auf die Anwendung von Mathematik im Alltag. Die Schüler*innen erhalten einen persönlichen Zugang zur Aufgabe und entdecken auf diese Weise neue Gebiete der Mathematik (Korff, 2016).

Der Lösungsweg ist unklar bzw. nicht sofort erkennbar (Haberzettl et al., 2018, S. 33). Signifikant ist aber auch, dass es nicht „den einen Lösungsweg" gibt, sondern durchaus verschiedene Wege beschritten werden können und vor allem auch dürfen und sollen. Auch eine exakte Lösung ist nicht gefordert, was u. a. durch das Schätzen bzw. durch das Rechnen mit Näherungswerten bedingt ist. Wichtig ist ein gut begründetes und realistisches Ergebnis, welches durch die differenzierte Bearbeitung einzelner Schritte auch unterschiedlich ausfallen kann.

Aufgrund des unklaren Ausgangszustandes und der Offenheit der Aufgabenstellung, auch in Bezug auf den zu begründenden und zu validierenden Endzustand, erscheint eine Zuteilung zu offenen, unterbestimmten Aufgaben folgerichtig (vgl. Borromeo Ferri, Greefrath & Kaiser, 2013, S. 29).

Das besondere Potenzial von Fermi-Aufgaben für Modellierungen zeigt sich insbesondere im herausfordernden Bearbeitungsprozess. Die Schüler*innen müssen Zusammenhänge herstellen, die Sachsituation deuten und in eine mathematische Rechnung überführen. Das Ergebnis ist dann erneut auf die Sachsituation zu übertragen (vgl. Pik As, 2010). Dieser Prozess der Modellierung ist in einem Modellierungskreislauf darstellbar. Es werden Reduktionsleistungen und

4.4 Fermi-Aufgaben als Unterrichts- und Untersuchungsgegenstand

Ergänzungen fehlender Angaben (Eilerts & Kolter, 2015, S. 72) ebenso wie Entscheidungsprozesse unter Beibehaltung des sachlichen Kontextes verlangt (Peter-Koop, 2003, S. 115). Es liegt zwar kein Sachtext vor, aber eine Auseinandersetzung mit der thematisierten Lebenswelt ist unabdingbar, da ansonsten kein Lösungsplan mit entsprechenden Bearbeitungsstrategien aufgestellt werden kann (vgl. Büchter et al., 2007). Wenngleich das Ziel (sprich: Die Beantwortung der Frage) klar ist, ist die zu füllende „Lücke zwischen Ausgangslage und Ziel in der Regel recht groß" (Rasch, 2015, S. 6).

Zusammenfassend weisen Fermi-Aufgaben folgende Charakteristika auf:

- Es ist ein Realitätsbezug gegeben, der die Kinder gleichermaßen anspricht und herausfordert.
- Der persönliche Zugang der Kinder zur Aufgabe erfolgt über den Alltagsbezug, aber auch über die herausfordernde Aufgabenstellung.
- Es ist kein Lösungsschema vorgegeben, stattdessen ist bei der Problemstellung zu Beginn noch nicht ersichtlich, ob die Aufgabe lösbar ist.
- Es liegen unzureichende Informationen vor, die zuerst bestimmt und ergänzt werden müssen. Dabei muss zur Datenbeschaffung auf Alltagswissen, Recherche und auch auf die Kompetenz des Schätzens zurückgegriffen werden.
- Die Offenheit und Problemhaftigkeit der Aufgabe, aber auch die Wahl des Lösungsweges und die Reflektion des Ergebnisses regen zum Kommunizieren und Argumentieren an; besonders der Lösungsweg muss selbst entwickelt werden und kann unterschiedlich gewählt werden.
- Der Problemlöseprozess bzw. die Modellierung stehen im Vordergrund, nicht der Algorithmus.
- Es findet eine Verknüpfung von inhaltsbezogenen und allgemeinen mathematischen Kompetenzen statt, wobei ein Rückgriff auf mathematische Kenntnisse vor allem in Bezug auf die Leitideen Zahl und Operation als auch Größen und Messen nötig ist. Die mathematischen Tätigkeiten sind neben dem Überschlagen, Schätzen und dem Modellieren auch der flexible Umgang mit Größen.
- Die verwendeten Lösungsstrategien müssen immer wieder hinsichtlich ihrer Zielführung untersucht werden.
- Das Ergebnis beschränkt sich nicht auf eine exakte Lösung, sondern weist aufgrund von Schätzungen und Näherungswerten eine gewisse Spannweite auf.

Ein mögliches Beispiel zur Veranschaulichung ist „Wie viele Kinder wiegen so viel wie ein Eisbär?" (Peter-Koop, 2000, S. 33, 2003, S. 115). Durch den

Vergleich mit dem eigenen Körpergewicht kann eine Vorstellung entwickelt werden, wieviel ein Eisbär wiegt. Wichtig ist hier, Kinder immer wieder zum Vergleich mit Stützpunkten herauszufordern und ihr Wissen zu festigen und zu sichern, sodass von verlässlichen Größenvorstellungen gesprochen werden kann (Franke & Ruwisch, 2010, S. 243).

Die wohl in der Literatur am häufigsten zitierte Fermi-Aufgabe stammt von Peter-Koop (2000, 2003). Neben der Stau-Aufgabe sind viele weitere Fermi-Aufgaben – sowohl für die Grundschule als auch für die Sekundarstufe – entwickelt worden: „Wie viele Gummibären wiegen so viel wie ein Eisbär?" (Habicht, 2012), „Putzt du in der Woche mehr als eine Stunde lang die Zähne?" (Hülse & Neubert, 2015) oder „Wenn ihr alle Spaghetti einer 500-Gramm-Packung hintereinanderlegt, dann wäre die Strecke kürzer als 10 Meter. Stimmt das?" (Korff, 2016). Weitere Unterrichtsideen finden sich bei Büchter et al. (2007), Kaufmann (2006), Ruwisch und Schaffrath (2011) und Peter-Koop (2000, 2003).

Die vorgestellten Charakteristika einer Fermi-Aufgabe sind für die Aufgabenentwicklung für die jeweilige Lerngruppe entscheidend und an dieser Stelle Grundlage für die didaktische Analyse der Aufgaben der Vor- und Hauptstudie (vgl. Abschnitt 4.7. und 4.8).

Neben den bereits häufig angesprochenen Lösungsstrategien, die in Abschnitt 4.9 gesondert fokussiert werden, ist eine Definition des Begriffs **Schätzen** an dieser Stelle von besonderer Relevanz, da diese Kompetenz bei Fermi-Aufgaben eine signifikante Rolle innehat. Die Tätigkeit des Schätzens ist im Lehrplan für NRW (MSB – Ministerium für Schule und Bildung des Landes NRW, 2021, 89, 92 f.) sowohl unter der Leitidee Zahl und Operation beim überschlagenden Rechnen als auch unter der Leitidee Größen und Messen bei Größenvorstellung und Umgang mit Größen sowie bei Sachsituationen zu finden. Gerade im Bereich der Sachaufgaben geht es um Aufgaben, die schätzend gelöst werden sollen und um die kontextabhängige Entscheidung, ob eine exakte Lösung nötig ist. Im Umgang mit Größen nimmt das Schätzen eine besondere Rolle ein, denn das Messen einer Größe wird dabei auf Basis bisher erworbener Größenvorstellungen und mit Hilfe von Stützpunktvorstellungen in Gedanken nachvollzogen.

Als besonderes Kennzeichen des Schätzens ist der Umgang mit Ungenauigkeit zu nennen (Möwes-Butschko, 2010); der Vorgang ist als Annäherung an den zu ermittelnden Wert zu verstehen, ohne auf ein standardisiertes Messinstrument zurückzugreifen. Schätzungen folgen keinem mathematischen Algorithmus, sondern aktivieren bereits erworbenes Wissen zu Größenvorstellungen und Stützpunkten. Letztere werden als Repräsentanten bezeichnet (Franke & Ruwisch,

2010, S. 248). Das Schätzen vom Raten abzugrenzen: „Im Gegensatz zum Raten ist das Schätzen immer eine überlegte und begründbare Aussage über die ungefähre Anzahl oder Größe vorgegebener Objekte" (Schipper, 2016, S. 174). Entscheidend ist, dass es beim Schätzvorgang zu einem direkten oder indirekten Vergleich kommen kann – es geht um reale und mentale Referenzobjekte (Hoth & Fricke, 2023, 41). Gerade Handlungserfahrungen, die die Schüler*innen selbst gemacht haben, sind bedeutsam für den Schätzprozess (Colmer, 2006). Schüler*innen nutzen beim Schätzen unterschiedliche Strategien: 1. Unit Iteration, 2. Benchmark Comparison, 3. Decomposition/Recomposition (Hildreth, 1983; Joram, E., Subrahmanyam & Gelman, 1998; Siegel, Goldsmith & Madson, 1982).

Bei der Strategie Unit Iteration wird das zu schätzende Objekt mental mit einer Standardeinheit ausgemessen; die Strategie Benchmark Comparison zielt auf den Vergleich mit Stützpunkten ab, die herangezogen werden – dies kann mental mit einer Stützpunktvorstellung erfolgen oder aber direkt mit dem Referenzobjekt, wenn es physisch vorhanden ist. Die dritte Strategie Decomposition/ Recomposition liegt vor, wenn das zu schätzende Objekt in Einzelteile zerlegt wird, dann eine Schätzung erfolgt und im Anschluss wieder zusammengefügt wird (Heid, 2016, S. 82 ff.; Hoth & Fricke, 2023, S. 41 f.).

Die Strategiewahl wird durch weitere Merkmale der Schätzsituation beeinflusst, wie die Untersuchungen gezeigt haben (Heinze, Weiher, Huang & Ruwisch, 2018; Hoth et al., 2022). Die Systematisierung der Autor*innen verweist auf Merkmale, die a. das Schätzobjekt betreffen (Größe; physisch vorhanden oder nicht; berührbar oder nicht; Konstruktion eines Schätzobjektes konstruiert oder nicht), b. das Referenzobjekt betreffen (Ist das Referenzobjekt gegeben oder nicht; ist es in realer Größe sichtbar oder nicht; ist es berührbar oder nicht; ist die Länge genannt oder nicht) oder c. die Längeneinheit betreffen (standardisiert oder nicht-standardisiert).

4.5 Forschungsstand zu Fermi-Aufgaben und mehrzyklischen Modellierungskreisläufen

Das Durchlaufen mehrerer Teilschritte ist charakteristisch für das mathematische Modellieren; dieser Modellierungsprozess ist in einem Kreislauf darstellbar. Mit diesem vereinfachenden Schema des Kreislaufmodells werden die einzelnen Schritte visualisiert, die nötig sind, um die Komplexität der Aufgabe zu fassen, aber auch um die Übersetzung der einzelnen Teilschritte zu meistern (vgl. Abschnitt 4.2 und 4.3). Es liegen zahlreiche Studien zu Modellierungsaufgaben und Modellierungskompetenzen vor; für den Primarbereich sind Forschungen unterrepräsentiert (wie bereits erwähnt). Betrachtet man nun speziell den Aufgabentypus Fermi-Aufgaben, liegen zahlreiche Unterrichtsentwürfe vor (z. B. Bönig & Lange, 2017; Büchter et al., 2007; Haberzettl et al., 2018; Kaufmann, 2006; Müller-Heise, 2012; Pik As, 2010); empirische Studien beziehen sich dabei vorrangig auf die Modellierungskompetenzen im Unterricht der Sekundarstufen 1 und 2 (u. a. Leiss, 2007; Schukajlow, 2011; Schukajlow & Leiss, 2011; Schukajlow & Blum, 2018).

International liegen Studien vor, die sich speziell mit dem Aufgabentypus beschäftigen und diesen empirisch untersuchen (Albarracín & Gorgorio, 2014, 2019; Ärlebäck, 2009; Ferrando & Albarracín, 2019). Die Ergebnisse betonen den Einsatz von Fermi-Aufgaben im Grundschulalter ebenso wie die unterschiedlichen Lösungsansätze.

Lesh und Doerr (2000) beschreiben auf Basis ihrer Untersuchungen multizyklische Modellierungsprozesse, was Peter-Koop (2003, 2004, 2005) in ihrer Analyse der wohl in Deutschland bekanntesten Fermi-Aufgabe „Stau" bestätigt. Die Problemstellung, mit der sich die teilnehmenden Schüler*innen der Studie von Peter-Koop (2003, S. 115) beschäftigt haben, lautet:

„Auf der A1 Münster Richtung Osnabrück staut sich der Verkehr auf einer Länge von 3 km. Wie viele Fahrzeuge stehen wohl in diesem Stau?"

Das Unterrichtsprojekt hat explizit die Förderung der Modellierungs- und Problemlösekompetenzen der Schüler*innen zum Ziel, und dies zu einer Zeit, als die Kompetenz des Modellierens noch keinen Einzug in die Bildungsstandards und folglich auch noch nicht in den Mathematikunterricht gehalten hat. In ihren Ausführungen zeigt Peter-Koop (2003), dass die Schüler*innen in ihren Gruppen zuerst einen Austausch über eigene Erfahrungen beginnen – eine wichtige Grundlage für die Bildung eines Realmodells. Mit Hilfe von Spielzeugautos und dem Ausmessen realer Autos auf dem Schulparkplatz bilden die Schüler*innen Mittelwerte – eine bemerkenswerte Leistung, da dies im Unterricht noch nicht behandelt worden ist. Es erfolgt dann die Berechnung, wobei noch nicht bekannte Rechenoperationen durch bereits bekannte ersetzt werden. Nach der Rückübersetzung steht am Ende die Validierung des Ergebnisses. d. h. es muss die Frage gestellt werden, ob das Ergebnis realistisch ist. Ein Ergebnis, das nicht realistisch ist, kann dazu führen, dass der ganze Kreislauf neu durchlaufen werden muss, oder aber einzelne Schritte wiederholt werden (vgl. ebd., 2003, S. 126 ff.).

4.5 Forschungsstand zu Fermi-Aufgaben und mehrzyklischen ...

Peter-Koop (2003, 2004) weist nach, dass bei einer Fermi-Aufgabe der Kreislauf mehrzyklisch durchlaufen werden muss, was die grafische Darstellung des Modellierungsprozesses einer ihrer beobachteten Gruppen zeigt. Der Bearbeitungsprozess verläuft nicht geradlinig; es sind nicht immer sind alle Schritte zu beobachten (Abbildung 4.2).

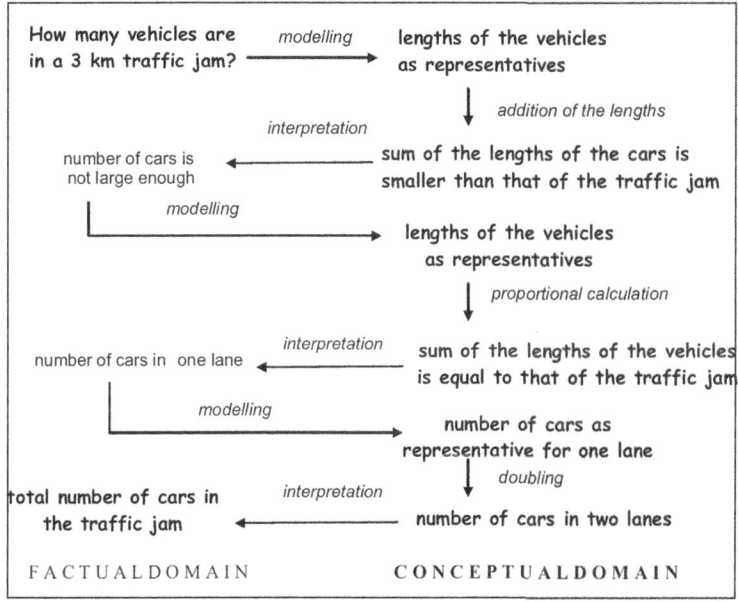

Abbildung 4.2 Grafische Darstellung einer Gruppenarbeit (Peter-Koop, 2004, S. 460)

Die Ergebnisse von Clarke und McDonough (1989) weisen früh daraufhin, dass das Lösen einer Fermi-Aufgabe für einen Einzelnen zu komplex ist. Diese Schlussfolgerung mit Verweis auf das kooperative Arbeiten wird durch die Forschung von Peter-Koop (2002, 2004, 2005) bestärkt. In anderen Forschungsarbeiten wird die Zusammenarbeit bei Fermi-Aufgaben und der Austausch über die benutzten Lösungsstrategien ebenfalls betont: „If these problems are adressed in teams, the students can share their proposals and elaborate their own strategies and adapt them to complex realities" (Albarracín & Gorgorio, 2014, S. 93). Diese Erkenntnis ist für die Weiterarbeit – besonders für die Forschungsfragen – besonders signifikant. Des Weiteren weisen die Ausführungen auf die Forschungslücke in Bezug auf die empirische Untersuchung von Fermi-Aufgaben mit Grundschulkindern hin, was die Motivation dieser Forschungsarbeit begründet.

4.6 Schwierigkeiten, Probleme und häufige Fehler beim Modellieren

Die Ausführungen zu den Modellierungskreisläufen und die Verweise auf die geforderten Kompetenzen sind deutliche Zeichen dafür, dass beim Lösen von Modellierungsaufgaben – an dieser Stelle insbesondere beim Lösen von Fermi-Aufgaben – viele Herausforderungen an die Schüler*innen gestellt werden.

Wenngleich Fermi-Aufgaben „als ein Repräsentant guter Sachaufgaben" (Pik As, 2010, o.S.) bezeichnet werden, muss der Lehrkraft klar sein, welche Stellschrauben für die jeweils genutzten Aufgabe entscheidend sind, um auf mögliche Schwierigkeiten, Probleme und häufige Fehler reagieren zu können; dies gilt auch für die Planung der vorliegenden Studie.

Herausfordernd ist beim Modellieren zum einen der Zeitfaktor, was von Lehrkräften als organisatorisches Hindernis benannt wird. Die stellte Blum bereits 1985 fest, und es wurde immer wieder bestätigt (Blum & Borromeo Ferri, 2009b; Borromeo Ferri & Blum, 2013). Zum anderen zeigt Peter-Koop (2003), dass die Modellfindung bereits im Anfangsunterricht Probleme impliziert: Im Unterricht werden häufig zuerst Gegenstände durch Zahlen repräsentiert, um darauf aufbauend die Sachsituation zu modellieren. Die Herausforderung entsteht dann bei umgekehrter Herangehensweise. Es gilt also sowohl auf organisatorischer als auch auf inhaltlicher Ebene zu agieren. Einen umfangreichen Überblick über mögliche Hindernisse liefert Schmidt (2010).

Obwohl Fermi-Aufgaben von Greefrath (2010, S. 81) als besonders zugänglich beschrieben werden, müssen Lernende viele Fähigkeiten mitbringen, um diese Aufgaben lösen zu können. Anhand der Modellierungskreisläufe und besonders beim mehrzyklischen Durchlaufen sind vielfältige Fertigkeiten der Schüler*innen zum Lösen erforderlich, z. B. kann das Überblicken der Komplexität der Aufgabe zu Schwierigkeiten führen (Blum, 2007; Schukajlow, 2011). Die einzelnen Teilschritte müssen berücksichtigt werden, können aber zu Hindernissen auf kognitiver Ebene führen (K. Maaß, 2004). Dahingegen ist anzuführen, dass ein Kreislauf nicht prinzipiell linear verläuft und kein konsekutives Abarbeiten erforderlich ist (Blum & Borromeo Ferri, 2009a, 2009b). Schüler*innen arbeiten nicht mit einem festen Algorithmus, sondern es können individuelle, mathematische Kompetenzen berücksichtigt werden. Ein Phasenwechsel kann individuell und

4.6 Schwierigkeiten, Probleme und häufige Fehler beim Modellieren 89

flexibel geschehen, ebenso können Schritte übersprungen oder wiederholt werden (Leiss, 2007). Das erhöhte Maß an Transferleistungen ist zu berücksichtigen, und zwar in beide Richtungen: Von der Sachebene hin zum mathematischen Modell und von da aus zurück zur Ausgangssituation.

Auch der Realitätsbezug kann herausfordern. Es ist wichtig, Aufgaben zu wählen, die den Kindern bedeutsam erscheinen, ihre Lebenswelt betreffen und einen Zugewinn an Sachkompetenz beinhalten (Möwes-Butschko, 2010, S. 22); es gilt somit, die Lerngruppe klar vor Augen zu haben. Die Aufgabe „Wie viel Kopierpapier verbraucht unsere Schule in einem Monat?" ist für eine Schule durchaus als relevant und alltagsnah zu bezeichnen. Wenngleich Möwes-Butschko (2010, S. 23) zwischen authentisch und realitätsbezogen unterscheidet und auch bei realitätsbezogenen Aufgaben die Gefahr einer Zweckentfremdung zugunsten einer mathematischen Aufgabe sieht, ist der Bezug für die Kinder sehr deutlich: Die verwendeten Daten (z. B. bezüglich des Papierverbrauchs) entsprechen der realen Situation vor Ort.

Eine möglichst alltagsnahe Aufgabenstellung impliziert auch, dass die Schüler*innen Alltags- und Stützpunktwissen aus ihrer Lebenswelt benötigen. Die Kompetenz des Schätzens ist als eine zwingend notwendige Tätigkeit zum Lösen einer Aufgabe dieses Typus anzusehen, da nicht alle Werte oder Größen bekannt sind. Besonders die Ermittlung von Näherungswerten muss besprochen und geübt werden, um ein Raten zu vermeiden. Greefrath und Leuders (2009, 2 f.) führen dazu aus, dass das Schätzen, Abschätzen, Abzählen und Messen zu den zentralen Vorgehensweisen gehören. Fehlende Informationen sind zu schätzen, zu recherchieren oder erfolgen über einen Rückgriff auf Alltagswissen/ Stützpunktvorstellungen; es bedarf eines soliden Fach- und Alltagswissens (vgl. Braun, 2020, S. 27). Auch die inhaltsbezogenen mathematischen Kenntnisse der Schüler*innen sind entscheidend. Auch wenn diesen nicht allumfänglich mathematische Werkzeuge zur Verfügung stehen, kann ein Rückgriff auf Bestehendes erfolgen und neues Wissen erworben werden (Peter-Koop, 2002).

Fehlermöglichkeiten können folglich beim Verstehen der Aufgabe, beim Vereinfachen, beim Mathematisieren, beim Rechnen und bei der Interpretation des Ergebnis / der Ergebnisse sowie der Validierung entstehen (vgl. Hinrichs, 2008, 65 ff.), was bei der Planung mitzudenken ist. An dieser Stelle kann aber das exemplarische Erstellen eines Modellierungskreislaufes für die Auseinandersetzung mit der Fermi-Aufgabe von entscheidender Bedeutung sein, da mögliche Probleme und Hindernisse anhand der Teilschritte offengelegt werden (siehe Abb. 4.3).

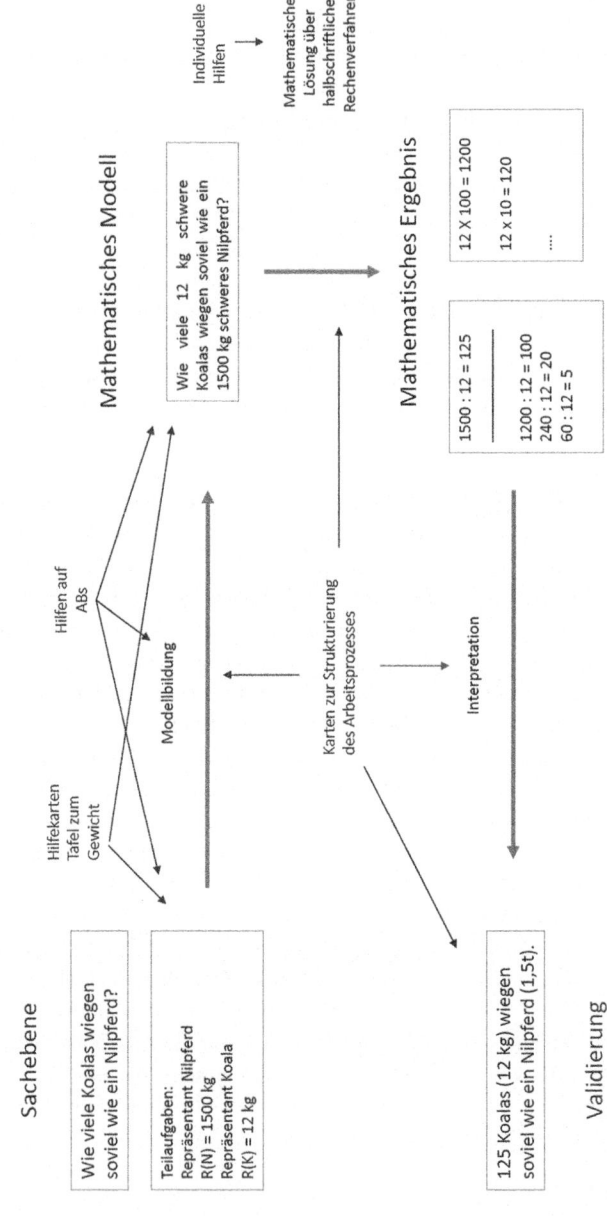

Abbildung 4.3 Modellierungskreislauf mit möglichen Hindernissen und Hilfen. (Eigene Aufgabe und Darstellung)

4.6 Schwierigkeiten, Probleme und häufige Fehler beim Modellieren

Guder und Schwarzkopf (2001, S. 81) führen an, dass der Umgang mit unterschiedlichen Lösungen innerhalb einer Klasse erst gelernt werden muss. Die unterschiedlichen Lösungen weichen von den sonstigen Erfahrungen im Mathematikunterricht ab (vgl. Bönig, 2003), können aber für eine gemeinsame Reflexion produktiv und lohnenswert sein. Besonders die Forderung nach der Gestaltung von gutem Unterricht, der Schüler*innen ausdrücklich dazu ermutigt, unterschiedliche Lösungen zu beschreiben (Götze et al., 2020), sei hier erwähnt.

„Beide Welten beanspruchen Realität, die wo Genauigkeit eine Tugend und die wo Genauigkeit ein Laster ist, und um in beiden zu Hause zu sein, muß [sic!] man sie bewußt [sic!] unterscheiden lernen" (Freudenthal, 1978, S. 249).

Wenngleich diese Aufzählung der Herausforderungen und möglichen Schwierigkeiten nicht nur für die Schüler*innen, sondern auch für die Lehrer*innen als herausfordernd wahrgenommen wird, ist auf der anderen Seite der Gewinn nicht zu unterschätzen. Unter dem Aspekt, dass Modellierungskompetenzen häufig vernachlässigt werden, können ebendiese Kompetenzen mit Fermi-Aufgaben besonders gut gefördert werden. Zudem wird der Umgang mit Alltagsproblemen gefördert. Neben den prozessbezogenen Kompetenzen (Modellieren, Problemlösen, Kommunizieren und Argumentieren) werden inhaltsbezogene Leitideen angesprochen und miteinander verknüpft, vor allem der Umgang und das Rechnen mit Größen. Fermi-Aufgaben fordern einen geschickten Umgang mit Zahlen (Korff, 2016). Häufig zeigt sich bei der Umsetzung, dass sich die Kinder bei der Auseinandersetzung über geübte Operationen und sicher beherrschte Zahlenräume hinaus bewegen (Korff, 2016; Peter-Koop, 2003, 2004). Auch Schätzen ist herausfordernd, aber ein nicht zu unterschätzender Gewinn für die Kinder: „Schätzen ist sowohl im Hinblick auf die Ziele vom Mathematikunterricht als auch bezogen auf die Entwicklung eines ausgewogenen Bildes von Mathematik bedeutsam" (Bönig, 2003, S. 102). Schätzen ist mehr als nur eine arithmetisch orientierte Anwendung, die im Alltag hilft, sondern sie leistet auch einen Beitrag zur Entwicklung des Zahlbegriffs (Bönig, 2003, S. 103). Bei Fermi-Aufgaben fehlen häufig die numerischen Angaben, was Schätzen zu einem sinnvollen Bestandteil des Lösungsprozesses macht. Schüler*innen verfeinern ihre Größenvorstellungen und lernen auch bei Extremwerten, genau hinzugucken, ob ihr errechneter Wert stimmen kann. All dies entspricht dem Ziel, eine Vernetzung des Alltagswissens der Lernenden mit mathematischen Inhalten zu fördern (Büchter et al., 2007, S. 5).

„Das Ziel ist auch beim Modellieren, das, was jeder Einzelne zu leisten imstande ist, anzunehmen, zu verstärken und geduldig zu entwickeln" (Rasch, 2015, S. 8).

Eine weitere Schwierigkeit, auf die an dieser Stelle verwiesen werden muss, die aber nicht vertiefend betrachtet werden kann, ist die „Zweisprachigkeit des Sachrechnens" (Falkner, 1999, S. 37). Diese Anmerkung ist heute aktueller denn je: Die erste Barriere für die Bearbeitung einer Sachaufgabe ist die sprachliche Formulierung, die zweite das Übersetzen in die mathematische Sprache. Häsel-Weide (2011) erwähnt an dieser Stelle die geforderten Kompetenzen in den Bereichen Lesen und Sachwissen. Im Kontext der zu bearbeitenden Aufgabe muss ein mentales Bild entstehen, welches es den Kindern ermöglicht, die Lösung der nötigen Aufgabe, aber auch die benötigte mathematische Operation zu erkennen.

4.7 Lösungsstrategien – Begriffsklärung und Abgrenzung

Fermi-Aufgaben durchlaufen einen mehrzyklischen Modellierungskreislauf, wobei die Aufgabe aus einem Tripel besteht: Dem Ausgangszustand, dem Zielzustand und der Transformation, die von der ersten Auseinandersetzung hin zur Lösung führt (G. Kaiser et al., 2015, S. 369). Während der Bearbeitung gibt es viele Teilschritte zu beachten, die verschiedenste Kompetenzen erfordern, welche in Abschnitt 4.3 unter Berücksichtigung der wissenschaftlichen Befunde dargestellt sind. Im Fokus stehen in den nun folgenden Ausführungen die Fähigkeiten, heuristische Strategien zum Lösen einer Problemstellung anzuwenden (ebd., 2015, S. 369 f.). Zum einen muss dafür das Problemlösen, zum anderen aber auch der Strategiebegriff geklärt werden, bevor ein abgeleitetes Kategorienmodell bisher erforschter Lösungsstrategien zum Problemlösen vorgestellt wird.

Der enge Zusammenhang zwischen Modellieren und Problemlösen als prozessbezogene Kompetenzen ist unverkennbar: Sachrechnen ist „als integriertes Modellieren und Problemlösen" (Franke & Ruwisch, 2010, S. 71) zu verstehen. Auch Brandt (2022, 328 f.) sieht die Kompetenzen beider Bereiche eng verknüpft: Das Problem liegt in der Ausgangssituation, es müssen mathematische Mittel genutzt werden, die Lösung muss sich im Realmodell bewähren. Bei diesem Vorgang wird das Modellieren auf den gesamten Problemlöseprozess bezogen (Haberzettl et al., 2018, S. 32). Greefrath (2006, S. 17) geht soweit, dass er Modellieren als beigeordnet bezeichnet, welches nur als ein Teil des Problemlöseprozesses verständlich ist; er nimmt alle prozessbezogenen Kompetenzen

4.7 Lösungsstrategien – Begriffsklärung und Abgrenzung

als Bestandteil des Problemlösens an. Die Autorin dieser Arbeit folgt an dieser Stelle dem Ansatz von Bruder und Bauer (2011, S. 15), Teilhandlungen des Modellierungskreislaufes unter dem Problemlöseaspekt zu betrachten.

Die Arbeit von Pólya (1948) beschreibt ein vierstufiges Verlaufsschema zum Problemlösen, das als fundamentaler Grundstein für das Problemlösen gilt: 1. Verstehen der Aufgabe (understanding the problem); 2. Entwicklung einer Lösungsidee (devising a plan); 3. Ausarbeitung einer Lösung (carrying out the plan); 4. Rückschau und Einordnung (looking back). Dieser Verlauf lässt sich am Modellierungskreislauf verorten (Abbildung 4.4).

Abbildung 4.4 Verlaufsschema nach Polya, 1948. (Eigene Darstellung)

Um zu beantworten, welche Lösungsstrategien die Schüler*innen beim Problemlösen nutzen, muss eine Definition für den Begriff Strategie vorangestellt werden. Eine Abgrenzung zwischen Rechenstrategie versus Lösungsstrategie ist unabdingbar, da diese häufig synonym gebraucht werden (vgl. Rathgeb-Schnierer, 2006).

Beishuizen (1997) unterscheidet zwischen *solution strategies* (Lösungsstrategien) und *mental computation procedures* (Rechenprozeduren). Der Autor differenziert zwischen kognitiven Strategien, die zielorientiert und flexibel genutzt werden, sowie dem reinen Lösen einer Aufgabe mit Hilfe eines bekannten und erlernten Algorithmus. Die gleiche Unterscheidung findet sich auch bei Bisanz und LeFevre (1990), Stern (1992), Siegler (1988, 2002), Threfall (2002) sowie bei Gaidoschik (2010). Während bei Rechenprozeduren die Rechenschritte festgelegt sind, ist bei einer Strategie der Handlungsablauf vorher nicht festgelegt (Stern, 1992, S. 102), vielmehr müssen bekannte Erfahrungen auf die neue Situation übertragen werden. Eine Strategiewahl zeichnet sich durch Flexibilität aus (Lemaire & Lecacheur, 2010; Mandl & Friedrich, 1992; Mandl & Friedrich, 2006). Variation und Flexibilität der Strategiewahl legt nahe, dass durch die Aufgabenauswahl die Strategiewahl beeinflusst wird (Gaidoschik, 2010; Rathgeb-Schnierer, 2006; Reindl, 2014), Es kommt aber auch auf die Individuen an, denn Kinder nutzen und verfügen über eine Vielzahl von Strategien, die sie erfahrungsbezogen nutzen (Siegler, 2002). Die adaptive Strategiewahl ist eine „pervasive characteristic of human cognition" (Siegler & Lemaire, 1997, S. 71).

Besonders das individuelle Vorgehen sowie das Zulassen verschiedener Wege bei Rechenstrategien ist eine klare Forderung der Fachdidaktik (DZLM, 2015; Häsel-Weide & Nührenbörger, 2017a; Krauthausen, 2018; Nührenbörger & Verboom, 2005; Padberg & Benz, 2021; Selter, 2017), die besondere Wertschätzung erfahren soll (Götze et al., 2020).

Es liegen diverse Studien vor, die sich mit der Strategienutzung von Grundschüler*innen beschäftigen. Die Arbeiten von Gaidoschik (2010), Rathgeb-Schnierer (2006) oder auch Reindl (2014) beschäftigen sich zum Beispiel mit dem Schwerpunkt Zahl und Operation, während sich Fuchs (2006) mit besonders begabten Schüler*innen auseinandersetzt. Es liegen Modelle zur Strategiewahl vor, die die Lösungsprozesse beschreiben (z. B. Rathgeb-Schnierer, 2006; Siegler, 1988).

Für die vorliegende Forschungsarbeit sind diejenigen Befunde zu Lösungsstrategien zentral, die sich vorrangig mit dem Problemlösen beschäftigen. Richtungsweisend sind die Erkenntnisse von Rott (2013), der sich dezidiert mit dem mathematischen Problemlösen und dem Nutzen von Heurismen beschäftigt hat. Der Begriff Heurismus, der in der Fachliteratur im Zusammenhang mit Problemlösen immer wieder, teilweise auch synonym für Lösungsstrategien, auftaucht, ist leider nicht präzise. Rott verweist in seiner Arbeit auf „Such- und Findeprozesse" (ebd., 2013, S. 14) als auch auf „Problemlösetechniken" (ebd., 2013, S. 15) (zu den begrifflichen Unterschieden: vgl. ebd., 2013, S. 70 ff.).

Neben den Schritten von Pólya (1948) bieten die Ergebnisse von Bruder (1988) relevante Grundlagen für die Auseinandersetzung mit Lösungsstrategien beim Problemlösen. Die Unterteilung von Bruder, die im Laufe der Zeit immer wieder Anpassungen erfahren hat, unterscheidet in der Version von 2011 (Bruder & Bauer) zwischen heuristischen Hilfsmitteln, heuristischen Strategien und heuristischen Prinzipien. Heuristische Hilfsmittel (z. B. Figuren, Tabellen, Gleichungen) sind als „keine unmittelbaren Lösungsstrategien" (ebd., 2011, S. 45) klar definiert. Hilfsmittel führen nicht direkt zur Lösung, sondern sind tatsächlich als Hilfsmittel zu deuten, die den Schüler*innen das Finden der Lösung erleichtern sollen, und dabei auch Entlastung beim Verstehen und Strukturieren darstellen (Büchter & Leuders, 2005, S. 45). Zu den heuristischen Strategien zählen nach Bruder und Bauer (2011) z. B. die Rückführung von Unbekanntem auf Bekanntes, das systematische Probieren oder auch das Vorwärts- und Rückwärtsarbeiten; zu den heuristischen Prinzipien zählen u. a. das Zerlegungsprinzip, das Transformationsprinzip oder auch das Invarianzprinzip (siehe auch Franke & Ruwisch, 2010, 68 f.) (Abbildung 4.5).

4.7 Lösungsstrategien – Begriffsklärung und Abgrenzung

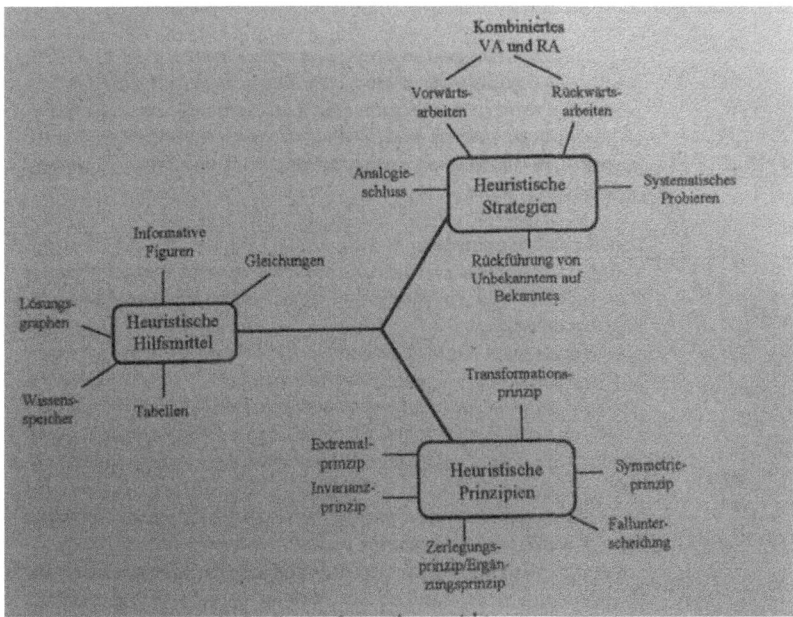

Abbildung 4.5 Überblick über Heurismen für den Mathematikunterricht (Bruder und Bauer, 2011, S. 45)

Während die heuristischen Hilfsmittel keine unmittelbaren Lösungsstrategien sind, sind sie aber für die Strukturierung, das Visualisieren und das Verstehen des Problems unverzichtbar. Ist das Problem grundsätzlich verstanden, greifen die von Bruder und Bauer beschriebenen Strategien. Heuristische Prinzipien sind eher an Fachinhalte gebunden (ebd. 2011, S. 87) und beziehen sich auf die von Sewerin (1979) beschriebene Aufgabenanalyse, die zuerst Bruder und später das Autorenteam Bruder und Bauer ergänzt haben. Für das Modellieren ist das Transformationsprinzip besonders interessant, da ein Aspektwechsel vorzunehmen ist, um das Problem aus unterschiedlichen Perspektiven zu beleuchten. Das Zerlegungsprinzip ist für die Lösung von Fermi-Aufgaben relevant, sofern Aufgaben gestellt werden, die aufgrund ihrer Komplexität in einzelne Teilaufgaben zerlegt und später wieder zusammengeführt werden müssen: „Das Zerlegungsprinzip orientiert sich auf das Suchen nach bekannten Elementen in der Gesamtheit der Information der Aufgabenstellung durch Zergliedern und ggf. akzentuiertes

Zusammenfügen der Informationsmenge" (Bruder (1988) in: Bruder & Bauer, 2011, S. 88).

Für die vorliegende Arbeit wird der Begriff Lösungsstrategie für das induktive Vorgehen am Material benutzt, während beim späteren induktiv-deduktiven Vorgehen die von Bruder und Bauer (2011) beschriebene Unterteilung sowie das von Rott (2013) erstellte Kodiermanual maßgeblich sind, um diese Erkenntnisse für die Analyse zu nutzen (siehe Abschnitt 4.10). Für die Auswertung ist ebenso ein Blick auf die Unterteilung von Pólya (1948) wichtig, wenn die Schüler*innen von den ersten beiden Schritten seines Modells Gebrauch machen.

Die in den Forschungsarbeiten identifizierten Heurismen (Bruder, 1988, 2005; Bruder & Bauer, 2011; Newell & Simon, 1972; Pólya, 1948; Rott, 2013; Schukajlow, 2011; Schwarz, 2006; Sewerin, 1979; Stiller, Krichel & Schwarz, 2021) für das Problemlösen geben einen dezidierten und guten Forschungsüberblick. Die Datenlage bezieht sich vorrangig auf ältere Schüler*innen und bezieht inklusive Aspekte kaum mit ein: Ein weiteres Forschungsdesiderat.

4.8 Aufgabenanalyse Fahrrad

Im folgenden Kapitel wird die Aufgabe „Fahrrad" aus der Vorstudie unter Einbindung der geforderten Kompetenzen, der Kriterien für Fermi-Aufgaben und des Modellierungskreislaufes analysiert.

Die für die Vorstudie entwickelte Aufgabe resultiert aus der aktuellen Situation an der Schule der teilnehmenden Kinder: Am Ende jedes Schuljahres (hier: Juni 2019) findet für alle Drittklässler*innen ein Fahrradtraining auf dem Schulhof statt. Aus diesem Grund bringen die 130 Kinder des dritten Jahrgangs an abgesprochenen Tagen ihre Fahrräder mit zur Schule, was zu einem regelmäßigen „Fahr-Park-Chaos" führt. In Anlehnung an die Aufgabe „Menschenkette" aus dem Schulbuch „Welt der Zahl 4" (Rinkens, Rottmann & Träger, 2016, S. 34) entsteht die Aufgabe „Fahrrad":

> „Wie lang ist eine Kette aus allen Fahrrädern, wenn man alle Fahrräder der dritten Schuljahre hintereinander stellt?"

Generell ist die Auswahl der Aufgabe für die Durchführung und das Gelingen von Unterricht ein wichtiger und entscheidender Faktor (vgl. Kapitel 2). Speziell für den Einsatz von Fermi-Aufgaben ist anzumerken, dass der Sachkontext einfach zu

4.8 Aufgabenanalyse Fahrrad

verstehen sein soll, nicht zu viele Informationen zusätzlich benötigt werden bzw. im Rahmen des Einsatzes auch zu beschaffen sind, mehrere Modellierungswege möglich sind und sich genügend Optionen für den kommunikativen Austausch anbieten.

Die Aufgabe „Fahrrad" resultiert – wie dargestellt – aus der Situation vor Ort. Die gewählte Aufgabe ist nah an der Alltagserfahrung der Kinder und somit authentisch. Im Sinne der Kriterien ist diese Fermi-Aufgabe eine Aufgabe mit Realitätsbezug, die die Kinder anspricht und herausfordert sowie einen persönlichen Zugang ermöglicht: Die Drittklässler*innen bringen ihre eigenen Fahrräder mit und nehmen das „Durcheinander" beim Abstellen der Räder auf dem Schulhof wahr.

Das Datenmaterial ist jedoch unzureichend, da wichtige Angaben fehlen, die es zu bestimmen und ergänzen gilt: Weder die exakte Anzahl der Kinder des dritten Jahrgangs ist bekannt noch die Länge der mitgebrachten Fahrräder. Die Datenbeschaffung kann mit Hilfe von Schüler*innenlisten bestimmt werden, wobei die Länge der Fahrräder z. B. über Messungen zu bestimmen sind. Trotz Alltagswissen („Unsere Räder sind ganz unterschiedlich lang") kann eine Absicherung über konkrete Messungen, aber auch über Stützpunktvorstellungen erfolgen. Bereits an dieser Stelle fängt das Modellieren im Bereich des Aufgabenverständnisses an: Was ist das konkrete Problem, welche Informationen haben wir und welche müssen wir beschaffen? Die von G. Kaiser et al. (2015) aufgestellten Teilkompetenzen des Modellierens sind ablesbar und werden von den Bearbeitenden gefordert.

Der Lösungsweg ist nicht vorgegeben und bietet verschiedene Ansätze, regt zugleich auch zum Austausch an. Aufgrund des nicht vorgegebenen Lösungsalgorithmus ist ein weiteres Kriterium für Fermi-Aufgaben erfüllt: Der Problemlöseprozess bzw. die Modellierung stehen im Vordergrund. Der Transfer von der Sachebene hin zu einem mathematischen Modell, das es mit Hilfe einer mathematischen Rechnung zu lösen gilt, um dieses Ergebnis auf die ursprüngliche Sachebene zurückzubeziehen, zieht sich durch die gesamte Auseinandersetzung mit der Aufgabe und ist mit Hilfe eines exemplarischen Modellierungskreislaufes nachgezeichnet (Abbildung 4.6).

Verschiedene Kompetenzbereiche kommen zum Einsatz. Im Bereich Problemlösen müssen die Kinder die Aufgabenstellung eigenständig erkunden und Ideen für eine mögliche Vorgehensweise wählen. Sie modellieren, stellen aber auch eigene Denkprozesse dar und tauschen sich aus. Des Weiteren spielt die Kompetenz des Argumentierens eine zentrale Rolle, wenn die Kinder ihren Denkprozess bzw. ihre Vorgehensweise darlegen und argumentativ vertreten (MSB – Ministerium für Schule und Bildung des Landes NRW, 2021, S. 78).

Die inhaltsbezogenen Leitideen sind „Zahl und Operation" sowie „Größen und Messen". Für die Lösung der Aufgabe, unabhängig vom Lösungsweg, müssen die Schüler*innen sich im Zahlenraum bis 1000 orientieren sowie unterschiedliche Darstellungsweisen beherrschen. Des Weiteren muss das Operationsverständnis vorhanden sein, um der vorliegenden Situation eine Operation zuordnen zu können. Für Schüler*innen müssen die Aufgaben lösbar sein (im Bereich des gewählten Lösungsweges). An dieser Stelle kann ein Rückgriff auf das bereits bekannte Rechenverfahren der schriftlichen Addition zurückgegriffen werden. Zugleich spielen Schätzungen bzw. die Relevanz von genauen Rechnungen eine Rolle. An dieser Stelle müssen sich die Kinder aufgabenabhängig entscheiden, z. B. Wie viele Drittklässler*innen sind es?; Sind alle da?; Haben alle ein eigenes Fahrrad?; Wie viele Kinder haben ihr Fahrrad vergessen?; Sind Kinder krank? usw. Zu entscheiden ist auch, ob die Kinder sich für ein Normalverfahren zur Berechnung der Gesamtlänge entscheiden oder eine andere Strategie auswählen (vgl. MSB – Ministerium für Schule und Bildung des Landes NRW, 2021, S. 85–89).

Im Bereich Größen und Messen ist gefordert, dass die Kinder auf geeignete Messgeräte zum Ausmessen der Fahrräder zurückgreifen, die ermittelten Größen vergleichen und sich auf die Einheiten für Längen (cm und m) berufen, diese umwandeln, sowie damit rechnen (vgl. MSB – Ministerium für Schule und Bildung des Landes NRW, 2021, S. 92).

Im Bereich Sachrechnen ist gefordert, mathematische Fragen zu realen Sachkontexten zu formulieren (vgl. MSB – Ministerium für Schule und Bildung des Landes NRW, 2021, S. 93). Auch die Entscheidung, ob ein Näherungswert reicht oder ein genaues Ergebnis zentral ist, ist von den Kindern bei dieser Aufgabe gefordert (ebd. 2021, S. 93). Zum einen betrifft dies die Länge der einzelnen Fahrräder, aber auch das Ergebnis, das aufgrund dieser Entscheidung eine gewisse Spannbreite aufweisen kann. Auch das Zulassen unterschiedlicher Rechenwege ist impliziert – es können additive Strukturen aber auch der Weg über die halbschriftliche Multiplikation gewählt werden. Das Zusammenspiel von Offenheit und Komplexität der Aufgabe ist dem mathematischen Wissen von Schüler*innen am Ende der Klasse 3 angepasst.

Sachprobleme werden in Bezug auf die mathematische Lösung mit Hilfe eines Modellierungskreislaufes dargestellt (vgl. Müller & Wittmann, 1984, 1998). Fermi-Aufgaben bieten ein besonderes Potenzial für mathematisches Modellieren. Es konnte gezeigt werden, dass die Kinder bei dem Lösungsprozess den Modellierungskreislauf, ausgehend vom Sachproblem bis hin zur Lösung der Aufgabe mehrzyklisch durchlaufen, um alle Teillösungen, die für die Gesamtlösung wichtig sind, zu bearbeiten. Ein exemplarischer Modellierungskreislauf für die

4.8 Aufgabenanalyse Fahrrad

Aufgabe „Fahrrad" ist in Abbildung 4.6 zu sehen; der Kreislauf zeigt die einzelnen Teilaufgaben sowie das mehrzyklische Durchlaufen desselben. Anzumerken ist, dass es sich hier um einen möglichen Modellierungskreislauf handelt. Der abgebildete Modellierungskreislauf wurde von der Verfasserin dieser Arbeit vor der Durchführung der Vorstudie angefertigt, um mögliche Stolperstellen zu eruieren, Hilfen und Unterstützungsbedarf vorzubereiten und ein (mögliches) Gesamtergebnis für die Validierung zu haben. Zuerst erfolgt die Modifizierung der Sachsituation in zwei Teilaufgaben „Wie lang ist ein Fahrrad?" (Teilaufgabe 1) und „Wie viele Kinder sind in den dritten Klassen (und bringen ein Fahrrad mit)?" (Teilaufgabe 2), was zeigt, dass die Aufteilung der Probleme in Teilprobleme einer heuristischen Strategie folgt und Kompetenzen zur Lösung einer mathematischen Frage erfordert (vgl. G. Kaiser et al., 2015, S. 369). Für die Lösung der ersten Teilaufgabe ist ein Repräsentant für die weitere Berechnung nötig. Mit Hilfe des mathematischen Modells wird ein Näherungswert zwischen 1,65 m und 1,70 m festgelegt, wobei beide Werte als Median fungieren, um die Lösungsspanne zu ermitteln. Dieser Wert beruht auf den Messungen der Kinder in Kombination mit vorheriger Recherche durch die Verfasserin dieser Arbeit. Im zweiten Schritt erfolgt die Modellierung der zweiten Teilaufgabe durch die Addition aller Schüler*innen des dritten Jahrgangs. Die Gesamtanzahl liegt bei 92 Schüler*innen (abzüglich eines erkrankten Kindes pro Klasse: 88 Schüler*innen, was auf dem Alltagswissen der Autorin basiert). Nach der Ermittlung der Gesamtanzahl der Schüler*innen und deren Fahrräder (88 Fahrräder) erfolgt die Multiplikation des Medians mit der Anzahl der Fahrräder, sodass ein Ergebnis zwischen 145,20 m und 149,60 m als Gesamtlänge aller Fahrräder möglich ist, wenn diese lückenlos hintereinandergestellt werden.

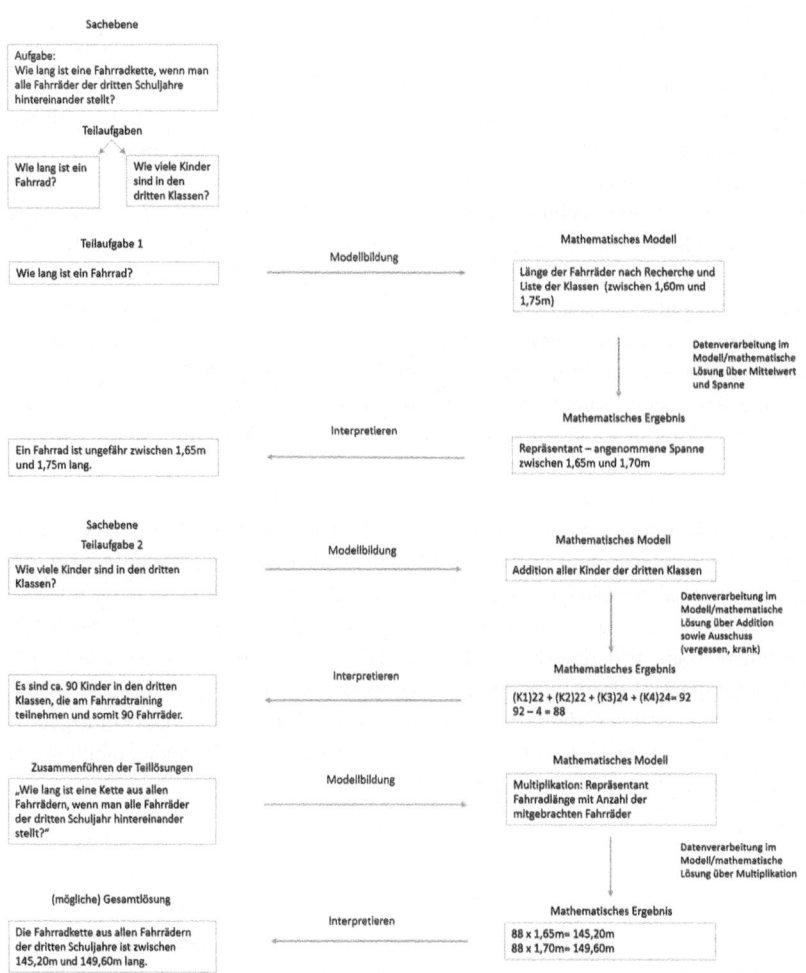

Abbildung 4.6 Exemplarischer, mehrzyklischer Modellierungskreislauf für die Aufgabe Fahrrad. (Eigene Darstellung)

4.9 Aufgabenanalyse Fahrstuhl

Stringent zur Darstellung in Abschnitt 4.8 folgt nun die Analyse der Aufgabe „Fahrstuhl" der Hauptstudie. Auch hier ist es maßgeblich, die Charakteristika für Fermi-Aufgaben an die Aufgabe anzulegen. Des Weiteren werden ein exemplarischer Modellierungskreislauf sowie mögliche Lösungsstrategien vorgestellt.

Die Aufgabe „Fahrstuhl", die von der Verfasserin dieser Arbeit für die Hauptstudie konzipiert ist, basiert auf einer Realsituation: Im Februar 2019 besuchen verschiedene vierte Klassen das Schülerlabor einer Universität, um an den Aktivitäten für das Fach Mathematik teilzunehmen (vgl. zu den Abläufen Kapitel 6). Die Viertklässler*innen gehen auf dem Weg zum Labor in den vierten Stock des Hauptgebäudes der Universität. Die Gruppen müssen vier Stockwerke über die Treppen zurücklegen – statt der Benutzung des Aufzuges. Diese Information war der Ausgangspunkt für die Planung der Aufgabe „Fahrstuhl"; Grundlage für die Aufgabenentwicklung ist das alltagsnahe Anbinden an das direkte Umfeld der Universität.

> „Wie viele Kinder können wohl gleichzeitig in den Fahrstühlen des Hauptgebäudes der Uni fahren?"

Grundsätzlich ist zu der Aufgabe zu sagen, dass sie im inhaltsbezogenen Bereich „Größen und Messen" (MSW – Ministerium für Schule und Weiterentwicklung des Landes NRW, 2008, S. 9) anzusiedeln ist und unter den Schwerpunkt „Sachsituationen" fällt. Bei der gestellten Aufgabe greifen die für „Fermi-Aufgaben" aufgestellten Kriterien. Neben dem Realitätsbezug ist die Alltagserfahrung der teilnehmenden Kinder unmittelbar, da sie direkt im Anschluss an diese Erfahrung die Fermi-Aufgabe „Fahrstuhl" in Kleingruppen bearbeiten. Die Modellierungsaufgabe hat ihren Ursprung in der Realität und tritt dort auf. Der geforderte realistische Kontext ist gegeben, da die Kinder mit der Entscheidung „Fahrstuhl oder Treppe" aktuell beim Besuch der Universität, aber möglicherweise auch sonst im Alltag konfrontiert sind.

Auch bei dieser Aufgabe ist das Datenmaterial unzureichend: Weder die genaue Anzahl der Fahrstühle des Hauptgebäudes der Universität noch die Anzahl der Kinder, die in einem Fahrstuhl fahren können, sind bekannt. Da sich die Angaben in den Fahrstühlen auf erwachsene Personen beziehen (entweder über Anzahl oder über Gewicht), sind diese Daten grundsätzlich neu zu erheben.

Die Anzahl der Kinder, die in den beiden unterschiedlichen großen Fahrstühlen (die Unterscheidung erfolgt über die Adjektive „groß" und „klein") fahren können, kann unterschiedlich ermittelt werden (zum Beispiel über die Gewichtsangaben, aber auch über eine Begehung vor Ort mit direktem Vergleich). Des Weiteren muss die Anzahl der vorhandenen Fahrstühle ermittelt werden.

An dieser Stelle zeigt sich die Zerlegung in Teilaufgaben:

- Teilaufgabe 1: Wie viele Fahrstühle gibt es vor Ort?;
- Teilaufgabe 2: Wie viele Kinder können in einem großen bzw. einem kleinen Fahrstuhl mitfahren?

Es erfolgt im Sinne des Modellierungskreislaufes eine Modifizierung der ursprünglichen Aufgabe (Peter-Koop, 2003), wobei hier anzumerken ist, dass das mehrzyklische Durchlaufen der Aufgabe in Bezug auf die Reihenfolge der Bearbeitung der Teilaufgaben für die Gesamtlösung irrelevant ist. Wichtig ist das Lösen beider Teilaufgaben, um im Anschluss beide Ergebnisse miteinander in Beziehung zu setzen, und die Aufgabe zu lösen.

Die Teilaufgabe 2 kann mit Hilfe des zulässigen Gesamtgewichtes, das in jedem Fahrstuhl ausgewiesen werden muss, ermittelt werden, um diesen dann durch einen Mittelwert zu dividieren, der als Repräsentant für das Gewicht eines Kindes angenommen wird. Der Lösungsweg ist nicht vorgegeben (es gibt keinen feststehenden Lösungsalgorithmus) und bietet somit bereits durch die Zerlegung in die genannten Teilaufgaben unterschiedliche Lösungsansätze und nutzbare Lösungsstrategien. Der Transfer von der Sachebene zu einem mathematischen Modell hin zu einer Lösung, die auf die Sachsituation zurückübersetzt wird, beschreibt den ablaufenden Modellierungskreislauf.

Verschiedene Kompetenzbereiche sind somit angesprochen: Die enge Verknüpfung des Problemlösens und Modellierens wird deutlich. Ergänzend werden durch das gemeinsame Lösen in der Gruppe das Kommunizieren und das Argumentieren gefordert, um eigene Denkprozesse darzulegen, aber auch um diese zu begründen und zu erläutern.

Es geht vorrangig um die Leitideen „Zahl und Operation" sowie „Größen und Messen", aber auch der Bereich „Raum und Form" ist angesprochen. Für die Lösung der Aufgabe müssen die Kinder, wenn als Startpunkt die mögliche Anzahl der Kinder in einem Fahrstuhl gewählt wird, entweder den Bereich, den ein Kind im Fahrstuhl benötigt, ausmessen, oder aber diesen mit Hilfe geeigneter Stützpunkte abschätzen. Möglich ist auch, dass die Kinder der Gruppe sich gemäß der Fahrstuhlmaße aufstellen – im realen Fahrstuhl oder in einem abgemessenen Bereich. Im Fall des Ausmessens ist der Rückgriff auf ein geeignetes Messgerät

4.9 Aufgabenanalyse Fahrstuhl

erforderlich, ebenso wie der korrekte Umgang mit demselben sowie die Kenntnis der Maßeinheiten. Abgesehen davon ist es nötig, sich zu entscheiden, mit welchen Näherungswerten weitergerechnet wird. Bei allen Optionen gibt es für die Festlegung eines Medians gewisse Unschärfen; an vielen Stellen der Rechnung können aufgrund von Schätzungen unterschiedliche Zwischenergebnisse berechnet werden, was aber dem Charakter von Fermi-Aufgaben entspricht (u. a. Franke & Ruwisch, 2010; Peter-Koop, 2003). Entscheidend sind das Einhalten einer ungefähren Größenordnung als auch das Schätzen mit aufgabenabhängiger Genauigkeit, wobei auch das Begründen, dass Näherungswerte (in Form von Schätzen und Überschlagen) bei einzelnen mathematischen Ergebnissen ausreichend sein können (vgl. MSB – Ministerium für Schule und Bildung des Landes NRW, 2021). Beim Schätzen und Überschlagen können erworbene Stützpunktvorstellungen für die Größenbereichen Gewichte und Längen als auch die Arbeit mit Flächen einen großen Einfluss nehmen.

Das Auszählen der Fahrstühle gehört zum Bereich der Zählkompetenzen. Die Orientierung auf dem Lageplan bzw. die Interpretation der Legende stellt eine weitere Aufgabe dar: Der Bereich Raumorientierung und Raumvorstellung ist bei der Leitidee Raum und Form zu verorten (MSB – Ministerium für Schule und Bildung des Landes NRW, 2021, S. 79) und wird an dieser Stelle mit der Leitidee Größen und Messen in Bezug auf Größenvorstellungen, dem Umgang mit Größen sowie Sachsituationen kombiniert (ebd., 2021, S. 80). Die Orientierung auf einem Gebäudeplan sowie die Beschreibung der räumlichen Beziehungen sind Kompetenzerwartungen am Ende der Grundschulzeit (ebd., 2021, S. 89).

Es handelt sich sowohl bei der Anzahl der Fahrstühle als auch bei der Größe um realistische Zahlenangaben, sodass von realen Größenangaben bzw. realistischen Größen gesprochen werden kann. Nach der Ermittlung der Gesamtanzahl kleiner und großer Fahrstühle erfolgt eine Lösung durch eine Multiplikation mit der angenommenen Anzahl der Kinder in einem Fahrstuhl sowie anschließend die Addition der Teilergebnisse. Dies setzt, unabhängig vom exakten Lösungsweg, eine Orientierung im Zahlenraum bis 1000 sowie die Nutzung der genannten Rechenverfahren voraus.

Aufgrund der Offenheit in Bezug auf die Lösungswege, aber auch in Bezug auf den unterschiedlichen Leistungsstand bei den Modellierungskompetenzen, und auch bezogen auf die Komplexität – impliziert durch die nötigen Modellierungen – ist die Aufgabe für Kinder eines vierten Schuljahres angemessen.

Ein exemplarischer Modellierungskreislauf für die Aufgabe ist in Abbildung 4.7 zu sehen. Der Kreislauf zeigt die einzelnen Teilaufgaben sowie das mehrzyklische Durchlaufen. Der Modellierungskreislauf stammt von Hunold

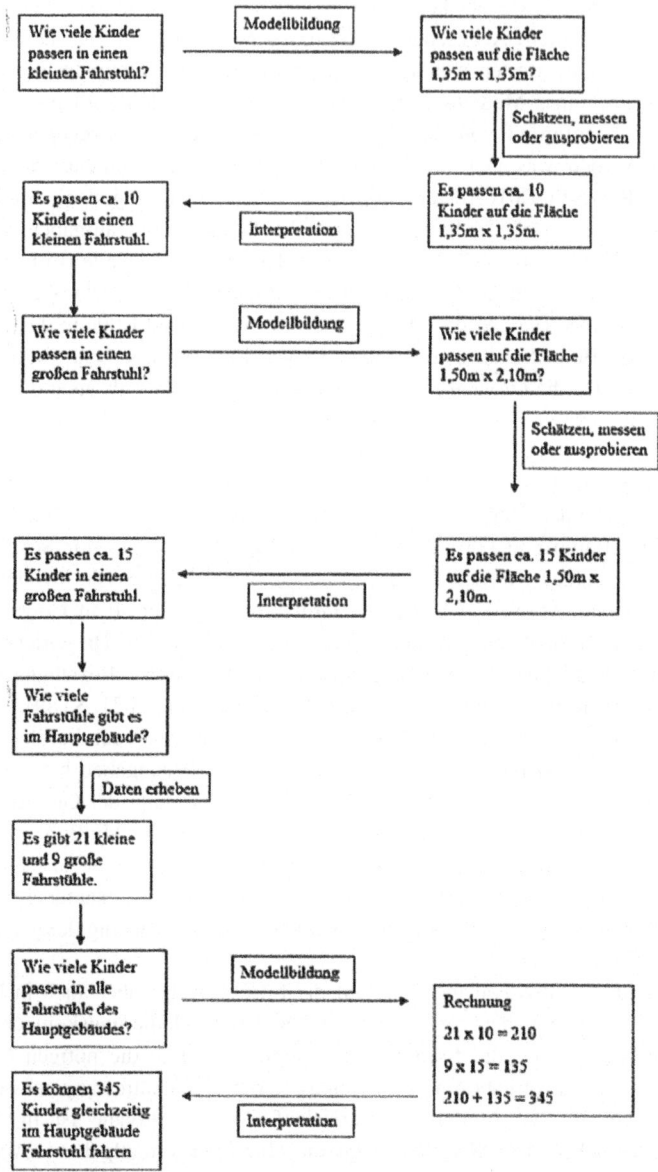

Abbildung 4.7 Exemplarischer Modellierungskreislauf Aufgabe Fahrstuhl (Hunold, 2019, unveröffentlichte Hausarbeit)

(2019), einer Studierenden des Seminars „Größen und Messen im Mathematikunterricht der Grundschule", die sich im Rahmen einer Hausarbeit mit der Fermi-Aufgabe „Fahrstuhl" auseinandergesetzt hat. Nach der Modifizierung der Sachsituation in mehrere Teilaufgaben, folgt die Modellierung einer Teilaufgabe zur Ermittlung eines Repräsentanten R(kF) für den kleinen Fahrstuhl (hier: R(kF) = 10). Im Anschluss erfolgt die Ermittlung des Repräsentanten R(gF) für den großen Fahrstuhl (hier: R(gF) = 15). Die Ermittlung der Gesamtanzahl aller Fahrstühle des Universitätsgebäudes ergibt eine Anzahl von 21 kleinen und 9 großen Fahrstühlen. Die Ergebnisse werden zusammengeführt; es ergibt sich durch Multiplikation und anschließender Addition das Gesamtergebnis von 345 Kindern, die gleichzeitig in allen Fahrstühlen der Universität fahren können.

4.10 Abgeleitetes Kategorienmodell für die Hauptstudie

In Abschnitt 4.7 wurde ein Blick auf die umfangreiche Forschung zum Problemlösen geworfen. Ausgehend von der Unterteilung der Heurismen nach Bruder und Bauer (2011, S. 45) sowie dem umfangreichen Kodiermanual von Rott (2013) ist ein abgeleitetes Kategoriensystem für diese Arbeit entstanden. Besonders die Erkenntnisse von Rott und seine exzeptionellen Ausführungen sind als Vorlage für das abgeleitete Kategoriensystem anzusehen (vgl. Rott, 2013, S. 76–79), da er die heuristischen Prinzipien, Strategien und Regeln in seiner Dissertation dezidiert dargelegt und mit Literaturangaben und Beispielen nachweist. In der folgenden Tabelle der Autorin dieser Arbeit werden aktuelle Forschungsergebnisse sowie Beispiel passend zur Aufgabe „Fahrstuhl" ergänzt (Tabelle 4.1).

Tabelle 4.1 Abgeleitetes Kategorienmodell – Lösungsstrategien. (Eigene Darstellung)

Heuristische Prinzipien – allgemein und spezifisch (Bruder, 1988, 2005; Bruder & Bauer, 2011)

Bezeichnung	Beschreibung	Beispiel(e)
Zerlegungsprinzip, Mittel-Ziel-Analyse, Divide-and-Conquer-Methode	Zerlegen in Teilaufgaben (Bruder, 1988; Bruder & Bauer, 2011); Hauptziel wird in Teilziele zerlegt (Newell & Simon, 1972; Schukajlow, 2011; Stiller et al., 2021)	Zerlegung der Aufgabe in Teilaufgabe 1 (Anzahl der Fahrstühle) und Teilaufgabe 2 (Repräsentanten für die Fahrstühle) und mögliche weitere Teilaufgaben
Fallunterscheidungen (Spezialisieren oder Verallgemeinern)	Die Arbeit mit Einzel- und Spezialfällen; das ursprüngliche Problem wird spezifiziert oder verallgemeinert (Bruder & Bauer, 2011; Rott, 2013; Schwarz, 2006; Stiller et al., 2021)	Klassifizierung der Fahrstühle nach Merkmalen (hier: Größe)
Invarianzprinzip	Suche und/oder Erkennen von Konstanten und Bezugsgrößen; mögliche Fragen: Was haben alle Objekte gemeinsam? Was bleibt gleich? (Bruder, 2005; Bruder & Bauer, 2011; Stiller et al., 2021)	Festlegen **eines** Repräsentanten für alle kleinen und für alle großen Fahrstühle, da die Objekte immer die gleiche Größe haben; Festlegen **eines** Repräsentanten über die vorgegebenen Gewichtsangaben
Extremalprinzip	Festlegung eines Extremwertes (Bruder, 2000; Sewerin, 1979)	Wie viele Kinder können mindestens/maximal in einem Fahrstuhl mitfahren?
Symmetrieprinzip / Heurismus der Strukturnutzung	Das Prinzip umschreibt die Suche nach Symmetrien (Musteranalogien) (Bruder & Bauer, 2011); Elemente werden gleichbleibend angeordnet (Stiller et al., 2021)	Berücksichtigung von Mustern beim Aufstellen im realen oder nachgestellten Objekt

(Fortsetzung)

4.10 Abgeleitetes Kategorienmodell für die Hauptstudie

Tabelle 4.1 (Fortsetzung)

Heuristische Strategien (Bruder, 1988, 2005; Bruder & Bauer, 2011)

Bezeichnung	Beschreibung	Beispiel
Analogieschluss	Es wird ein Bezug zu einem bereits gelösten Problem hergestellt; eine bekannte Lösung wird auf ein neues Problem übertragen (Bruder & Bauer, 2011; Pólya, 1948; Schukajlow, 2011)	Über einen festgelegten Repräsentanten für einen Fahrstuhl kann über eine Relation der andere Repräsentant abgeleitet werden; der erste Repräsentant dient als Stützpunkt
Systematisches Probieren	Durch eigenständiges Ausprobieren und Nachahmung wird versucht, sich der Lösung zu nähern, dies kann auch über Schätzungen erfolgen (Bruder, 2005; Bruder & Bauer, 2011; Schwarz, 2006; Stiller et al., 2021)	Bei der Aufstellung wird (systematisch) ausprobiert, wie viele Kinder im Fahrstuhl mitfahren können. Es werden geeignete Schätzwerte genannt.
Schätzstrategien mit mentalen und realen Referenzobjekten	Unit Iteration; Benchmark Comparison; Decomposition / Recomposition (Hildreth, 1983; Joram, E., Subrahmanyam & Gelman, 1998; Siegel et al., 1982)	Das zu schätzende Objekt wird mit einer Standardeinheit ausgemessen; ein Vergleich mit Stützpunkten wird herangezogen; das zu schätzende Objekt wird zerlegt, es wird geschätzt und die Einzelteile wieder zusammengefügt
Vorwärtsarbeiten (VA)	Man beginnt bei der Startsituation und arbeitet sich zum Ziel der Fragestellung vor. (Bruder, 2005; Bruder & Bauer, 2011; Pólya, 1948; Stiller et al., 2021)	Die Kinder bearbeiten die Teilaufgaben, d. h. sie ermitteln Teilergebnisse und nähern sich ihrem Ziel (der Lösung) vorwärts.

(Fortsetzung)

Tabelle 4.1 (Fortsetzung)

Heuristische Strategien (Bruder, 1988, 2005; Bruder & Bauer, 2011)

Bezeichnung	Beschreibung	Beispiel
Rückwärtsarbeiten (RA)	Der Problemlöser arbeitet vom Gesuchten zum Gegebenen. d. h. vom Ziel zu den Angaben. Vom gegebenen Problem zur Ausgangssituation (Bruder, 2005; Bruder & Bauer, 2011; Pólya, 1948; Stiller et al., 2021)	Ein Rückwärtsarbeiten wäre dann möglich, wenn die Gesamtanzahl der Kinder vorgegeben ist und ermittelt werden muss, ob die Gesamtanzahl gleichzeitig fahren kann.
Kombiniertes VA und RA	Mischform aus Vorwärts- und Rückwärtsarbeiten (Bruder, 2005; Schukajlow, 2011)	Vom Ziel der Fermi-Aufgabe wird zurückgerechnet und die Aufgabe in Teilziele zerlegt, die dann vorwärts bearbeitet werden. Ein bereits bestimmter Wert wird aufgrund neuer Erkenntnisse erneut bestimmt.
Schätzen über Bereichsgrenzen	Der Suchraum wird über Bereichsgrenzen (Minimal- und Höchstwert) festgelegt (Siegel et al., 1982) (Nähe zum Extremalprinzip)	Es wird geschätzt, wie viele Kinder minimal/maximal im Fahrstuhl mitfahren können
Rückführung von Unbekanntem auf Bekanntes – Heurismus der Affinität	Es wird nach Aufgaben gesucht, die Analogieschlüsse zu lassen, z. B. bei einem bereits bekannten Problem; man versucht einen Analogieschluss zu erzeugen; Suche nach strukturellen Gemeinsamkeiten (Bruder & Bauer, 2011; Stiller et al., 2021)	Erweiterung des Analogieprinzips: Es können Bezüge zwischen den beiden Fahrstühlen, aber auch zu anderen Stützpunkten hergestellt werden

(Fortsetzung)

4.10 Abgeleitetes Kategorienmodell für die Hauptstudie

Tabelle 4.1 (Fortsetzung)

Heuristische Hilfsmittel (Bruder, 1988, 2005; Bruder & Bauer, 2011) – oder: Repräsentation des Problems über Gleichung, grafische Darstellung, mit Material, Handlung oder sprachlichen Hilfen

Bezeichnung	*Beschreibung*	*Beispiel*
Skizze/Zeichnung/informative Figur	Mit Hilfe einer Skizze oder Zeichnung wird ein Wert ermittelt oder ein Zusammenhang hergestellt (Bruder, 2005; Bruder & Bauer, 2011; Rott, 2013)	Aufzeichnen eines Fahrstuhls als Hilfe für die Ermittlung einzelner Werte (zum Beispiel Größe oder Repräsentant)
Tabelle/Strichliste	Ordnung der gegebenen oder ermittelten Ergebnisse; Tabelle zum Annähern an eine Lösung (Bruder & Bauer, 2011)	Notieren der Anzahl der Fahrstühle
Notizen	Es werden Notizen zu den einzelnen Zwischenergebnissen aufgeschrieben (in Anlehnung an Bruder und Bauer (2011))	Notieren der Anzahl der Fahrstühle und der ermittelten Repräsentanten für die einzelnen Fahrstühle als Basis für die spätere Rechnung (die Lösung des mathematischen Modells)
Gleichung	Das Notieren einer Gleichung oder Rechnung in der Phase des Mathematisierens (Bruder & Bauer, 2011)	Ausrechnen der Anzahl der Fahrstühle in Kombination mit der Anzahl der Repräsentanten
Material	Fotos, standardisierte Messinstrumente, Gebäudeplan	Hilfsmittel für die Ermittlung der Repräsentanten und für die Berechnung aller Fahrstühle
Lösungsgraph	Aufschreiben der einzelnen Schritte des Lösungsweges (Bruder, 1988, 2005; Bruder & Bauer, 2011)	Aufschreiben oder Aufzeichnen der einzelnen Teilschritte, um den Lösungsweg zur Beantwortung der Fermi-Aufgabe zu beschreiben

Konkretisierung der Forschungsfragen 5

In dem nun folgenden Kapitel werden die wesentlichen Erkenntnisse des Theorieteils zusammengefasst und mit dem Forschungsinteresse in Beziehung gesetzt, um darauf aufbauend die Forschungsfragen zu konkretisieren. Nach der Präzisierung der beiden Forschungsfragen und einer Entwicklungsfrage folgt eine kurze Darstellung der Konzeption der vorliegenden Studie sowie der Parameter, die bei der Durchführung zu beachten sind.

5.1 Fazit des Theorieteils

Im Hinblick auf die vorliegende Forschungsarbeit sind die drei Eckpfeiler der Arbeit „Inklusiver Mathematikunterricht", „Kooperatives Lernen" sowie „Fermi-Aufgaben" und die daraus abzuleitenden Implikationen für die Unterrichtspraxis als auch für die Forschung bereits klar umrissen (vgl. Kapitel 1). Die theoretischen Erkenntnisse der Kapitel 2 bis 4 führen zu den zentralen Forschungsfragen dieser Arbeit, die der Grundstein für die empirische Arbeit, das methodische Vorgehen als auch leitend für die Auswertung sind.

In Kapitel 2 ist die Einordnung in den Forschungskontext deutlich geworden. Inklusion und die Umsetzung in der Praxis sind zentrale Themen des Bildungssystems, aber auch mit vielen Herausforderungen und Schwierigkeiten verbunden. Die Heterogenität der Schülerschaft ist längst der Regelfall (vgl. Trautmann & Wischer, 2011) und muss als Normalität verstanden werden, um kindorientiert damit umzugehen, wie Prengel bereits 1995 empfiehlt. Notwendige Voraussetzungen dafür sind zum einen das Recht auf Verschiedenheit (Prengel, 1995, 2020), aber auch exakt diese Verschiedenheit als produktive Chance und Bildungsgewinn zu verstehen (Sliwka, 2012, 2014). Es geht um optimale Förderung, um die Wertschätzung von Verschiedenheit als auch die Nutzung der Vielfalt als Ressource (vgl. Korff, 2015a). Unterricht ist dann lernförderlich, wenn alle Schüler*innen miteinbezogen und individuelle Lernstände berücksichtigt werden. Die Autorin nimmt ein weites, auf alle Diversitätsmerkmale bezogenes Adressatenverständnis an (vgl. C. Lindmeier & Lütje-Klose, 2015a, S. 8); die Betonung liegt darauf, dass Heterogenitätsdimensionen einem ständigen Wechsel unterliegen (vgl. Dexel, 2020, S. 44 ff.), was der aktuellen Schulsituation mit einer eher dichotomen Ausrichtung auf Kinder mit und ohne Förderschwerpunkt als Differenzierungsmerkmal widerspricht. Wenngleich sich der formale Rahmen durch die KMK-Empfehlungen (KMK, 2022a, 2022b) an einer egalitären Differenz orientiert, existiert in Deutschland ein segregierendes Schulsystem, das – vornehmlich nach der Grundschulzeit – hierarchisch nach Leistung einteilt. Seit der Ratifizierung der Behindertenrechtskonvention (UN-BRK, 2008) sind Entwicklungen zu beobachten, die es immer wieder zu bedenken und einzubinden gilt, da sie andere, teilweise neue vulnerable Gruppen offenbaren (z. B. die Flüchtlingskrise, die Corona-Pandemie, die fortschreitende Digitalisierung oder das Erdbeben in der Türkei und Syrien).

„Inklusive Pädagogik kommt nicht umhin, sich dabei immer wieder neu mit den eigenen Unzulänglichkeiten und Widersprüchen auseinanderzusetzen und auch unvollkommene Schritte inklusiven Handelns anzuerkennen. Diese Einsicht ist geeignet von destruktiv wirkenden Idealvorstellungen zu befreien, ohne wegweisende Ideale aufzugeben" (Prengel, 2012, S. 27)

Bei der Konzeption von Inklusion ist der Blick vom Fach mit den jeweiligen Ansprüchen desselben entscheidend, wie Werner (2019, S. 15) feststellt. Die begründete Forderung der Mathematikdidaktik des Lernens am gemeinsamen Gegenstand (nach Feuser, 1998) gilt es vertiefend zu akzentuieren. Das vorgestellte Konzept zeigt Optionen auf, bei denen durch ein Lernen am gleichen mathematischen Inhalt gemeinsam mit allen Kindern einer Lerngruppe auf unterschiedlichen Lernniveaus gearbeitet werden kann.

Die Forderungen von Korff (2015b) verweisen auf die optimale Förderung der Lerngruppe, sodass zum einen die Gemeinsamkeit besondere Berücksichtigung erfährt, aber auch die individuelle Förderung immer bedacht werden muss. „So viel gemeinsam wie möglich, so viel individuell unterstützt wie nötig" (Rottmann & Peter-Koop, 2015b, S. 6). Die Verbindung von innerer Differenzierung und Gemeinsamkeit (Prengel, 2013) ist eine wesentliche Gelingensbedingung für inklusiven Mathematikunterricht und spiegelt sich in dem Einsatz von guten

5.1 Fazit des Theorieteils

Aufgaben wieder. Diese bieten Optionen gemeinsam, je nach individuellem Leistungsniveau, an einem mathematischen Inhalt zu arbeiten und führt am Ende der theoretischen Ausführungen in Kapitel 2 zu der Erkenntnis, dass der Einsatz von guten Aufgaben im inklusiven Mathematikunterricht eine maßgebliche Gelingensbedingung ist, um Schüler*innen gemäß ihrer (mathematischen) Fähigkeiten zu fordern und zu fördern.

In Kapitel 3 konnte der Bogen zum Kooperativen Lernen gespannt werden, das sowohl für die Unterrichtsgestaltung allgemein an Bedeutung gewinnt (u. a. Bochmann & Kirchmann, 2008; Green & Green, 2005; Johnson & Johnson, 1999; Konrad & Traub, 2019), aber auch im Besonderen für den Mathematikunterricht forciert wird (u. a. Brandt & Nührenbörger, 2009a; Häsel-Weide, 2016b; Häsel-Weide & Nührenbörger, 2017a; Korten, 2020; Wittich, 2017; Wollring, 2004). In der Auseinandersetzung mit verschiedenen Konzeptionen mit unterschiedlicher Zielführung wird der Konzeption von Röhr (1995) besondere Aufmerksamkeit zuteil, da kooperatives Lernen „aus der Sache heraus" nach ihrer Definition eine Option darstellt, um fachliche und soziale Kompetenzen vom Fach aus zu fördern, Kindern die Möglichkeit gibt, selbstgesteuert zu interagieren und gemeinsam eine Aufgabe zu lösen. Kooperative Zusammenarbeit wird in der mathematikdidaktischen Literatur betont (siehe Autor*innenangaben oben), wobei die besondere Betonung auf der Kommunikationsförderung liegt. Kooperation ist als Interaktionsform zu verstehen, bei der Kinder mit- und voneinander lernen und zusammen ein aufgabenbezogenes Problem lösen. Kinder müssen die Möglichkeit bekommen, eigene Ideen zu entwickeln und sich darüber auszutauschen (Brandt & Nührenbörger, 2009b, S. 29), dabei werden soziales Lernen und mathematische Lernprozesse sinnvoll aufeinander bezogen. Zugleich kann mit dem kooperativen Lernen den Heterogenitätsdimensionen der Schüler*innen (weitgehend) entsprochen werden, wie die Darstellung der methodischen Ansätze zeigt. Die geäußerten Ansprüche an kooperatives Lernen, die eine Kombination aus der Diskussion über mathematische Inhalte und der Anregung zu Ko-Konstruktionen, als auch eine Verknüpfung von inhalts- und prozessbezogenen Kompetenzen fordern, bedurfen nach dem Ansatz von Röhr einer aufgabenbezogenen Interaktion.

Modellierungsaufgaben und besonders Fermi-Aufgaben bieten an dieser Stelle ein besonderes Potenzial. Neben den genannten Charakteristika und Vorteilen des Einsatzes im Mathematikunterricht (vgl. Kapitel 4), ist besonders hervorzuheben, dass dieser Aufgabentypus als Problemlöse- und Modellierungsaufgabe das gemeinsame Bearbeiten aufgrund der Komplexität der Aufgabe notwendig macht. Das Finden des gemeinsamen Lösungsweges und das Einigen auf eine Lösungsstrategie an der gemeinsamen Sache kann sowohl prozessbezogene als auch inhaltsbezogene Auseinandersetzungen initiieren. Cohen (1993, S. 48) formuliert, bezogen auf das kooperative Lernen, dass Ressourcen beansprucht werden, die kein*e Teilnehmer*in der Gruppe alleine mitbringt. Zusammenfassend ist festzuhalten, dass Fermi-Aufgaben in besonderer Weise die Kriterien für ein kooperatives Arbeiten „aus der Sache heraus" erfüllen. Nührenbörger und Schwarzkopf (2010) präferieren zwar den Einsatz von diskursiven Aufgabenformaten, die für verschiedenen Lösungsideen offen sind, Anschlussmöglichkeiten zum Weiterdenken bieten, inhaltliche und prozessbezogene Kompetenzen verbinden und die Kommunikation untereinander in besonderer Weise fördern, was aber an dieser Stelle aufgrund der Merkmale von Fermi-Aufgaben übertragbar erscheint. Fermi-Aufgaben führen dazu, dass ein Austausch über mathematisches Wissen erfolgt, denn in der Interaktion werden verschiedene Lösungswege und Bearbeitungsmöglichkeiten zugelassen und diskutiert, wodurch ein Erkenntnisgewinn erzielt wird.

Da die Aufgabenauswahl ein wichtiger und sehr entscheidender Faktor ist, sind herausfordernde Problemaufgaben zentral, die Einsichten in mathematische Strukturen und Gesetze und somit das Mathematisieren ermöglichen, und die ein Potenzial für vielfältige Frage- und Lösungsmöglichkeiten bieten (Ruwisch, 2003, S. 6). Fermi-Aufgaben als Sach-Problemlöse-Aufgaben bieten sich aufgrund der Erfüllung der aufgestellten Kriterien besonders an, und sind im Besonderen für das Modellieren und die Modellbildung geeignet (u. a. Haberzettl et al., 2018; K. Maaß, 2011; Peter-Koop, 2003). Fermi-Aufgaben orientieren sich am mathematischen Kern, sind an der Realität der Kinder zu orientieren und bieten Potenzial für die Ausbildung und Förderung der Modellierungskompetenzen.

In den Kapiteln 2 bis 4 konnte an verschiedenen Stellen auf den aktuellen Forschungsstand und die empirischen Befunde verwiesen werden. Zum inklusiven Lernen ist anzumerken, dass sich besonders für leistungsschwache und für Schüler*innen mit sonderpädagogischem Förderbedarf positive Effekte zeigen, während für die übrige Lerngruppe keine Nachteile zu verzeichnen sind. Zu beachten ist dabei allerdings, dass sich die Befunde eher auf Leistungen fokussieren und zu wenig auf die Effekte für die gesamte Lerngruppe eingehen. Studien zum Wohlbefinden stellen ein weiteres Forschungsdesiderat dar. Für den Mathematikunterricht zeichnet sich ein neutrales bis positives Bild ab (Abschnitt 2.3), gleichwohl liegt für den inklusiven Mathematikunterricht noch kein umfassendes Konzept vor (Abschnitt 2.4). Die Mathematikdidaktik hat sich jedoch vor Jahrzehnten auf den Weg gemacht, mit der zunehmenden Heterogenität der Schüler*innen umzugehen. In der aktuellen Diskussion setzt sich immer mehr durch, die Heterogenitätsdimensionen nicht nur als Normalität, sondern als positive Ressource zu verstehen, die es zu nutzen gilt. Statt einer Orientierung an Defiziten geht es um Potenziale.

In diesem Kontext wird in der Literatur auf die Bedeutung des Kooperativen Lernens hingewiesen. Die empirischen Befunde (vgl. Kapitel 3) beziehen sich dabei vorrangig auf den angloamerikanischen Raum und besonders auf den methodenzentrierten Ansatz von Johnson und Johnson (1986), dessen Wirksamkeit evidenzbasiert begründet ist. Als weiteres Forschungsdesiderat ist der fehlende Fokus auf Inklusion zu nennen. An dieser Stelle ist die Arbeit von Peter-Koop (2002, 2003, 2004, 2006) bezüglich der Interaktionen von besonderem Interesse und sollte aufgegriffen und weiterentwickelt werden, da sie zeigt, dass die Interaktionen in Kleingruppen beim Bearbeiten von Fermi-Aufgaben nicht wechselseitig verlaufen, was die Frage aufwirft, inwieweit kooperatives Lernen symmetrisch verläuft und welche Konsequenzen für die Gestaltung von Unterricht daraus zu ziehen sind.

In Abschnitt 4.3 wurde der hohe Stellenwert von Modellierungsaufgaben im mathematikdidaktischen Diskurs dargelegt. Wenngleich das Potenzial hinreichend erläutert ist und die Relevanz von Modellierungskompetenzen unstrittig ist, liegt noch zu wenig Forschungsaktivität für den Grundschulbereich, speziell für Fermi-Aufgaben, vor. Gleichwohl sind gerade Fermi-Aufgaben besonders geeignet, prozessbezogene Kompetenzen zu fördern. Eine Forschungslücke zeigt sich aber nicht nur beim Aufgabenformat an sich, sondern auch beim Blick auf die ablaufenden Prozesse innerhalb einer Gruppe.

Aus den dargelegten Forschungsdesideraten sind die Forschungsfragen dieser Arbeit begründet: Im Fokus stehen die mehrzyklischen Modellierungskreisläufe, die als Basis dienen, um die Lösungsfindung und die Lösungsstrategien der Kleingruppen zu untersuchen und des Weiteren unter der Lupe zu betrachten, welche Interaktionsmuster festzustellen sind. Die in Abschnitt 3.5 und 4.10 aufgezeigten Kategorienmodelle zeigen grundlegende Forschungsergebnisse, die es entsprechend einzubinden und zu ergänzen gilt.

5.2 Forschungsfragen

Auf Basis der in 5.1 zusammengefassten Erkenntnisse der theoretischen Ausführungen gilt die übergeordnete Annahme, dass sich Lerngruppen in Grundschulen durch eine Diversität auszeichnen, die es wahrzunehmen, zu fördern und als gewinnbringend zu nutzen gilt. Nach dem erkenntnisleitenden Interesse folgt nun aufgrund der Theorie und der dargelegten Forschungslücken und Forschungsdesideraten die präzisierte Ausformulierung der Forschungsfragen und der Entwicklungsfrage mit einem Ausblick.

Forschungsfrage 1:
Welche Lösungsschritte sind zu beobachten, und welche Lösungsstrategien wenden die Kleingruppen auf Basis der Modellierungskreisläufe bei der Lösung der Fermi-Aufgabe „Fahrstuhl" an?

Forschungsfrage 2:
Welche Interaktionsmuster sind bei der Entwicklung der Lösungsstrategien in den Gruppen identifizierbar? Lassen sich zwischen dem Modellierungsprozess und dem Lösungserfolg Zusammenhänge erkennen?

Entwicklungsfrage:
Welche Implikationen ergeben sich aus den Ergebnissen, und welche zielführenden Gestaltungsmerkmale lassen sich für den Einsatz von Fermi-Aufgaben für inklusive Lerngruppen ableiten?

Wie diese Fragen beantwortet werden sollen, wird nun in den folgenden Ausführungen zur groben Konzeption der Studie dargelegt, bevor die methodischen Zugänge in Kapitel 6 detailliert beschrieben werden.

5.3 Konzeption der Studie

Die vorliegende Studie wird auf Basis der theoretischen Ausführungen und der beschriebenen Forschungsdesiderate geplant und durchgeführt. Die Vorstudie wird an einer fünfzügigen Grundschule in einer mittelgroßen Stadt durchgeführt, die Hauptstudie in einem Schülerlabor einer Universität.

Das geplante Design ist während beider durchgeführten Erhebungen gleich: Es werden Gruppensituationen gefilmt, während die Kleingruppen eine von der Verfasserin dieser Arbeit konzipierte Fermi-Aufgabe bearbeiten.

Nachdem die Interviewerin (hier: die Verfasserin dieser Arbeit) in den einzelnen Gruppen jeweils die Rahmenbedingungen sowie Kurzinformationen zu dem Aufgabentypus gegeben hat, wird die jeweilige Aufgabe gestellt. Das weitere Vorgehen zur Bearbeitung ist offen, es gibt keine Vorgaben, d. h. die Kinder wählen selbst aus, in welcher Reihenfolge sie die einzelnen Teilaufgaben bearbeiten und welche Lösungsstrategien sie nutzen. Ebenso ist die Arbeitsform nicht vorgegeben, wobei eine gewisse Vorgabe durch die Einteilung in Gruppen und die Anordnung am Tisch die Bearbeitung beeinflusst, was kritisch anzumerken ist.

5.3 Konzeption der Studie

Die Arbeitsphasen sind während der Vorstudie durch die Vorgaben der Schule (Stundentafel) vorgegeben (maximal eine Unterrichtsstunde, je 45 Minuten); für die Arbeit im Schülerlabor ist die Arbeit auf maximal 40 Minuten beschränkt, da diese Taktung vorgeben ist. Die zeitliche Einschränkung ist bei der Aufgabenkonzeption berücksichtigt.

Die Datenerhebungen finden im Juni 2018 (Vorstudie) und im Februar 2019 (Hauptstudie) statt. Die Einschätzung des Leistungsniveaus der teilnehmenden Schüler*innen ist der Verfasserin durch die Fachlehrer*innen/Klassenlehrer*innen der Schulen mitgeteilt. Die Erhebung der Daten erfolgt durch die Verfasserin dieser Arbeit, was im weiteren Verlauf der genauen methodischen Abläufe transparent nachgezeichnet ist.

Die theoretischen Bausteine dieser Arbeit sowie die Forschungsfragen und die Entwicklungsfrage führen zu verschiedenen methodischen Fragen, denen nachgegangen werden muss, um das Forschungsdesign und die Analysemethode zu begründen. Das Ziel, die Forschungsfragen zu beantworten, ist mit einer Abfolge von Entscheidungsprozessen verbunden, die in Kapitel 8 transparent erläutert werden.

Beide Forschungsfragen implizieren, dass die Aufgaben auch für den Austausch in der Gruppe geeignet sind. Götze (2007, S. 66) merkt an, dass sich Aufgaben bezüglich ihrer Eignung für den Austausch über unterschiedliche Lösungsstrategien stark unterscheiden können. In dieser Aussage steckt nicht nur ein zentrales Kriterium für gute und herausfordernde Aufgaben, sondern auch der wesentliche Anspruch, den Fermi-Aufgaben in sich vereinen: Das Nutzen unterschiedlicher Lösungswege und Lösungsstrategien. Auch „ein gemeinsam getragenes Interesse" (Seitz & Scheidt, 2012) ist ausschlaggebend. Die Schüler*innen müssen sich von der Aufgabe angesprochen fühlen, aber auch angeregt werden, sich mit der Aufgabe auseinanderzusetzen und auszutauschen. Die Kinder – mit ihren durchaus heterogenen Lernausgangslagen – müssen sich mit ihren individuellen Ideen und Ansätzen zur Lösung der Aufgabe auseinandersetzen, gemeinsam die Aufgabe bearbeiten, in den Austausch gehen und dabei ihre Modellierungskompetenzen einsetzen und erweitern. Zusammenfassend lässt sich sagen, dass die Aufgabe offen für verschiedene Lösungswege und -strategien sein muss, ebenso wie die Möglichkeit gegeben sein soll, dass unterschiedliche mathematische Modelle für die Lösung der Aufgabe durchlaufen und genutzt werden können.

Fermi-Aufgaben wirken oft komplex und möglicherweise auf den ersten Blick unlösbar. Peter-Koop (2003, 2004) hat in ihren Studien gezeigt, wie zentral Gruppenarbeiten an dieser Stelle sind. Der Lösungsverlauf ist nicht komplett von

Anfang an zu planen, sondern bedarf vieler Teilschritte, was in der Gruppe besser verarbeitet werden kann. Hier zeigt sich auch, welche bedeutende Rolle die Kooperation und Kommunikation spielen. Durch die Auseinandersetzung mit der Aufgabe wird eine Zusammenarbeit und Interaktion angeregt, Gedanken anderer werden angehört, weitergeführt oder verworfen; es findet eine (kritische) Auseinandersetzung statt. Auch wenn eine Gruppenarbeit zu Fermi-Aufgaben zu Beginn unstrukturiert und planlos erscheint, konnte an dieser Stelle ebenfalls Peter-Koop (2005) zeigen, dass man den Kindern Zeit geben muss, um sich zu organisieren und eine Lösungsstrategie zu finden.

Die fachdidaktische Analyse der Aufgaben findet sich in den Abschnitten 4.8 und 4.9.

Das Design der Studie ist so angelegt, dass die Erhebung valide Daten in Bezug auf beide Forschungsfragen und die Entwicklungsfrage ermöglicht.

Des Weiteren ist anzumerken, dass die Kategorien für die Lösungsprozesse eng mit der Aufgabe verknüpft sind und somit nicht allgemeingültig auf jede Fermi-Aufgabe übertragbar sind. Dies wird durch einen Abgleich mit bisher bekannten Problemlösestrategien (vgl. Abschnitt 4.10) und kooperativen Mustern (vgl. Abschnitt 3.5) begründet und analysiert.

Der Datensatz der qualitativen Auswertung ist relativ klein, folglich muss auch dies bei den kausalen Rückschlüssen, vor allem in Kapitel 8, kritisch in Bezug auf die Optionen für den Unterricht angemerkt werden.

Methodologische Rahmung und methodisches Vorgehen

6

In Kapitel 6 schließt die Beschreibung und Erläuterung der methodischen Grundlagen und des Vorgehens an, um den Forschungsprozess transparent zu machen. Zu Beginn des Kapitels erfolgt unter 6.1 die Vorstellung des qualitativen Forschungsdesigns mit gezieltem Blick auf die qualitative Inhaltsanalyse. Die durchgeführte Datenerhebung umfasst eine Pilotierung/Vorstudie, die aufgrund verschiedener Implikationen zu veränderten Parametern der Hauptstudie führt und die Voraussetzung für die Planung und Durchführung der Hauptstudie umfasst (vgl. Abschnitt 6.2). Danach folgt die Darstellung der Hauptstudie unter Berücksichtigung der Planung und Durchführung sowie der Erläuterungen zur Stichprobe. Die für die Analyse und Auswertung zentralen Forschungsschritte werden transparent dargelegt. Zu den methodischen Schritten zählen die veränderte Aufgabenstellung mit Hilfe des Design-Based Research Ansatzes, die Erläuterung zur Auswahl der Videos und die Zusammensetzung der Interviewgruppen, die Erstellung der Transkripte und die zugrundeliegenden Transkriptionsregeln, als auch die Einteilung in Gesprächssequenzen, die Erstellung der Modellierungskreisläufe und die genutzten Modelle für die Analyse. Während in der Vorstudie die Eruierung der einzelnen Forschungsschwerpunkte im Fokus steht, ist die Darstellung der Hauptstudie verstärkt auf die Verknüpfung der einzelnen Forschungsbereiche ausgerichtet.

6.1 Forschungsdesign

Es existiert eine breite Palette an unterschiedlichen Verfahren der Datenerhebung und der sich anschließenden Datenauswertung; die Unterscheidung erfolgt gemeinhin zwischen quantitativen und qualitativen Methoden. Während die Werte bei quantitativen Forschungsmethoden mit standardisierten Messinstrumenten statistisch ausgewertet werden (Döring & Bortz, 2016, S. 23), wird in der qualitativen Sozialforschung für eine kleine Stichprobe zumeist verbal, visuell und/oder audiovisuell Datenmaterial erhoben, woraufhin eine interpretative Auswertung erfolgt (ebd., 2016, S. 25).

In der Literatur wird diese gängige Systematisierung in quantitative und qualitative Forschungsansätze insofern kritisiert, als dass deren Trennung Verknüpfungsmöglichkeiten der Methoden unberücksichtigt lassen (Kelle & Erzberger, 2013; Kelle, Reith & Metje, 2017). Heute wird von einem „Ergänzungsverhältnis" (Döring & Bortz, 2016, S. 26) gesprochen, das diese Aus- und Abgrenzung mit Hilfe einer Methodenintegration und Methodenkombination in Form eines „Mixed Methods"-Ansatzes überwindet (vgl. z. B. Buchholtz, 2021; Gläser-Zikuda, Seidel, Rohlfs & Gröschner, 2012; Kuckartz, 2014).

Da „die zu untersuchende Forschungsfrage die Untersuchungsmethode bestimmt" (Misoch, 2015, S. 32), bedarf es für die vorliegende Studie einer Methode, die die dargestellte Komplexität in Bezug auf die Beantwortung der Forschungsfragen erfassen kann. Die Wahl für diese Arbeit fällt infolgedessen auf einen qualitativen Forschungsansatz, da es darum gehen soll, Strategien zu kategorisieren sowie die kooperativen Muster zu erfassen. Wegen der unterschiedlichen Erhebungsmethoden (z. B. Interviews, Teilnehmende Beobachtung) und Hintergrundtheorien, die maßgeblich für die Auswertung der Daten sind (z. B. Grounded Theory, Objektive Hermeneutik, dokumentarische Methode), gründen die Entscheidungen aufgrund des Forschungsinteresses und der Forschungsfragen auf der qualitativen Inhaltsanalyse.

Die qualitative Inhaltsanalyse ist ein Verfahren zur systematischen Textanalyse. Dabei kann eine sehr große Menge an Daten untersucht werden, indem die Texte regelgeleitet und nachvollziehbar auf Basis einer oder mehrerer Fragestellungen untersucht, interpretiert und ausgewertet werden. Dabei wird das Ziel verfolgt, das Datenmaterial schrittweise theoriegeleitet mit einem Kategoriensystem zu strukturieren und zu ordnen (Mayring, 2015). Diese komprimierte Zusammenfassung gilt es folglich differenziert zu betrachten und auf die vorliegende Arbeit zu beziehen.

Geprägt ist der Begriff der qualitativen Inhaltsanalyse von Kracauer (1952), der argumentiert, Kommunikationsinhalte nicht nur quantitativ, sondern auch qualitativ zu untersuchen. Auch an dieser Stelle existieren verschiedene Ansätze zum Verstehen des Materials. In Deutschland ist besonders das Vorgehen von Mayring (1996, 2007, 2015, 2016) bekannt, was seine zahlreichen Publikationen seit 1983 in diesem Bereich belegen. In Bezug auf die Forschungsfragen und das für

6.1 Forschungsdesign

diese Forschungsarbeit vorliegende Erkenntnisinteresse wird der darauf aufbauende Ansatz von Kuckartz (2018) gewählt, da die Fallauswertung einen größeren Stellenwert hat. Das Ablaufschema nach Kuckartz ist in Abbildung 6.1 zu sehen.

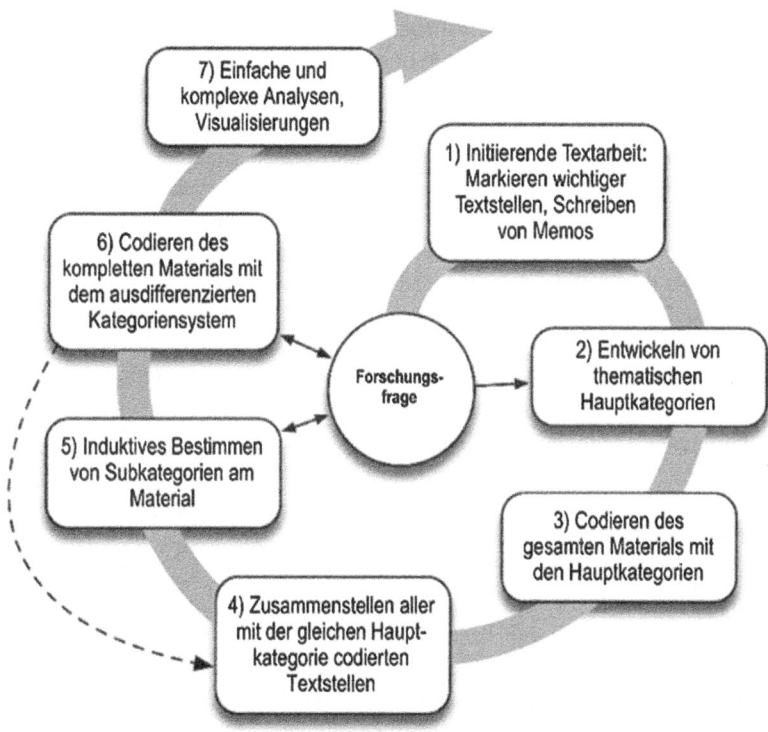

Abbildung 6.1 Ablaufschema einer inhaltlich strukturierten Inhaltsanalyse; Kuckartz (2018, S. 100)

Das inhaltsanalytische Ablaufmodell sieht zunächst vor, dass auf Basis der Forschungsfragen eine genaue Definition der einzelnen Analyseeinheiten vorgenommen wird. Dann wird der Text in Analyseeinheiten zergliedert und ausgewertet. Bei diesem Vorgehen kann eine Analyseeinheit vielfältig sein, z. B. ein Interview, ein Buch oder eine Rede (Kuckartz, 2018, S. 30). Die Auswertung der Einheiten schließt mit ein, dass basierend auf der initiierten Textarbeit wichtig erscheinende Textpassagen herausgearbeitet werden. Es entsteht ein Kategoriensystem: Das Grundkonzept der qualitativen Inhaltsanalyse und sozusagen der

Dreh- und Angelpunkt. Die Organisation und Anordnung in einem Kategoriensystem erfolgt über Kategorien, Unterkategorien, genauen Definitionen derselben und mit Hilfe von Ankerbeispielen (Mayring, 2015). Mit Hilfe des Kategoriensystems ist gewährleistet, dass auf der einen Seite das Ziel der Reduktion des Materials (Ramsenthaler, 2013, S. 30) aufgrund der zu beantwortenden Forschungsfragen erfüllt werden kann, zugleich aber die wesentlichen Inhalte mit Hilfe der Kategorienbildung beibehalten werden und weiterhin bestehen bleiben. Neben der Reduktion ergibt sich eine Zunahme des Abstraktionsniveaus in der Kategorienbildung (vgl. Kuckartz, 2010, 94 f.).

Besonders der Kategorienbildung ist große Aufmerksamkeit einzuräumen, da diese nach der Wahl des Materials und der Festlegung von Analyseeinheiten eine zentrale Rolle für das Kodiersystem innehat. Welche bedeutende Rolle eine Kategorie bei dieser Art der Textzusammenfassung in Sinneinheiten darstellt, beweist folgendes Zitat: „Content analysis stands or falls by its categories (...) a content analysis can be no better than its system of categories" (Berelsen, 1952, S. 147).

Das Spektrum der Kategorienbildung und das Verständnis, was unter einer einzelnen Kategorie zu verstehen ist, sind gleichermaßen vielfältig (vgl. dazu Kuckartz, 2018, 32 ff.). Abhängig ist die Kategorienbildung in jedem Fall von den Forschungsfragen und der Zielsetzung der Forschung.

Zentraler Ausgangspunkt für die Kategorienbildung ist die Entscheidung für ein deduktives (a-priori) oder ein induktives Vorgehen sowie eine mögliche Kombination aus beidem (Kuckartz, 2018, S. 95).

Bei einer **deduktiven Vorgehensweise** liegt eine theoriegeleitete Kategorienbildung vor (ebd., 2018, S. 64). Unabhängig von dem tatsächlich erhobenen Datenmaterial entstehen mit Hilfe der theoretischen Vorannahmen, der Forschungsfragen und ggf. angenommener Hypothesen Kategorien – es liegt somit bereits eine inhaltliche Strukturierung vor: Mayring (2007) spricht in diesem Zusammenhang von der Technik der Strukturierung.

Demgegenüber ist für Mayring (2007) **ein induktives Vorgehen** eine zusammenfassende Technik, bei der der Text auf wesentliche Aussagen reduziert und in Kategorien unterteilt wird. Die Kategorienbildung erfolgt direkt am Material. Die Entscheidung erfolgt auf Basis der Forschungsfragen, und die Definitionen der Kategorien bestimmen die weiteren Analyseschritte. Nach einer Rücküberprüfung am Material kann eine Extrahierung und Überprüfung des Kategoriensystems zu einem erneuten Materialdurchlauf führen (siehe Abb. 6.1).

Wichtig ist, dass bei einer qualitativen Inhaltsanalyse stets die gleichen Regeln und Standards gelten – unabhängig davon, ob eine induktive oder deduktive Codierung vorgenommen wird. Die für die quantitative Forschung angenommenen Gütekriterien – Validität, Reliabilität und Objektivität – sind jedoch nicht

6.1 Forschungsdesign

auf die qualitative Forschung übertragbar, für Mayring (1996) sogar „oft wenig tragfähig" (ebd., 1996, S. 16). Gerade die Nicht-Standardisierung ist ein zentraler Kritikpunkt an qualitativ ausgerichteten Studien; ebenso wie sich das daraus möglicherweise herausbildende Generalisierungsproblem, das in der Frage mündet, „wie repräsentativ die Ergebnisse einer qualitativen Studie sind" (Fuhs, 2007, S. 53). Mayring (2015) spricht an dieser Stelle von anderen/neuen Gütekriterien: Nachvollziehbarkeit und Triangulation. Damit begegnet Mayring (1996, S. 15) sehr früh dem Vorwurf der Beliebigkeit durch vorgegebene Maßstäbe, die sich mit denen von Kelle et al. (2017) weitestgehend decken: Zu Beginn wird das Verfahren der Forschung dokumentiert, um die argumentative Interpretationsabsicht nachvollziehbar darzulegen, darauf aufbauend wird die Nähe zum Gegenstand sowie die kommunikative Validierung der Ergebnisse offen diskutiert. Dieses Vorgehen gewährleistet eine transparente und nachvollziehbare Darstellung der Datenerhebung, Datenanalyse und Datenauswertung. Dies impliziert eine Messgenauigkeit der wissenschaftlichen Erkenntnisse. Mayring (2007) und Kuckartz (2018) sprechen von einer Interkoderreliabilität bzw. einer Intercoder-Übereinstimmung durch unabhängige Kodierer.

Des Weiteren ist zu betonen, dass „die Wirklichkeit mit der sich die Forschenden auseinandersetzen, stets eine gedeutete ist, [...]. Dementsprechend ist es nicht das Ziel interpretativer Studien [...], Wirklichkeit in dem Sinne zu erklären, dass allgemeine Gesetzmäßigkeiten aufzeigt und allgemeingültige Schlussfolgerungen gezogen werden" (Rathgeb-Schnierer, 2006, S. 106 Auslassungen durch Autorin dieser Arbeit). Folglich geht es um den Versuch, mit Hilfe einer Interpretation das Beobachtbare zu deuten, was nicht aus dem spezifischen Zusammenhang mit den vorliegenden Daten und dem Gesamtkontext losgelöst betrachtet werden kann. Um eine Nachvollziehbarkeit zu gewährleisten, werden die einzelnen Entscheidungsprozesse transparent und ausführlich geschildert.

Nach der zusammenfassenden theoretischen Darstellung folgt nun der Bezug bzw. die Einordnung der vorliegenden Arbeit, um zu begründen, warum sie den „qualitativen Forschungszugängen" (Fuhs, 2007) zuzuordnen ist.

Das „Ziel des Forschungsprozesses ist nicht die Testung von präzise formulierten Theorien und Hypothesen" (Kelle et al., 2017, S. 48), vielmehr führen theoretische Vorannahmen zu Kategorien. Durch die offene Form der empirischen und nicht-standardisierten Datenerhebung entstehen Annahmen, die es mit Hilfe kategorienbildender Verfahren auszuwerten gilt. Gerade diese prozessorientierte Analyse (vgl. Brüsemeister, 2008) steht für die Beantwortung der Forschungsfragen im Vordergrund, da es neben den Modellierungskompetenzen um Lösungsstrategien und interaktive, kooperative Prozesse geht, die quantitativ nicht abbildbar sind. Bei der vorliegenden Arbeit entsprechen die einzelnen Analyseeinheiten den entstandenen Videos der Gruppenarbeiten zu Fermi-Aufgaben. Jedes Video bzw. jedes entstandene Transkript eines Videos stellt eine Analyseeinheit dar. Die Auswertung der audiovisuellen Daten erfolgt mit Hilfe eines Kategoriensystems (mit Kategorien, Unterkategorien, den passenden Definitionen und Ankerbeispielen). Bei den Kategorien wird eine Kombination aus gleichermaßen deduktivem Vorgehen (zum Beispiel im Vorfeld auf Basis der Aufgabenanalyse) als auch induktivem Vorgehen im Analyseprozess direkt am Material vorgenommen. Dieses Vorgehen kommt den Forschungsfragen in Bezug auf die Lösungsstrategien und den kooperativen Prozessen entgegen. Kuckartz (2018) spricht an dieser Stelle von deduktiv-induktiver Kategorienbildung (ebd., 2018, S. 95).

Aufgrund der Forschungsfragen (vgl. Abschnitt 5.2) sind anhand theoretischer Grundannahmen, aber auch unter Einbezug der Aufgabenanalyse (vgl. Abschnitt 4.8 bis 4.10) und bereits bestehender Forschungsergebnisse (vgl. Abschnitt 3.5) deduktive Kategorien zusammengestellt. Bei allen Vorgehensweisen ist die bereits erwähnte Trennschärfe und die genaue Definition der Kategorien wichtig, damit diese disjunkt und somit erschöpfend sind (vgl. z. B. Diekmann, 2007, S. 589; Kuckartz, 2018, S. 32). Auch eine im Vorfeld theoriegeleitete Festlegung einer Kategorie bedeutet nicht, dass diese im Forschungsprozess keiner Überarbeitung, Veränderung oder Anpassung unterliegen kann. Die Kategorienbildung muss sich im Zuge des Analyseprozesses bewähren.

Gemäß der von Mayring (1996, 2015) aufgeführten Prinzipien wird in dieser Arbeit wie folgt vorgegangen: Zuerst wird das Verfahren der Forschung transparent dokumentiert und die argumentative Absicht nachvollziehbar dargestellt, bevor die Darlegung der systematisch abgesicherten Regeln folgt, um darauf aufbauend die Nähe zum Gegenstand sowie die kommunikative Validierung der Ergebnisse offen zu erörtern (vgl. Mayring, 1996, S. 119–121).

Das systematische Vorgehen mit festgelegten Regeln, die Klassifizierung und Kategorisierung der Daten, sowie die Reflexion derselben und die Anerkennung von Gütekriterien entsprechen einer kategorienbasierten Vorgehensweise (Kuckartz, 2018, S. 26), sodass diese Forschungsarbeit die Charakteristika der qualitativen Inhaltsanalyse aufzeigt und folgerichtig der Qualitativen Inhaltsanalyse zuzuordnen ist.

Betrachtet man die erste Forschungsfrage, die auf die Analyse der Lösungsstrategien bei der Lösung einer Fermi-Aufgabe abzielt, bietet die qualitative Inhaltsanalyse vor allem für die Darstellung derselben ein Gerüst für einen methodischen Zugang zum Material, der eine Strukturierung durch die Einteilung in Gesprächssequenzen und durch das Erstellen von Modellierungskreisläufen erfährt. Im Zentrum steht hier die Forschungsfrage, die den gesamten Analyseprozess beeinflusst und somit der Dreh- und Angelpunkt ist. Es wird ein induktiv-deduktives Vorgehen gewählt, d. h. die Kategorien werden vor der Analyse der Aufgabe induktiv am Material gebildet und im Anschluss mit dem abgeleiteten Kategoriensystem ausgewertet.

Die zweite Forschungsfrage fragt nach den ablaufenden Kommunikations- und Interaktionsprozessen, die auf Basis der Lösungsstrategien entstehen. Aus diesem Grund erfolgt auch hier eine Kategorienbildung anhand bereits vorgegebener deduktiver Kategorien für kooperative Muster, die ergänzt werden. Nach dem „Was" steht das „Wie" im Fokus. Zudem erfolgt eine Nutzung des Begriffs Interaktionsmuster (wie in Kapitel 3 begründet).

Dabei sollte aber auch das Forschungsdesiderat, das Jung (2019) in diesem Kontext aufwirft, nicht unerwähnt bleiben. So bleibt in ihren Ausführungen die Frage nach geeigneten spezifischen Aufgabenformaten für inklusive Settings offen. „Festzuhalten ist dabei, dass sowohl aus interaktionistischer als auch aus inklusionsdidaktischer Perspektive – für gelingenden inklusiven Mathematikunterricht Interaktionen, an denen sich alle Schülerinnen und Schüler beteiligen und in denen sie neue, weiterführende (mathematische) Ideen konstruieren können, als grundlegend erscheinen (…)" (Jung, 2019, S. 109). Besonders die Erkundung subjektiver Sichtweisen, die Entdeckung der Lösungsansätze, die Exploration der Strategieentwicklung und die Interaktionsmuster bei der Lösung von Fermi-Aufgaben in inklusiven Settings erfordern ein offenes Vorgehen, um die Forschungsfragen und zu beantworten und darauf aufbauend empirisch begründete Annahmen zu tätigen. Die Forschungsperspektive, die an dieser Stelle mit Blick auf die Möglichkeiten des gemeinsamen Lernens im inklusiven Mathematikunterricht eingenommen wird, zeigt sich in folgender übergeordneter Frage: Inwieweit eignen sich Fermi-Aufgaben zum Lernen am gemeinsamen Gegenstand, und wie sieht die Interaktion in einer Gruppe mit möglichen Heterogenitätsfacetten aus? Gerade die Prozesse innerhalb einer Gruppe sind entscheidend, um zu überprüfen, welche Implikationen für die Unterrichtsgestaltung abzuleiten sind.

Als empirische Grundlage für diese Arbeit liegen transkribierte Videoaufnahmen von Gruppenarbeiten mit inklusiven Lerngruppen vor. Diese werden mit Hilfe der einzelnen o.g. Schritte analysiert. Ebenfalls muss genannt werden, dass in vielen, vor allem quantitativ angelegten Studien, der Lernerfolg von besonderem Interesse ist. Bei der Auswertung dieser Arbeit wurde auf einen Pre- und Post-Test bewusst verzichtet. Es ist nicht das Ziel gewesen, über eine möglichst genaue Diagnostik vorher zu bestimmen, welche Lernausgangslage die Kinder haben, sondern dass die diagnostischen Anteile direkt in den offen strukturierten

Unterricht implementiert werden. Da neben den Modellierungskreisläufen und den Lösungen die Interaktionsmuster im Zentrum dieser Arbeit stehen, welche die Zusammenarbeit bestimmen, lassen sich diese mit der Erfassung von inhaltsbezogenen Kompetenzen, wie es z. B. ein standardisierter Diagnosetest leisten würde, nicht messen. Die Studie distanziert sich wie auch die Studie von Höck (2015) „… bewusst von konkreten Rückschlüssen, die sich aus einer Maßnahme zu den jeweiligen Pre- und Posttests (…) ableiten ließen" (ebd., 2015, 27, digital). Die vorliegende Arbeit konzentriert sich somit auf die qualitative Inhaltsanalyse ohne quantitative Anteile, da die Möglichkeit der Partizipation in der Gruppenarbeit aus mathematikdidaktischer Perspektive im Fokus steht (Krummheuer & Brandt, 2001).

6.2 Durchführung der Vorstudie und Implikationen für die Hauptstudie

Im Folgenden wird der konkrete Forschungsprozess der Vorstudie beschrieben. Ziel der Vorstudie ist es, zu erfahren, welche Lösungsstrategien Kinder nutzen und wie sie interagieren, um gemeinsam eine Lösung für die gestellte Aufgabe zu finden, um daraus Implikationen für die Hauptstudie abzuleiten – sowohl auf organisatorischer, aber auch auf inhaltlicher und methodischer Ebene.

Am Anfang stehen die Planung und die konkrete Durchführung, dann folgen die Informationen zur gestellten Aufgabe sowie zur Stichprobe, zur Auswahl der Videos und der Zusammensetzung der Gruppen sowie die Transkription und die Transkriptionsregeln (Abbildung 6.2).

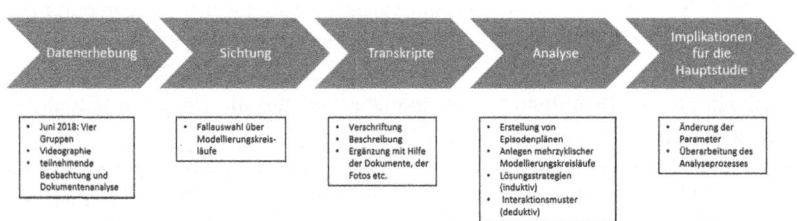

Abbildung 6.2 Forschungsprozess Vorstudie. (in Anlehnung an Kuckartz, 2018; Höck, 2015) (Eigene Darstellung)

6.2.1 Die Durchführung der Vorstudie

Die Pilotierung (=Vorstudie) fand an einem Grundschulverbund mit vier- bis fünfzügigen Jahrgängen (mit zwei Standorten) einer Mittelstadt mit einem gemischten Einzugsgebiet statt.

An der Vorstudie im Juni 2018 nehmen 18 Schüler*innen einer dritten Klasse teil. Voraussetzung für die Teilnahme an der Pilotierung sind vorherige schriftliche Einverständniserklärungen der Erziehungsberechtigten. Die Einteilung der jeweiligen 4er- und 5er-Gruppen obliegt der Fachlehrerin für das Fach Mathematik, die die Gruppen – nach eigener Aussage – nach freundschaftlichen Beziehungen einteilt, was für das Gelingen einer kooperativen Gruppenarbeit sowie für den Kommunikations- und Interaktionsprozess als positiv anzunehmen ist. Die Planung und Durchführung erfolgt durch die Autorin dieser Arbeit; alle Aktivitäten sind im Vorfeld mit der Klassen- und der Fachlehrerin in beratender Funktion abgesprochen.

Für die Umsetzung steht aus organisatorischen Gründen pro Kleingruppe eine Schulstunde zur Verfügung. Die Kleingruppen treffen sich in einem separaten Besprechungsraum im Verwaltungstrakt der Schule, welcher einen störungsfreien Rahmen sowie genügend Platz bietet. Die Aufgabe „Fahrrad" wird allen vier Gruppen gestellt. Nach der Gruppenarbeit kehren die Kinder nach Absprache selbstständig in ihren Klassenraum zum regulären Unterricht zurück.

Die Verfasserin dieser Arbeit nimmt an allen Gruppenarbeiten teil und fungiert somit als Lehrkraft, die den Kindern bekannt ist und die Gruppenarbeiten initiiert, aber auch als Forscherin, um durch die teilnehmende Beobachtung sowie mit Hilfe der späteren Auswertung und Analyse Einblicke in die Lösungsstrategien, die Denk- und Argumentationswege sowie die ablaufenden kooperativen Prozesse zu bekommen. Die Tatsache, dass hier die Forschende selbst Teil des Forschungsfeldes und ihr Handeln möglicherweise Teil des Erkenntnisprozesses ist, muss in der Auswertung berücksichtigt werden (vgl. Bohnsack, 2013).

Tabelle 6.1 Ablauf und zentrale Datenerhebungspunkte – Vorstudie (Eigene Darstellung)

Datum	Zeitrahmen in min	Video/Gruppe	Teilnehmer
26. Juni 2018	00:24:18–9#	V1 – Gruppe A	A1 (m), A2 (m), A3 (w), A4 (w) und I
26. Juni 2018	00:23:16–7#	V2 – Gruppe B	B1 (m), B2 (m), B3 (m), B4 (m), B5 (m) und I

(Fortsetzung)

Tabelle 6.1 (Fortsetzung)

Datum	Zeitrahmen in min	Video/Gruppe	Teilnehmer
26. Juni 2018	00:28:05–1#	V3 – Gruppe C	C1 (w), C2 (m), C3 (w), C4 (m), C5 (w) und I
26. Juni 2018	00:23:38–8#	V4 – Gruppe D	D1 (w), D2 (w), D3 (w), D4 (w) und I

Um die Persönlichkeitsrechte der Kinder zu schützen und eine vollständige Anonymisierung zu gewährleiten (laut DSGVO), sind alle Namen anonymisiert. Alle Probanden erhalten ein Kürzel aus Buchstabe und Ziffer (siehe Tabelle 6.1, Spalte „Teilnehmer"). Der Buchstabe steht für die jeweilige Gruppe, die Nummerierung erfolgt nach Sitzanordnung im Uhrzeigersinn. In Klammern ist das Geschlecht angegeben. Das Kürzel I steht für Interviewerin (= Verfasserin dieser Arbeit). Dieses Verfahren kommt durchgängig für alle Gruppen zur Anwendung.

Da ausführliche Schilderungen und Gespräche hochgradig individuell sein können, sind neben den Namen auch weitere Informationen, die Rückschlüsse auf die Identität der Kinder oder der Schule zulassen, unkenntlich gemacht bzw. anonymisiert.

Die Anordnung im Raum erfolgt wie in der folgenden Abbildung grafisch dargestellt (Abbildung 6.3).

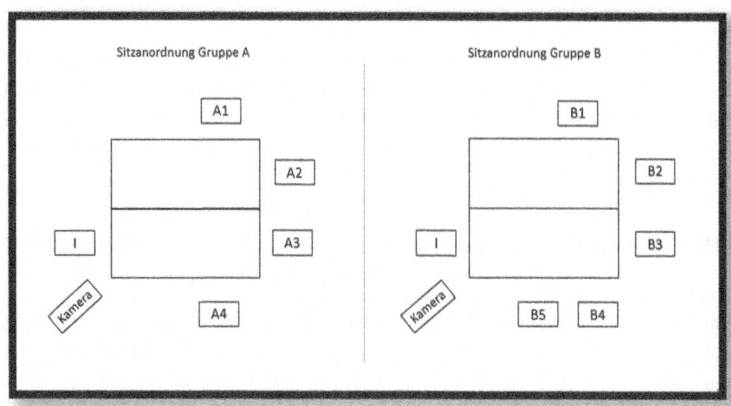

Abbildung 6.3 Anordnung im Raum (Eigene Darstellung)

6.2 Durchführung der Vorstudie und Implikationen für die Hauptstudie

Die Kleingruppen beginnen in ähnlicher Form: Nach einer kurzen Begrüßung folgen die Erklärung des eigenen Forschungsinteresses und die Informationen zu Enrico Fermi inklusive der Vorstellung der Aufgabe „Fahrrad". Nach den vorgeschalteten organisatorischen und inhaltlichen Informationen durch die Interviewerin erhalten die Kinder der einzelnen Gruppen Stifte und Papier. Die gestellte Aufgabe lautet:

„Wie lang ist eine Kette aus allen Fahrrädern, wenn man alle Fahrräder der dritten Schuljahre hintereinander stellt?"

Folgendes Datenmaterial ist entstanden und liegt für die Analyse vor (Abbildung 6.4):

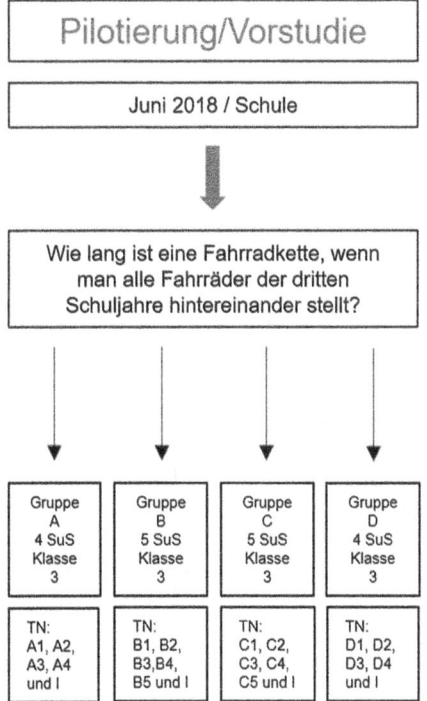

Abbildung 6.4 Datenmaterial Vorstudie. (Eigene Darstellung)

Nach den Aufnahmen und der ersten Sichtung erfolgt die Transkription unter Einhaltung der aufgestellten Transkriptionsregeln. Auf Grundlage der Transkripte entsteht die Einteilung nach Episoden, die auf den Arbeiten von Peter-Koop (2003, 2004, 2005) basieren:

- Einführung: Die Gruppen bekommen organisatorische Hinweise zum Ablauf, zur Videoaufnahme sowie zur Fermi-Aufgabe mit kurzen Informationen zu Enrico Fermi.
- Argumentationsphase: Die Kinder tauschen sich über das weitere Vorgehen aus und argumentieren bezüglich des Rechen- und Lösungsweges.
- Arbeitsphase: Einzelne Rechenoperationen werden durchgeführt.
- Diskussionsphase: Lösungswege sowie Rechenwege werden diskutiert.
- Einigungsphase: In Bezug auf unterschiedliche Rechen- und/oder Lösungsansätze erfolgt eine Einigung innerhalb der Gruppe.
- Ergebnispräsentation: Die Kinder nennen ihr Ergebnis.
- Lehrerintervention: Hinführung zur Aufgabenstellung und/oder Unterstützung.

Auf Basis der Modellierungskreisläufe sind induktiv am Material Analysen zu den Lösungsstrategien nachgezeichnet; die zentralen Ergebnisse, die signifikant für die Hauptstudie sind, werden an dieser Stelle ausgeführt.

6.2.2 Ergebnisse der Vorstudie

Einleitend ist festzuhalten, dass für die Lösung der Aufgabe die Bildung eines Mittelwertes eine zentrale Rolle spielt; mit Hilfe der ausgemessenen Längen der einzelnen Fahrräder ist ein Median zu bestimmen. Als problematisch stellt sich zu Beginn raus, dass die Kinder, entgegen der Ankündigung der Fachlehrerin, angeben, damit keine Erfahrungen zu haben und daher individuelle Unterstützung durch die Interviewerin benötigen.

Gruppe A legt den Mittelwert mündlich fest, indem die Strategie des gegensinnigen Veränderns genutzt wird. Das Ergebnis für ein Fahrrad (Repräsentant) ist im Durchschnitt 1,71 m. Diese Lösung geht auf Schüler A1 zurück, ein mathematisch sehr begabter Junge, der bereits am Mathematikunterricht von Klasse 4 teilnimmt. Er berechnet die Lösung im Kopf, kann seine Angaben jedoch nicht explizit versprachlichen; das Ergebnis wird von den anderen Gruppenmitgliedern ohne Nachfragen akzeptiert. In der Gruppe B legen zwei Kinder den Mittelwert fest (B2 und B3), sodass als Repräsentant für ein Fahrrad die Länge von 1,65 m angenommen wird. Gruppe C gelangt beim Mittelwert zu keiner (mathematischen) Lösung. Es gibt Versuche, alle Meterangaben zu addieren; ebenso

6.2 Durchführung der Vorstudie und Implikationen für die Hauptstudie

wird vermutet und geschätzt. Die Festlegung auf 1,60 m als Repräsentant für ein Fahrrad erfolgt mit aktiver Unterstützung der Interviewerin. Gruppe D nutzt die Liste mit den Längenangaben der Fahrräder für Schätzungen und kommt zu dem Schluss, dass alle Angaben in der Nähe von 1,60 m und 1,70 m liegen. Als Näherungswert einigt sich die Gruppe auf 1,60 m. Bereits in diesem ersten Arbeitsschritt der Gruppenarbeiten zeigen sich sehr differenzierte Vorgehensweisen zur Bestimmung der Mittelwerte. Die aufgetretenen Schwierigkeiten, auch impliziert durch die Arbeit mit Kommazahlen, muss für die Hauptstudie überdacht werden.

Im weiteren Verlauf der Gruppenarbeiten verstärkt sich das differenzierte und sehr heterogene Vorgehen. Es sind sehr unterschiedliche Lösungsansätze möglich: Vom systematischen oder unstrukturierten Ausprobieren über gezielte Rechenoperationen. Anhand der erstellten Modellierungskreisläufe für jede einzelne Gruppe zeigt sich die Vielfalt bei der Wahl der Lösungsstrategien. An dieser Stelle sind die Strategien dargestellt, die letztendlich pro Gruppe ausgewählt bzw. priorisiert werden.

(Legende: r = Mittelwert/Repräsentant; K1 = Klasse 1; K2 = Klasse 2 usw.) (Abbildung 6.5)

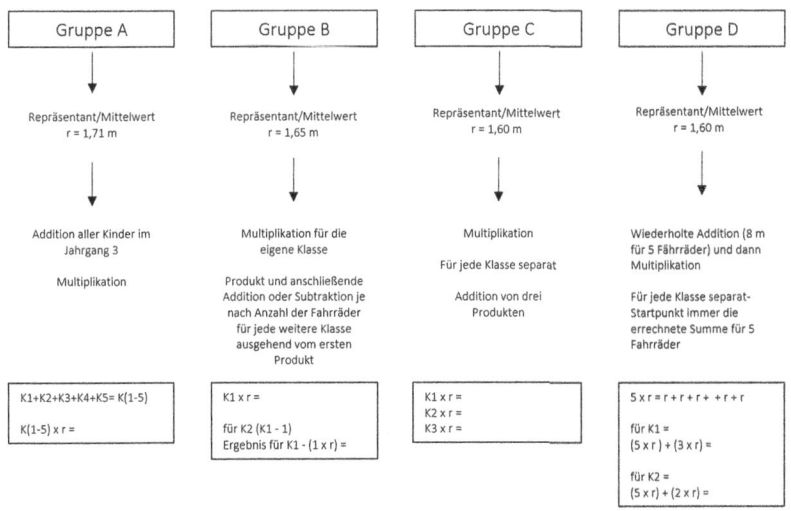

Abbildung 6.5 Erste Ergebnisse der Vorstudie (Eigene Darstellung)

Alle Gruppen verbindet, dass sie mit einem Mittelwert r arbeiten, den sie auf unterschiedliche Weise ermittelt haben. Gruppe A legt fest, erst alle Schüler*innen des Jahrgangs zu addieren, um diese Summe anschließend mit dem Repräsentanten r zu multiplizieren. Nach der Validierung subtrahiert die Gruppe 2 × r für kranke oder nicht anwesende Kinder, und erhält als Gesamtergebnis die Länge von 205,20 m für alle Fahrräder des dritten Jahrgangs.

Gruppe B entscheidet sich nach der Ermittlung des Mittelwertes r dafür, diesen mit der Anzahl der Kinder aus Klasse K1 zu multiplizieren. Sie arbeiten mit diesem Produkt weiter und addieren oder subtrahieren dementsprechend für alle weiteren Klassen ausgehend von der Anzahl der Kinder, d. h. das Produkt für die Klasse K1 mit 23 Kindern ist der Ausgangswert für alle anderen nun folgenden Berechnungen. Da in der Klasse K2 nur 22 Kinder sind, wird vom Produkt für K1 der Mittelwert r (1 × r) subtrahiert: K2 = K1 − (1 × r) (Abbildung 6.6).

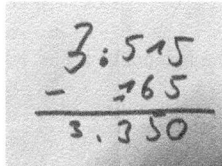

Abbildung 6.6 Gruppe B Foto 20. (Eigene Aufnahme)

Dieses Verfahren – der wiederholte Rückgriff auf ein bereits erarbeitetes Ergebnis – nutzt die Gruppe B auch für die weiteren Klassen. Nach jeder Berechnung für eine Klasse erfolgt eine Addition der Ergebnisse: Es erfolgt eine Addition in Schritten und keine abschließende Addition aller fünf Teilergebnisse (siehe Abbildung) (Abbildung 6.7).

Abbildung 6.7 Gruppe B Foto 22. (Eigene Aufnahme)

6.2 Durchführung der Vorstudie und Implikationen für die Hauptstudie

Gruppe C startet mit einem Modellbildungsversuch in Bezug auf die Ausgangsfrage; sie versuchen, mit Schätzungen und Vermutungen zu arbeiten, was zu keiner mathematischen Lösung führt. Auch die Addition aller Angaben der ermittelten Ergebnisse in der Tabelle führt zu keiner Lösung. Der vorgegebene Mittelwert durch die Lehrkraft von r = 1,60 m führt zur Berechnung der Daten für die eigene Klasse K1 mit 23 Schüler*innen. Die halbschriftliche Multiplikation führt zu dem Ergebnis 2640, was als „zuviel" empfunden wird. Die Sachsituation wird neu modifiziert, die Schülerzahl von K1, K2 und K3 addiert (69 Schüler*innen) und dies mit dem Mittelwert multipliziert: 69 × r = 69 × 1,60 m = 95,40 m. Das fehlerhafte Ergebnis ist auf die halbschriftliche Multiplikation zurückzuführen, da einzelne Zwischenschritte nicht berücksichtigt bzw. nicht korrekt berechnet werden (Abbildung 6.8, Abbildung 6.9).

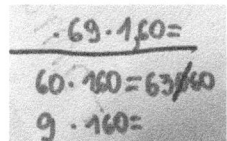

Abbildung 6.8 Gruppe C Foto 10. (Eigene Aufnahme)

Abbildung 6.9 Gruppe C Foto 12. (Eigene Aufnahme)

Gruppe D arbeitet mit dem Wert r = 1,60 m. Mit der Strategie „Zahlenblick" erkennt die Gruppe, dass der Wert für fünf Fahrräder mit Hilfe der wiederholten Addition exakt 8 m ist (1,60 m + 1,60 m + 1,60 m + 1,60 m + 1,60 m = 8 m). Ausgehend von diesem Wert erfolgen alle weiteren Berechnungen. Für 23 Schüler der Klasse K1 wird somit der Repräsentant für fünf Fahrräder mit der wiederholten Addition viermal addiert, bevor die noch verbleibenden der Räder addiert werden (für Klasse 1 mit 23 Schüler*innen: 8 m + 8 m + 8 m + 8 m + 3 × 1,60 m) (Abbildung 6.10).

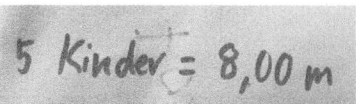

Abbildung 6.10   Gruppe D Foto 2. (Eigene Aufnahme)

In der folgenden Tabelle sind die erfassbaren und abbildbaren Strategien für die einzelnen Teilaufgaben aufgelistet, die zur mathematischen Lösung führen (Tabelle 6.2).

Tabelle 6.2   Lösungsstrategien Aufgabe Fahrrad. (Eigene Darstellung)

Berechnung	Strategie
Mittelwert	• Gegensinniges Verändern
	• Vermutungen/Schätzungen
	• Schätzungen/Raten
	• Nutzen der Referenzwerte – Näherungswert
Teilaufgabe Gesamtanzahl der Schüler*innen	• Addition von K1, K2, K3, K4 und K4
	• Addition von K1, K2, K3 und K4
	• Addition von K1, K2, K3
Teilaufgabe Länge pro Klasse	• Schriftliche Multiplikation mit Mittelwert
	• Halbschriftliche Multiplikation mit Mittelwert: Strategie „stellenweise" / „schrittweise"
	• Wiederholte Addition
	• Teilschritte: Weiterrechnen mit dem Ergebnis für 8 Fahrräder
	• Teilschritte: Weiterrechnen mit vorherigem Ergebnis über Addition oder Subtraktion
Gesamtlänge	• Schrittweise Addition von Teilergebnissen
	• Addition von Teilergebnissen in einer Rechnung
	• Multiplikation: alle Schüler*innen x Repräsentant

Die ermittelte Gesamtlänge ist bei allen vier Gruppen unterschiedlich, was auf den gewählten Median als auch auf die unterschiedliche Anzahl der Klassen zurückgeht. Gruppe A rechnet mit fünf Klassen; Gruppe B und D rechnen mit vier Klassen des Hauptstandortes; Gruppe C rechnet mit drei Klassen (wobei die Gründe in der Analyse nicht nachweisbar sind). Erst nach Beendigung der Arbeit

6.2 Durchführung der Vorstudie und Implikationen für die Hauptstudie

wird dies von Kind C2 zur Diskussion gestellt, aber vom Rest der Gruppe nicht kommentiert.

In Bezug auf die Modellierung ist festzustellen, dass die Analyse mit Hilfe der Modellierungskreisläufe die einzelnen Teilschritte nachvollziehbar abbildet und Aufschluss über die genutzte Strategie für das mathematische Ergebnis liefert. Offen bleibt, welche Lösungsstrategien darüber hinaus genannt, verworfen oder in die Lösung miteinfließen.

Für die Beantwortung der Forschungsfrage 2 haben die kooperativen Muster eine hohe Signifikanz. Die Fahrrad-Aufgabe fordert die Kinder der Gruppen dazu auf, problemlösend tätig zu werden, über die angedachten Lösungen und Lösungswege zu diskutieren und in der gemeinsamen Arbeitsphase zu argumentieren. Bei der vorläufigen Analyse der Gruppenarbeiten ist auffällig, dass die Interaktionen in den Gruppen sehr unterschiedlich ablaufen.

Bei Gruppe A wird der Verlauf bezüglich der Lösungsstrategie im Wesentlichen von A1 bestimmt. Das Kind A1 gibt die Rechnungen sowie die Lösungen weitestgehend vor. Die anderen Gruppenmitglieder haken an verschiedenen Stellen nach; es kommt aber zu keinem sprachlichen Austausch. An dieser Stelle dominiert eine koexistente Situation, da der inhaltliche Aspekt (hier: Rechenoperation) im Vordergrund steht, und auch der kommunikative Austausch auf die Durchführung der Rechenoperation abzielt. Der eigene Handlungsplan von Kind A1 steht im Vordergrund und wird umgesetzt (vgl. Wocken, 1998, 40 ff.).

Bei der zweiten Gruppe nehmen fünf Kinder an der Gruppenarbeit teil, und es entwickelt sich eine andere Gruppendynamik. Im Wesentlichen bestreiten B2 und B3 den Lösungsprozess, besprechen, diskutieren und argumentieren bezüglich der gemeinsamen Vorgehensweise. Besonders B2 fordert immer wieder eine Zusammenarbeit ein. B1 beteiligt sich wenig, führt die besprochenen Rechenoperationen aber separat alleine durch, während B4 und B5 sich wenig beteiligen; bei Beteiligung stehen Beziehungsaspekte innerhalb der Gruppe im Vordergrund, weniger inhaltsbezogene Anmerkungen.

In der Gruppe C ist insgesamt wenig Gruppendynamik zu bemerken. Die Kinder agieren eher passiv. Die Antworten der einzelnen Kinder sind häufig fragend und zeugen von einer gewissen Unsicherheit. Die Intervention der Interviewerin ist an mehreren Stellen gefordert, da die Arbeit stockt.

In der Gruppe D ist die Arbeit eher kommunikativ ausgerichtet. Es wird ausgehandelt und diskutiert, Aufgaben werden gleichermaßen gerecht verteilt, vor allem wenn es um Schreibprozesse geht. Alle vier Kinder streben ein gemeinsames Ziel an, sodass nach Wocken (1998) von einer kooperativen Lernsituation gesprochen werden kann.

Diese erste Analyse zeigt bezüglich der Forschungsfrage ebenso als zu grob und muss für die Hauptstudie in Bezug auf die Interaktionen angepasst werden, vor allem was das Analyseinstrument angeht.

6.2.3 Implikationen für die Hauptstudie

Da das Forschungsinteresse auf die Kategorisierung der Lösungsstrategien und die interaktiven Muster abzielt, wird auf dieser Basis im Anschluss die Hauptstudie geplant und umgesetzt.

Die Vorstudie „Fahrrad" dient neben der Optimierung der organisatorischen und inhaltlichen Aspekte, auch dazu, Überlegungen bezüglich der ersten Auswertung anzustellen, um für die Hauptstudie eine entsprechende und verbesserte Basis für Analyse, Auswertung und Interpretation zu haben, und die Änderungen einiger Parameter durchzuführen.

Entscheidend dafür ist eine Analyse in Form des **Design-Based-Research** nach Bakker (2018); ein Einsatz, der auch unter anderen Namen mit ähnlichen Zielsetzungen in der Fachliteratur bekannt ist: educational design research (Plomp & Nieveen, 2013; van den Akker, Gravemeijer, McKenney & Nieveen, 2006), design experiments (Brown, 1992; Cobb, Confrey, diSessa, Lehrer & Schauble, 2003), design science (Collins, 1990; Wittmann, 1995b) oder Design-Research (Prediger, 2018, 2021). Alle Ansätze eint das Ziel, aus einer identifizierten unterrichtspraktischen Problemstellung Implikationen zu untersuchen und abzuleiten, um darauf aufbauend schrittweise innovative Lösungen zu eruieren und gleichzeitig wissenschaftliche Erkenntnisse zu generieren (vgl. Prediger, 2018, S. 33). Plomp und Nieveen (2013) beschreiben diesen Ansatz als "the systematic analysis, design and evaluation of educational interventions with the dual aim of generating research-based solutions for complex problems in educational practice, and advancing our knowledge about the characteristics of these interventions and the processes of designing and developing them" (ebd., 2013, S. 18). Als signifikante charakterische Merkmale sind zu nennen: (1) Development of theories about learning and how to support learning, (2) Interventionist nature of the research, (3) Prospective and reflective components, (4) Invention and revision in order to form an iterative process, and (5) Transferability (ebd., 2018, S. 18).

Den iterativen und zirkulären Forschungsprozess stellen Plomp und Nieveen (2013) wie folgt dar (Abbildung 6.11):

6.2 Durchführung der Vorstudie und Implikationen für die Hauptstudie

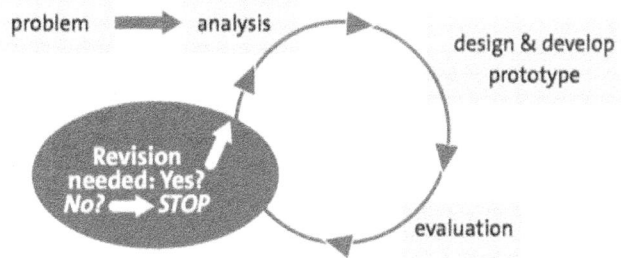

Abbildung 6.11 Design cycle von Plomp und Nieven, 2013, S. 17

Auf Basis des Design-Based-Research Ansatzes sind in der folgenden Tabelle die Kriterien für die Analyse aufgelistet und die jeweiligen Implikationen für die Veränderung der Parameter für die Hauptstudie transparent dargelegt (Tabelle 6.3).

Tabelle 6.3 Implikationen für die Hauptstudie. (Eigene Darstellung)

Bereich: Organisation		
Teilbereich	Ergebnis der Vorstudie	Implikationen
• zeitlicher Rahmen	passend/geeignet	keine Veränderungen (k. V.)
• räumliche Strukturkriterien (Sitzordnung, Raumplanung, Kameraausrichtung)	passend/geeignet	k. V.
• Gruppenkonstellation (4er- und 5er-Gruppen)	Abspaltung in parallel arbeitende Kleingruppen (Gruppe B und D)	festgelegte Gruppengröße von max. 4 Kindern
• Interviewerin ist den Kindern als LK bekannt	Einfluss der LK kann nicht ausgeschlossen werden	Interviewerin und Kinder sind einander nicht bekannt
• Gruppenkonstellation nach Freundschaften	Nutzen fraglich	Gruppenkonstellationen über das Zufallsprinzip

(Fortsetzung)

Tabelle 6.3 (Fortsetzung)

Bereich: Organisation

Teilbereich	Ergebnis der Vorstudie	Implikationen
• Lehrkraft ist den SuS bekannt	Leistung und Sozialverhalten bekannt; Beeinflussung der Forschungsergebnisse möglich	Interviewerin unbekannt / Unterstützung durch Studierende
• Ausmessen der Fahrräder	Fehlende Daten	Daten vor Ort gemeinsam erheben

Bereich: Inhalt

Teilbereich	Ergebnis der Vorstudie	Implikationen
• Hintergrundinformationen zu Enrico Fermi und Fermi-Aufgaben	kurz, aber ausreichend für die Bearbeitung der Aufgabe, auch ohne Vorwissen; spontane Informationen dezidierter planen	festgelegter, schriftlich fixierter Text zur Einführung für alle Gruppen
• Fermi-Aufgaben eignen sich besonders für Modellierungskompetenzen	geeignet (TN bringen erforderliche prozessbezogene Kompetenzen mit)	k. V.
• Mehrzyklische Modellierungskreisläufe	geeignet (Analyse bestätigt Erkenntnisse von Lesh & Doerr, 2000	k. V.
• Reduktion der Komplexität in Teilaufgaben	TN nutzen Reduktion für Lösung einzelner Teilaufgaben	k. V.
• Vorüberlegungen zu inhaltsbezogenen Kompetenzen	Inhaltsbezogene Kompetenzen sind vorhanden, Rückgriff auf bisher Gelerntes; Mittelwert der Aufgabe ohne konkrete Anschauung ist hinderlich	Ausrichtung an Lehrplan: k. V. Ermittlung/Festlegen eines Mittelwertes: Zusätzliche Hilfen handlungsorientiert anbieten
• Mittelwert	Umgang mit der Bestimmung des Mittelwertes	niedrigschwelliger Einstieg

(Fortsetzung)

6.2 Durchführung der Vorstudie und Implikationen für die Hauptstudie

Tabelle 6.3 (Fortsetzung)

Bereich: Inhalt

Teilbereich	Ergebnis der Vorstudie	Implikationen
• Aufgabe „Fahrrad"	motivationsfördernd durch aktuellen Bezug; Kriterien und Niveau angemessen	strukturgleiche/ strukturähnliche Aufgabe
• halbschriftliche Multiplikation	teilweise unsichere Ausführung und verschiedene Ansätze	k. V.
• Aufgabenformat unbekannt	keine beobachtbaren Schwierigkeiten	k. V.
• Lernen am gemeinsamen Gegenstand	geeignet (Individuelle Stärken genutzt; jeder hat sich eingebracht)	k. V.

Bereich: Methode

Teilbereich	Ergebnis der Vorstudie	Implikationen
• TN einer Schule	Vermeidung einer Suggestion des Einzelfalls (Kuckartz, 2018, S. 53)	unterschiedliche Klassen verschiedener Schulen; anderes Setting
• LK ist den SuS gekannt	Rückschlüsse auf Sozialverhalten – Beeinflussung der Daten	Interviewerin unbekannt
• Doppelrolle: Interviewerin und Teilnehmende Beobachtung	Doppelrolle schwer umzusetzen	Unterstützung durch Studierende Protokoll am Ende Reduktion der Interventionen
• Aufgabe/Rolle der Interviewerin	unabhängig vom Status Rolle genau prüfen	selbstkritische Reflexion, da das Verhalten eine Beeinflussung darstellen kann
• Episodenpläne	Einteilung für die Studie nicht ausreichend trennscharf – keine klare und strukturierte Abgrenzung möglich Einteilung zu Beginn der Analyse ist zu interpretativ	Gesprächsphasenmodell von Brinker und Sager (2010)

(Fortsetzung)

Tabelle 6.3 (Fortsetzung)

Bereich: Methode

Teilbereich	Ergebnis der Vorstudie	Implikationen
• Modellierungskreisläufe	Schwerpunkt Modellieren und Problemlösen	Feinanalyse nach Modellierungskreisläufen
• Aufgabenformat offen für Lösungsstrategien	sehr unterschiedliche Ansätze	induktiv-deduktives Vorgehen für Feinanalyse
• Lösungsstrategien	Identifizierung in Modellierungskreisläufen	Kategorienbildung, um auch Lösungsansätze abzubilden
• Aufgabenformat als Anlass für Kooperation „aus der Sache heraus"	Erste Analyse weist auf kooperative Muster hin	Deduktives Kategorienmodell für Feinanalyse
• Kamera	Einflussfaktor Kamera	Kritische Reflexion
• Transkripte	unvollständige Ausführungen zu Gestik, Mimik etc.	Verfeinerung der Regeln

Die Pilotierung/Vorstudie wurde im Juni 2018 durchgeführt. Aufgrund der Auswertung und einer ersten Analyse sind einige Parameter für die Hauptstudie (Februar 2019) verändert. In der folgenden Darstellung der Hauptstudie werden die abgeleiteten Implikationen an passenden Stellen aufgegriffen und bei Bedarf explizit erläutert. Neben den veränderten Parametern fließen auch die theoretischen Erkenntnisse und die präzisierten Forschungsfragen in die Verfeinerung und Modifizierung der Analyseschwerpunkte mit ein.

6.3 Durchführung der Hauptstudie

Das folgende Kapitel zeichnet den Forschungsprozess nach: Von der Planung, über die Durchführung, hin zur Datenerhebung, der Erläuterung der Stichprobe, der Auswahl der Videos und der Zusammensetzung der Interviewgruppen, um die Forschungsschritte nachzuhalten. Des Weiteren ist das methodische Vorgehen im Forschungsprozess unter Berücksichtigung der einzelnen Ziele transparent darstellt, wie die folgende Abbildung – in Anlehnung an Kuckartz (2018) und Höck (2015) – zeigt (Abbildung 6.12).

6.3 Durchführung der Hauptstudie

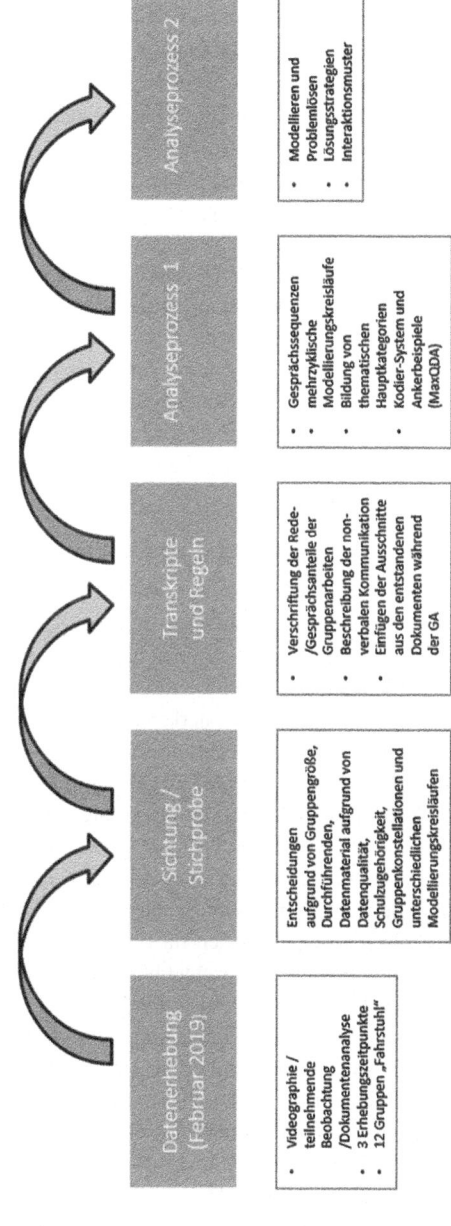

Abbildung 6.12 Überblick methodisches Vorgehen. ((Eigene Darstellung); in Anlehnung an Kuckartz (2018) und Höck (2015))

Planung des Forschungsvorhabens und Durchführung der Hauptstudie
Die Datenerhebung findet in einem Schülerlabor einer Universität statt; dort können Schüler*innen der Jahrgänge 4 bis 6 nach vorheriger Anmeldung während eines Schulvormittags zu verschiedenen mathematischen Themen und Problemen forschen und experimentieren, mit dem Ziel, sich von der Mathematik gleichermaßen begeistern und verblüffen zu lassen.

Der Vormittag im Schülerlabor ist wie folgt strukturiert: Nach der Abholung der angemeldeten Klasse(n) und einer Begrüßung im Hörsaal werden die Kinder in Kleingruppen eingeteilt und durchlaufen mehrere Stationen, die von geschulten Studierenden betreut werden. Für die vorliegende Studie hat die Verfasserin dieser Arbeit eine der Stationen übernommen und organisiert. Die Wahl des Themas ist ebenso wie das didaktisch-methodische Vorgehen von Seiten der Organisatorin des Schülerlabors freigestellt, und die Aufgabe kann somit aus dem eigenen Forschungsbereich ausgewählt werden. Die Aufzeichnungen finden am 4.2., 6.2. und 7.2.2019 statt. Zu jedem der drei Termine haben sich Klassen der Jahrgangsstufe 4 von verschiedenen Grundschulen aus dem Kreisgebiet angemeldet, die im Vorfeld über die Studie informiert worden sind.

Bei einem Design im schulischen Umfeld mit außerschulischem Lernort ist es kaum möglich, Zufallsstichproben zu bilden, denn die Durchführung hängt maßgeblich von der freiwilligen Teilnahme ab – sowohl von Seiten der Schule, als auch von Seiten der Lehrkräfte, aber in besonderem Maße von den Schüler*innen und der Einverständniserklärung ihrer Eltern. In diesem Fall liegt somit eine „anfallende Stichprobe" vor (Bittrich & Blankenberger, 2011, S. 25).

Zu den drei teilnehmenden Schulen ist anzumerken, dass Schule A (4.2.2019) in einem eher ländlichen Stadtteil mit einem bildungsnahen Einzugsgebiet einer größeren Stadt zu lokalisieren ist. Schule B (6.2.2019) liegt ebenfalls in einem ländlichen Stadtteil einer Großstadt und hat ein sehr gemischtes Einzugsgebiet. Die dritte Schule C (7.2.2019) ist auch in einer Großstadt angesiedelt; die Schule liegt innerstädtisch, hat eine multikulturelle Schülerschaft (der Anteil der Kinder mit Migrationshintergrund liegt bei 63 %). Alle drei Schulen sind zwei- bzw. dreizügig, wobei Schule B jahrgangsgemischte Klassen für die Jahrgänge 1–3 anbietet, bevor Klassenstufe 4 separat im Jahrgang unterrichtet wird. Schule B und Schule C sind Schulen des Gemeinsamen Lernens, d. h. es werden Kinder mit und ohne sonderpädagogischen Unterstützungsbedarf unterrichtet. Schule A wird insgesamt von ca. 185 Schüler*innen besucht, sowohl bei Schule B als auch bei Schule C liegt die Gesamtschülerzahl bei ca. 300 Schüler*innen. Die Gesamtanzahl der Schüler*innen der jeweiligen Schulen ist für den späteren Validierungsprozess wichtig. Alle Informationen stammen aus Gesprächen mit den Schulleitungen und/oder Lehrkräften im Vorfeld der Studie bzw. von den jeweiligen Homepages (Stand: 02/2019).

6.3 Durchführung der Hauptstudie

An den drei Tagen sind insgesamt 80 Kinder angemeldet. Da die Schule C für drei Klassen zwei Termine gebucht hat, ergibt sich eine Mischung aus zwei vierten Klassen (K1 und K2) (Tabelle 6.4).

Tabelle 6.4 Übersicht über Datenerhebung. (Eigene Darstellung)

Datum	Schule	Klasse	Gesamtanzahl	TN-Zahl (aufgrund vorliegender Einverständniserklärung)
4.2.19	A	4	22 Kinder	19 Kinder
6.2.19	B	4	24 Kinder	12 Kinder
7.2.19	C	4	27 Kinder (K1: 20 Kinder /K2: 10 Kinder)	12 Kinder

Die Kleingruppen durchlaufen an den jeweiligen Vormittagen jeweils drei Stationen: Eine Station heißt „Besuch von Herrn Fermi". Insgesamt entstehen während der Bearbeitung dieser Station zwölf Videos (Video 1 bis 12). Dies geschieht auf Basis der vorliegenden Einverständniserklärungen der Eltern. Um zu gewährleisten, dass alle angemeldeten Schüler*innen die Fermi-Aufgabe bearbeiten können, finden jeweils parallel zwei Gruppenarbeiten statt (mit und ohne Einverständniserklärung). Die Parallel-Gruppen werden von einer geschulten Studierenden, die im Vorfeld über alle Abläufe und Inhalte durch die Verfasserin informiert worden ist, begleitet. Aufgrund sehr vieler Einverständniserklärungen am 4.2.2019 entstehen für die Hauptstudie auch Videos von Gruppenarbeiten, die von der Studierenden (S) betreut werden (Tabelle 6.5).

Tabelle 6.5 Übersicht über das entstandene Datenmaterial. (Eigene Darstellung)

Datum	Video	Dauer in min	Anwesende	Interviewer	Schule
4.2.2019	1	#00:20–57# (plus 00:01–22)	1 (m), 2 (m), 3 (m) und S	Studierende (S)	A
4.2.2019	2	#00:22–56#	1 (w), 2 (w), 3 (w) und S	Studierende (S)	A
4.2.2019	3	#00:21–19#	1 (m), 2 (m), 3 (m) und S	Studierende (S)	A
4.2.2019	4	#00:33–14#	1 (w), 2 (w), 3(w) und I	Interviewerin (I)	A

(Fortsetzung)

Tabelle 6.5 (Fortsetzung)

Datum	Video	Dauer in min	Anwesende	Interviewer	Schule
4.2.2019	5	#00:28–21#	1 (m), 2 (m), 3 (w), 4 (w) und I	Interviewerin (I)	A
4.2.2019	6	#00:23–28#	1 (m), 2(w), 3 (w)	Interviewerin (I)	A
6.2.2019	7	#00:31:05#	1 (w), 2 (w), 3 (w), 4 (m) und I, Integrationshelferin für 2 (IH)	Interviewerin (I)	B
6.2.2019	8	#00:24–42#	1 (m), 2 (w), 3 (w), 4 (m) und I	Interviewerin (I)	B
6.2.2019	9	#00:22–43#	1 (w), 2(w), 3(w), 4(w) und I	Interviewerin (I)	B
7.2.2019	10	#00:29–20#	1 (m), 2 (w), 3 (w), 4 (w) und I	Interviewerin (I)	C
7.2.2019	11	#00:35–52#	1(m), 2(m), 3(m), 4(w) und I	Interviewerin (I)	C
7.2.2019	12	#00:19–44#	1 (m), 2 (m), 3 (m), 4 (m) und I	Interviewerin (I)	C

Jede Gruppe wird für die Bearbeitung der Fermi-Aufgabe entweder von der Studierenden (S) oder der Interviewerin (I) abgeholt, um für die Bearbeitung gemeinsam zu den Seminarräumen (reserviert für das Schülerlabor) zu gehen, die sowohl einen störungsfreien Rahmen für die Bearbeitung als auch genügend Platz für Messaktivitäten bieten, die bei der Fahrstuhl-Aufgabe impliziert sind. Die Aufgabe wird in allen Gruppen mit den gleichen Anweisungen und Hintergrundinformationen gestellt, alle Gruppen bekommen als Material Papier und Stifte, sowie Fotos der beiden Fahrstuhltypen und den Gebäudeplan der Universität.

Die Anordnung im Raum erfolgt wie in der folgenden Abbildung grafisch dargestellt. Die Kamera ist auf die Tischgruppe gerichtet und mit einem internen Mikrofon ausgestattet, sodass die Gespräche der Gruppen später besser zu transkribieren und auszuwerten sind (Abbildung 6.13).

6.3 Durchführung der Hauptstudie

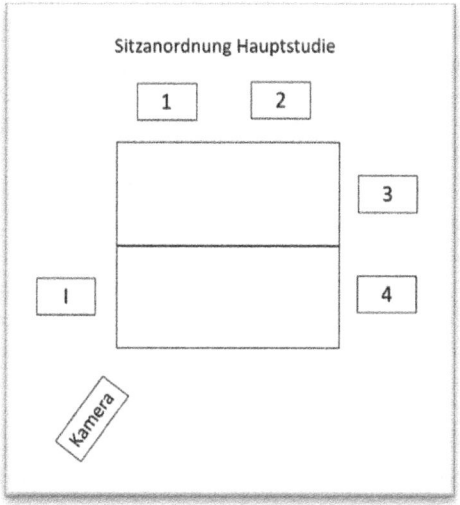

Abbildung 6.13 Sitzordnung Hauptstudie. (Eigene Darstellung)

Die Einteilung der Gruppen findet bei der Hauptstudie im Gegensatz zur Vorstudie nach dem Zufallsprinzip statt. Im Vorfeld sind die Namen der Kinder an die Interviewerin (I) übermittelt worden, um die Namensschilder passend zu erstellen, aber auch um eine Gruppeneinteilung für die jeweiligen Vormittage vorzunehmen. Die Einteilung findet somit auf Grundlage der vorliegenden Einverständniserklärungen für die Videoaufnahmen ohne weitere Absprachen mit den Klassenlehrer*innen statt, die aber über das organisatorische Vorgehen im Vorfeld informiert worden sind. Die Planung und Durchführung obliegt bei der Aufgabe „Fahrstuhl" der Verfasserin dieser Arbeit, die somit als interviewende Lehrkraft, die die Gruppenarbeit initiiert, aber auch als Forscherin fungiert, um durch die eingeschränkte teilnehmende Beobachtung sowie mit Hilfe der späteren Auswertung und Analyse Einblicke in die Lösungsstrategien, die Denk- und Argumentationswege sowie die ablaufenden kooperativen Prozesse zu bekommen. Der Einfluss der Forschenden / der Autorin auf die Gruppenarbeiten soll so gering wie möglich gehalten werden; dies ist aber aus vielerlei Gründen nicht immer möglich, was im Laufe der Analyse der einzelnen Arbeiten noch eine Rolle spielen wird.

Zusammenfassend lässt sich sagen, dass eine erste Auswahl der Videos über die Zugänglichkeit konstituiert wurde (Merkens, 2017, S. 288), d. h. die Zustimmung der Eltern ist ein erstes Auswahlkriterium für die Auswahl der Videos.

Um die Persönlichkeitsrechte der gefilmten Kinder zu schützen (siehe DSGVO), ausführliche Schilderungen und Gespräche wie in der vorliegenden empirischen Studie hochgradig individuell sind, sind die Daten, wie bereits in der Vorstudie, anonymisiert und weitere identifizierbare Informationen entfernt. Nach fortschreitender Fallauswahl erhalten die teilnehmenden Schüler*innen zu den bereits vergebenen Ziffern eine Kennung durch einen Buchstaben (für die jeweilige Gruppe). Dieses Verfahren kommt durchgängig zur Anwendung. Das Kürzel I steht für Interviewerin und wird für die Verfasserin dieser Arbeit genutzt, die die Gruppenarbeiten zur Aufgabe „Fahrstuhl" begleitet und dokumentiert. Das Kürzel (S) steht für die geschulte Studierende, die die jeweils parallel stattfindenden Stationenarbeiten begleitet. Bei einer Gruppe ist eine Integrationshelferin (IH) anwesend, die sich aber – bis auf einen organisatorischen Hinweis – eine beobachtende Rolle einnimmt. Das Ablaufschema ist gleich: Zuerst findet die Begrüßung der anwesenden Kinder statt (teilweise auf Wunsch der Kinder mit erneuter namentlicher Vorstellung). Im Anschluss erläutert die Interviewerin (I) bzw. die Studierende (S) angepasst an das Niveau der Kinder das Forschungsinteresse. Im Anschluss folgen die Informationen zu Enrico Fermi sowie die Vorstellung der Aufgabe „Fahrstuhl". Nach diesen vorgeschalteten organisatorischen und inhaltlichen Informationen durch (I) bekommen die Gruppen Material (Stifte und Papier), sowie den Hinweis auf weitere mögliche Hilfestellungen durch (I) und (S) (Zollstock, Gebäudeplan, Fotos). Zusätzlich zu den Videoaufzeichnungen werden Feldnotizen angefertigt, um ggf. im Verlauf der Auswertung Besonderheiten zu skizieren und nachzeichnen zu können. Im Anschluss werden die Aufnahmen auf USB-Sticks gesichert, um sie zu einem späteren Zeitpunkt mit Hilfe des Transkriptionsprogrammes f4 zu transkribieren und für eine computergestützte Datenanalyse mit dem Programm MaxQDA auszuwerten.

Datenerhebung und Stichprobe

In der qualitativen Forschung findet sich eine vielfältige Anzahl an methodischen Ansätzen. Bei der vorliegenden Arbeit liegen nach Fuhs (2007) Dokumente aus dem Feld vor. Wenngleich mit der Aufgabe und auch der Anlage der Gruppenarbeit von einer „Lebenswelt des Alltags" (Schütz & Luckmann, 1979, S. 25) gesprochen werden kann, ist die Situation nicht alltäglich, sondern künstlich erzeugt. Andererseits ist zu betonen, dass die erzeugten Gruppenarbeiten – eine beliebte Interaktionsform in der Schule – ebendort oft nur aus der Ferne beobachtbar sind (Krummheuer & Naujok, 1999, 75 f.). Zusätzlich zu den genannten Punkten muss in der Auswertung miteinbezogen und bedacht werden, dass in der Schule die Lehrkraft selten kontinuierlich mit am Tisch oder in der Nähe sitzt und die Arbeit beobachten kann, ebenso inwiefern sich die Interaktion verändert, wenn die Lehrkraft dazukommt.

Die Transkription der Videos ermöglicht es, neben verbalen Äußerungen auch weitere visuelle Phänomene zu dokumentieren. Die Videodaten und die entstandenen Transkripte gewährleisten, dass gleichzeitig auftretende Ereignisse verlangsamt und wiederholt zu betrachten sind (Herrle, Kade & Nolda, 2013, S. 599), sodass sich die Forschungsfragen aufeinander beziehen lassen. Die Daten werden mit Hilfe der entstandenen Schülerdokumente sowie der handschriftlichen Mitschriften der Forschenden ergänzt. Diese sog. „Gedächtnisprotokolle" (Fuhs, 2007, S. 82) werden im Anschluss an die Aufzeichnungen angefertigt, um die auftauchenden Ideen und Assoziationen festzuhalten. Eine spätere Ergänzung der Gedächtnisprotokolle erfolgt während der Transkription, um auch hier Beobachtungen, Eindrücke und Gesprächsanalysebausteine festzuhalten. Der Datenkorpus setzt sich somit aus den Äußerungen der Kinder, ihren non-verbalen Handlungen sowie aus den von ihnen angefertigten Dokumenten zusammen, wenngleich nicht alles, was gesagt und getan wird, in seiner Komplexität erfasst werden kann.

Bei der „Fahrradaufgabe" aus der Vorstudie ist den teilnehmenden Kindern die Verfasserin dieser Arbeit als Lehrkraft bekannt. Bei der „Fahrstuhl"-Aufgabe ist dies nicht der Fall, sodass eine Voreingenommenheit der Forschenden ebenso wie eine Verfälschung der Ergebnisse durch eine zu starke Identifikation mit dem Feld – „going native" (Kelle et al., 2017) – vermieden wird. Das Problem, dass „die Forschenden unentwirrbar in den Forschungsprozess verflochten sind" (Fuhs, 2007, S. 57), wird damit minimiert.

Gruppensituationen sind immer ein sozialer und kommunikativer Prozess, in dem auch die Rolle des Forschenden / der Forschenden eine große Rolle spielt. Wenngleich die während des Erhebungsprozesses aufgezeichneten Videos unvoreingenommen ausgewertet werden können, muss trotz aller ergriffenen Maßnahmen die Frage, inwieweit die Forschende das Feld beeinflusst hat, in dieser Arbeit ebenfalls kritisch gestellt werden. Die ursprüngliche Planung der „teilnehmenden Beobachtung" kann aufgrund der Gesamtkonstellation nicht durchgängig gewährleistet werden, da die Forscherin neben den Informationen zur Aufgabe, dem Material und den Hintergrundinformationen zu Enrico Fermi auch mögliche Interventionen im Blick haben muss, falls Fragen von Seiten der Kinder auftauchen. Der nicht planbare Faktor ist an dieser Stelle, inwieweit die Kinder der einzelnen Gruppen in der Lage sind, in einer fremden Umgebung, mit einer fremden Lehrkraft und unter der künstlichen Bedingung der Videoaufnahme ohne Eingreifen der Forscherin agieren. Verbale und non-verbale Eingriffe, die eine Beeinflussung beinhalten, müssen somit bei der Analyse und Auswertung kritisch im Blick behalten werden.

Gruppenarbeiten gewinnen im Mathematikunterricht zunehmend an Bedeutung. Wenngleich Lernen ein individueller Vorgang ist und nicht alle Kinder das Gleiche lernen und denken, findet Lernen als sozialer Prozess in der Interaktion der

Lernenden statt (Bruner, 1972). Da die Studie die Prozesse innerhalb der Gruppe erforscht und somit die Analyse der Prozesse und Strategien im Fokus steht, spielt die Zusammenarbeit eine fundamentale Rolle. Zudem sind Fermi-Aufgaben in ihrer Komplexität am Besten in der Gruppe zu lösen, da die Arbeit an der Aufgabe „von der einzelnen Person als zu schwierig empfunden wird" (Peter-Koop, 2003, S. 115). Die Arbeit an Fermi-Aufgaben in der Gruppe wird bereits durch ihre Problemstellung suggeriert, somit ist die Gruppenarbeit für die Lösung der Fermi-Aufgabe als prädestinierte Sozialform gegeben.

Bei der Erhebung von qualitativen Daten kann keine breite Masse von Fällen untersucht werden, wie zum Beispiel in der quantitativen Forschung mit Hilfe einer statistischen Repräsentativität (Kelle et al., 2017). Die geringe Fallzahl und die Auswertungen auf die Systematik sind aber kein Manko, sondern „eine gewollte Qualität der Forschung" (Fuhs, 2007).

Einen Konsens bezüglich der Zusammensetzung in leistungshomogene bzw. leistungsheterogene Kleingruppen gibt es bislang nicht (Fölling-Albers, 1994; Peter-Koop, 2003; Rasch, 2015; Röhr, 1995). Während Korff (2016) leistungsgemischte Gruppen bei Fermi-Aufgaben empfiehlt, um der Heterogenität der Gruppe gerecht zu werden, tendiert Peter-Koop (2003) aufgrund ihrer Datenlage eher zu leistungshomogenen Gruppen. Festzuhalten ist, dass aufgrund einer fehlenden empirischen Bestätigung kein allgemeiner Konsens vorliegt (Gummels, 2020, S. 80).

Die Gestaltung der Gruppen, die Anzahl der Lernenden sowie der Leistungsstand im Fach sind entscheidend für die Partizipation der Lernenden (Renkl & Mandl, 1995, S. 297). Für komplexere Gruppenarbeiten ist zentral, dass die Lernenden ihre Ideen, Lösungen und die fachlichen Grundlagen erklären und erläutern können (Wittich, 2017, S. 80). Da die vorliegende Arbeit das Ziel verfolgt, die Frage zu beantworten, inwieweit Mathematik „aus der Sache heraus" kooperative Lernprozesse fördert, erscheint die Zusammensetzung der Gruppen wichtig für die Analyse der Ergebnisse.

Da die Leistungen der Kinder im Vorfeld nur bedingt bekannt sind, erfolgt auch hier eine Zusammensetzung nach dem Zufallsprinzip, was an dieser Stelle als positiv gewertet wird, da unterschiedlich zusammengestellte Gruppen auch zu unterschiedlichen Leistungsentwicklungen führen können (Gummels, 2020, S. 81). Trotz der zufälligen Zusammenstellung wird prinzipiell darauf geachtet, bei der Gruppenbildung die Geschlechterkonstellation im Blick zu haben, sodass fünf der zwölf Gruppen gleichgeschlechtlich sind, während die anderen sieben Gruppen gemischt sind, da eine Gleichverteilung nicht möglich ist. Da in dieser Art der Untersuchung auf qualitative Forschungsergebnisse in einer ausgewählten Gruppe abgezielt wird, liegt kein statistisches Samplingverfahren vor.

Auswahl der Videos und Zusammensetzung der Interviewgruppen

Die große Menge an Datenmaterial erfordert aus forschungsökonomischen Gründen eine Reduktion. „Klassische qualitative Untersuchungen haben das Besondere zum Thema" (Merkens, 2017, S. 287). Mit diesem Zitat macht Merkens (2017) deutlich, dass das Besondere eines Falls durch die Wahl des Gegenstandes vorliegt; er verweist im weiteren Verlauf seiner Ausführungen auch darauf, dass dem Auswahlverfahren bis dato keine besondere Aufmerksamkeit zuteil geworden ist. Gerade dieses Auswahlverfahren, wie im vorliegenden Fall die Reduktion der Gesamtstichprobe von zwölf auf eine Stichprobe von fünf Videos, rückt diesen Entscheidungsprozess in den Fokus und ist folglich entscheidend für die grundlegende Zusammenstellung des zu untersuchenden Materials. Diese Auswahlentscheidung fällt nach Flick (2007) in die erste von drei benannten Ebenen: Bei der Erhebung von Daten bzw. bei der Auswahl des Materials. Die anderen beiden Ebenen betreffen die weitere Interpretation in Bezug auf die Auswahl im Material und die Darstellung der Ergebnisse (ebd., 2007, S. 155), die in der vertiefenden Analyse der Hauptstudie Berücksichtigung finden. Des Weiteren wird bei der Fallauswahl versucht, relevante Heterogenität und eine Varianz der Fälle zu erreichen und zu erfassen (Kelle et al., 2017, S. 50), was in den folgenden Ausführungen transparent gemacht wird.

Bei der Auswahl der Videos wurde auf Repräsentativität geachtet: Die allgegenwärtige Heterogenität der Schülerschaft soll bei der Auswahl der Videos möglichst gut erfasst werden. Im Fokus stehen der Vergleich der Lösungswege und Lösungsstrategien sowie die Kooperation der Gruppen und ob in einer anderen Gruppe ebenfalls die erarbeiteten Kriterien und gebildeten Kategorien angewendet werden können. Homogenität liegt an dieser Stelle beim Alter und der Schul- und Klassenzugehörigkeit vor.

Jedes Video wurde aufgrund von Kriterien hinsichtlich der vorliegenden Merkmale untersucht. Nach Glaser und Strauss (2017) handelt es sich um ein theoretisches Sampling, da nach jeder Datensichtung einer Gruppe die Daten vorläufig analysiert werden, um dann weitere Entscheidungen in Bezug auf die Auswahl zu treffen. Die Kriterien sind teilweise durch Entscheidungen vor der Erhebung entstanden sowie teilweise aufgrund der Zweckmäßigkeit während der Erhebung ausgeschärft. Es handelt sich um eine zielgerichtete Selektion, die in mehreren Schritten von allgemeinen hin zu spezifischeren, inhaltlichen Kriterien erfolgt:

(1) Einverständniserklärung der Eltern; (2) Sortierung aufgrund der Kameraausrichtung sowie Interventionen durch anwesende Klassenlehrer*innen (Video 1 und Video 3); (3) Sortierung nach durchführender Person (Video 2, da es das einzige verbleibende Video mit Studierender als Interviewerin ist) für bessere Vergleichbarkeit; (4) Gleichverteilung der teilnehmenden Schulen; (5) Heterogenität der Schüler*innen unter Berücksichtigung möglicher vorliegender Förderschwerpunkte

(enges Inklusionsverständnis im aktuellen Bildungssystem, vgl. Abschnitt 2.5) (Tabelle 6.6).

Tabelle 6.6 Gesamtstichprobe. (Eigene Darstellung)

Datum	Video	Dauer in min	Anwesende	Interviewer	Schule
4.2.2019	1	#00:20–57# (plus 00:01–22)	1 (m), 2 (m), 3 (m) und S	Studierende (S)	A
4.2.2019	2	#00:22–56#	1 (w), 2 (w), 3 (w) und S	Studierende (S)	A
4.2.2019	3	#00:21–19#	1 (m), 2 (m), 3 (m) und S und LK	Studierende (S)	A
4.2.2019	4	#00:33–14#	1 (w), 2 (w), 3(w) und I	Interviewerin (I)	A
4.2.2019	5	#00:28–21#	1 (m), 2 (m), 3 (w), 4 (w) und I	Interviewerin (I)	A
4.2.2019	6	#00:23–28#	1 (m), 2(w), 3 (w)	Interviewerin (I)	A
6.2.2019	7	#00:31:05#	1 (w), 2 (w), 3 (w), 4 (m), I und Integrationshelferin für 2 (IH)	Interviewerin (I)	B
6.2.2019	8	#00:24–42#	1 (m), 2 (m), 3 (w), 4 (m) und I	Interviewerin (I)	B
6.2.2019	9	#00:22–43#	1 (w), 2(w), 3 (w), 4 (w) und I	Interviewerin (I)	B
7.2.2019	10	#00:29–20#	1 (m), 2 (w), 3 (w), 4 (w) und I	Interviewerin (I)	C
7.2.2019	11	#00:35–52#	1 (m), 2 (m), 3 (m), 4 (w) und I	Interviewerin (I)	C
7.2.2019	12	#00:19–44#	1 (m), 2 (m), 3 (m), 4 (m) und I	Interviewerin (I)	C

Aufgrund dieser Überlegungen sowie im Hinblick auf die Forschungsfragen sind die Videos 7, 9, 10, 11 und 12 ausgewählt, um mit Hilfe dieses Samples die Forschungsfragen zu beantworten.

Wie in der Vorstudie sind die Gruppen sowie die Teilnehmer*innen fortlaufend mit Buchstaben versehen – Gruppe F, Gruppe H, Gruppe E, Gruppe G und Gruppe I – sowie gemäß der Sitzordnung durch eine Ziffer ergänzt (Tabelle 6.7).

6.3 Durchführung der Hauptstudie

Tabelle 6.7 Stichprobe für die Hauptstudie. (Eigene Darstellung)

Datum	Video	Gruppe	Dauer in min	Anwesende	Interviewer	Schule
6.2.2019	7	Gruppe F	#00:31–05#	F1 (w), F2 (w), F3 (w), F4 (m); Interviewerin (I), Integrationshelferin für F2 (IH)	Interviewerin (I)	B
6.2.2019	9	Gruppe H	#00:22–43#	H1 (w), H2 (w), H3 (w), H4 (w) und I	Interviewerin (I)	B
7.2.2019	10	Gruppe E	#00:29–20#	E1 (m), E2 (w), E3 (w), E4 (w) und I	Interviewerin (I)	C
7.2.2019	11	Gruppe G	#00:35–52#	G1 (m), G2 (m), G3 (m), G4 (w) und I	Interviewerin (I)	C
7.2.2019	12	Gruppe I	#00:19–44#	I1 (m), I2 (m), I3 (m), I4 (m) und I	Interviewerin (I)	C

Die nachfolgenden Darstellungen der Gruppen stellen eine Kurzzusammenfassung dar, in der relevante Aspekte hervorgehoben sind, die über die begleitende Lehrkraft in Erfahrung gebracht wurden. Je nach vorliegenden Informationen variieren die Ausführungen in der folgenden Zusammenfassung in ihrer Darstellung und Dichte.

Gruppe E setzt sich aus einem Jungen (E1) und drei Mädchen zusammen (E2, E3 und E4). Das Video wurde am 7.2.2019 aufgezeichnet. Alle Kinder sind im vierten Jahrgang in einer Klasse der Schule C und werden insgesamt als eher leistungsschwach in Bezug auf das Fach Mathematik beschrieben. E1 hat eine Konzentrationsschwäche, die sich auf seine Leistungen auswirkt, während das Mädchen E2 zum Zeitpunkt der Erhebung wegen des Verdachts auf Rechenschwäche bei einer entsprechenden Beratungsstelle vorstellig ist. E3 wird als sehr schüchtern beschrieben, und das Mädchen E4 ist nach der Flucht aus dem Heimatland seit zwei Jahren in Deutschland. Bis aus E1 ist für alle Deutsch die Zweitsprache.

Video 7 wurde am 6.2.2019 aufgezeichnet. Es nehmen vier Kinder der Schule B an der Gruppenarbeit teil. Es handelt sich bei der Gruppe F um drei Mädchen (F1, F2, F3) und einen Jungen (F4), die gemeinsam eine vierte Klasse besuchen. Während F1 und F4 als leistungsstark eingestuft werden, gelten die beiden anderen Mädchen F2 und F3 eher als leistungsschwach im Fach Mathematik. F2 wird von einer Integrationshelferin (I) begleitet, da bei ihr das Asperger-Syndrom sowie eine Autismus-Spektrum-Störung diagnostiziert sind. F3 gilt als insgesamt leistungsschwach.

Gruppe G (7.2.2019, Video 11) setzt sich aus 3 Jungen (G1, G2, G3) sowie einem Mädchen (G4) zusammen. G1 hat den festgestellten Förderschwerpunkt ESE und wiederholt die vierte Klasse. G2 und G3 gelten als durchschnittliche Lerner im Fach Mathematik, während G4 als leistungsstark eingestuft wird. Alle vier besuchen den vierten Jahrgang der Schule C.

Das Video 9 ist am 6.2.2019 aufgezeichnet. Die vier teilnehmenden Mädchen (H1, H2, H3 und H4) der Gruppe H gelten sowohl in Bezug auf ihre sozialen als auch auf ihre mathematischen Leistungen als sehr stark. Sie besuchen den vierten Jahrgang der Schule B. Bei der Aufnahme gibt es während des Filmens technische Probleme, sodass das Video zwischendurch unterbrochen ist. Auch dies wird sowohl im Transkript kenntlich gemacht, als auch bei der Auswertung berücksichtigt.

Die Gruppe I setzt sich aus zwei eher leistungsschwachen (I2 und I4) und zwei leistungsstarken Jungen (I1 und I4) zusammen, die gemeinsam im vierten Jahrgang der Schule C unterrichtet werden. Hierbei handelt es sich um die Parallelklasse zu den Gruppen E und G.

Die Gruppen H und I sind somit gleichgeschlechtlich zusammengesetzt, die Gruppen E, F und G sind geschlechtergemischt. Die Gruppen E und H sind auf Grundlage der Einschätzung der unterrichtenden Lehrkräfte als leistungshomogen und die Gruppen F, G und I als leistungsheterogen einzustufen.

Transkripte und Transkriptionsregeln
Ein wichtiger Punkt bei der Aufbereitung der qualitativen Daten in Form von Videoaufzeichnungen ist das Anfertigen von Transkripten, um die erhobenen Daten einer Interpretation zugänglich zu machen (Flick, 2007, S. 252). Dies geschieht in Form einer Verschriftlichung – einem Transkript, das sich „auf die Wiedergabe eines gesprochenen Diskurses in einem situativen Kontext mit Hilfe alphabetischer Schriftsätze und anderer, auf kommunikatives Verhalten verweisende Symbole" (Dittmar, 2009, S. 52) bezieht. Ziel des Transkriptionsvorganges ist es, eine Textrundlage für die Analyse zu schaffen, die detailliert und aufschlussreich ist, um den Ansprüchen der Analyse Genüge zu tun.

> „Es gilt zu erkennen, dass jene geistige und materielle Wirklichkeit, für die sich die empirische mathematikdidaktische Forschung interessiert, außerhalb von Texten methodisch nicht greifbar ist." (Beck & Maier, S. 51)

Im Transkript-Kopf der jeweiligen Gruppe sind die allgemeinen Informationen zusammengestellt: Datum, Gruppe, Teilnehmer, Schule, Dauer der Aufzeichnung.
Bei den vorliegenden Transkripten handelt es sich um sog. Teiltranskriptionen (Döring & Bortz, 2016, S. 583), da die Einleitungsphasen durch die Interviewerin (I)

6.3 Durchführung der Hauptstudie

über den organisatorischen Ablauf und die Vorstellung der teilnehmenden Personen summarisch am Anfang der Transkripte zusammengefasst sind. Die einführenden Worte sind in allen Gruppen ähnlich. Der übrige Teil der Gruppenarbeiten ist vollständig transkribiert, um möglichst präzise zu dokumentieren und des Weiteren die forschungsrelevanten Bestandteile detailliert auszuwerten. Aber: „Jede Transkription ist eine Übersetzung und eine erste Interpretation der Daten" (Fuhs, 2007, S. 84). Es liegt somit keine unmittelbare Widerspiegelung des Gesagten vor, sondern eine „wissenschaftliche Konstruktion" (Langer, 2013, S. 516) dient als Grundlage für den weiteren Erkenntnis- und Bearbeitungsprozess.

Die Videoaufzeichnungen unterliegen einer mehrfachen Sichtung durch die Forscherin mit fortlaufenden Ausschärfungen und Verfeinerungen und somit einer genauen Prüfung, um Fehler und Ungenauigkeiten zu vermeiden. Während dieses Prozesses entstehen Memos, um Rückschlüsse bzw. Hinweise auf die Forschungsfragen zu diesem frühen Analysezeitpunkt zu fixieren. Dies schafft eine ausreichende Distanz zu eigenen Äußerungen während der Videoaufzeichnungen.

Die wörtlichen Transkripte folgen in Bezug auf die sprachlichen Parameter den Normen der Standardorthographie (Langer, 2013, S. 518), wobei besondere Auslassungen oder die Angleichung von Lauten berücksichtigt werden, wenn diese für den Verlauf der Gruppensituation wichtig erscheinen. Diese Form der inhaltlich-semantischen Transkription (Dresing & Pehl, 2017, S. 18) stellt die Kommunikation der Kinder in den Fokus.

Es wird wörtlich transkribiert, nicht lautsprachlich; Wortverschleifungen werden angenähert, wenngleich syntaktische Fehler beibehalten werden. Abgebrochene Wörter oder Sätze werden nicht beendet (vgl. Dresing & Pehl, 2017). Auch Wortverkürzungen (z. B. „mal" statt „einmal") werden wie gesprochen wiedergegeben. Die Interpunktion folgt den gängigen Regeln und ist wie die Sprache leicht geglättet (Kuckartz, 2018). Neben Worten und Wortfolgen werden weitere Aspekte der lautlichen Gestaltung (laut, leise, gemurmelt usw.) gekennzeichnet. Dabei wird auf Wertungen verzichtet. Laute wie „äh" oder „mmh" sind vermerkt, wenn sie wichtig für die Exploration erscheinen (vgl. Langer, 2013, S. 519). Transkribiert werden schlussfolgernd neben den verbalen Parametern auch nonverbale Handlungen und Informationen. Hinweise auf Gestik und Mimik sind an passenden Stellen eingefügt (nicht-sprachliche Parameter); es wird auch hier auf Beschreibungen zur Vermeidung von intentionalen Konnotationen verzichtet. Vermerkt sind ebenfalls besondere Betonungen, Dehnungen einer Äußerung und auffällige Veränderungen der Lautstärke (prosodische Parameter) sowie Lachen, Schmunzeln oder Stöhnen (parasprachliche Parameter) (vgl. zur Unterscheidung Langer, 2013, S. 519).

Die gewählte Form der kommentierten Transkription (Mayring, 2016) ist aufgrund der für Kinder neben der verbalen Äußerung durch Mimik und Gestik unterstützenden Explikation ihrer Denk- und Lösungswege wichtig, um sich einen umfassenden Einblick für die Interpretation der Daten zu verschaffen.

Offenkundige Nebengeräusche des Universitätsgeländes (Stimmen auf dem Flur oder im Nachbarraum, Türenschlage etc.) sind nur dann erfasst, wenn es einen direkten Einfluss auf das Gruppengeschehen hat.

Da es sich um Gruppenarbeiten mit mathematischem Inhalt handelt, kommen mathematische Berechnungen vor. Die Zahlen von null bis zwölf werden ausgeschrieben, größere Zahlen werden symbolisch dargestellt.

Jeder Sprechbeitrag wird mit einem Absatz gekennzeichnet und ist mit Hilfe des Transkriptionsprogramms f4 mit einer Zeitmarke versehen. Die Transkripte werden im Rich Text Format (RTF) gespeichert, um später eine qualitative Auswertung mit der Software MaxQDA zu ermöglichen (Kuckartz, 2018). (Die Transkriptionsregeln finden sich am Anfang dieser Arbeit.)

Forschungsschritte
Die qualitative Inhaltsanalyse erfolgt nun in einzelnen Schritten.

Schritt 1: Gesprächssequenzen
Der erste Schritt ist die Einteilung in Gesprächssequenzen, was als Grobstruktur für die weitere, vertiefende Analyse dient, da sich die Strukturierung nach Episodenplänen (siehe Vorstudie) als problematisch gezeigt hat (Übergänge und Überschneidungen erschweren eine eindeutige Zuordnung ebenso wie die fehlende Trennschärfe zwischen „diskutieren" und „argumentieren").

Die erste Einteilung erfolgt auf Grundlage der Arbeit von Brinker und Sager (2010). Die Phasengliederung und die gewählten Begrifflichkeiten stammen aus der linguistischen Gesprächsanalyse und lassen sich prinzipiell in Bezug auf die kommunikative Funktion wie folgt unterteilen: Die Eröffnungsphase, die Kernphase und die Beendigungsphase. In der Eröffnungsphase werden die Vorstellungen der Gesprächssituation abgeglichen und Gesprächsbereitschaft hergestellt; in der Kernphase erfolgt die Abhandlung der Gesprächsthemen sowie die Verfolgung der Gesprächsziele; in der Beendigungsphase wird das Gespräch beendet (Brinker & Sager, 2010, S. 91). Wie auch Höck (2015) in ihrer Arbeit feststellt, bietet sich dieses Modell in seiner Offenheit an, „Möglichkeiten einer ersten Strukturierung der in den Daten emergierenden mehr oder weniger fach- bzw. aufgabenbezogenen Gesprächssequenzen" (ebd., 2015, S. 177) zu erkennen, wenngleich die Einteilung sehr allgemein gehalten ist. Ziel ist eine erste qualitative Inhaltsanalyse des umfangreichen Datenmaterials, um mathematisch orientierte Gesprächsphasen zu

6.3 Durchführung der Hauptstudie

identifizieren. Auf diese Weise wird das Datenmaterial der weiteren Analyse in Bezug auf die Forschungsfragen zugänglich gemacht. In der Forschung hat eine intensive Auseinandersetzung mit der Eröffnungs- und Beendigungsphase stattgefunden, während die Kernphase „noch zahlreiche Probleme" beinhaltet (Brinker & Sager, 2010, S. 91). Die Kategorie Kernphase erweist sich u. a. bei der Auswertung mit Hilfe des computergestützten Programms MaxQDA als unzureichend und wird in Schritt 3 erneut aufgegriffen.

Schritt 2: Modellierungskreisläufe
Für die Verfeinerung und Ausdifferenzierung der Kernphasen sind die einzelnen zu durchlaufenden Phasen der mehrzyklischen Modellierungskreisläufe wesentlich. In Kapitel 4 sind der Modellierungskreislauf nach Müller und Wittmann (1984) sowie mehrzyklische Modellierungskreisläufe nach Lesh und Doerr (2000) detailliert erläutert; die Aufgabe Fahrstuhl ist exemplarisch vorgestellt (vgl. Abschnitt 4.9). Die Komplexität der Aufgabe – vor allem in Bezug auf die Modellierungs- und Problemlöseprozesse – wird durch die Modellierungskreisläufe zugänglich und abbildbar gemacht. Die Teilschritte nach Winter (2003) – das Konstruieren von mathematischen Modellen, das Sachproblem als mathematisches Modell verstehen, die mathematische Lösung finden und dies auf die Sachsituation beziehen – umfassen geforderte Kompetenzen und sind Teil der Analyseeinheiten. Die Fahrstuhl-Aufgabe weist bereits zu Beginn die Zerlegung in zwei Teilaufgaben auf: Auf der einen Seite ist die Gesamtanzahl der kleinen und großen Fahrstühle von Bedeutung, ebenso wie die Aufgabe der genauen Personenanzahl in den Fahrstühlen berücksichtigt werden muss. Auch diese Teilaufgaben lassen sich jeweils in Aufgaben für die größeren und kleinen Fahrstühle zerlegen. (Die weitere Auswertung wird zeigen, dass dies aber nur ein möglicher Weg für die Zerlegung von Teilaufgabe 2 ist.) (Abbildung 6.14)

156 6 Methodologische Rahmung und methodisches Vorgehen

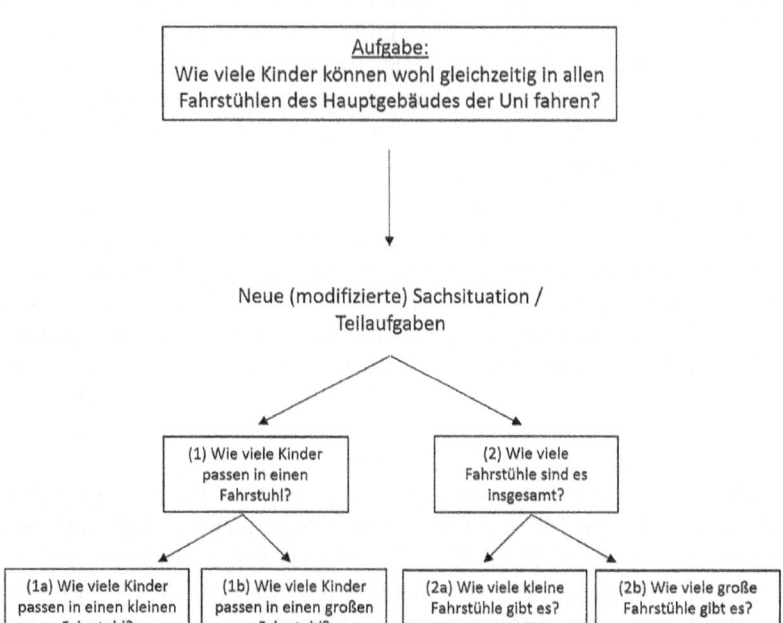

Abbildung 6.14 Zerlegung in Teilaufgaben. (Eigene Darstellung)

Schritt 3: Mathematische Kernphasen
Die Gesprächsorganisation auf der Makroebene bietet zunächst eine grobe Gliederung der Gruppenarbeitsphasen (Brinker & Sager, 2010), birgt aber – wie bereits angedeutet – auch Schwierigkeiten und Grenzen, besonders in Bezug auf die (mathematische) Kernphase. Da für die vorliegende Arbeit und die damit verbundenen Forschungsfragen besonders die gewählten Lösungsstrategien und die kooperativen Muster von Belang sind, erfolgt auf Basis der einzelnen Teilaufgaben, die jeweils einen eigenen Modellierungskreislauf durchlaufen, eine weitere Unterteilung der mathematischen Kernphase. Mit Hilfe dieser nächsten, kleineren Analyseeinheit wird erarbeitet, wie die Kinder versuchen, die einzelnen Aufgaben zu lösen und auf welche Strategie(n) sie sich einigen (oder auch nicht einigen).

6.3 Durchführung der Hauptstudie

Schritt 4: Lösungsstrategien für die jeweilige Kernphase
Mit Hilfe der einzelnen Teilaufgaben als Analyseeinheiten werden für die jeweiligen Teilaufgaben Strategien induktiv am Material entwickelt. Die Codierung findet mit Hilfe des Programms MaxQDA statt. Zu den einzelnen Strategien erfolgen Erläuterungen derselben sowie die Nennung von Ankerbeispielen. Im Anschluss an das Codieren entsteht eine Grafik, um die jeweiligen Strategien, die genannt werden, im zeitlichen Verlauf visuell abzubilden sowie eine Zuordnung zu dem entsprechenden Kind zu ermöglichen. Für die Analyse ist das abgeleiteter Kategorienmodell in Abschnitt 4.10 mit den zugrundeliegenden Theorien maßgeblich, um eine Zuordnung und Ergänzung vorzunehmen.

Schritt 5: Interaktionsmuster
Wie sich bei der Auswertung der Lösungsstrategien zeigt, geht es um mehr als nur um mathematische Lösungen, sondern auch darum, wie sich die mathematische Lösung im Verlaufe der Kommunikation verändert und inwieweit die Kinder in ihren jeweiligen Gruppen interagieren und miteinander kooperieren. In einem fünften Schritt erfolgt nun auf Basis der Transkripte die Analyse der Muster. Das Transkript wird Zeile für Zeile durchgegangen, um einzelne Äußerungen und Handlungen zu deuten, um am „Puls der Interaktion" (Krummheuer & Fetzer, 2010, S. 5) zu sein und zu bleiben. Anhand der entstandenen Grafiken zu den Lösungsstrategien werden Auffälligkeiten bewusst für die weitere sequenzielle Analyse der Interaktionen ausgewählt, um diese mit dem deduktiven Kategorienmodell (siehe Abschnitt 3.5) zu kodieren. Das systematische Aussuchen der Gesprächssequenzen ist vergleichbar mit der Arbeit von Schütte (2009), der evidente Szenen mit Hilfe eines Inhaltsverzeichnisses systematisiert: „Die Auswahl von Szenen anhand von Inhaltsverzeichnissen stellt einen ersten interpretativen Akt vor der Erstellung der Transkripte dar" (ebd., S. 101), wenngleich Schütte erst Szenen auswählt und dann transkribiert. Die Sequenzen werden mit dem vorliegenden deduktiven Kategorienmodell (vgl. 3.6) kodiert, um die Muster nach Röhr (1995) mit Ergänzungen (vor allem von Krummheuer & Brandt, 2001) herauszuarbeiten. Für die tiefergehende Analyse werden Pfeilbilder erstellt, um die Interaktion der Kinder deutlich zu machen und zu überprüfen, wie sich das mathematische Gespräch entwickelt. Auf Anregung von Peter-Koop (2006) folgt unter Rückgriff auf Jones und Gerard (1976) das Nachzeichnen der Interaktionsmuster mit Hilfe der Kategorien des Forscherteams.

Gütekriterien für die vorliegende Forschung
Neben den Eigenschaften des gewählten Forschungsansatzes und der transparenten Darstellung des Forschungsprozesses sind Gütekriterien einzuhalten. Die für

die quantitative Forschung angenommen Gütekriterien – Validität, Reliabilität und Objektivität – sind jedoch nicht auf die qualitative Forschung übertragbar, für Mayring (1996) sogar „oft wenig tragfähig" (ebd., 1996, S. 15). Der Forscher spricht an dieser Stelle von anderen/neuen Gütekriterien: Nach-vollziehbarkeit und Triangulation (Mayring, 2015). Damit begegnet Mayring (1996, S. 15) dem Vorwurf der Beliebigkeit durch vorgegebene Maßstäbe, die sich mit denen von Kelle et al. (2017) weitestgehend decken: Zu Beginn wird das Verfahren der Forschung dokumentiert, um die argumentative Interpretationsabsicht nachvollziehbar darzulegen. Darauf aufbauend wird die Nähe zum Gegenstand sowie die kommunikative Validierung der Ergebnisse diskutiert. Dieses Vorgehen gewährleistet eine transparente und nachvollziehbare Darstellung der Datenerhebung, Datenanalyse und Datenauswertung, was eine Messgenauigkeit der wissenschaftlichen Erkenntnisse impliziert. Unter Interkoderreliabilität ist die Reliabilität durch unabhängige Kodierer zu verstehen (Mayring, 2007).

Die Berechnung von Codierer-Übereinstimmungen erfolgt über die Übereinstimmungen vom Kodierer (hier: Verfasserin dieser Arbeit) und unabhängigen Kodierern. Es geht dabei um eine quantitative Übereinstimmungsmessung als auch um die Bestätigung der Eindeutigkeit der Kategorien (vgl. Kuckartz, 2018, 207 ff.). Berechnet wird die Übereinstimmung mit dem Kappa-Koeffizienten, um die Häufigkeit derselben darzustellen (ebd., 2018, S. 209). Für die Überprüfung werden 20 % des Datenmaterials gegenkodiert und liegt damit im üblichen Bereich des erneut kodierten Materials von 10–20 % (Döring & Bortz, 2016, S. 566). Die Kategorisierung der Redebeiträge (mit Hilfe der für diese Arbeit erstellten Kodiermanuals) liegen bei folgenden Werten: Die Intercodereinstimmung für die Lösungsstrategien für Teilaufgabe 1 liegt bei $\alpha = 0.84$, für Teilaufgabe 2 bei $\alpha = 0.87$. Die Hauptkategorien der Muster liegt für Sequenz 1 bei $\alpha = 0.62$, für Sequenz 2 bei $\alpha = 0.73$. Nach Kuckartz (2018, S. 210) gelten Kappa-Werte von 0.6 bis 0.8 als gut, ab 0.8 sind sie als sehr gut zu bewerten. In Bezug auf die Kodierung der Lösungsstrategien kann das Kodiermanual als reliabel angesehen werden; für die Kodierung der Muster fallen die Ergebnisse diverser aus, was in Bezug auf die Ergebnisse vorsichtiger gehandhabt werden sollte.

Im gesamten Kapitel 6 steht die Auseinandersetzung mit methodischen und methodologischen Überlegungen und Entscheidungen im Fokus, die als Prozess zu verstehen sind. Die wesentliche Entscheidung für ein qualitatives Vorgehen gründet auf dem Forschungs- und Erkenntnisinteresse und den entwickelten Forschungsfragen. Eine Kombination aus unterschiedlichen Analysebausteinen ist unumgänglich. Aber auch die Ausrichtung der Arbeit insgesamt beeinflusst den Forschungsprozess: Der Blick auf die Kinder, ihre Diversität, die Besonderheiten in ihrem mathematischen Denken und die Auseinandersetzung mit einer Modellierungsaufgabe. Bei

6.3 Durchführung der Hauptstudie

dieser Auseinandersetzung geht es um das tiefergehende Verständnis für mathematische Modellierungsprozesse, aber auch und im Besonderen um die Kooperation der Kinder. Da das Forschungsinteresse und die resultierenden Forschungsfragen unterschiedliche Kriterien ansprechen, fußt die Analyse auf unterschiedlichen Elementen. Die Analyse dieser Arbeit stützt sich zusammenfassend auf folgende methodische Zugangsweisen:

- das Gesprächsphasenmodell von Brinker und Sager (2010) ist Grundlage für die Entwicklung der Gesprächssequenzen,
- der (mehrzyklische) Modellierungskreislauf von Müller und Wittmann (1984, 1998), Lesh und Doerr (2000) sowie Peter-Koop (2003, 2005) ist der Sockel für das Abbilden der einzelnen Schritte bei der Bearbeitung einer Fermi-Aufgabe,
- die qualitative Inhaltsanalyse nach Kuckartz (2018) bildet das Gerüst für die Lösungsstrategien und die Interaktionsmuster,
- die Lösungsstrategien werden induktiv vorgenommen und im Verlauf deduktiv durch das abgeleitete Kategorienmodell ergänzt und ausgeschärft (vgl. Abschnitt 3.6),
- die kooperativen Muster sind von Röhr (1995) sowie Forschungsergebnisse von Krummheuer und Brandt (2001), Krummheuer (2007) und Krummheuer und Fetzer (2010) bilden die Grundlage für die deduktiven Kategorien. Mit Hilfe grafischer Pfeilmuster wird die Interaktion mit bereits beschriebenen Mustern verglichen und überprüft (vgl. Brandt & Höck, 2012; Howe, 2009; Jones & Gerard, 1976; Wocken, 1998).

Ergebnisse 7

Im Mittelpunkt der nun folgenden Ausführungen stehen die Dokumentation und die Auswertung der Ergebnisse der Fahrstuhl-Aufgabe, die auf dem methodischen Aufbau basieren (vgl. Abschnitt 6.3). Die Darstellung folgt den einzelnen Auswertungsschritten: Zuerst erfolgt die Einteilung in Gesprächsphasen, im Anschluss liegt der Fokus auf den mathematischen Kernphasen, bevor die Modellierungskreisläufe vorgestellt werden. Danach werden die einzelnen Teilaufgaben mit besonderem Augenmerk auf Lösungsstrategien detailliert beleuchtet. Es wird dargelegt, welche Lösungsstrategien abbildbar sind und welche Strategie(n) letztendlich zur Beantwortung der jeweiligen Teilfrage von Schüler*innen genutzt wird/werden. Dies eröffnet einen besonderen Zugang zum Denken der Kinder und zeigt, wie sich aus verschiedenen Beiträgen im Prozess eine Strategie durchsetzt. Auf Basis der Ergebnisse werden sequentiell Interaktionsanalysen durchgeführt, um zu ergründen, welche Prozesse zu beobachten sind und zu den Lösungen führen bzw. wie sich die Zusammenarbeit innerhalb der Gruppe gestaltet und inwiefern eine Kooperation „Aus der Sache heraus" erkennbar ist. Auf Basis der Ergebnisse folgt die Überleitung zur Beantwortung der Forschungsfragen in Kapitel 8.

7.1 Identifizierung von Gesprächssequenzen

Im ersten Schritt der Analyse werden alle Transkripte der Gruppenarbeiten E, F, G, H und I in Gesprächsphasen unterteilt (mit dem Programm MaxQDA). Die Einteilung in Eröffnungs-, Kern- und Beendigungsphase basiert auf der Arbeit von Brinker und Sager (2010) und dient der ersten Grobstrukturierung.

Während der Eröffnungsphase werden organisatorische Hinweise gegeben (z. B. zum Ablauf und zur Videoaufnahme), es finden sich aber sozial ausgerichtete Gesprächsbeiträge, die sich auf die teilnehmenden Kinder, die interviewende Lehrkraft und die Gesamtsituation vor Ort beziehen. Ebenso erhalten die Kinder Informationen zu Enrico Fermi, die in allen Gruppen identisch sind. Diese vorgeschalteten Informationen sind in den Transkripten am Anfang kenntlich ausgewiesen, sofern sie zusammengefasst und nicht wörtlich transkribiert sind, was den geringfügigen Zeilenumfang erklärt. Danach erfolgt die Vorstellung der Aufgabe „Fahrstuhl" durch die Interviewerin (I). Es schließt sich die mathematische Kernphase an, die alle weiteren Gesprächsbeiträge umfasst, welche sich an den mehrzyklischen Modellierungskreisläufen orientieren. Nebengespräche sind in den Transkripten kenntlich gemacht. Am Ende der Gruppenarbeiten steht die Beendigungsphase mit einer Zusammenfassung der Ergebnisse und ggf. organisatorischen Hinweisen. Für die einzelnen Gruppen ergibt sich folgender Überblick sowie eine genaue Definition der einzelnen Phasen für diese Arbeit (Tabelle 7.1)

Tabelle 7.1 Übersicht über die Gesprächssequenzen. (Eigene Darstellung)

Gruppe	Eröffnungsphase	(mathematische) Kernphase	Beendigungsphase
	In dieser Phase erfolgen die Begrüßung, organisatorische Hinweise, Vorstellung von I und evtl. der TN sowie Informationen zu Enrico Fermi und der Fermi-Aufgabe "Fahrstuhl".	Die (mathematische) Kernphase umfasst die Auseinandersetzung mit der Aufgabe "Fahrstuhl" und die Modellierung sowie die Bearbeitung der einzelnen Teilaufgaben und die Gesamtlösung.	Die Gruppenarbeit wird beendet. Evtl. erfolgt eine Zusammenfassung der Ergebnisse durch I oder TN. Es wird ein Ausblick auf den weiteren organisatorischen Ablauf gegeben.
Gruppe E	TransE – Z2–Z40	TransE – Z41–Z414	TransE – Z415–Z416
Gruppe F	TransF – Z2–Z50	TransF – Z51–Z780	TransF – Z781–Z782
Gruppe G	TransG – Z2–Z13	TransG – Z14–Z490	TransG – Z491–Z492
Gruppe H	TransH – Z2–Z8	TransH – Z9–Z212	TransH – Z213–Z233
Gruppe I	TransI – Z2–Z59	TransI – Z60–Z318	TransI – Z319–Z322

7.1 Identifizierung von Gesprächssequenzen

Zu Beginn verweist die Autorin dieser Arbeit (= Interviewerin I) auf den Kommentar eines Kindes, das sich beim Treppensteigen beschwert und als Alternative nach dem Fahrstuhl erkundigt hat. Diese Äußerung dient der thematischen Überleitung zur Aufgabe als auch zur Herstellung eines persönlichen Bezuges. Es stellt sich heraus, dass dieses Kind zur Gruppe E gehört; der Junge trägt das Kürzel E1 und freut sich augenscheinlich über das Aufgreifen seines Kommentars (TransE – Z3 bis Z10):

```
I: Und ich hab´ heute auch für euch ´ne Fermi-Aufgabe mitgebracht, die mit
eurem Besuch in der Uni zu tun hat.Weiß gar nicht, eben hatte sich doch,
einer hat doch was zu den Treppenstufen gesagt [nickend], ne? /
E2: / hm (bejahend).
I: Ja, // habt ihr gehört, ne?//
E4: // Ja: //"Gibt´s keinen Fahrstuhl?!"
I: So! [zeigt auf E4 und lacht]
E1: / Das hab´ ich doch, hab´ ich gesagt [lächelt].
I: Genau!
I: ([lachend] Na perfekt, dass du jetzt // hier bist (.), ne. Super, das
passt ja. (TransI-Z1-Z10) |
```

Zusammenfassend ist festzuhalten, dass die Motivation durch den Realitätsbezug, unterstützt dank der ungeplanten Äußerung des Jungen E1 beim Ankommen im Schülerlabor, in allen fünf Gruppen zu beobachten ist. Der als ein wesentliches Charakteristikum von Fermi-Aufgaben angesprochene Realitätsbezug (Kaufmann, 2006) setzt hier direkt an und hat den gewünschten Effekt.

Darüber hinaus ist festzuhalten, dass den Gruppen E, F, G und H das Aufgabenformat nicht bekannt ist. Gruppe I bildet hier die Ausnahme, da die Stau-Aufgabe (vgl. Peter-Koop, 2003) im Unterricht bearbeitet wurde. Die Auseinandersetzung mit einem unbekannten Aufgabenformat fordert die Kinder heraus, wenngleich sich die Gruppenaktivitäten unterschiedlich zeigen. Zudem ist zu bemerken, dass das ungewohnte Aufgabenformat, bei dem Daten noch ermittelt werden müssen, zur direkten Nennung von Lösungsansätzen führt und nicht hinterfragt oder kommentiert wird. Folgende Reaktionen sind abbildbar:

- In Gruppe E verfolgt Kind E4 bereits vor dem Stellen der eigentlichen Aufgabe (TransE – Z40) einen Lösungsansatz (TransE – Z32) in Bezug auf das Fahrstuhlfahren der eigenen Klasse.
- In Gruppe F äußert sich das Kind F1 sowohl non-verbal als auch verbal (TransF – Z8 und TransF – Z10) zum Schwierigkeitsgrad der Klavierstimmer-Aufgabe, die die Interviewerin in der Eröffnungsphase im Kontext zu Enrico

Fermi und Fermi-Aufgaben vorgestellt hat. Durch das Eröffnungsgespräch findet auch in dieser Gruppe ein direkter Transfer statt, denn auch hier fragt das Kind F1 nach der Gesamtanzahl der Fahrstühle (TransF – Z41); das Kind F3 stellt eine Vermutung auf, wie viele Leute in einen Fahrstuhl passen (TransF – Z48), bevor die „Fahrstuhl-Aufgabe" gestellt wird (TransE – Z50).

- Gruppe G kann sich mit der Situation „Fahrstuhl fahren oder Treppe steigen?" direkt identifizieren, was die Äußerungen von G1 (TransG – Z6 und TransG – Z8) und G2 (TransG – Z10 und TransG – Z12) zeigen. Auch hier findet ein direkter Bezug zur Aufgabe statt, bevor diese explizit gestellt wird (TransI – Z6).

- In Gruppe I stellt sich der Sachverhalt anders dar, da es sich bei dieser Gruppe um eine Parallelklasse (von Gruppe E und Gruppe G) handelt, die die o.g. Stau-Aufgabe bereits kennt (siehe TransI – Z11, Z25 und Z28ff).

Die Einteilung in Gesprächssequenzen erweist sich als hilfreich für die erste Grobstrukturierung, muss aber weiter ausdifferenziert werden.

7.2 Herausarbeitung der Modellierungskreisläufe

Im nächsten Analyseschritt folgt die Darstellung der mehrzyklischen Modellierungskreisläufe (vgl. Lesh & Doerr, 2000; Müller & Wittmann, 1984; Peter-Koop, 2002, 2005). Die einzelnen Teilschritte bzw. die Lösungen der einzelnen Teilaufgaben sind in den Transkripten entsprechend kodiert und mehrzyklisch im Kreislaufmodell grafisch dargestellt. Die Modellierungen erfolgen gruppenweise, um zu verdeutlichen, wie die einzelnen Gruppen die Aufgabe bearbeiten; je nach Gruppenkonstellation werden die beiden signifikanten Teilaufgaben direkt modifiziert, teilweise erfolgt dies aber auch während der vertiefenden Auseinandersetzung und Bearbeitung der Aufgabe (vgl. Abbildung 6.14). Die durchnummerierte Modellbildung ist nicht hierarchisch zu verstehen, sondern erleichtert die Zuordnung. Pro Teilaufgabe wird jeweils der Modellierungskreislauf durchlaufen; Verweise auf neu modifizierte Sachsituationen, die Datenverarbeitung im Modell bzw. die Validierung werden an entsprechenden Stellen ergänzt und im Text erläutert. Dies gilt auch für übersprungene oder vergessene Teilschritte.

Gruppe E
Nach der Vorstellung der Fahrstuhl-Aufgabe (TransE – 40) startet die mathematische Kernphase mit der Modifizierung der Aufgabe, was von E4 initiiert wird.

7.2 Herausarbeitung der Modellierungskreisläufe

E4 bezieht sich auf Teilaufgabe 1; E1 schließt mit der Nennung der Teilaufgabe 2 an.

```
E4: Aber wie groß ist er denn überhaupt [I zeigt Zeigefinger auf E4]. //
Weil // wir nicht nicht wissen, wie groß ist es ja, dann können wir auch
nicht wissen, ähm, wie viele Kinder da reinpassen. (TransE - Z41)
E1: Und wir müssen erstmal wissen, (.) wie viele Fahrstühle es in der Uni
gibt. (TransE - Z45).
```

Beide Teilaufgaben werden modifiziert; wenngleich die Klassifizierung der Fahrstühle des Universitätsgebäudes in kleine und große Fahrstühle an dieser Stelle noch ausbleibt, gibt es danach mehrfach Verweise auf die Größe der Fahrstühle (TransE – Z41, Z43, Z48, Z54 sowie TransE – Z32).

Gruppe E wendet sich zuerst der Teilaufgabe „Wie viele Kinder passen in einen Fahrstuhl?" zu, greift den Vorschlag von E4 zum Messen auf (TransE – Z57) und begibt sich zu einem Fahrstuhl vor Ort (s. TransE – Z63 und Z64). Dort findet die Klassifizierung in kleine und große Fahrstühle statt. Da der große Fahrstuhl während der Datenerhebung defekt ist bzw. repariert wird, wird zunächst ein Repräsentant für den kleinen Fahrstuhl ermittelt: „Wie viele Kinder passen in einen kleinen Fahrstuhl?". Die Datenverarbeitung im Modell erfolgt durch die konkrete Begehung des kleinen Fahrstuhls und dem Finden eines Repräsentanten R(kF). E1 hat einen Zollstock aus dem Seminarraum mitgenommen und versucht, den Fahrstuhl auszumessen, was aber wegen der für ihn schwierigen Händelbarkeit des Zollstocks und des genauen Anlegens nicht gelingt. E4 ergreift daraufhin die Initiative und schlägt vor, dass sich alle Kinder hintereinander im Fahrstuhl aufstellen sollen. E3 möchte den Fahrstuhl nicht betreten und berichtet, wie sie in einem Fahrstuhl steckengeblieben ist (negative Erfahrungen in der Vergangenheit, dies wird im Gespräch später nochmal aufgegriffen (siehe TransE – Z77)). E4 löst die Situation, indem sie die Kinder E1 und E2 zu sich in den Fahrstuhl bittet. Dort stellen sich die Kinder zu dritt hintereinander auf. Dieses Teilmuster setzt E4 fort, indem sie vier Schritte zur Seite geht und somit die fünffache Wiederholung der Musterfolge andeutet (Muster 3 × 5). Dies führt zu dem Ergebnis R(kF) = 15. E2 und E1 folgen den Anweisungen von E4, beobachten das Ganze aber ansonsten schweigend. E4 fasst das Ergebnis bei der Rückkehr im Seminarraum zusammen:

```
E4: Also, in den kleinen (unv.) (.) 15! (TransE - Z72)
```

Die mathematische Lösung steht fest und wird auf die Sachebene zurückübersetzt. Im Anschluss erfolgt die Bearbeitung der Teilaufgabe für die Festlegung eines Repräsentanten für den großen Fahrstuhl, welcher mit 20 festgelegt wird: R(gF) = 20 (siehe TransE – Z81–147).

Für die Ermittlung der Gesamtanzahl der Fahrstühle im Hauptgebäude der Universität wendet sich die Gruppe nach einem ersten Lösungsvorschlag (durch die Universität gehen und zählen – TransE – Z152) dem Gebäudeplan zu (TransE – Z154). Für die Stationen mit großem und kleinem Fahrstuhl erfolgt eine direkte mathematische Lösung mit Hilfe der vorher festgelegten Repräsentanten: Beide werden addiert und die Summe für jede Station mit kleinem und großem Fahrstuhl erneut addiert.

$$R(kF) + R(gF) = S(kF + gF) \quad 20 + 15 = 35$$

Das mathematische Ergebnis lautet 280, da die errechnete Summe S(kF + gF) nicht wiederholt für jede Station mit kleinem und großem Fahrstuhl addiert, sondern jeweils verdoppelt wird (35, 70, 140, 280). Für die angenommenen vier Stationen ergibt sich die Summe S1 von 280 Kindern (statt $35 \times 4 = 140$) (vgl. TransE – Z180–Z192).

Bei der Berechnung für zwei kleine nebeneinanderliegende Fahrstühle (ab TransE – Z200) wird das gleiche mathematische Modell benutzt:

$$R(kF) + R(kF) = 2R(kF) \quad 2 \times 15 = 30$$

Der Repräsentant für den kleinen Fahrstuhl wird verdoppelt; anschließend erfolgt die wiederholte Addition 2R(kF) für die Stationen, an denen zwei kleine Fahrstühle nebeneinander sind. Der o.g. Rechenfehler liegt an dieser Stelle nicht vor, die Einzelergebnisse werden korrekt addiert (30, 60, 90, 120, 150) und die Summe S2 mit 150 festgelegt. Das Gesamtergebnis liegt bei 430 Kindern, die in allen Fahrstühlen gemeinsam fahren können (S1 + S2 = 150 + 280 = 430, vgl. TransE – Z247–Z249) (Abbildung 7.1).

Abbildung 7.1 Gruppe E
Foto 1. (Eigene Aufnahme)

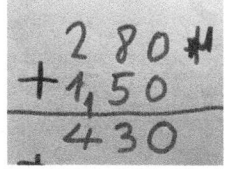

Im Anschluss an die Interpretation des Gesamtergebnisses erfolgt eine Validierung mit dem Vergleichswert der Gesamtschülerzahl der eigenen Schule. Da

7.2 Herausarbeitung der Modellierungskreisläufe

300 Schüler*innen an der Schule sind, kommt die Gruppe zu der Schlussfolgerung, dass alle Kinder gleichzeitig fahren können. Das Ergebnis wird im Verlauf des Gespräches korrigiert, da I eine Nachfrage zum Rechenweg stellt (TransE – Z264). Das korrigierte Endergebnis lautet „525" (Abbildung 7.2).

Abbildung 7.2 Gruppe E
Foto 4. (Eigene Aufnahme)

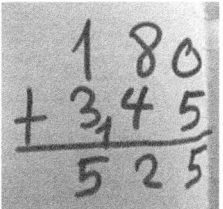

Gruppe E durchläuft die mehrzyklischen Modellierungskreisläufe für die einzelnen Teilaufgaben bis hin zur Ermittlung des Gesamtergebnisses sehr stringent. Zu Beginn wird die Sachsituation in Teilaufgaben zerlegt, wobei die Teilaufgabe 1 bei der Begehung vor Ort weiter zergliedert wird und zuerst ein Modell für den kleinen Fahrstuhl vor Ort vorgenommen wird. Die Teilkompetenzen, die Gruppe E zeigt, sind mit Hilfe der Modellierungskreisläufe abzulesen: Sie suchen nach Informationen und vereinfachen die Situation, indem sie die komplexe Aufgabe zergliedern. Sie finden realistische Repräsentanten über ein mathematisches Modell und setzen diese unter Beachtung der Klassifizierung in Beziehung zur Gesamtanzahl der Fahrstühle (vgl. G. Kaiser et al., 2015, S. 369 f.) Die Strategien, die sie dabei im Einzelnen nutzen, sind Gegenstand der Untersuchung zu den Lösungsstrategien.

Die Nachfrage durch I am Ende der Gruppenarbeit weist auf Probleme bei der Interpretation und Validierung hin, die es zu beachten gilt. Den Kindern fällt es sichtlich schwer, eine bereits vollzogene Rechenoperation, für die keine weiteren Notizen angefertigt wurden, zu korrigieren. Auffällig ist des Weiteren, dass in diesem Nachgespräch die Rechenoperation nachvollzogen wird, indem E3 die Rechenschritte wiederholt, eine mathematische Erklärung bleibt aber aus. Die Kompetenzen, ein Gesamtergebnis zu ermitteln und dies zu interpretieren, liegen vor, die gefundene Lösung aber kritisch zu überprüfen und zu reflektieren, erweist sich bei der Nachbearbeitung als Hindernis (Abbildung 7.3).

Modellierungskreislauf Gruppe E

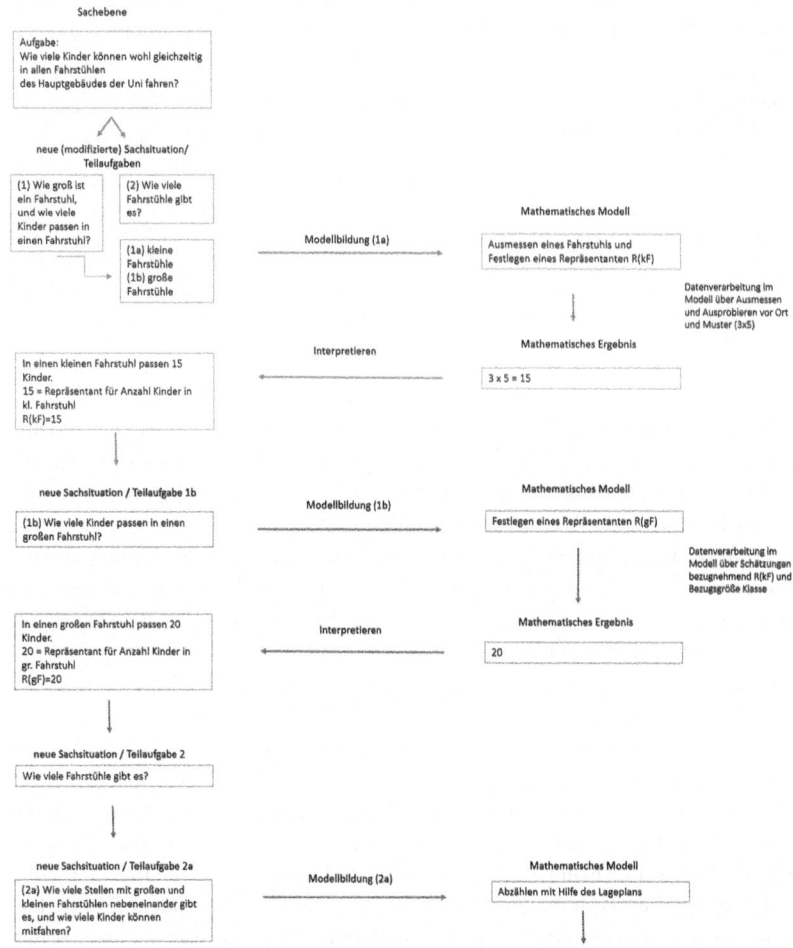

Abbildung 7.3 Modellierungskreislauf Gruppe E. (Eigene Darstellung)

7.2 Herausarbeitung der Modellierungskreisläufe 169

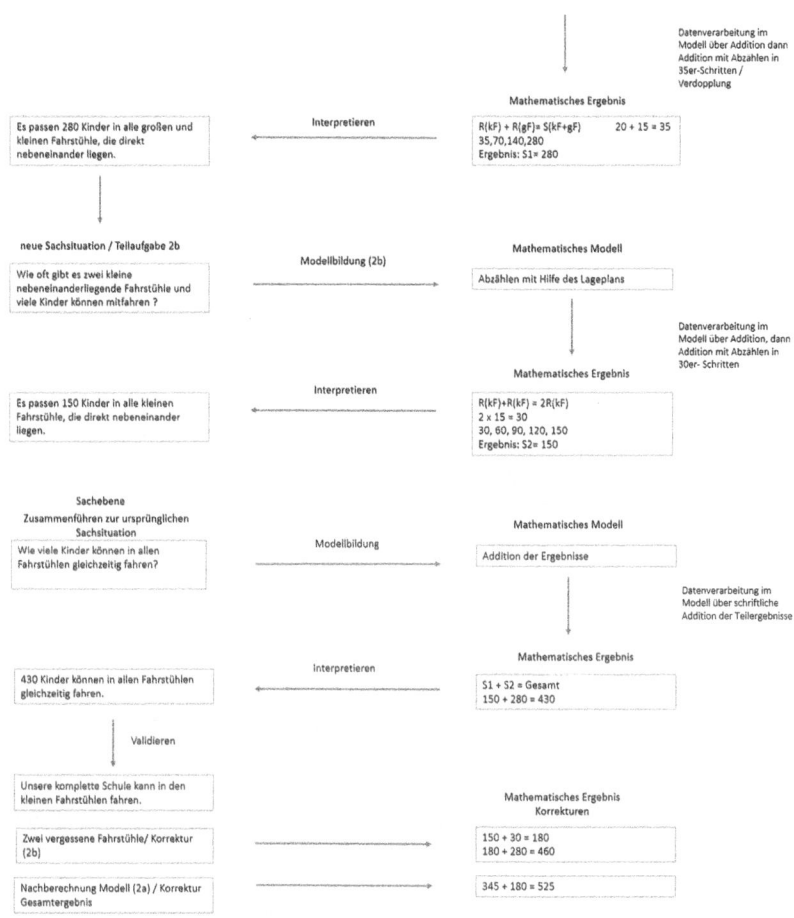

Abbildung 7.3 (Fortsetzung)

Gruppe F
Bereits in der Eröffnungsphase (TransF – Z2-Z50) wird neben der Klärung organisatorischer Aspekte überlegt, in welchem Stock sich der Seminarraum der Gruppenarbeit befindet (TransF – Z11). Ohne Kenntnis der späteren Aufgabe stellt die Gruppe Überlegungen an, wie viele Fahrstühle es in der Universität gibt; ein Aspekt, der auf den Realitätsbezug und die Relevanz der Fragestellung für die Schüler*innen hindeutet:

> F1: Wie viele Fahrstühle gibt es in der Uni? (TransF-Z41)

Des Weiteren schlussfolgert ein Kind, dass in einem Fahrstuhl zehn Leute mitfahren können; entgegen des festgelegten Ablaufs ist in dieser Gruppe ein Foto der Fahrstühle gezeigt worden, was sich situationsabhängig ergeben hat.

> F3: Da passen zehn Leute rein [lächelt I an]. (TransF - Z48)

Anknüpfend an diese Äußerung erfolgt die Aufgabenstellung (TransF – Z50). Es beginnt die mathematische Kernphase (TransF-Z51–780). Die Sachaufgabe wird (neu) modifiziert und führt zur Teilaufgabe „Wie viele Personen passen in einen Fahrstuhl?", woraufhin die Begehung vor Ort folgt, um sich einen Fahrstuhl anzugucken (TransF – Z76–77). Über die Klassifizierung der Fahrstühle wird die Aufgabe erneut zergliedert, und es wird ein mathematisches Modell für die Ermittlung eines Repräsentanten vorgenommen. Die Gruppe stellt sich im kleineren Fahrstuhl auf, wobei sich die vier Kinder auf Anraten von F1 hintereinander stellen. Der Rest des angenommenen Teilmusters (Muster 4×5) wird mental vollzogen und führt zur Festlegung des Repräsentanten von $R(kF) = 20$. Vor Ort entsteht eine Diskussion über die Aufstellung im Fahrstuhl, besonders F4 weist ausdrücklich darauf hin, dass man sich mit 20 Kindern sehr „quetschen" muss. Die drei anderen Kinder F1, F2 und F3 empfehlen eine Reduktion des zweiten Faktors auf drei oder vier (statt fünf). Auf die Diskussion folgt keine konkrete Aufstellung im Fahrstuhl, allerdings wird auf dem Weg in den Seminarraum intensiv diskutiert, was von I aufgegriffen wird (TransF – Z78). F4 schlägt daraufhin als Repräsentanten 16 vor (TransF – Z79). Daraufhin entwickelt sich eine Diskussion, bei der die Werte für $R(kF)$ zwischen 13 und 18 liegen. Wenngleich der angenommene Repräsentant $R(kF)$ von 20 zu groß erscheint, bleibt die Uneinigkeit vorerst bestehen.

> F4: Ich würde 13 sagen [zeigt mit der rechten Hand auf das Foto vom großen Fahrstuhl]. Weil guck mal hier. In den großen, ne, wären wir da jetzt drin gewesen, dann wäre es klar gewesen. (TransF-Z115)

F4 schlägt indirekt vor, über das Foto des großen Fahrstuhls eine Validierung vorzunehmen und auf diese Weise einen Repräsentanten für den kleinen Fahrstuhl festzulegen. Durch die Intervention von I mit Verweis auf die Maße der Fahrstühle (TransF – Z122) erfolgt ein kurzer Rückgriff auf die TA1a, bevor die TA1b weiterbearbeitet wird. Mit Hilfe von zwei Zollstöcken messen die vier

7.2 Herausarbeitung der Modellierungskreisläufe

Kinder im Seminarraum eine identische Grundfläche unter Nutzung der Längenangaben aus. Die vier Kinder folgen dem gleichen Muster (4 × 5) wie bei dem vorherigen Realmodell (TransF – Z209-Z212). Ein Rückbezug zur Aufstellung im kleinen Fahrstuhl findet nach einem Verweis von F3 statt.

```
F3: Fünf, wenn's nicht gequetscht ist im Fahrstuhl. Haben wir doch gerad'
gemerkt. (Trans F – Z224).
```

Nach der Festlegung R(gF) = 20 erfolgt erneut eine Diskussion über R(kF), wobei die Werte zwischen 10 und 15 liegen. Die Festlegung erfolgt durch die Kinder F1 und F3 mit R(kF) = 13 (TransF – Z257 f. Nach einer kurzen Zusammenführung beider Ergebnisse (TransF – Z 260–262) wird die Grundsituation neu modifiziert und der Lageplan der Universität mit der Ausweisung der Fahrstühle gezeigt (TransF – Z 274, Z276). Die Gruppe nimmt sich Zeit für die Orientierung auf dem Plan und stellt Nachfragen zur Baustelle und zur Legende (bis TransF – Z312).

F4 initiiert, die großen und kleinen Fahrstühle zu zählen (TransF – Z321). In Bezug zur Teilaufgabe 2, die sich auf die Gesamtanzahl der Fahrstühle bezieht, findet eine Ausdifferenzierung in kleine und große Fahrstühle statt (ab TransF – Z333). Die beiden Werte werden parallel bearbeitet: F1 führt eine Strichliste und notiert die Anzahl der kleinen Fahrstühle, F3 übernimmt dies für die großen Fahrstühle (siehe Abbildungen) (Abbildung 7.4 und 7.5).

Abbildung 7.4 Gruppe F
Foto 2. (Eigene Aufnahme)

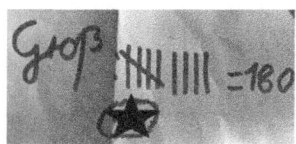

Abbildung 7.5 Gruppe F
Foto 3. (Eigene Aufnahme)

Die Auszählung (bis TransF – Z497) ergibt für M(kF) = 27 und für M(gF) = 9. Es folgt die Zusammenführung zur ursprünglichen Sachsituation „Wie viele Kinder können wohl gleichzeitig in allen Fahrstühlen des Hauptgebäudes der Uni fahren?" Die einzelnen Ergebnisse werden verknüpft, was zu den folgenden

Multiplikationsaufgaben mit dem Gesamtergebnis 401 führt:

R(gF) x M(gF) = S1   20 x 9 = 180
R(kF) x M(kF) = S2   13 x 27 = 221
S1 + S2 = Gesamt   180 + 221 = 401

Mit Hilfe der Rechenoperationen werden die jeweiligen Repräsentanten mit der ausgezählten Anzahl der Fahrstühle multipliziert. Das Verfahren für die halbschriftliche Multiplikation wirft Fragen innerhalb der Gruppe auf (TransF – Z566 und Z571) und wird von F2 mit Hilfe der Strategie „Stellenwerte extra" gelöst (Abbildung 7.6).

Abbildung 7.6 Gruppe F
Foto 5. (Eigene Aufnahme)

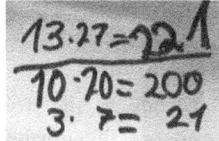

Sie macht bei der Berechnung einen typischen Fehler der halbschriftlichen Multiplikation und beachtet die Rechengesetze nicht, da sie bei der Zerlegung in Teilaufgaben lediglich Z x Z sowie E x E berechnet. Auf Grundlage des Distributivgesetzes müssen beide Faktoren (13 und 27) in ihre Stellenwerte zerlegt werden. Es fehlt somit 3 x 20 und 10 x 7. Das korrekte Ergebnis gemäß der Strategie „Stellenwerte extra" lautet (10 x 20) + (10 x 7) + (3 x 20) + (3 x 7) = 351.

Das von F2 errechnete Ergebnis wird vom Rest der Gruppe nicht hinterfragt, sodass mit dem Ergebnis 221 (statt 351) weitergerechnet wird (damit entsteht eine Diskrepanz der Gesamtsumme von 401 Kindern zu 531 Kindern, die gleichzeitig Fahrstuhl fahren können). Die Validierung ergibt, dass alle Kinder sowie Lehrkräfte und Klassentiere der eigenen Schule in allen Fahrstühlen des Hauptgebäudes der Universität gleichzeitig Fahrstuhl fahren könnten.

Auch Gruppe F durchläuft die mehrzyklischen Modellierungskreisläufe und berücksichtigt dabei die einzelnen Teilaufgaben, die zergliedert und chronologisch bearbeitet werden, bevor am Ende die Einzelergebnisse für das Gesamtergebnis miteinander in Beziehung gesetzt werden. Bemerkenswert ist, dass die Festlegung des Repräsentanten R(kF) Unstimmigkeiten auslöst, was in Folge der Ermittlung für den Repräsentanten R(gF) zu einem veränderten Ergebnis für R(kF) führt, d. h. über Analogien wird ein neuer Wert festgelegt. Auch dies ist

7.2 Herausarbeitung der Modellierungskreisläufe

ein entscheidender Aspekt für die Auswertung der Lösungsstrategien. Auch das parallele Abzählen der Fahrstühle auf dem Lageplan ist für die weitere Analyse relevant (Abbildung 7.7).

Modellierungskreislauf Gruppe F

Gruppe G
Nach der Aufgabenstellung (TransG – Z16) beginnt Gruppe G mit der Modifizierung der Aufgaben. Der Junge G2 äußert „Ich habe eine Ahnung" (Trans G – Z16) und verweist in seinem anschließenden Redebeitrag auf die Gewichtsangaben im Fahrstuhl, die auf das zulässige Höchstgewicht hinweisen:

```
G2: // Ich glaube, // das habe ich schon mal in einem Fahrstuhl gesehen.
Ich glaube, höchstens acht Kinder müssten oder sechs in einen Fahrstuhl.
Weil wenn man die Gewichtsgrenze überschreitet, dann ist das Problem, man
will hochfahren. Das, Wenn man zum Beispiel jetzt (..) bei (.) (unv.) zum
Beispiel bei einem Auto da so auch die Gewichtsgrenze überschreitet, dann
ist das richtig schwer und dann könnte vi / und beim Fahrstuhl könnte viel-
leicht ein Drahtseil reißen und dann ffff tot. (TransG – Z17)
```

Gruppe G ist die einzige Gruppe, in der die Berechnung mit Hilfe der vorgeschriebenen Gewichtsbegrenzungen vorgeschlagen wird. G2 kommt mehrmals auf seinen Ansatz zurück (siehe TransG – Z111 und TransG – Z246, Z249); er verstärkt damit die für ihn angenommene Signifikanz. Der Ansatz wird von der Gruppe nach der Begehung aufgegriffen, aber nicht weiterverfolgt, sodass die Teilaufgabe (mit Hilfe der Gewichtsangabe im Fahrstuhl, die Anzahl der Kinder zu ermitteln, die mitfahren können/dürfen) nicht in die Modellierung einfließt, später aber bei der Analyse der Lösungsstrategien eine Rolle spielt.

```
G2 [von G1 zu I guckend]: Oder sechs? [reckt den rechten Zeigefinger] Für
mich ist das immer nur (unv.) bei den Fahrstühlen meiner (unv.) da gab es
auch einen großen und einen kleinen. Der große da passt / da konnten acht
Leute rein. Dann. Sonst wäre die Ge / die Gewichtsgrenze überschritten
[streift mit Zeigefinger über den Tisch]. Es gibt eine. Und es gibt einen.
Und es gab die kleinen. Da waren se /. Da konnten nur sechs Leute rein.
Und wenn dann eben mehr drinne wären, dann wäre da die Gewichtsgrenze über-
schritten [beugt seinen Kopf wieder auf die Handfläche]. (TransG – Z111)

G2: Aber eine Sache haben wir da nicht gesehen. (TransG – Z246)

G2: Wir müssen nochmal zurück. Wir haben die wir haben die wir haben das
Kilo nicht vergessen, weil da ist / (TransG – Z249)
```

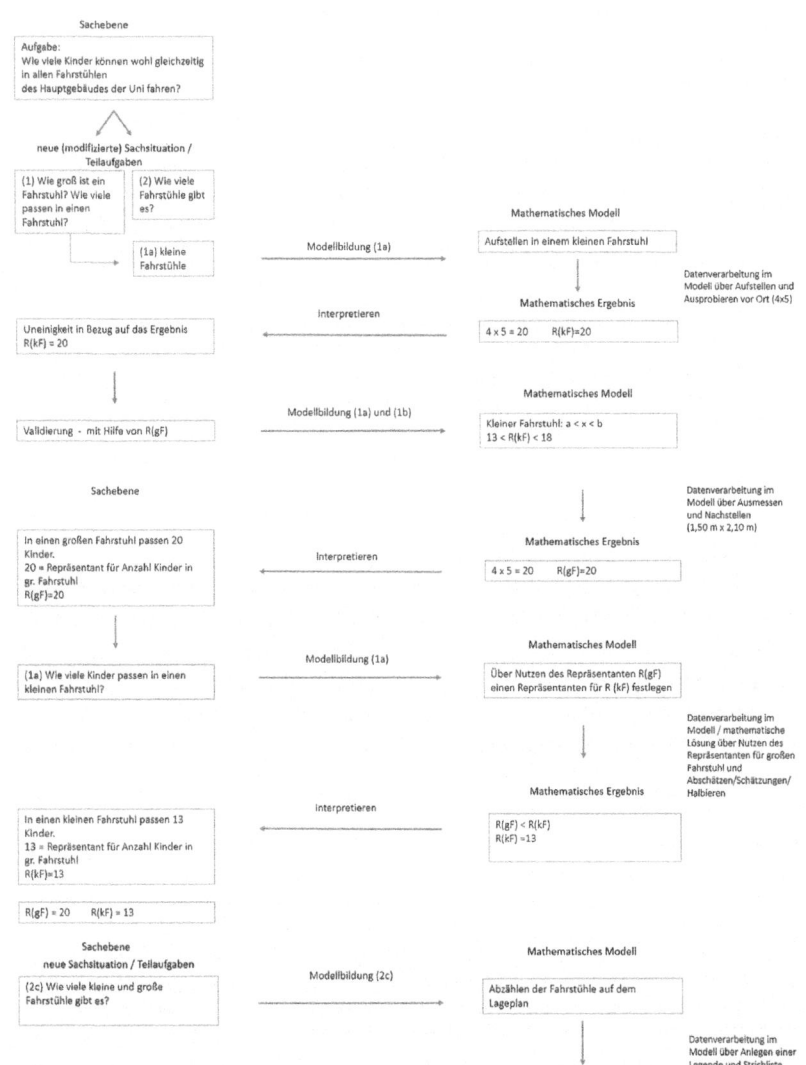

Abbildung 7.7 Modellierungskreislauf Gruppe F. (Eigene Darstellung)

7.2 Herausarbeitung der Modellierungskreisläufe

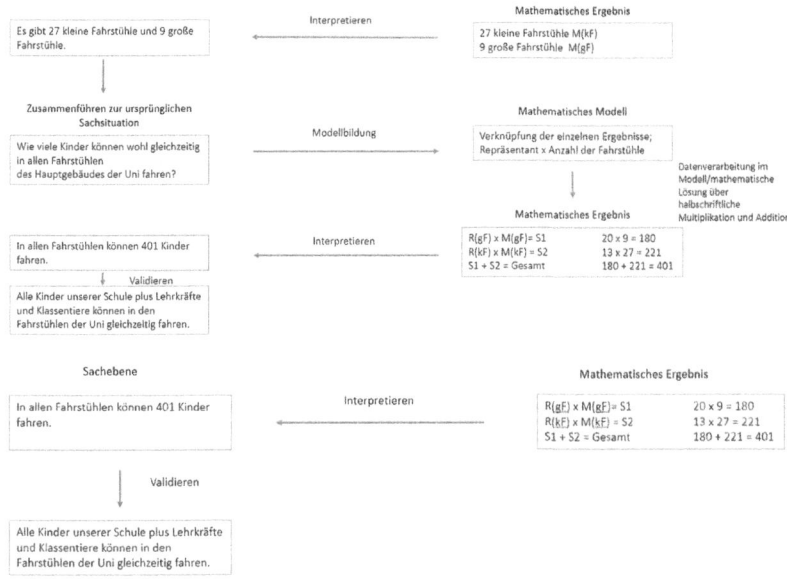

Abbildung 7.7 (Fortsetzung)

Bemerkenswert ist, dass das Gruppenmitglied G4 zu Beginn der Gruppenarbeit die Aufgabe in ihrer Gesamtheit erfasst und die beiden erforderlichen Teilaufgaben modifiziert und benennt: Sie macht den Vorschlag, zuerst die Fahrstühle zu zählen, um im Anschluss diese Information mit der Anzahl der Kinder zu verknüpfen, die in einem Fahrstuhl mitfahren können (TransG – Z27). G1 geht auf diesen Ansatz ein und verweist ebenfalls auf die Größe (TransG – Z30), wobei dann ein Wechsel zur Teilaufgabe 2 stattfindet, da G2 vorschlägt, die Anzahl der Fahrstühle über den Aufbau des Gebäudes zu ermitteln; hier sind die einzelnen „Türme" des Gebäudes von zentraler Bedeutung (TransG – Z45). Es erfolgt das Auszählen der einzelnen Türme, ohne Beachtung der Legende und der damit verbundenen Klassifizierung bezüglich der unterschiedlichen Größe der Fahrstühle. Der Fokus der Gruppe richtet sich auf einzelne Türme und die dortigen Fahrstühle, bevor G2 die Legende hinzuzieht (TransG – Z81) und den Blick vor allem auf die kleinen Fahrstühle richtet. Das mathematische Modell für die Teilaufgabe 2 wird begonnen, führt aber zu keinem mathematischen Ergebnis. Auch die Unterteilung in die Teilaufgaben 2a und 2b nach der Klassifizierung in große und kleine Fahrstühle mit Auszählen derselben anhand des Gebäudeplanes führt zu keinem Ergebnis (TransG – Z105).

Es folgt eine Fokussierung auf die Teilaufgabe 1a, initiiert von G4, um herauszufinden, wie viele Kinder in einem kleinen Fahrstuhl mitfahren können; auch hier wird die Modellbildung nicht weiterverfolgt. Stattdessen wird die Modellbildung für den großen Fahrstuhl erneut aufgegriffen. Während des Abzählens der kleinen Fahrstühle werden die einzelnen Ergebnisse zusammengeführt, sodass am Ende insgesamt 32 Fahrstühle erfasst sind: 22 kleine und 10 große Fahrstühle.

Im Anschluss beschäftigt sich die Gruppe mit den Fragen: „Wie groß sind die Fahrstühle? Wie viele Personen passen in einen Fahrstuhl?" und fokussiert sich nach der Begehung vor Ort auf die Teilaufgabe 1a, wobei sie sich auf die Anzahl für einen kleinen Fahrstuhl beziehen.

Bei der Begehung des kleinen Fahrstuhls vor Ort ist auffällig, dass die vier Gruppenmitglieder alle sehr zögerlich bzw. unschlüssig vor dem Fahrstuhl stehen und ihn zuerst nicht betreten. Letztendlich betritt nur G2 den Fahrstuhl und geht im Fahrstuhl hin und her. Er legt die Anzahl von 12 Personen fest und entscheidet dann aufgrund der Angabe der Personenbegrenzung im Fahrstuhl, dass 10 Personen mitfahren können, was von G1 zusammengefasst wird (Anmerkung der Autorin: Die Personenbegrenzung ist im Fahrstuhl sichtbar und bezieht sich auf die Anzahl erwachsener Personen, die im Fahrstuhl zugelassen sind). Dabei erfolgt ein Rückgriff auf die Situation vor Ort.

```
G1: // Zehn Leute //. Zehn Leute. (TransG - Z239)
```

Im weiteren Verlauf wird die Teilaufgabe 1b besprochen, um einen Repräsentanten für den großen Fahrstuhl festzulegen. Es wird ein neuer Modellierungskreislauf begonnen. Als Grundlage dient die Grundfläche des Fahrstuhls, die die Interviewerin der Gruppe nennt (TransG – Z279); ein Vergleich mit dem Repräsentanten für den kleinen Fahrstuhl und ein Rückbezug zur Gewichts- oder Personenbegrenzung findet nicht statt (siehe TransG – Z246/Z249 und Z270). Die Abmessungen im Raum und die Überlegungen dazu führen zu keiner mathematischen Lösung, sondern zu verschiedenen Vorschlägen ($12 \leq R(gF) \leq 20$).

Die Interviewerin I lenkt das Gespräch zuerst auf die Teilaufgabe 2, und bittet um eine Wiederholung bzw. Zusammenfassung dessen, was die Gruppe bereits rausbekommen hat (TransG – Z388); sie verweist auf Teilaufgabe 1, um eine Zusammenführung der Ergebnisse zu implizieren, da es so scheint, als habe

7.2 Herausarbeitung der Modellierungskreisläufe

die Gruppe aufgrund der Komplexität der Aufgabe den Überblick verloren (vgl. Abschnitt 4.6).

```
I: So, also (..) 22 kleine Fahrstühle. Ok, und was müssen wir jetzt noch,
G1 hat eben gesagt: Wir müssen (unv.) rechnen, wie viel in einen Fahrstuhl
reinpassen. (TransG - Z404)
```

Die Wiederholung führt zu einem erneuten Durchlaufen des Modellierungskreislaufes der Teilaufgabe 2. Die Gruppe addiert die ermittelten Ergebnisse für die Fahrstühle und legt als Gesamtanzahl 32 fest. Bei der Zusammenführung der Ergebnisse greift G4 dann für die Anzahl auf die Zahlen 13 und 14 zurück, obwohl diese Angaben im zurückliegenden Verlauf des Gespräches nicht abgesichert sind und kein Konsens vorliegt.

```
G4: / Wir denken jetzt ja das so (.)13,14 Leute in den großen Fahrstuhl
passen (.) // und dann muss man das dann "mal-rechnen" (..) / (unv. Flüs-
tern). (TransG - Z444)
G4: hm, also 130 passen, ähm in den großen Fahrstühlen (unv.) / (TransG -
Z450)
```

Die Multiplikation der Einzelergebnisse (R(gF) x M(gF) = 13×10 = 130) ist die Basis für die zweite Teilaufgabe (R(kF) x M(kF) = 10×22 = 220). Die Addition beider Teilergebnisse führt zu dem Gesamtergebnis von 350 (S1 + S2 = 130 + 220 = 350).

In allen Fahrstühlen des Universitätsgebäudes können aufgrund der Berechnungen dieser Gruppe 350 Kinder gleichzeitig fahren (TransG - Z 450). Der Impuls von I zur Validierung wird von der Gruppe nicht aufgegriffen.

Zusammenfassend ist in dieser Gruppe die Dichte an Ansätzen, die nicht verfolgt oder abgebrochen werden, bemerkenswert. Die Komplexität der Aufgabe scheint problematisch (Blum, 2007; K. Maaß, 2004; Schukajlow, 2011). In der Fachliteratur gibt es Hinweise bezüglich exakt dieser Schwierigkeit beim Modellieren (z. B. Peter-Koop, 2003), ebenso wie es Verweise darauf gibt, dass das Arbeiten nicht prinzipiell linear verläuft (Blum & Borromeo Ferri, 2009a, 2009b); ein detaillierter Blick auf die Prozesse bleibt bisher aus. Ebenfalls ist es auffällig, dass die Gruppe die Ergebnisse in ganzen Sätzen formuliert und aufschreibt, während die mathematische Lösung über die Multiplikation im Kopf erfolgt (Abbildung 7.8 und 7.9).

Abbildung 7.8 Gruppe G
Foto 5. (Eigene Aufnahme)

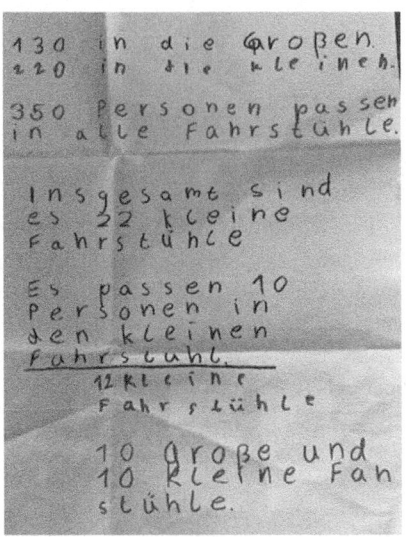

Modellierungskreislauf Gruppe G

Gruppe H

In dieser Gruppe beginnt direkt nach der Eröffnungsphase und dem Stellen der Aufgabe die Modifizierung der Sachaufgabe, indem eine Rückfrage zum Hauptgebäude gestellt wird (TransH – Z9). Danach startet die Gruppe mit dem Lösen der Teilaufgabe 2 (Ermittlung der Anzahl der Fahrstühle). Nach dem Zusammentragen verschiedener Lösungsmöglichkeiten ermittelt die Gruppe die Anzahl der Fahrstühle über das Abzählen aller Stationen mit kleinen und großen Fahrstühlen (Teilaufgabe 2a) und aller Stationen mit zwei kleinen Fahrstühlen (Teilaufgabe 2b): Es gibt 4 und 5 Stationen mit jeweils kleinem und großem Fahrstuhl (siehe Abbildung sowie TransH – 259) sowie 5 Stationen mit zwei kleinen Fahrstühlen (insgesamt 10 kleine Fahrstühle) (siehe Abbildung sowie TransH – Z70) (Abbildung 7.10).

7.2 Herausarbeitung der Modellierungskreisläufe

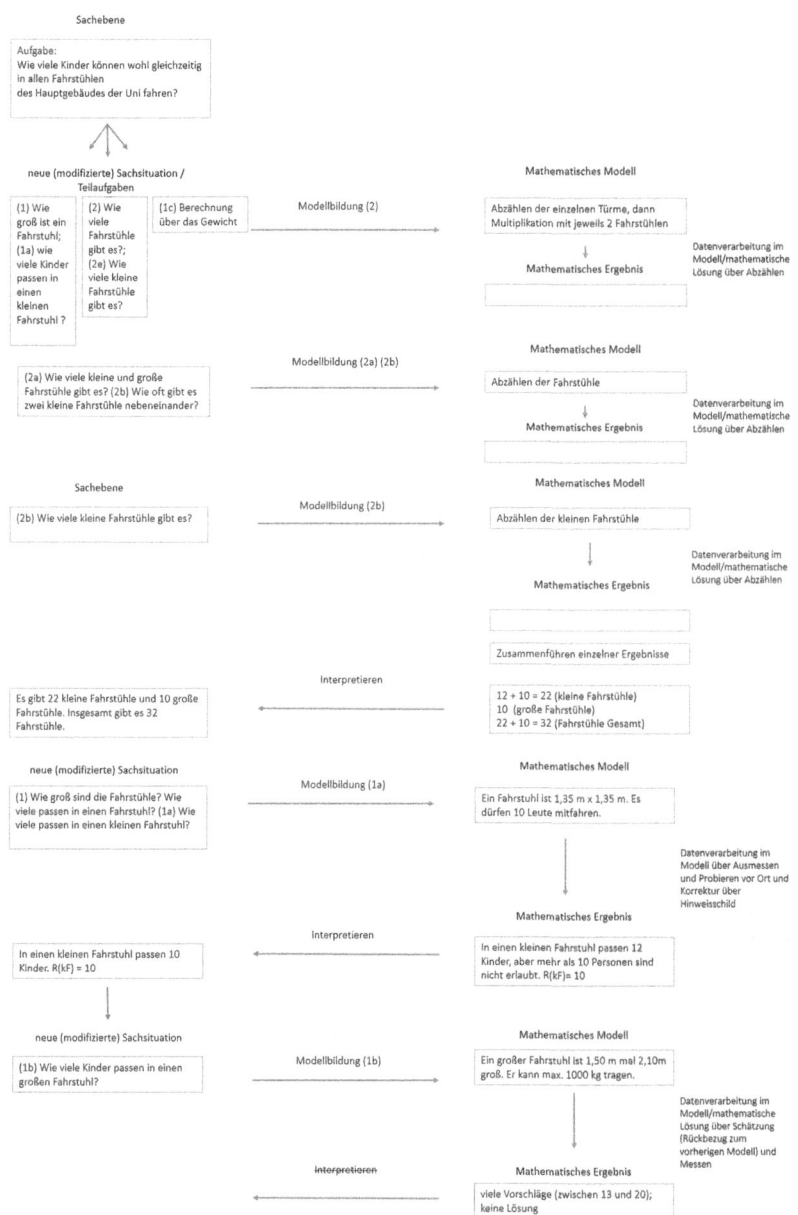

Abbildung 7.9 Modellierungskreislauf Gruppe G. (Eigene Darstellung)

180　　　　　　　　　　　　　　　　　　　　　　　　　　　　7　Ergebnisse

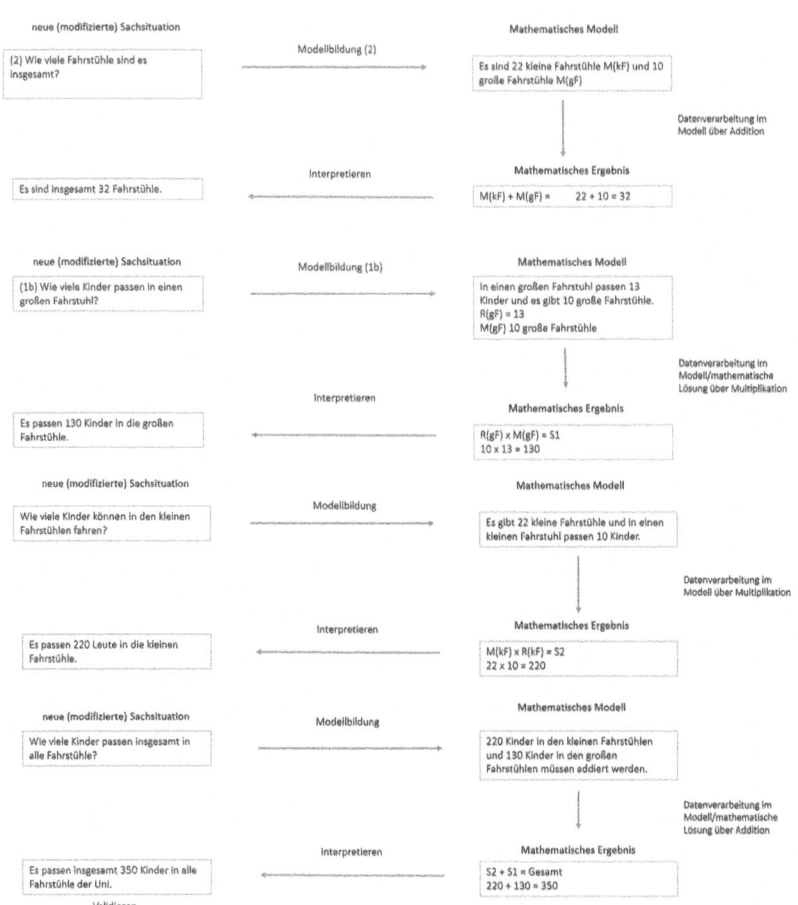

Abbildung 7.9　(Fortsetzung)

Abbildung 7.10　Gruppe H Foto 1. (Eigene Aufnahme)

7.2 Herausarbeitung der Modellierungskreisläufe

Nach dieser Ergebnisermittlung wendet sich die Gruppe der Fragestellung der jeweiligen Fahrstuhlgröße zu und ermittelt einen Repräsentanten für einen kleinen Fahrstuhl R(kF). Im Fahrstuhl vor Ort probiert die Gruppe zwei Varianten aus: Zuerst stellen sich drei Kinder nebeneinander auf und gehen drei weitere Schritte nach rechts (Muster 3 × 4), was R(kF) = 12 entspricht; danach folgt eine Aufstellung mit vier Kindern nebeneinander und drei Schritten nach rechts (Muster 4 × 4), was R(kF) = 16 entspricht. Die beiden Ergebnisse auf Basis der Messungen mit den eigenen Körpern führen zu Diskussionen, was von der Interviewerin bei der Rückkehr in den Seminarraum wie folgt zusammengefasst wird (TransH – Z83).

```
I: / Ihr habt gesagt, (.) 12 (.) geht auf jeden Fall. 16 würde auch geh´n,
wär´ aber n´bisschen gedrängelt. Also? (TransH - Z 83)
```

Die Gruppe H entscheidet sich für den Mittelwert von 14 Kindern (TransH – Z86). In Anbetracht der beiden ermittelten Ergebnisse für R(kF) wird dies nach dem Vergleichen der beiden Fahrstühle auf den Fotos mit Einbindung der Maße, vor Ort im Seminarraum für Aufgabe 1b nachgestellt, was zu dem Ergebnis R(gF) = 5 × 5 = 25 führt (TransH – Z178).

Im folgenden fehlenden Teil der Videoaufzeichnung (ca. 2 ½ min; Ausfall der Kamera, da bei der Messaktivität der Gruppe das Kabel unbemerkt aus der Kamera gezogen wurde), nehmen die Kinder zwei Korrekturen vor. Zum einen reduzieren sie R(gF) gemäß dem Vorbild aus der Aufgabe für den kleinen Repräsentanten von 25 auf 24. Des Weiteren korrigieren sie die Gesamtanzahl der kleinen Fahrstühle von 10 auf 16 (siehe auch Korrektur Abbildung 7.17). Im Anschluss ermittelt die Gruppe das mathematische Ergebnis. Es wird die Anzahl der kleinen und großen Fahrstühle mit den jeweiligen Repräsentanten multipliziert (Abbildung 7.11 und 7.12).

Abbildung 7.11 Gruppe H Foto 3. (Eigene Aufnahme)

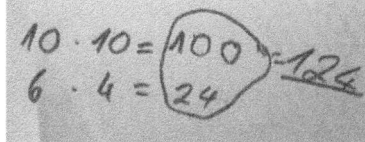

Abbildung 7.12 Gruppe H Foto 4. (Eigene Aufnahme)

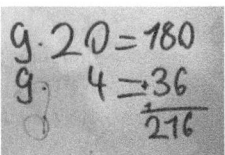

Bei der halbschriftlichen Multiplikation der Aufgabe 16 × 14 unterläuft ihnen der gleiche Fehler wie Gruppe F in Bezug auf die Strategie „Stellenwerte extra", da auch hier das Distributivgesetz nicht beachtet wird, sodass das Ergebnis 124 (statt 244) lautet (TransH – Z177 ff.).

Anschließend erfolgt die Validierung mit dem Vergleichswert der Anzahl der Kinder, die die eigene Schule besuchen sowie die Entwicklung einer neuen Fragestellung: Wie viele Kinder passen in einen Bus, wenn dieser die Schulkinder zur Universität fährt?

> H2: Ja, wenn die (unv.) , aber erstmal die Frage lösen [mit erhobenem Zeigefinger]: Wie viele Kinder passen denn in den Bus? (TransH - Z213)

Zusammenfassend ist festzuhalten, dass Gruppe H die Modellierungskreisläufe stringent durchläuft, aber auch Möglichkeiten der Korrektur eines Ergebnisses nutzt (vgl. Leiss, 2007) (Abbildung 7.13).

Modellierungskreislauf Gruppe H

7.2 Herausarbeitung der Modellierungskreisläufe

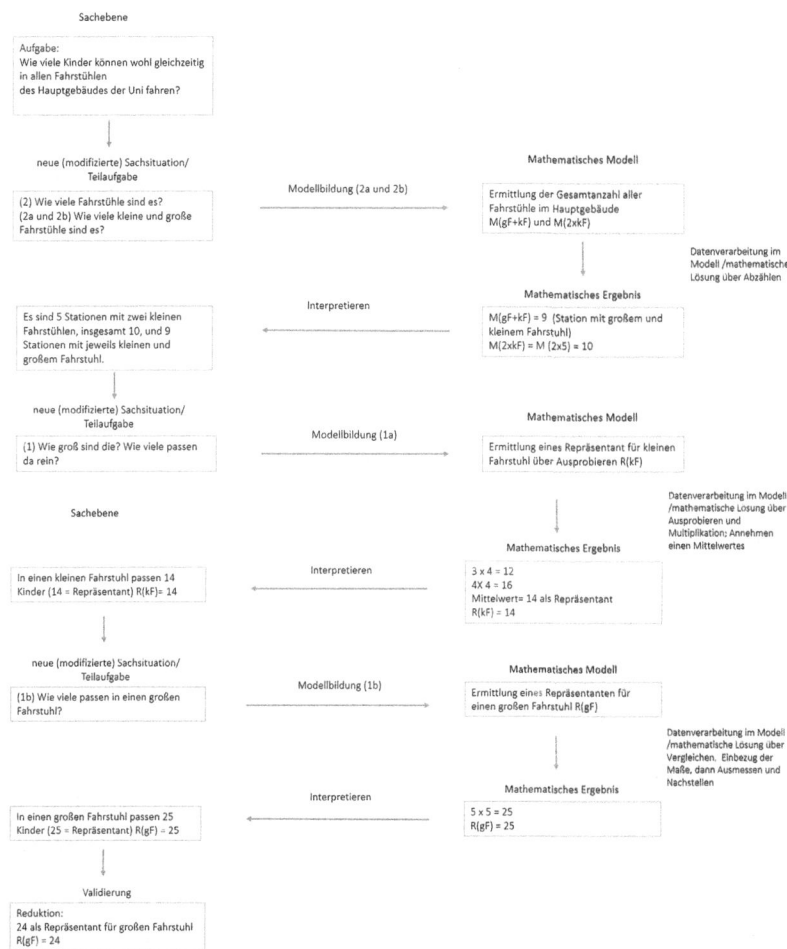

Abbildung 7.13 Modellierungskreislauf Grupp H. (Eigene Darstellung)

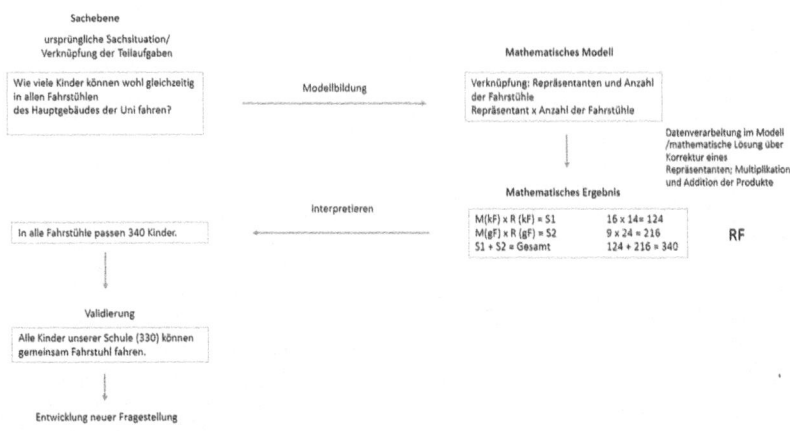

Abbildung 7.13 (Fortsetzung)

Gruppe I
Diese Gruppe geht zur Schule C (Parallelklasse der Gruppen E und G), und ist die Einzige, die bereits Erfahrungen mit einer Fermi-Aufgabe gemacht hat (TransI – Z25 ff.; Stau-Aufgabe von Peter-Koop, 2003). Das Kind I1 erinnert sich neben der konkreten Aufgabe auch an die Tätigkeit des Schätzens und des Modellierens.

```
I1: - im Stau! Und da sind verschieden große Autos und dann soll man schätzen,
wie viele plus noch ein Meter, oder so (.) [...] (TransI - Z33)
```

Nach der Eröffnungsphase und der Vorstellung der Aufgabe (bis TransI – Z63) folgt direkt die Modifizierung der Sachsituation und die Nennung beider Teilaufgaben.

```
I1: Wie viele sind das denn? (TransI - Z64)
I3: Und wie verschieden groß sind sie. (TransI - Z67)
```

Die Gruppe beschäftigt sich zuerst mit Teilaufgabe 2; die Datenverarbeitung im Modell erfolgt mit Hilfe des Abzählens der Fahrstühle auf dem Gebäudeplan. Die Gruppe zählt 30 Fahrstühle, ohne zwischen der Größe derselben zu differenzieren. I1 verweist auf die Klassifizierung, führt dies aber nicht weiter aus, sondern leitet direkt zur Teilaufgabe 1 und der möglichen Personenanzahl

7.2 Herausarbeitung der Modellierungskreisläufe

in einem kleinen Fahrstuhl über (TransI – Z110). Die Anzahl „30" wird weder interpretiert noch validiert, wie im Modellierungskreislauf zu sehen ist.

Die Modellbildung für die Ermittlung des Repräsentanten für den kleinen Fahrstuhl erfolgt vor Ort (TransI – Z118–Z122). Die Gruppe schätzt erst bei geöffneter Fahrstuhltür, dann probieren die Kinder verschiedene Anordnungen im Fahrstuhl aus, bevor sie sich über das Muster 3×3 auf $R(kF) = 9$ einigen. Für den großen Fahrstuhl werden – anschließend im Seminarraum – zwei Repräsentanten diskutiert; es ist an dieser Stelle keine Einigung auszumachen, sodass das Ergebnis und auch die Interpretation offen bleiben. Stattdessen folgt ein Wechsel zur ermittelten Gesamtanzahl für alle Fahrstühle (ab TransI – Z160) und damit eine Rückkehr zur Teilaufgabe 2. Beim Lösungsansatz, die mögliche Personenanzahl zwei nebeneinander liegenden Fahrstühlen direkt zu addieren, zeigen sich Probleme aufgrund der fehlenden Einigung für $R(kF)$.

```
I1: Groß, Klein. (...) S -, ne. // [I1 und I3 sprechen laut durcheinander]
I8, stop! 18 (lauter), // 18.
I3: (unv.) vorher, das sind ja 30. /
I1: A-, pssst [hält den Zeigefinger vorm Mund als Ruhezeichen; I3 hört auf
zu sprechen und sagt dann "ok"], 18. 18 plus 18, ähm /
I2: / 18 plus 18 ist gleich, äh / [I3 lehnt sich zurück und schaut zu I4] /
I4: / Du meinst, du meinst 15 plus 15 (zu I1)
I1: // 36
I2: 32, nee. 44.
I1: Ach so, stimmt, stimmt, stimmt (zu I4). Wir haben ja (unv.)
I4: 30.
I1: 30, ja. 15 [I3 streckt sich sprunghaft wieder nach vorne zum Uniplan aus]
(..), 30, 30. (TransI - Z162-171)
```

Der Ausschnitt im Transkript lässt offen, welcher Wert für $R(gF)$ angenommen wird (15 oder 18), aber die weitere Modellbildung lässt den Schluss zu, dass $R(gf) = 15$ für die Rechnung angenommen wird. Ein Einwand (TransI – Z172), bezogen auf die Option, dass zwei Fahrstühle nebeneinander liegen können, führt dann zu einer ersten mathematischen Lösung in Bezug auf die Gesamtaufgabe: $G(F) \times R(kF) = 30 \times 9 = 270$.

Eine Merkmalsunterscheidung bezüglich der Größe der Objekte wird bei der Gesamtanzahl von 30 nicht berücksichtigt, gleichwohl findet die Gruppe für beide Fahrstuhlgrößen einen Repräsentanten. Das Ergebnis 270 wird korrigiert, da sieben weitere Fahrstühle nicht berücksichtigt worden sind, und dies nachträglich korrigiert wird: M(kF) x (R(kf) = 7 x 9 = 63, d. h. 270 + 63 = 333.

I1: Ach ja, stimmt. Ja, stimmt, stimmt, stimmt (zu I). 333. (TransI- Z237)

Unabhängig von der bereits durchgeführten Rechnung für alle Fahrstühle erfolgt eine erneute Auszählung, diesmal nur der großen Fahrstühle (M (gF) = 9), was zur Multiplikation M(gF) x R(gF) = 9 x 15 = 135 führt. Die Addition der beiden Summen ergibt dann die Gesamtanzahl von 468 Kinder, die in allen Fahrstühlen fahren können (TransI – Z267); folglich könnten alle Kinder der Schule C gleichzeitig Fahrstuhl fahren (TransI – Z291). Auffällig ist die Festlegung des Repräsentanten R(gF) = 15, die fehlende Validierung der Gesamtanzahl der Fahrstühle, als auch die fehlenden Interpretationen der Einzelergebnisse: Es werden Schritte übersprungen, zudem macht die Gruppe sich in Bezug auf ihre Teilergebnisse keine Notizen. Auch die Menge der großen Fahrstühle – über Abzählen mit M(gF) = 9 angenommen – wird nicht interpretiert und nicht in die nächste modifizierte Sachsituation miteinbezogen, sondern direkt verknüpft und über die Multiplikation mathematisch gelöst. Für zwei kleine Fahrstühle wird dann die Summe von 30 angenommen (2 x R(kF)), darauf folgt die Addition in Schritten für jede Station mit zwei Fahrstühlen. Auch hier erfolgt keine Interpretation oder Modellbildung für das Endergebnis, sondern eine Verknüpfung der beiden Teilsummen S1 und S2 (Abbildung 7.14).

<u>Modellierungskreislauf Gruppe I</u>

7.2 Herausarbeitung der Modellierungskreisläufe

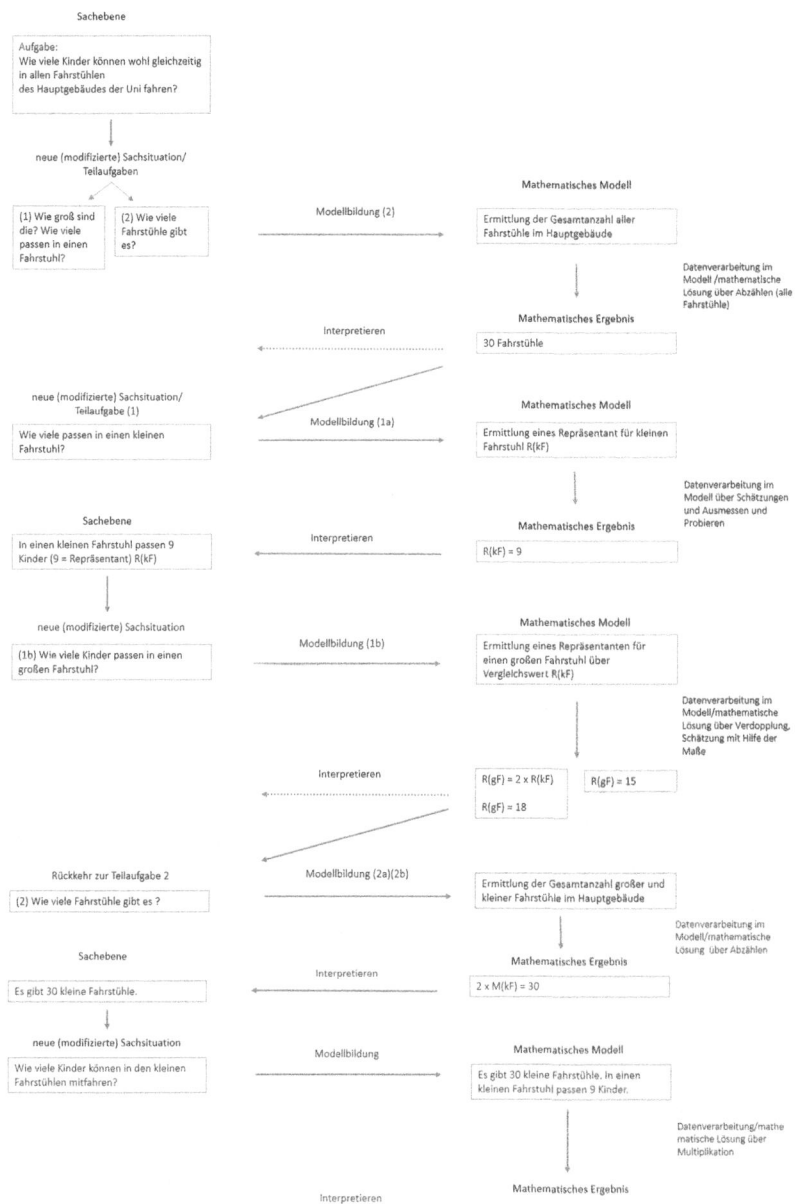

Abbildung 7.14 Modellierungskreislauf Gruppe I. (Eigene Darstellung)

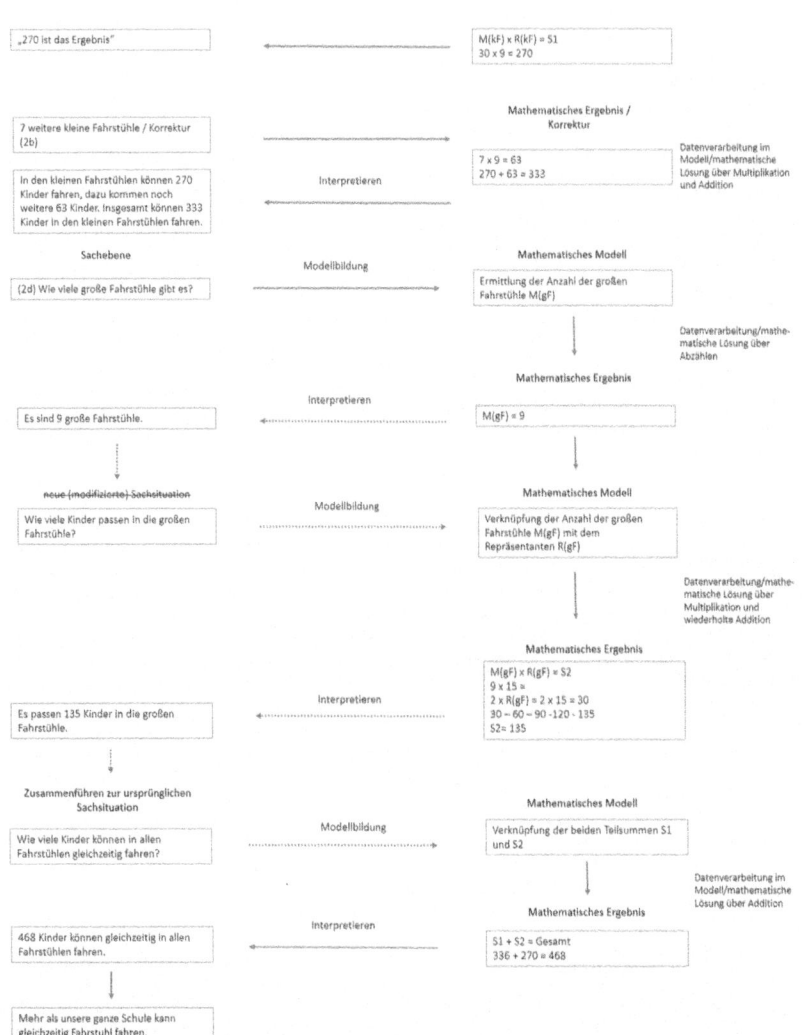

Abbildung 7.14 (Fortsetzung)

Nach den ausführlichen Darstellungen und Erläuterungen zu den fünf Modellierungskreisläufen lässt sich zusammenfassend sagen, dass die Ergebnisse im plausiblen Toleranzbereich liegen, lediglich Gruppe I und Gruppe E weichen nach oben ab. Mitgedacht müssen dabei allerdings identifizierte Rechenfehler (z. B. bei der schriftlichen Multiplikation) und nicht korrekte Auszählungen der Fahrstühle. Bei Gruppe E ergibt sich eine größere Veränderung der Gesamtsumme durch zwei Nachkorrekturen, die vorgenommen werden. Gleichwohl sind die Repräsentanten R(kF) und R(gF) passend gewählt.

Signifikante Auffälligkeiten bezüglich der Gruppenkonstellationen gibt es nicht: Den beiden leistungshomogenen Gruppen (Gruppe E und Gruppe H) unterlaufen kleinere Fehler, die das Gesamtergebnis nicht beeinflussen (bei Gruppe E erst durch die Nachkorrekturen). Die leistungsheterogene Gruppe F liefert ein plausibles Ergebnis, genau wie Gruppe G, was durch die abgebrochenen Datenverarbeitungen im Modell nicht zu erwarten war. Die ebenfalls leistungsheterogene Gruppe I hat größere Schwierigkeiten, da sie die Schritte der Interpretation der mathematischen Ergebnisse überspringen und sich dadurch Folgefehler anschließen.

7.3 Mathematische Kernphasen

Mit Hilfe des Gesprächsphasenmodells von Brinker und Sager (2010) sind die Gruppenarbeiten in drei Hauptphasen unterteilt (siehe Abschnitt 7.1). Bei der weiteren Analyse mit Hilfe der Modellierungskreisläufe sind weitere Phasen identifizierbar, die sich an den einzelnen Kreisläufen orientieren. Die kollektiven Bearbeitungsprozesse der Gruppen sind den Teilschritten des Modellierungskreislaufes nach Müller und Wittmann (1984) mittels der qualitativen Inhaltsanalyse nach Kuckartz (2018) zugeordnet.

Zu Beginn sind die Modifizierungen der Sachaufgabe zu nennen: Ein nötiger Schritt, um zum einen nötige Teilaufgaben zu identifizieren, aber auch um fehlende Informationen deutlich werden zu lassen, die nun geschätzt, recherchiert oder unter Nutzung von Alltagswissen zu ergänzen sind (vgl. z. B. Haberzettl et al., 2018). Die Modellierungen der Teilaufgaben unterteilen die mathematische Kernphase in kleinere Analyseeinheiten, die der Analyse der Lösungsstrategien und der interaktiven Muster dienen.

Mit Hilfe des Programms MaxQDA sind die einzelnen Phasen, die den jeweiligen Modellierungskreisläufen entsprechen, markiert und entsprechend der Bezeichnung (Teilaufgabe 1, 1a, 1b, 2, 2a bis 2e, Gesamtergebnis) kodiert (die

Tabelle 7.2 Teilaufgaben der Modellierungskreisläufe. (Eigene Darstellung)

AUFGABE	FRAGE	ERLÄUTERUNG
TEILAUFGABE 1 – TA1	Wie groß sind die Fahrstühle? Wie viele Kinder passen in einen Fahrstuhl?	TA1 bezieht sich generell auf die Größe der Fahrstühle und die Anzahl der möglichen Mitfahrenden; Einstiegsteilaufgabe, auf deren Basis TA1a und TA1b entstehen.
TEILAUFGABE 1 A – TA1A	Wie viele Kinder passen in einen kleinen Fahrstuhl?	Es wird nach einem Repräsentanten für den kleinen Fahrstuhl gefragt R(kF).
TEILAUFGABE 1B – TA1B	Wie viele Kinder passen in einen großen Fahrstuhl?	Es wird nach einem Repräsentanten für einen großen Fahrstuhl gefragt R(gF).
TEILAUFGABE 1 C – TA1C	Wie viele Personen dürfen mitfahren? Personen- / Gewichtsbegrenzung	Es wird die Personen- bzw. Gewichtsbegrenzung, die im Fahrstuhl angegeben ist, genutzt (Personen oder Kilogramm).
TEILAUFGABE 2 – TA2	Wie viele Fahrstühle gibt es insgesamt?	Ermittlung der Gesamtanzahl aller Fahrstühle im Hauptgebäude M(F).
TEILAUFGABE 2 A – TA2A	Wie viele Stationen mit jeweils einem großen und einem kleinen Fahrstuhl gibt es?	Es werden die Stationen ermittelt, an denen sich jeweils ein kleiner und ein großer Fahrstuhl nebeneinander befinden M((kF) + (gF)).
TEILAUFGABE 2B – TA2B	Wie viele Stationen mit jeweils zwei kleinen Fahrstühlen gibt es?	Es werden die Stationen ermittelt, an denen zwei kleine Fahrstühle nebeneinander sind M(2x(kF)).
TEILAUFGABE 2 C – TA2C	Wie viele große und wie viele kleine Fahrstühle gibt es?	Die Anzahl der Fahrstühle wird über das Merkmal der Größe, nicht über die Anordnung ermittelt; M((kF) + (gF)) + (2x(kF)).

(Fortsetzung)

7.3 Mathematische Kernphasen

Tabelle 7.2 (Fortsetzung)

AUFGABE	FRAGE	ERLÄUTERUNG
TEILAUFGABE 2X – TA2X	Wie oft gibt es zwei große Fahrstühle nebeneinander?	Es wird ermittelt, an welchen Stellen zwei große Fahrstühle sind; M(2x(gF)). Anmerkung: Diese Konstellation liegt nicht vor; mögliche Fehldeutung der Legende.
TEILAUFGABE 2D – TA2D	Wie viele große Fahrstühle gibt es?	Es werden alle Stationen mit großem Fahrstuhl einzeln ermittelt M(gF).
TEILAUFGABE 2E – TA2E	Wie viele kleine Fahrstühle gibt es?	Es werden alle Stationen mit kleinen Fahrstühlen einzeln ermittelt M(kF).

fortlaufende Bezeichnung ist dem linearen Forschungsverlauf geschuldet und nicht hierarchisch zu deuten).

In folgender Tabelle ist abzulesen, welche Teilaufgaben in welchen Gruppen kodiert werden konnten.

Tabelle 7.3 Vorkommen der einzelnen Teilaufgaben. (Eigene Darstellung)

	GRUPPE E	GRUPPE F	GRUPPE G	GRUPPE H	GRUPPE I
TA1	x	x	x	X	
TA1A	x	x	x	x	x
TA1B	x	x	x	x	x
TA1C			x		
TA2	x	x	x	x	x
TA2A	x			x	x
TA2B	x		x	x	x
TA2A/2B		x	x	x	
TA2C	x				
TA2X	x	x			
TA2D			x		
TA2E				x	

Die Tabelle liefert Analyseeinheiten für die Betrachtung der Lösungsstrategien im folgenden Kapitel; es lassen sich aber bereits weitere Erkenntnisse ablesen. Alle fünf Gruppen erkennen, dass für die Beantwortung zwei Teilaufgaben (Wie viele Kinder können in einem Fahrstuhl fahren? Wie viele Fahrstühle gibt es insgesamt?) zu lösen sind, welche im weiteren Verlauf aufgrund der Klassifizierung in große und kleine Fahrstühle weiter ausdifferenziert werden müssen. Bei den Teilaufgaben TA1a und TA1b geht es um die Repräsentanten, die für die weiteren Berechnungen nötig sind, die auf unterschiedliche Weise in den Gruppen ermittelt werden. Besonders die Teilaufgabe 1a zwingt die Kinder dazu, die fehlenden Daten selbst herauszufinden (vgl. Hinrichs, 2008, S. 22), da sie zuerst mit Hilfe des kleinen Fahrstuhls und einer Begehung einen Repräsentanten finden müssen. Die Ermittlung erfolgt in allen fünf Gruppen durch eine Begehung vor Ort. Dabei sind bereits verschiedene Strategievarianten für den Vergleich mit körpereigenen Messinstrumenten – mit und ohne mentale Ergänzung – zu erkennen (Abbildung 7.15).

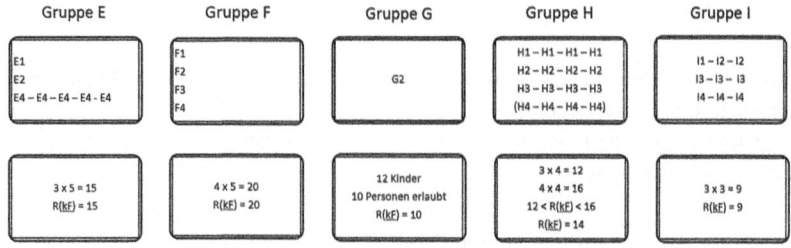

Abbildung 7.15 Lösungsstrategien für Teilaufgabe 1a. (Eigene Darstellung)

Anhand der Abbildung ist ersichtlich, welche Lösungswege die einzelnen Gruppen für die Festlegung des Repräsentanten R(kF) wählen. Da sich diese Ergebnisse auf die handschriftlichen Notizen der Autorin stützen, die während der Begehung und im Anschluss an die Gruppenarbeiten angefertigt wurden, und dies aufgrund der technischen Vorgaben vor Ort ohne Kamera stattfand, sind nur die Strategien abbildbar, die letztendlich zu der Festlegung des Repräsentanten geführt haben. Weitere mögliche Strategien, die genannt oder diskutiert wurden, sind nicht mehr in Gänze nachvollziehbar.

Betrachtet man die einzelnen Teilaufgaben fällt der unterschiedliche Ablauf auf. Die Gruppen starten direkt mit der Nennung beider Teilaufgaben (Gruppe E, Gruppe F, Gruppe G, Gruppe I); Gruppe H modifiziert erst eine Teilaufgabe, die andere folgt im späteren Verlauf der Gruppenarbeit. Auch die Verknüpfung der

7.3 Mathematische Kernphasen

Teilergebnisse erfolgt auf unterschiedlichen Wegen – von der direkten Verknüpfung der Repräsentanten in Kombination mit dem Abzählen (Gruppe E), über die halbschriftliche Multiplikation nach der Ermittlung der einzelnen Teilergebnisse (Gruppe F, Gruppe G, Gruppe I) über eine anschließende Addition in gesonderten mathematischen Modellen bzw. über eine mathematische Lösung im Modell (Gruppe H). Die Modellierungskreisläufe liefern zum einen Aufschluss darüber, wie die einzelnen Teilaufgaben von den Gruppen bearbeitet werden und liefern folglich eine Option für die Einteilung der mathematischen Kernphase in weitere Teilphasen. Zum anderen zeigen sie die jeweilige Verarbeitung im mathematischen Modell bis hin zur mathematischen Lösung der jeweils genutzten Strategie. Unberücksichtigt bleibt dabei, welche Strategien in den Diskussionen noch auftreten und wie diese möglicherweise die am Ende gewählte Strategie beeinflussen. Dies sind zwei zentrale Aspekte, die in Abschnitt 7.4 gezielter untersucht und analysiert werden.

An den Modellierungskreisläufen der einzelnen Gruppen ist sowohl nachweisbar, dass die Gruppen einzelne Kreisläufe nicht linear und gradlinig durchlaufen (Franke & Ruwisch, 2010), sondern immer wieder Verknüpfungen und Rückbezüge zu sehen sind. Ebenso sind die mehrzyklischen Modellierungsprozesse, die Lesh und Doerr (2000) und auch Peter-Koop (2003, 2004, 2005) in ihren Untersuchungen beschreiben, zu erkennen. Auch das Überspringen einzelner Schritte oder die Wiederholung von Abläufen ist sichtbar (vgl. Leiss, 2007). Die sukzessive Anpassung beim Wechsel zwischen der realen Situation und dem mathematischen Modell als schrittweise Annäherung an das Endergebnis ist ebenfalls darstellbar (Peter-Koop, 2003). Der Rückbezug auf den ermittelten Repräsentanten R(kF) als Vergleichswert für R(gF) ist ein signifikanter Aspekt. Die ersten Analyseschritte zeigen ein heterogenes Bild – sowohl hinsichtlich der Ergebnisse als auch bei den ablaufenden Prozessen.

Während sich die Gruppen E und F sich zum Beispiel mit den einzelnen Stationen befassen und dabei zwischen Stationen mit zwei kleinen und Stationen mit jeweils einem großen und einem kleinen Fahrstuhl differenzieren und dies gesondert berechnen, zählt Gruppe F separat alle großen und alle kleinen Fahrstühle für die Weiterarbeit. Gruppe G ist die einzige Gruppe, die sich explizit mit den Gewichtsangaben und Personenbegrenzungen auseinandersetzt – ein Ansatz, der sich nicht durchsetzt. Gruppe H durchläuft die Teilaufgaben sehr linear, beginnend mit TA2.

Die Teilschritte des Modellierens, die für die Bearbeitung der Aufgabe nötig sind, lassen sich mit Hilfe der fünf Modellierungskreisläufe gut nachzeichnen und weisen auf das Potenzial der Fermi-Aufgabe hin. Die Schüler*innen bringen ihre ermittelten Zwischenresultate (sprich: die Repräsentanten) und Abzählergebnisse immer wieder mit dem Realmodell der fiktiven Situation „Wie viele Kinder können wohl gleichzeitig in allen Fahrstühlen des Hauptgebäudes der Universität fahren?" in Verbindung; sie erfassen die Situation, strukturieren und vereinfachen. Diese „metakognitive Aktivitäten" (Schukajlow, 2011, S. 84) und Prozesse gilt es nun genauer zu analysieren.

7.4 Lösungsstrategien

Die bisherigen Ergebnisse weisen auf eine gewisse Spannbreite an Lösungsstrategien hin, die es zur Beantwortung der Forschungsfrage 1 dezidiert zu untersuchen gilt. Anhand der Darstellung der Modellierungskreisläufe sind potenzielle Strategien nachweisbar, die letztendlich von den jeweiligen Gruppen genutzt werden; welche weiteren Ansätze genannt, aufgegriffen, (weiter-) entwickelt oder verworfen werden, sind Kern der folgenden Ausführungen. Gemäß der Einteilung in Teilaufgabe 1 und Teilaufgabe 2 erfolgt auch die Analyse vorerst getrennt (vgl. 7.4.1 bis 7.4.4), bevor die Ergebnisse zusammengefasst werden (7.5). Wie in Kapitel 6 dargestellt entstehen am Material induktiv-deduktiv Kategorien (siehe Tabelle 7.4 und Tabelle 7.5), die für die Analyse mit dem abgeleiteten Kategorienmodell (vgl. Abschnitt 4.10) theoretisch angereichert sind. Strategiewechsel sind in den Abbildungen ersichtlich. Der Fokus liegt jedoch nicht nur auf dem Wechsel, sondern auch auf der möglichen Weiterentwicklung oder einer Ausdifferenzierung einer bereits festgeschriebenen Strategie, gleichwohl wird auch das Aufgreifen eines Lösungsvorschlags dargestellt, falls dieser angenommen und akzeptiert wird. Auf eine detaillierte Beschreibung des Ablaufs wird an dieser Stelle weitestgehend verzichtet (detaillierte Beschreibungen finden sich in Abschnitt 7.2). Es erfolgt eine Kurzbeschreibung mit direktem Verweis auf die benutzten Strategien als Basis für die spätere Analyse und Ergebnisdarstellung.

7.4.1 Strategien: Teilaufgabe 1

Bei der Teilaufgabe 1 „Wie viele Kinder können in einem Fahrstuhl fahren?" sind die Kategorien mit Hilfe der Transkripte sowie der Einteilung in mathematische Kernphasen induktiv-deduktiv angelegt, da die Kategorien am Material entstehen, von den theoretischen Erkenntnissen aber nicht gänzlich zu trennen sind. In der rechten Spalte ist die jeweilige theoretische Zuordnung zur Theorie als Grundlage für die Analyse zu finden (vgl. Abschnitt 4.10).

7.4 Lösungsstrategien

Tabelle 7.4 Lösungsstrategien 1 – induktiv-deduktiv. (Eigene Darstellung)

Kategorie: A1 – Strategie 1
Direkter Vergleich (mental oder konkret) mit körpereigenem Messinstrument

Erläuterung	Subkategorien	Kodierregel	Ankerbeispiele	Theoriebezüge
Über das Betreten des Objekts und/oder eines Modells findet ein direkter Vergleich mit dem eigenen Körper als Messinstrument statt.	**A1-Str1a** Direkter Vergleich mit Komplett-Muster	Über das Aufstellen im Fahrstuhl mit dem eigenen Körper als Messinstrument wird ein komplettes Muster gebildet, um einen Repräsentanten zu ermitteln; beide Faktoren werden komplett nachgestellt	Gruppe I (TA 1a) Gruppe F (TA 1b)	Systematisches Probieren (Bruder, 2005; Bruder & Bauer, 2011; Schwarz, 2006; Stiller et al., 2021); Benchmark Comparison (u. a. Hildreth, 1983); Symmetrieprinzip (Bruder & Bauer, 2011; Stiller et al., 2021)
	A1-Str1b Direkter Vergleich ohne erkennbares Muster	Es ist kein Muster erkennbar.	Gruppe G (TA 1a und TA 1b)	–
	A1-Str1c Direkter Vergleich mit Teilmuster und mentaler Ergänzung	Es findet eine Aufstellung in Bezug auf einen Faktor oder beide Faktoren statt; das restliche Muster wird mental ergänzt	Gruppe E (TA 1a) Gruppe F (TA 1a)	Systematisches Probieren (Bruder, 2005; Bruder & Bauer, 2011; Schwarz, 2006; Stiller et al., 2021); Benchmark Comparison (u. a. Hildreth, 1983); Symmetrieprinzip (Bruder & Bauer, 2011; Stiller et al., 2021);

(Fortsetzung)

Tabelle 7.4 (Fortsetzung)

Kategorie: A1 – Strategie 1
Direkter Vergleich (mental oder konkret) mit körpereigenem Messinstrument

Erläuterung	Subkategorien	Kodierregel	Ankerbeispiele	Theoriebezüge
	A1-Str1a + Direkter Vergleich mit zwei Komplett-Mustern; Lösung über Mittelwert	Bei dem Vergleich werden zwei Komplett-Muster ausprobiert, um dann als Repräsentanten den Mittelwert zu nutzen	Gruppe H (TA 1a)	Systematisches Probieren; Benchmark Comparison); Symmetrieprinzip (Autoren s. o.) Extremalprinzip (Bruder, 2000; Sewerin, 1979)

Kategorie: A1 – Strategie 2
Schätzung zur Ermittlung eines Repräsentanten

Erläuterung	Subkategorien	Kodierregel	Ankerbeispiele	Theoriebezüge
Es werden Schätzungen ohne erkennbare Stützpunkte vorgenommen	**A1-Str2x** Schätzen ohne erkennbare Vergleiche	Schätzungen ohne erkennbares Nutzen von Stützpunktvorstellungen bzw. ohne das explizite Benennen von Stützpunkten und/oder ohne explizite Bezüge zu vorherigen Äußerungen; häufige Signalwörter: „vielleicht" und „ich glaube"	TransF – Z64: F2: Ich glaube, 15 [lässt die rechte Hand flach auf den Tisch fallen] oder (..) 20? TransG – Z318: G1: Ich glaube so 16.	(Systematisches) Probieren (Bruder, 2005; Bruder & Bauer, 2011; Schwarz, 2006; Stiller et al., 2021)

(Fortsetzung)

Tabelle 7.4 (Fortsetzung)

Kategorie: A1 – Strategie 3
Schätzungen zur Ermittlung eines Repräsentanten mit Hilfe von Vergleichen und Stützpunkten

Erläuterung	Subkategorien	Kodierregel	Ankerbeispiele	Theoriebezüge
Über das Nutzen von Vorstellungen/ Stützpunkten wird ein Repräsentant über eine Schätzung ermittelt; es finden mentale Vergleiche statt	**A1-Str3a** Schätzen über Vergleiche mit einer bekannten Größe	Schätzungen über konkret benannten Vergleichswert; z. B. Klasse, Gruppengröße	TransE – Z105: E1: Ich würde sagen, ei-, unsere ganze, ich würde sagen, unsere komplette Klasse würde in einen Fahrstuhl passen, ohne Lehrer. (.) In den Großen	(Systematisches) Probieren (Bruder, 2005; Bruder & Bauer, 2011; Schwarz, 2006; Stiller et al., 2021)
	A1-Str3b Schätzen über Vergleich mit Stützpunkt	Zum Vergleichen werden bekannte Stützpunkte zur Personenangabe benutzt; z. B. ein bereits benutzter oder bekannter Fahrstuhl	TransG – Z122: G4: Bei uns im Haus passen in den kleinen Fahrstuhl sechs Leute.	Systematisches Probieren(Bruder, 2005; Bruder & Bauer, 2011; Schwarz, 2006; Stiller et al., 2021); Analogieschluss
	A1-Str3c Schätzen über eine Ordnungsrelation mit dem Repräsentanten; das bekannte Objekt wird für den Vergleich als Stützpunkt genutzt	Annahme eines Wertes für R(gF) oder R(kF) über Ordnungsrelation; z. B. so groß wie… größer als… kleiner als… mehr als…doppelt… halb so viel; Fast-Verdopplungen 2xR(kF) ≠ R(gF) / Verdopplungen (2 × R(kF) = R(gF) / Halbierungen R(gF): 2 = R(kF)	TransG – Z287: G3: Ja, weil // das ist ja größer // als das. TransF – Z236: F4: Das war ungefähr (.) vielleicht die Hälfte.	Analogieschluss (Bruder & Bauer, 2011; Polya, 1948; Schukajlow, 2011); Extremalprinzip (Bruder, 2000; Sewerin, 1979)

(Fortsetzung)

Tabelle 7.4 (Fortsetzung)

Kategorie: A1- Strategie 4
Nutzen von Hilfsmitteln als direkte Vergleiche

Erläuterung	Subkategorie	Kodierregel	Ankerbeispiele	Theoriebezüge
Über das Benutzen von Hilfsmitteln werden direkte (mentale) Vergleiche gezogen	**A1-Str4a** Fotos	Direkter mentaler Vergleich mit Hilfe von Fotos der beiden Fahrstühle	TransG – Z 319: G1: Ich würd' so sagen nach Aussehen würden da 15 Kinder rein passen, nach Aussehen, (.) das im Bild ist. TransI – Z153: I2: / Ich glaube 18, hier [zeigt auf das Foto des großen Fahrstuhls] /	Heuristisches Hilfsmittel (Bruder & Bauer, 2011)
	A1-Str4b Fotos und Finger	Gedankliche Unterteilung mit Hilfsmittel „Finger/ Fingerspanne" als (unkonventionelles) Messinstrument	TransE – Z98: [...] E2 tippt darauf mit der Fingerspanne auf die Fotos] [...]	Heuristisches Hilfsmittel (Bruder & Bauer, 2011); Decomposition/Recomposition (u. a. Hildreth, 1983)
	A1-Str4c Gewichts- und Personenangaben	Über Angaben zu Gewichts- und Personenbegrenzungen wird ein Repräsentant ermittelt (diese können auf Angaben im Fahrstuhl vor Ort oder anderer bekannter Fahrstühle basieren); (in Abgrenzung zu Strategie A1-Str3b)	TransG – Z111: G2: [...] Da konnten nur sechs Leute rein. Und wenn dann eben mehr drinne wären, dann wäre da die Gewichtsgrenze überschritten [...]	Heuristisches Hilfsmittel (Bruder & Bauer, 2011); Extremalprinzip (Bruder, 2000; Sewerin, 1979)

(Fortsetzung)

7.4 Lösungsstrategien

Tabelle 7.4 (Fortsetzung)

Kategorie: A1- Strategie 4
Nutzen von Hilfsmitteln als direkte Vergleiche

Erläuterung	Subkategorie	Kodierregel	Ankerbeispiele	Theoriebezüge
	A1-Str4d Zeichnung	Vorschlag, eine Zeichnung vom Fahrstuhl anzufertigen	TransG – Z381: G2: Hm. Erstmal, glaub' ich, die Größe aufschreiben, vom Fahrstuhl und dann, mal so gucken, dass man mit der Größe zum Beispiel, hier so 'n Fahrstuhl [zeigt auf die Abbildungen], in dieser Größe zeichnen könnte [...]	Heuristisches Hilfsmittel (Bruder & Bauer, 2011)

Kategorie: A1 – Strategien 5 bis 9
Sonstige, weitere Strategien

Erläuterung	Kategorie	Kodierregel	Ankerbeispiele	Theoriebezüge
Sonstige, weitere Strategien, die zum Lösen der Aufgabe vorgeschlagen werden	**A1-Str5** Das Objekt wird als Modell nachgestellt	Mit Hilfe der Maße wird der Fahrstuhl ausgemessen und nachgestellt (Verknüpfung mit Strategien A1-Str1 und A1-Str 6)	TransH – Z169: H2: Also eigentlich, wir tun jetzt so als ob, das hier der Fahrstuhl wär' [beschreibt mit der Hand die Grenzen des Fahrstuhls] und hier noch ein steht //	(Systematisches) Probieren (u. a. Bruder, 2005)

(Fortsetzung)

Tabelle 7.4 (Fortsetzung)

Kategorie: A1 – Strategien 5 bis 9
Sonstige, weitere Strategien

Erläuterung	Kategorie	Kodierregel	Ankerbeispiele	Theoriebezüge
	A1-Str6 Verweis auf Nutzung der Maßangaben	Die Maßangaben zur Grundfläche des Objekts erfasst und genutzt, um einen Repräsentanten zu ermitteln; zu den Maßangaben zählen die Längenangaben (nicht das Gewicht), dazu gehört auch, den Fahrstuhl auszumessen. (Verknüpfung mit A1-Str5 und A1-Str1 möglich)	TransE – Z57: E4: / Wenn wir das messen [...]	–
	A1-Str7 Alternativvorschläge	Alternative, unkonventionelle Vorschläge zur Lösung der Aufgabe.	TransE – Z111: E1: // E4, wir können uns ja hinlegen und er kann / die Kinder werden gestapelt.	–
	A1-Str8 Nachfragen	Durch explizites Nachfragen werden weitere Optionen zur Lösung herangezogen.	TransE – Z150: E4: Weißt du das?	–
	A1-Str9 Rechnen	Es wird der Vorschlag gemacht zu rechnen, wobei nicht näher spezifiziert wird, womit oder was gerechnet wird.	TransE – Z86: E4: Da muss man rechnen halt [...] TransH – Z119: H2: Also, dann müssen wir's [...] irgendwie ausrechnen.	Heuristisches Hilfsmittel: Lösung über einen Algorithmus (Rott, 2013)

7.4 Lösungsstrategien

Gruppe E

Bereits in der Eröffnungsphase sind bei der Gruppe E Hinweise auf Lösungsstrategien für realitätsbezogene Probleme erkennbar: Neben der direkten Formulierung der Teilaufgabe 1 und einer damit einhergehenden Bedingung (TransE – Z41) werden Vergleichswerte genannt (TransE – Z21), Stockwerke werden gezählt (TransE – Z18), Vorwissen wird eingebracht (TransE – 22) und es wird ein Problemlöseansatz formuliert, der das „Problem" (Warum sind wir nicht mit dem Fahrstuhl gefahren?) pragmatisch löst, aber auch konkrete Hinweise auf eine mathematische Lösung zulässt (TransE – Z32).

```
E4 [nimmt Hand vor dem Mund weg]: Warum haben wir nicht die Großen
benutzt? Und dann kommt erst zwei Klass-, äh, eine Klasse, eine kommt
wieder runter und geht weiter [bewegt den rechten Arm mehrmals auf und
ab]. (..) // Können wir ja teilen.// (TransE - Z32)
```

Nach der konkreten Nennung der Fahrstuhl-Aufgabe folgt die Erfassung beider Teilaufgaben (TransE – Z41 und TransE – Z45), woraufhin E4 einen konkreten Lösungsvorschlag macht:

```
E4: / Wenn wir das messen [öffnet die Handflächen]. (TransE -
Z57)
```

Die Begehung vor Ort, mit Hilfe der Strategie A1-Str1c „Direkter (mentaler) Vergleich mit Körpermaßen – Teilmuster", führt zum Ergebnis R(kF) = 15.

Für die Aufgabe „Wie viele Kinder passen in einen großen Fahrstuhl" (Ermittlung eines Repräsentanten R(gF)) ist in der Gruppe E folgender Verlauf nachzuzeichnen: Durch die Initiierung von I (TransE – Z81, Z83) wird der Blick auf das Hilfsmittel Fotos gelenkt, die von E4 zur Nutzung einer Schätzung des Relationswertes angenommen werden (A1-Str4a) (A1-Str3c) (TransE – Z84). Des Weiteren folgt von E4 ein Verweis auf die Strategie „Rechnen" (A1-Str9) (TransE – Z86). Dies bleibt vorerst ergebnislos und führt zu der Frage, ob es vielleicht doch eine Möglichkeit geben könnte, einen großen Fahrstuhl anzugucken (A1-Str8) (TransE – Z93). Die Fotos werden nun unter Zuhilfenahme der Finger als mentales Messwerkzeug genutzt (A1-Str4b) (TransE – Z98, Z99, Z101), gleichwohl liegt die Strategie „Schätzen ohne erkennbaren Vergleichswert" bei E2 und E3 vor (A1-Str2x) (TransE – Z99). E4 verfolgt ihren Ansatz über die Relation mit einem Vergleichswert des kleinen Fahrstuhls (A1-Str3c) (TransE – Z100, Z102), während E1 den Vergleichswert „Eigene Klasse" nutzt (A1Str3a) (TransE – Z105), was zur Formulierung einer Bedingung führt (TransE – Z106).

Das Nachfragen, in Kombination mit einem Schätzwert von E2 (A1-Str2x, A1-Str8), zieht einen weiteren Alternativvorschlag von E1 nach sich (A1-Str7) (TransE – Z111, Z114, Z115), was von E4 aufgegriffen, aber wieder verworfen wird. E2 benennt dann mit Hilfe der Fotos die Zahl 21 (A1-Str4a) (TransE – Z116, Z118), was in der Gruppe nicht weiter beachtetet wird, da sich das Gespräch noch um den Alternativvorschlag von E1 dreht. Es folgen Schätzungen mit Hilfe von „ungefähr", „oder", „ich weiß nicht" oder weiteren fragenden Formulierungen und Konjunktivsätzen (A1-Str2x) (TransE – Z119–225) – vorerst ohne erkennbaren Bezug (TransE – Z128–130). E3 stützt den eigenen Vorschlag mit einem Relationsvergleich (A1-Str3c) (TransE – 131); E1 und E4 verweisen auf die Fotos (A1-Str4a), bevor ein erneuter Übergang von E4 zur Strategie des Schätzens mit einem Vergleichswert vorgenommen wird (A1-Str3c) (TransE – Z136). Am Ende dieser Gesprächsphase legt die Gruppe den Wert von R(gF) mit Hilfe der Strategie „Schätzen" fest (A1-Str2x) (TransE – Z138, Z140–Z142).

Zusammenfassung Gruppe E:
Die Kinder der Gruppe E modellieren bereits vor der Aufgabenstellung und stellen Nachfragen zum Fahrstuhl (initiiert von I durch den Verweis auf eine Aussage von E1 bei der Ankunft, vgl. TransE – ab Z3). Das sich daraus entwickelte Gespräch zeigt bereits die Relevanz und auch die Authentizität der Aufgabenstellung für die Kinder: Sie können sich damit identifizieren.

Der Repräsentant R(kF) wird mit einem unkonventionellen, nicht normierten, körpereigenem Messinstrument vorgenommen. Die Gruppe stellt sich im Fahrstuhl auf und das vorgeschlagene Muster wird mental vervollständigt. Dabei wird das Symmetrieprinzip genutzt; es werden Musteranalogien gebildet (Bruder & Bauer, 2011); die gleichbleibende Anordnung der Elemente bleibt bestehen (Stiller et al., 2021) (Abbildung 7.16).

7.4 Lösungsstrategien

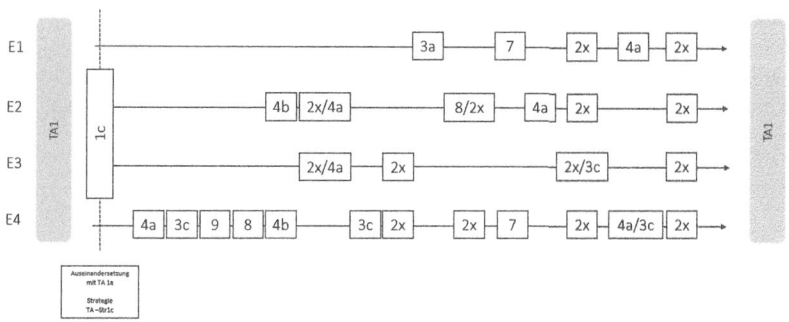

Abbildung 7.16 Gruppe E Prozess Teilaufgabe 1. (Eigene Darstellung)

Anhand der grafischen Darstellung ist die Dichte der benannten Strategien von E4 offensichtlich. Als finale Strategie ist A1-Str2x kodiert, da die Kinder am Ende den Repräsentanten schätzen, was nach Bruder (2005), Bruder und Bauer (2011), Schwarz (2006) sowie Stiller et al. (2021) als Systematisches Probieren definiert ist, da geeignete Schätzwerte von den Kindern genannt werden. Dies kann nicht losgelöst vom Prozess gesehen werden. Eine Korrelation mit den Strategien A1-Str4a und A1-Str4b wird deutlich (Nutzung von heuristischen Hilfsmitteln), ebenso wie die wiederholten Bezüge zu R(kF). Die strukturelle Gemeinsamkeit der Fahrstühle führt zu einem Analogieschluss für ein bereits bekanntes Problem, es greift somit der Heurismus der Affinität (Stiller et al., 2021). Zudem wird der Repräsentant R(kF) sehr konkret wiederkehrend genannt: Über das Nutzen des bereits ermittelten Wertes für R(kF) wird der Analogieschluss deutlich (vgl. Bruder & Bauer, 2011; Pólya, 1948; Schukajlow, 2011). Das bereits gelöste Problem liefert einen Lösungsansatz für die neue Problemstellung. Besonders E4 lässt diese Analogien einfließen, während E2 und E3 stärker heuristische Hilfsmittel nutzen. Die alternative Strategie von E1 findet keinen Weg.

Die Dichte und die Korrelation der Strategien A1-Str2x mit A1-Str4a, A1Str-4b und A1-Str3c führen zum dem Schluss, dass für die final angenommene Schätzung sowohl die heuristischen Hilfsmittel als auch der Analogieschluss als Basis genutzt werden, sodass an dieser Stelle übergeordnet von einer *Bausteinstrategie* gesprochen wird, bei dem die einzelnen Strategien sich zu einer komplexen Lösung zusammenfügen.

Gruppe F

Während die Gruppe die Teilaufgaben modifiziert, werden von zwei Gruppenmitgliedern Schätzungen abgegeben (A1-Str2x): F3 vermutet, dass zehn Leute in einem großen Fahrstuhl mitfahren können (TransF – Z48), Schätzung von F2 liegt bei 15 oder 20.

```
F2: Ich glaube, 15 [lässt die rechte Hand flach auf den Tisch fallen]
oder (..) 20? (TransF - Z64)
```

Die Äußerungen der beiden bleiben unkommentiert, da sich die Gruppe erst der Teilaufgabe 1a unter Nutzung der Strategie „Direkter Vergleich mit körpereigenem Messinstrument" zuwendet. Der Wert von R(kF) = 20, der über das Muster 4×5 mit einem Teilmuster und mentaler Ergänzung festgelegt wird (A1-Str1c), wird im Anschluss aufgrund der Enge im Fahrstuhl kontrovers diskutiert, woraufhin der Vorschlag von F1 zu R(kF) = 16 folgt (TransF – Z79). Es entsteht eine Diskussion mit Werten zwischen 13 < R(kF) < 20; die Uneinigkeit bleibt vorerst bestehen.

Nach der als vorläufig anzusehenden Annahme für R(kF) = 20 setzt die Gruppe F sich mit dem großen Fahrstuhl auseinander, indem sie die Strategie „Schätzen über die Relation mit dem Vergleichswert" (A1-Str3c) mit Hilfe der Fotos (A1-Str4a) nutzt. Wenngleich in Bezug auf R(gF) eine Uneinigkeit besteht, ist der Bezug deutlich erkennbar.

```
F1 und F2: [zeigen gleichzeitig auf das Foto vom großen Fahrstuhl und reden
gleichzeitig] Das ist größer. (TransF - Z116)
F4: Auf jeden Fall. Der war ja halb so groß wie der. Und / Also /(TransF -
Z119)
```

F4 nutzt die Klassifizierung über die Hälfte / das Doppelte, verweist auf die Fotos sowie die Maße und das fehlende Realmodell; er kombiniert die Strategien A1-Str3c, A1-Str4a, A1-Str5, A1-Str1a und A1-Str6 (TransF – Z123).

```
F4: Ich glaub', der ist größer. Doppelt mein ich / [zeigt mit der
rechten Hand auf das Foto des großen Fahrstuhls]. Ungefähr. [guckt
zu I] (..) Man könnte es so herausfinden, wenn man jetzt weiß, wie
breit und sowas könnte man uns abmessen. Wie breit halt. (.) Und (.)
ja (.) dann hätt' man es (.) vielleicht. (TransF - Z123)
```

7.4 Lösungsstrategien

Sein Vorschlag wird angenommen, ab Zeile 128 folgt mit Hilfe der Maße (A1-Str5) das Nachstellen des Modells vor Ort (A1-Str6). F1, F2 und F3 stellen sich auf und halten den Zollstock waagerecht vor die Körpermitte. F1 deutet die Skalierung (TransF – Z146), während F4 die Organisation und die Anweisungen übernimmt (TransF – Z147). Es folgt ein sehr pragmatischer Ansatz und konkreter Lebensweltbezug durch den Verweis auf ein „Quetschen" im Fahrstuhl: Die Kinder sind in der Lage, eine nachgestellte Modellsituation mit einem Realmodell in Verbindung zu bringen und Gegebenheiten aus der Realität einzubinden (TransF – Z158), was in ähnlicher Form bei der Stau-Aufgabe von Peter-Koop (2003) bezüglich der zu berücksichtigen Abstände zwischen den im Stau stehenden Autos zu sehen ist.

Folgende Aspekte sind bei der Kombination von A1-Str5 und A1-Str6 zu beobachten: Die Nutzung von Stützpunktvorstellungen (TransF – Z123), die Nutzung von Kenntnissen über das Verwenden eines konventionellen Messinstrumentes sowie die Kenntnis der Skalierung (TransF – Z146, Z174), die Festlegung eines Musters für die Aufstellung (immer 3 bzw. 4 Kinder in einer Reihe) (TransF – Z164), der Konsens, dass es sich dabei um eine „Schätzung" mit einem Näherungswert handelt (TransF – Z177) und die Verbindung mit den Gegebenheiten in einem realen Fahrstuhl (TransF – Z147, Z158).

Nachdem für das Realmodell vor Ort nur ein Teilmuster mit mentaler Ergänzung genutzt wurde (A1-Str1c), erfolgt das Nachstellen des Realmodells hier unter Nutzung der Strategie A1-Str1a; F4 nutzt die Fachbegriffe „Spalte" (TransF – 191) und „Zeile" (TransF – Z203), um das Muster deutlich zu machen. Auch in der sich anschließenden Diskussion (TransF – Z191–195) und der abschließenden Einigung (TransF – Z196–Z201) ist eine Kombination der Strategien A1-Str5 und A1-Str6 die Basis. Der Repräsentant R(gF) wird mit 20 festgelegt (TransF – Z214), dabei handelt es sich um einen Näherungswert (TransF – 211). Der Strategiewechsel (A1-Str1c zu A1-Str1a) kann mit dem Zeitfaktor zusammenhängen, kann aber auch ein Anzeichen für die Lösung der Unstimmigkeit in Bezug auf R(kF) sein. Aufgrund der neuen Erkenntnisse findet ab Zeile 232 eine Rückkehr zur Teilaufgabe 1a statt, um den Wert für R(kF) zu korrigieren. Es wird die Frage nach den Längenmaßen gestellt (A1-Str6) und die Strategie A1-Str3c angesprochen. Der Verweis auf die Fotos (A1-Str4a) führt zu Schätzungen ohne erkennbaren Vergleich (A1-Str2x) und bezieht sich auf den Stützpunkt (A1-Str3c).

```
F4: Das war ungefähr (.) vielleicht die Hälfte. (TransF - Z236)
```

In dem folgenden Gespräch (ab TransF – Z239) wird die Unstimmigkeit bezüglich des kleinen Fahrstuhls sehr deutlich. F3 und F4 diskutieren, der Tonfall ändert sich (TransF – Z254). F3 schätzt, nutzt die Fotos und stellt den Vergleich zum Repräsentanten R(gF) her; F4 fokussiert sich ebenfalls auf R(gF) und nutzt das Hilfsmittel der Fotos für die Argumentation. Den Konflikt zwischen F3 und F4 löst F1 in Zeile 257, indem sie den Repräsentanten R(kF) über eine Schätzung festlegt (A1-Str2x), was F3 und F4 bestätigen.

Zusammenfassung Gruppe F:
Auch Gruppe F startet mit dem Symmetrieprinzip (Bruder & Bauer, 2011; Stiller et al., 2021)und probiert, über ein Muster vor Ort mit körpereigenen Messinstrumenten einen Repräsentanten zu ermitteln. An dieser Stelle ist der Wechsel von einem Teilmuster bei Teilaufgabe 1a hin zum Nachstellen eines Realmodells für Teilaufgabe 1b unter Nutzung des Komplettmusters interessant. Das Nachstellen eines Realmodells findet im abgeleiteten Kategorienmodell kein direktes Äquivalent. Wenngleich eine Nähe zum Systematischen Probieren gegeben ist, ist diese heuristische Strategie zu ergänzen. Bemerkenswert ist die Dichte an Strategien, die zum Nachstellen des Modells führen: Neben dem Verweis auf Hilfsmittel folgt ein direkter Bezug über die Analogie zum kleinen Fahrstuhl.

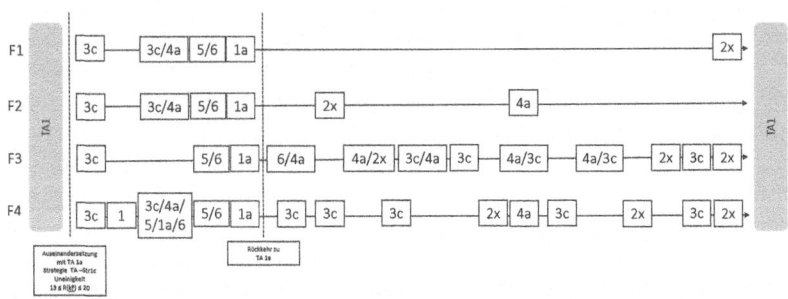

Abbildung 7.17 Gruppe F Prozess Teilaufgabe 1. (Eigene Darstellung)

Nachdem der Repräsentant R(gF) festgelegt ist, greifen sowohl die heuristische Strategie des Analogieschlusses (Bruder & Bauer, 2011; Pólya, 1948; Schukajlow, 2011) als auch das Invarianzprinzip (Bruder, 2005; Bruder & Bauer, 2011; Stiller et al., 2021). Wenngleich am Ende das Schätzen als systematisches Annähern an das Ergebnis steht (Bruder, 2005; Bruder & Bauer, 2011;

7.4 Lösungsstrategien

Schwarz, 2006; Stiller et al., 2021), darf nicht unbeachtet bleiben, was während des Prozesses abläuft und welche Determinanten zu dieser Schlussfolgerung führen: Neben den heuristischen Hilfsmitteln, sind das Realmodell, die gemeinsam geteilte Erfahrung, die Maßangaben und besonders die Analogieschlüsse zu nennen, die einen Bezug zwischen den beiden Repräsentanten herstellen. Die Gruppe arbeitet hier mit Hilfe der Kombination von Vorwärts- und Rückwärtsarbeiten (Bruder, 2005; Schukajlow, 2011): Zuerst wird R(kF) ermittelt, dann R(gF), um mit diesem Ergebnis zum R(kF) zurückzukehren und das Ergebnis zu ändern. Beginnend mit einzelnen Bausteinen ergibt sich eine *Reihenstrategie*, die stringent bearbeitet wird.

Gruppe G

Die dritte Gruppe wendet sich zuerst der Teilaufgabe 2 zu, bevor eine Auseinandersetzung mit Teilaufgabe 1 erfolgt (ab TansG – Z105). Zunächst ist die Strategie A1-Str2x für alle vier Gruppenmitglieder kodiert (TransG – Z107 bis Z110). G2 ergänzt diesen Einstieg mit einem Vergleichswert und dem Verweis auf das zulässige Gesamtgewicht für Fahrstühle (TransG – Z111) – er schätzt mit Hilfe eines bekannten Stützpunktes sowie mit den Gewichtsangaben (A1-Str2x, A1-Str3b, A1-Str4c).

```
G2 [von G1 zu I guckend]: Oder sechs? [reckt den rechten Zeigefinger] Für
mich ist das immer nur (unv.) bei den Fahrstühlen meiner (unv.) da gab es
auch einen großen und einen kleinen. Der große da passt / da konnten acht
Leute rein. Dann. Sonst wäre die Ge / die Gewichtsgrenze überschritten
[streift mit Zeigefinger über den Tisch]. Es gibt eine. Und es gibt einen.
Und es gab den kleinen. Da waren se /. Da konnten nur sechs Leute rein. Und
wenn dann eben mehr drinne wären, dann wäre da die Gewichtsgrenze über-
schritten [beugt seinen Kopf wieder auf die Handfläche]. (TransG – Z111)
```

Die Strategie „Schätzen über Vergleiche mit Stützpunkt" wird von G3 und G4 aufgegriffen; zum einen werden auf Fahrstühle im Einkaufszentrum (TransG – Z115), zum anderen auf den Fahrstuhl im eigenen Wohnhaus verwiesen (TransG – Z119, Z122); beides jeweils unter Nennung konkreter Repräsentanten. Die Überlegungen von G3 werden unterbrochen und es folgt eine Rückkehr zur Strategie „Schätzen ohne erkennbare Vergleiche" (TransG – Z126, 128). Dies führt zu einem Abbruch, die Gruppe beschäftigt sich erneut mit Teilaufgabe 2, bevor der kleine Fahrstuhl vor Ort besichtigt wird. Für den Repräsentanten R(kF) wird zuerst die Strategie A1-Str1b genutzt, anschließend wird von G2 eine Reduktion vom Repräsentanten R(kF) von 12 auf 10, mit Verweis auf die Personen- und Gewichtsangaben im Fahrstuhl, vorgenommen (StrA1-Str4c).

Zurück im Seminarraum folgt eine Schätzung von G1 mit Verweis auf die unterschiedlichen Größen der Fahrstühle (StrA1-Str3c) (TransG – Z244); die Fotos (TransG – 245) nutzt G2 in Kombination mit den Gewichtsangaben (A1-Str4a und A1-Str4c) (TransG – Z246). G1 und G3 steigen darauf ein, es wird ein weiterer Stützpunkt genannt (TransG – Z249, Z250, Z252), bevor eine Rückkehr zur von G2 forcierten Strategie A1-Str4c erfolgt. G3 startet einen Versuch des Vergleichens mit einem bekannten Fahrstuhl (A1-Str3b) (TransG – Z258), G2 bleibt jedoch bei seiner Strategie und bemängelt das Fehlen der Angaben auf den Fotos (A1-Str4c) (TransG – Z270). Während G4 auf die Fotos als Hilfsmittel zurückgreift (A1-Str4a) (TransG – Z271), nennt die Interviewerin als Impuls die Längenangaben für den großen Fahrstuhl (TransG – Z279). G2 verknüpft diese Angaben mit dem Vergleichswert für den kleinen Fahrstuhl (A1-Str6; A1-Str3c) (TransG – Z281), was G3 (TransG – Z283) und G4 (TransG – Z289) aufgreifen, bevor eine Rückkehr zur Strategie A1-Str4c durch G2 und G3 erfolgt, was G2 anschließend mit Strategie A1-Str1 und Strategie A1-Str4a verknüpft. Dieser schnelle Wechsel mehrerer Strategien setzt sich fort: Es sind Verweise auf die Gewichtsangaben zu erkennen (TransG – Z293 bis Z299). G2 nennt einen Alternativvorschlag (A1-Str7), bevor G3 und G1 erneut schätzen (A1-Str2x), G1 verweist im Anschluss auf die Fotos (A1-Str4a) (TransG – Z318). Des Weiteren nennt G2 „Ausmessen" als eine weitere Option, was zum Nachstellen eines Realmodells vor Ort führt (A1-Str5, A1-Str6), wobei dem Messinstrument eine zusätzliche Funktion zugeschrieben wird, ebenso interpretiert G1 das Modell „real":

```
G1: Irgendwie jetzt noch mehr Zollstöcke hätten, […]/ Vielleicht hätten wir
das dann so machen können, dann hätten wir vielleicht 'n ganzen Fahrstuhl aus
Zollstöcken bauen können. (TransG - Z329)
G1: Ich geh' jetzt in den Fahrstuhl rein [steigt pantomimisch in den "Fahr-
stuhl" ein]. (TransG - Z360)
G1: Kommt rein, kommt [Gruppe stellt sich zusammen in dem "Fahrstuhl" auf].
(TransG - Z362)
```

Das Nachstellen des Modells führt zu keinem Ergebnis, die Gruppe nutzt wie bereits bei Teilaufgabe 1a die Strategie „Direkter Vergleich ohne Muster" (A1-Str1b) ohne gemeinsam einen Repräsentanten zu benennen. Die Gruppe scheint unschlüssig, wie sie jetzt weitermachen soll, bis G2 als weiteres Hilfsmittel eine Zeichnung vorschlägt (A1-Str4d), was jedoch verworfen wird (TransG – Z383 bis 387). Schlussendlich legt G4 nach einer weiteren Unterbrechung zwecks Bearbeitung der Teilaufgabe 2 den Wert fest, mit dem im Anschluss die mathematische Lösung erfolgt (R(gF) = 13) (Abbildung 7.18 und 7.19).

7.4 Lösungsstrategien

> G4: / Wir denken jetzt ja das so (.)13,14 Leute in den großen Fahrstuhl passen (.) // und dann muss man das dann "mal-rechnen" (..) / (unv. Flüstern). (TransG - Z444)

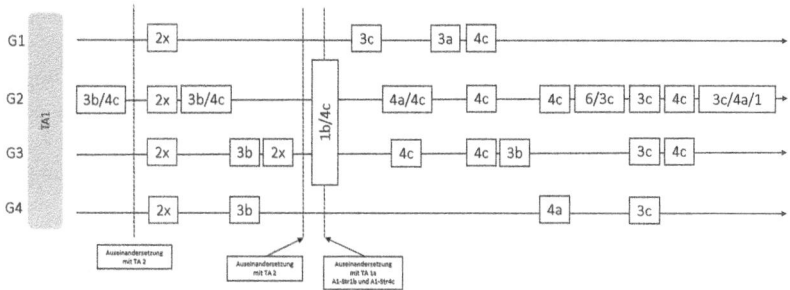

Abbildung 7.18 Gruppe G Prozess Teilaufgabe 1 – 1. (Eigene Darstellung)

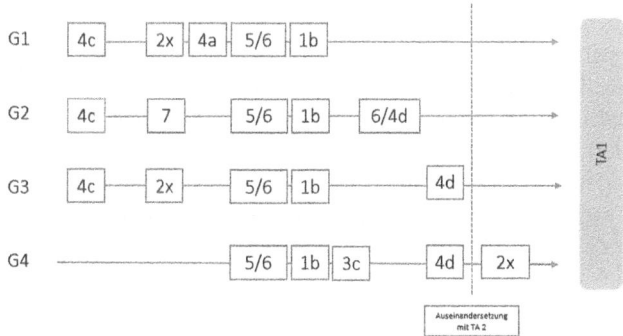

Abbildung 7.19 Gruppe G Prozess Teilaufgabe 1 – 2. (Eigene Darstellung)

Zusammenfassung Gruppe G:
Offensichtlich ist bei Gruppe G eine starke Varianz an Strategien, die vom (un-) systematischen Probieren, Suchraumeingrenzung über bekannte Stützpunkte bis zur Nutzung von Größenangaben für das Nachstellen eines Modells reichen, wobei auch heuristische Hilfsmittel eine Rolle spielen. Keine der genannten Strategien führt zu einem konkreten Ergebnis, dieses liefert das Kind G4 am

Ende der Berechnung im Modell, ohne konkret auf eine genutzte Strategie zu verweisen, wobei anhand ihrer Äußerungen vorher eine Korrelation zu bekannten Stützpunkten und eine Relation mit dem Vergleichswert R(kF) auszumachen sind; Bezüge zu dem Systematischen Probieren (Stiller et al., 2021) sowie zum Analogieprinzip (Bruder & Bauer, 2011; Pólya, 1948; Schukajlow, 2011) sind möglich. Dominat ist der immer wiederkehrende Bezug zu den Gewichtsangaben als wesentliches heuristisches Hilfsmittel. Dies führt aber ebenso wie das Nachstellen eines Modells zu keinem Ergebnis, gleichwohl hat bereits die Begehung des kleinen Fahrstuhls als Realmodell kein Ergebnis geliefert, mit dem weitergerechnet wird.

Es liegt somit eine Fülle an Strategien vor, die aber nicht konkret umgesetzt bzw. genutzt werden (können) und nebeneinander – quasi koexistent – als *Parallelstrategien* verlaufen.

Den Kindern fehlen die Mittel, um ihre parallelen Stränge zu verbinden – wenngleich die Ansätze da sind, brauchen sie Unterstützung. Wenn die Gruppe in eine solche Sackgasse gerät, greift sie auf heuristische Hilfsmittel zurück. Ansätze von G4 (zum Beispiel TransG – Z89), die argumentativ begründet sind, finden keinen Weg, was bei der Interaktionsanalyse aufzugreifen ist.

Gruppe H

Gruppe H startet mit der Bearbeitung von Teilaufgabe 2, bevor für die Teilaufgabe 1a der kleine Fahrstuhl vor Ort aufgesucht wird. Die Gruppe nutzt zwei verschiedene Komplettmuster, indem sie sich im Fahrstuhl aufstellen (3×4 Kinder und 4×4 Kinder). Auf Vorschlag von H1 wird der Mittelwert R(kF) = 14 festgelegt. Im Seminarraum wendet sich die Gruppe dem Repräsentanten des großen Fahrstuhls zu, nachdem I die Ergebnisse zusammengefasst hat (TransH – Z83) und die Kinder die Fotos erhalten haben.

```
H2: // Müssen die beiden vergleichen [greift zum Foto mit dem kleinen Fahr-
stuhl]. (TransH - Z97)
```

H2 schlägt die Strategie des Vergleichens des bereits festgelegten Relationswertes R(kF) (A1-Str3c) mit Hilfe der Fotos vor (A1-Str4a). H3 äußert, dass sechs Kinder in einem Fahrstuhl fahren könnten (TransH – Z100), schließt damit an den Ansatz von H2 an und verweist auf die Reihenaufstellung, die bei der Strategie für R(kF) genutzt worden ist. H2 fragt nach den Maßangaben (A1-Str6), während H3 darauf hinweist, dass Strategie A1-Str1 – das Ausmessen mit den Körpermaßen – aufgrund der Wartungs- und Reparaturarbeiten nicht möglich sei.

7.4 Lösungsstrategien

Dies führt zum nicht näher spezifizierten Vorschlag des Ausrechnens (A1-Str9). H2 schlägt das Ausmessen des eigenen Körpers vor (TransH – Z122), was von H3 ergänzt wird. Dies führt zu einer Verknüpfung der Strategien von A1-Str1, A1-Str5 und A1-Str6.

> H3: // wir könnten, wie breit wir so sind [zeigt von einem Schulterblatt zum Anderen] (.) und, und dann, äh, stellen wir uns, äh, so, also, hier, der ist ja [zeigt auf das Plakat mit den Maßen vom großen Fahrstuhl] so lang und da können wir uns messen, wie breit wir so sind und dann, äh, können wir uns da so hinstellen, vor der (.) oder hinter der (unv.). (.) [unv. flüstern von H2]. Also, wir können halt die Länge mit dem Maßband machen, können uns dahinter stellen (..) und äh, ja [H1 und H3 blicken zu H2]. (TransH – Z123)

H2 verweist auf eine Zeichnung mit verändertem Maßstab (A1-Str4d) (TransH – Z129), während die anderen Gruppenmitglieder starten, ein Modell für den großen Fahrstuhl auszumessen (A1-Str5, A1-Str6) (bis TransH – Z165). Unter Nutzung eines Messinstrumentes (Zollstock) erfolgt die Aufstellung anhand der Strategie A1-Str1a.

> H2: // Ja, jetzt müssen wir (..) da reinstellen [Gruppe steht auf und H1, H3 und H4 stellen sich in den "Fahrstuhl"; H2 ist am Tisch (außerhalb der Kamerasicht)]. Also, wir haben – (...) , aber da passen ja – noch – mehr – rein (fragend). [Gruppe steht nebeneinander aufgestellt] Oder wenn man so ganz locker steht, wir können ja sagen das, warte (..) hier // reinpassen. So, und dann geh'n (.) 'n Schritt vor / (TransH – Z166)

Für R(gF) wird der Wert von 25 festgelegt, wenngleich dieser im späteren Verlauf der Auseinandersetzung auf 24 reduziert wird (in Anlehnung an A1-Str1a +) (Abbildung 7.20).

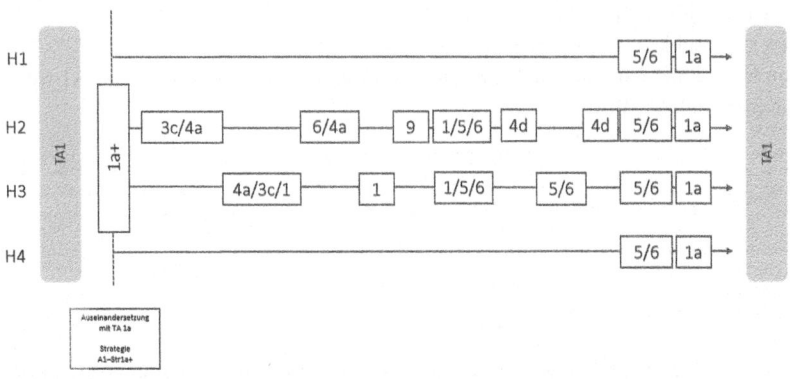

Abbildung 7.20 Gruppe H Prozess Teilaufgabe 1. (Eigene Darstellung)

Zusammenfassung Gruppe H
Die Gruppe nutzt über das systematische Aufstellen im Fahrstuhl zwei Teilmuster, d. h. zum einen nutzen sie das Symmetrieprinzip (Bruder & Bauer, 2011; Stiller et al., 2021) als Heurismus der Strukturnutzung, zum anderen helfen die beiden Teilmuster, zwei Extremwerte festzulegen, aus denen sie einen Mittelwert bilden, was auf das Extremalprinzip hinweist (Bruder, 2000; Sewerin, 1979). Für die Ermittlung des zweiten Repräsentanten nutzen sie den Vergleichswert über den Analogieschluss (Bruder & Bauer, 2011; Pólya, 1948; Schukajlow, 2011) mit einem heuristischen Hilfsmittel. Entscheidend für den zweiten Wert ist aber das Erstellen des Modells vor Ort, bei dem auch über das Symmetrieprinzip ein Wert ermittelt wird. Bemerkenswert ist bei dieser Gruppe, dass die letztendliche Dominanz des Modells mit dem Heurismus der Strukturnutzung von allen Gruppenmitgliedern geteilt wird, und der Prozess sehr stringent ist, was ebenfalls als *Reihenstrategie* definiert wird.

Gruppe I
Die Auseinandersetzung mit der Teilaufgabe 1 „Wie viele Kinder passen in einen Fahrstuhl?" beginnt mit zwei Schätzungen (TransI – Z110, TransI – Z111) durch die beiden Gruppenmitglieder I1 und I2, bevor die Verweise folgen, dass es bei den mitfahrenden Personen auf die Körperform ankommt (TransI – Z114, Z115) (erster Hinweis auf die Strategie A1-Str1). Bei der anschließenden Modellbildung schätzen die Kinder erst bei geöffnetem Fahrstuhl, probieren dann verschiedene Anordnungen aus, und entscheiden sich bei der Aufstellung des kompletten

7.4 Lösungsstrategien

Musters (3 × 3 Kinder) für R(kF) = 9 (A1-Str1a; Direkter Vergleich mit körpereigenem Messinstrument: Direkter Vergleich mit Komplett-Muster). Für den großen Fahrstuhl greift die Gruppe auf die Fotos zurück und vergleicht (A1-Str3c, A1-Str4a).

```
I3: // Wow, der sieht viel größer aus. (TransI - Z128)
I4: / Ungefähr das Doppelte. (TransI - Z132)
I2: / Also 18 [blickt zu I]. (TransI - Z135)
```

I nennt die Maße des großen Fahrstuhls (TransI – Z136), was in die Überlegungen von I2 einbezogen wird (A1-Str6), während I3 und I1 erneut auf die Fotos verweisen und I2 nachdrücklich an die Verdopplung und 18 als möglichen Repräsentanten erinnert (TransI – Z142). Während die Schätzungen von I1 mit Bezug auf die Fotos offensichtlich sind, nennen I3 und I4 zwei Werte ohne expliziten Bezug. I2 bezieht sich erneut auf den bereits ermittelten Wert für den kleinen Fahrstuhl mit Verweis auf die Fotos, bevor sich die drei Gruppenmitglieder auf die Strategie A1-Str3c einigen, ohne dabei zwischen einer Fast-Verdopplung und einer Verdopplung von R(kF) eine Lösung zu finden. Stattdessen wendet sich die Gruppe der Gesamtanzahl der Fahrstühle zu. Für das rechnerische Modell wird später R(gF) = 15 genutzt; die Strategie bleibt A1-Str3c, aber in Relation entsprich es einer Fast-Verdopplung (Abbildung 7.21).

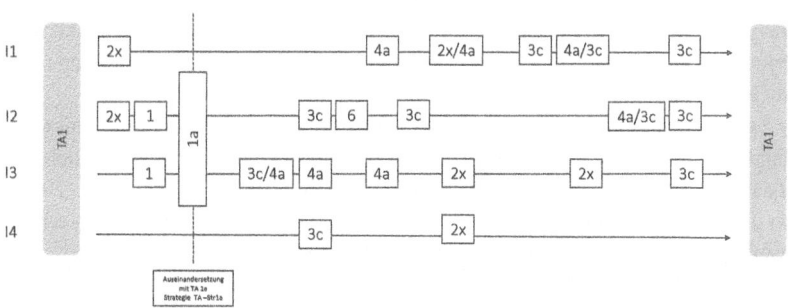

Abbildung 7.21 Gruppe I Prozess Teilaufgabe 1. (Eigene Darstellung)

Zusammenfassung Gruppe I
Die Gruppe beginnt mit Schätzungen ohne erkennbaren Vergleich und verweist schon vor Begehung des Fahrstuhls auf die jeweilige Körperform der Mitfahrenden. Bei der Begehung nutzen sie das Symmetrieprinzip (Bruder & Bauer, 2011;

Stiller et al., 2021). Bedingt durch den Wert für den Repräsentanten, werden zwar Schätzungen genannt, welche im Gesamtkontext zum einen auf die Nutzung der heuristischen Hilfsmittel (Bruder, 1988, 2005; Bruder & Bauer, 2011), aber vor allem auf das Analogieprinzip verwiesen (Bruder & Bauer, 2011; Pólya, 1948; Schukajlow, 2011). Wenngleich das Schätzen über die Ordnungsrelation mit dem Wert für R(kF) Uneinigkeit auslöst (Fast-Verdopplung oder Verdopplung), ist die Relation der wesentliche Faktor für die Bestimmung des weiteren Repräsentanten. Da für alle Repräsentanten die gleiche Konstante angenommen wird, greift auch hier das Invarianzprinzip (Bruder, 2005; Bruder & Bauer, 2011; Stiller et al., 2021). Insgesamt ist hier von einer *Differenzierungsstrategie* zu sprechen, da der Lösungsweg in Bezug auf eine Strategie immer weiter ausdifferenziert wird.

7.4.2 Erkenntnisse

Zusammenfassend ist festzuhalten, dass alle untersuchten Gruppen den direkten Vergleich mit Körpermaßen im Fahrstuhl als Ansatz mutzen, jedoch mit unterschiedlicher Umsetzung. Bei der Musterbildung werden Teilmuster gebildet und der Rest des Musters wird mental ergänzt (Gruppe E, Gruppe F), oder es werden Komplett-Muster gebildet (Gruppe I; Gruppe H, Gruppe F für TA 1b). Das Symmetrieprinzip, das von Bruder und Bauer (2011) sowie von Stiller et al. (2021) als gleichbleibende Anordnung von Elementen definiert ist, wird genutzt, um über eine Musterbildung einen Wert zu ermitteln, mit dem als Stützpunkt weitergearbeitet werden kann. Gruppe G nutzt diesen Ansatz, kann ihn aber nicht anwenden.

Das systematische Probieren, in Form von dem Durchführen einer konkreten Handlung, spielt eine Rolle, denn über das Nachstellen wird versucht, sich der Lösung zu nähern (Bruder, 2005; Bruder & Bauer, 2011; Stiller et al., 2021). An dieser Stelle greift für die vorliegenden Gruppen eine Differenzierung, da das Probieren bei den o.g. Autoren als systematisch beschrieben wird, durchaus aber auch als unsystematisches Probieren auftreten kann (siehe Gruppe G).

Abgesehen von den genannten Heurismen ist eine Differenzierung je nach Gruppe erkennbar, was sich auch in der Häufigkeit der Kodierungen mit Hilfe des Programms MaxQDA zeigt. Wenngleich eine Suchraumeingrenzung häufig über das Schätzen ohne erkennbaren Vergleich festzustellen ist, ist der Einsatz von heuristischen Hilfsmitteln als auch des Analogieprinzips im Gesamtzusammenhang deutlich zu erkennen.

Für Teilaufgabe 1b zeigt sich folgendes Bild: Gruppe E setzt auf heuristische Hilfsmittel und nutzt einen Analogieschluss. Gruppe F nutzt ebenfalls den

Analogieschluss, verwendet dies aber für ein systematisches Probieren in Form eines weiteren Modells, wobei die Invarianz genutzt wird, um einen Stützpunkt zu ermitteln, um anschließend eine Kombination aus Vorwärts- und Rückwärtsarbeiten anzuwenden (Bruder, 2005; Schukajlow, 2011). Den Weg von Gruppe F nutzt auch Gruppe H, indem sie ein Modell nachstellt (systematisches Probieren) und über den Heurismus der Strukturnutzung einen Wert ermittelt. Gruppe I nutzt ebenfalls verstärkt die Analogiebildung und das Invarianzprinzip.

Zusammenfassend ist die Bedeutung der heuristischen Hilfsmittel zu betonen, die als Bezugsgröße, aber auch als Lösungshilfe und Lernhilfe dienen. Auch der Analogieschluss dominiert die Auseinandersetzung immer wieder: Die gemeinsame geteilte Erfahrung vor Ort spielt dabei eine zentrale Rolle. Alle Kinder erkennen dabei für die Teilaufgabe 1 gemäß dem Invarianzprinzip, dass eine einmal festgelegte, unveränderbare Konstante für alle weiteren gleichen Objekte angenommen werden kann. Besondere Bedeutung sind auch den Schätzungen zuzuschreiben, die beim systematischen Probieren nach Bruder (2005) zu verorten sind, aber für die Anwendung weiter ausdifferenziert werden sollten. In diese Kategorie fällt das Nachstellen eines Modells, da dabei spezifiziert werden muss, um als heuristische Strategie – vor allem für den Primarbereich – beschrieben zu werden und angemessen unterstützt werden zu können, da dieses Vorgehen nicht zwingend zum Erfolg führt (siehe Gruppe G). Unterstützungsbedarf zeigt sich auch in der sprachlichen Ausgestaltung, da gerade im Bereich der Schätzungen kaum Argumentationen erkennbar sind, was für die Interaktionsanalyse bedeutsam ist. Bestätigt wird an dieser Stelle die Aussage von Stiller et al. (2021, S. 250), dass kein Heurismus in Reinform, sondern synchron und sukzessiv vorkommt. Folglich kann bei der Darstellung die Dominanz einzelner Heurismen nicht losgelöst vom Prozess gesehen werden, da der Weg nicht nur eröffnet, wie viele Lösungswege vorhanden sind, sondern auch Rückschlüsse auf die Prozessgestaltung zulässt. Die genannten Prozesse werden für diese Arbeit übergeordnet als Bausteinstrategie, Reihenstrategie, Parallelstrategie und Differenzierungsstrategie bezeichnet.

7.4.3 Strategien: Teilaufgabe 2

Anhand der Modellierungskreisläufe zeigt sich bereits, dass sich die Teilaufgabe „Wie viele Kinder können in einem Fahrstuhl fahren?" mit Hilfe der Merkmalsunterscheidung („groß" versus „klein") in zwei weitere Teilaufgaben zergliedern lässt, die die Gruppen meist nacheinander vorwärts bearbeiten. Diese Stringenz ist bei der Teilaufgabe „Wie viele Fahrstühle gibt es insgesamt?" nicht gegeben; die

Kinder differenzieren an dieser Stelle sehr heterogen (vgl. dazu auch die Ausführungen in Abschnitt 7.3). In der folgenden Tabelle ist das Kategorienmodell für diese Aufgabe veranschaulicht und mit Hilfe von Ankerbeispielen und Verweisen zur Theorie verknüpft.

Gruppe E
Am Anfang der Bearbeitung erfolgt die Erinnerung an die Teilaufgabe durch I, da E1 diese bereits zu Beginn der Arbeitsphase genannt hat (TransE – Z148). Erste Vorschläge zielen auf Nachfragen (A2-Str3) (TransE – Z150) und eine Begehung des gesamten Gebäudes mit Auszählung (A2-Str4b) (TransE – Z152) ab, wobei Kind E1 seine Gedanken weiter ausdifferenziert und eine Auseinandersetzung mit dem Gebäudeplan, um die Fahrstühle zu zählen, anregt (TransE – Z154), was E4 bestätigt (A2-Str1a). Die weiteren Überlegungen zur Beantwortung der Frage führen zu einer intensiven Auseinandersetzung mit dem Gebäudeplan (TransE – Z159–Z168). Die Strategie A2-Str1a wird von E4 und E2 genutzt; eine weitere Ausdifferenzierung nach Größe der Fahrstühle findet durch E1 statt (A2-Str1b, TransE – Z172). E2 und E4 nehmen dies an und bestätigen mit Gesten und einem „OK" (TransE – Z175). Der Verweis auf „Rechnen" (A2-Str10) lässt an dieser Stelle offen, was gerechnet werden muss/soll. Währenddessen erweitert E1 „seine" Strategie um A2-Str1c; er differenziert somit zwischen den Stellen auf dem Gebäudeplan mit jeweils zwei kleinen Fahrstühlen sowie einer Kombination aus großem und kleinem Fahrstuhl. E4 schlägt vor, die Stationen mit zwei großen Fahrstühlen zu zählen (TransE – Z177). Diese nicht existente Kombination wird nicht bemerkt, stattdessen leitet sie selbst zur Strategie A2-Str7 über, indem sie die Strategie A2-Str1b direkt mit einem mathematischen Algorithmus verknüpft: Sie addiert die beiden bereits festgelegten Repräsentanten $R(gF)$ und $R(kF)$ aus der vorherigen Teilaufgabe für jede Station mit einem kleinen und großen Fahrstuhl: $R(kF) + R(gF) = 15 + 20 = 35$ (Summe der Addition der beiden Repräsentanten). Diese Vorgehensweise ist aus dem weiteren Verlauf des Gesprächs und unter Berücksichtigung vorheriger Ergebnisse rekonstruiert (ab TransE – Z177). Es wird zwar nicht explizit erläutert, aber durch die Rekonstruktion konkretisiert sich ihr Verständnis von Strategie A2-Str10.

Für E3 ist die fehlende Begehung des großen Fahrstuhls aufgrund von Wartungsarbeiten noch nicht abgeschlossen (TransE – Z178). Offen bleibt, ob E3 gedanklich noch mit der Teilaufgabe 1 beschäftigt ist (sie hat sich bisher am Finden der Lösungsstrategie für Teilaufgabe 2 nicht beteiligt), oder ob sie E4 folgen kann und den addierten Repräsentanten für den großen Fahrstuhl in Frage stellt.

Es folgt ein Dialog zwischen E1 und E4, die beide die von E4 vorgeschlagene Kombination aus A2-Str1b und A2-Str7 nutzen, um erst die Personenzahl für

7.4 Lösungsstrategien

Tabelle 7.5 Lösungsstrategien 2 – induktiv-deduktiv. (Eigene Darstellung)

Kategorie: A2 – Strategie 1
(Ab)-Zählen mit Hilfe des Gebäudeplans

Erläuterung	Subkategorien	Kodierregel	Ankerbeispiele	Theoriebezüge
Mit Hilfe des Gebäudeplans werden die Fahrstühle des Hauptgebäudes der Universität gezählt.	A2 – Str1a Alle Fahrstühle zählen	Alle Fahrstühle werden auf dem Gebäudeplan gezählt, ohne Differenzierung nach der Größe; es geht um die vollständige Auszählung.	TransE – Z154. E1: [...] Indem wir die Karte von der Uni nehmen und (.) [...] zählen.	A2 – Str1a bis 1f: Heuristische Hilfsmittel (Bruder, 1988, 2005; Bruder & Bauer, 2011) A2 – 1b bis 1f: Zerlegungsprinzip (Bruder, 1988; Bruder & Bauer, 2011; Newell & Simon, 1972; Schukajlow, 2011); Fallunterscheidung (Rott, 2013; Schwarz, 2006; Stiller et al., 2021); Invarianzprinzip (Bruder, 2005; Bruder & Bauer, 2011; Stiller et al., 2021)
Zu dieser Kategorie zählen alle Strategien, die mit Hilfe des Gebäudeplans als heuristischen Hilfsmittel in Kombination einer Zählung erfasst werden.	A2-Str1b Zählen der einzelnen Stationen mit jeweils großem und kleinem Fahrstuhl	Es werden einzeln alle Stationen abgezählt, an denen sich eine Kombination aus großem und kleinem Fahrstuhl befindet.	TransF – Z321: F4: Also. Am besten zählen wir jetzt erstmal die großen Stellen der Fahrstühle: DD, CC, BLC, TTT, UUJ]. Fünf. TransH – Z51: H2: (unv.) Eins, Zwei, Drei, Vier, Fünf [tippt auf die Stellen der Fahrstühle]. Fünf.	
	A2-Str1c Zählen der kleinen Fahrstühle	Es werden einzeln alle kleinen Fahrstühle abgezählt (1,2,3,4...), unabhängig davon, ob zwei kleine Fahrstühle oder ein kleiner neben einem großen Fahrstuhl vorhanden sind.	TransG – Z90: G3: Also die sind ja alle klein. [tippt auf Fahrstuhl: EF, DNE, CMD ...] [...]	

(Fortsetzung)

Tabelle 7.5 (Fortsetzung)

Kategorie: A2 – Strategie 1
(Ab)-Zählen mit Hilfe des Gebäudeplans

Erläuterung	Subkategorien	Kodierregel	Ankerbeispiele	Theoriebezüge
	A2-Str1d Zählen der Stationen mit kleinem Fahrstuhl in 2er-Schritten	Es werden die Stationen mit zwei kleinen Stationen in 2er-Schritten addiert. (2, 4, 6…)	TransH – Z61: H2: aber wir müssen immer (.) in zweier Schritten zählen. (.) Zwei, Vier, Sechs, Acht, Zehn [tippt dabei jeweils auf Fahrstuhl DNE, EF, VNW, UMV, TUV]/	
	A2-Str1e Zählen der Stationen mit zwei kleinen Fahrstühlen mit abschließender Verdopplung	Es werden alle Stationen mit zwei kleinen Fahrstühlen einfach gezählt und am Ende verdoppelt (N-Stationen × 2)	TransG – Z144: G2: [...] Zwei kleine. Also müssen wir zwei mal sechs rechnen das sind dann zwölf.	
	A2-Str1f Zählen der großen Fahrstühle	Es werden bei allen Stationen, an denen sich ein großer und ein kleiner Fahrstuhl befinden, die großen Fahrstühle separat abgezählt.	TransF – Z345: F1: [...] und dann zählst du erstmal die großen.	

(Fortsetzung)

7.4 Lösungsstrategien

Tabelle 7.5 (Fortsetzung)

Kategorie: A2 – Strategie 2
Darstellung der (Zähl-) Ergebnisse

Erläuterung	Subkategorie	Kodierregel	Ankerbeispiele	Theoriebezüge
Alle Darstellungen, die gewählt werden, um die Ergebnisse des Auszählens festzuhalten (zur Unterstützung, zur Entlastung des Arbeitsgedächtnisses, als Hilfsmittel…)	**A2-Str2a** Ergebnisse notieren	Alle Vorschläge, die sich darauf beziehen, die Ergebnisse des Auszählens oder einzelner Berechnungen zu notieren, ohne genauere Spezifikation der Darstellung	TransH – Z35: H2: Wir müssen das aufschreiben […]	**A2 – Str2a bis 2d:** Heuristische Hilfsmittel (Bruder, 1988, 2005; Bruder & Bauer, 2011)
	A2-Str2b Punktebild	Die jeweilige Anzahl der Fahrstühle wird in einem Punktebild festgehalten (große Punkte für gF; kleinere Punkte für kF)	TransF – Z331 (s. Abb. 7.22)	
	A2-Str2c Strichliste	Die Klassifizierung „groß" und „klein" wird als Merkmal festgelegt, notiert und eine Strichliste für die großen und kleinen Fahrstühle angelegt (ein Strich für einen gezählten Fahrstuhl), um die Häufigkeit zu erfassen	TransF – Z48 ff. (s. Abb. 7.23 und Abb. 7.24)	
	A2-Str2d Notieren von Einzelergebnissen für die Klassifizierung „groß" und „kleine"	Über die Klassifizierung „groß" und „klein" sowie „zwei kleine" werden die ausgezählten Einzelergebnisse notiert und später addiert.	TransH – Z53 (s. Abb. 7.25)	

(Fortsetzung)

Tabelle 7.5 (Fortsetzung)

Kategorie: A2 – Strategie 4
Begehung des Hauptgebäudes

Erläuterung	Subkategorie	Kodierregel	Ankerbeispiel	Theoriebezüge
Unterschiedliche Lösungsvorschläge mit Hilfe direkter Begehung des Gebäudes; unterschieden wird zwischen der expliziten Unterscheidung, ob die Fahrstühle gezählt werden müssen oder nicht	**A2-Str4a** Begehung ohne Konkretisierung	Eine Begehung vor Ort wird vorgeschlagen oder nachgefragt, ohne dass explizit das Ziel genannt wird	TransH – Z17: H2: Gehen wir jetzt in der Uni rum?	–
	A2-Str4b Begehung mit Zählen	Es wird vorgeschlagen, durch die Uni zu gehen und alle vorhandenen Fahrstühle zu zählen. (Abgrenzung zu Strategie 1)	TransE – Z152: E1: Indem wir durch die Uni latschen, und zählen [...]	–

Kategorie: A2 – Strategie 3, Strategien 5 bis 10
Sonstige, weitere Strategien

Erläuterung	Subkategorie	Kodierregel	Ankerbeispiele	Theoriebezüge
Sonstige, weitere Strategien, die zum Lösen der Aufgabe vorgeschlagen werden	**A2-Str3** Nachfragen	Es wird eine Nachfrage formuliert, die sich auf die Lösungsstrategie bzw. auf das Ergebnis bezieht.	TransE – Z150: E4: Weißt du das?	–
	A2-Str5 Zählen allgemein	Es wird auf die Strategie Zählen verwiesen, wobei keine nähere Differenzierung des Vorgehens vorliegt. (klare Abgrenzung von TA2-Strategie 1, mit direktem Bezug zum Gebäudeplan)	TransG – Z27: G4: Wir zählen. Ja, wir zählen erstmal, wie viele Fahrstühle das sind [...]	–

(Fortsetzung)

7.4 Lösungsstrategien 221

Tabelle 7.5 (Fortsetzung)

Kategorie: A2 – Strategie 3, Strategien 5 bis 10
Sonstige, weitere Strategien

Erläuterung	Subkategorie	Kodierregel	Ankerbeispiele	Theoriebezüge
	A2-Str6 Zählen von Ebenen	Es wird vorgeschlagen, die Fahrstühle auf einer Ebene / auf einer Etage zu zählen, um dann die Gesamtanzahl der Fahrstühle zu ermitteln.	TransH – Z23: H2: Wo sind die? [...] und dann, auf einer Etage gibt's ja, glaub' ich genau – also, da sind ja immer, glaub' ich, gleich viele (.), die gehen ja durch alle Etagen [...] und dann müsste man gucken: wie viele auf einer Etage sind? So irgendwie [...]	Heurismus der Strukturnutzung (Stiller et al., 2021)
	A2-Str7 Verknüpfung für Gesamtergebnis	Über die Ergebnisse aus TA 1 erfolgen -Addition R(kF) und R(kF) -Addition R(gF) und R(kF), die dann jeweils für jede Fahrstuhlstation addiert werden.	TransE – Z302 f.: E4: Halt 15 und 15 sind / E1 und E4 gleichzeitig: 30	Verknüpfung mit Algorithmus (Rott, 2013)
	A2-Str8 Nutzung auf Legende	Explizites Hinweisen auf die Legende, um Nachfragen zu stellen, auf die Klassifizierung der Fahrstühle hinzuweisen oder sonstige Besonderheiten zu erfassen.	TransH – Z34: H2: [...] Also, hier [tippt auf der Legende auf das untere Rechteck], das sind zwei Kleine. Das ist Große. Kleine [tippt auf das mittlere Rechteck der Legende]. Das ist auch Groß und Kleine [tippt auf das obere Rechteck der Legende].	Heuristische Hilfsmittel (Bruder, 1988, 2005; Bruder & Bauer, 2011)

(Fortsetzung)

Tabelle 7.5 (Fortsetzung)

Kategorie: A2 – Strategie 3, Strategien 5 bis 10
Sonstige, weitere Strategien

Erläuterung	Subkategorie	Kodierregel	Ankerbeispiele	Theoriebezüge
	A2-Str9 Zählen der Türme	Es wird vorgeschlagen, die Türme des Gebäudes zu zählen, um darauf aufbauend die Gesamtanzahl der Fahrstühle zu ermitteln.	TransG – Z43: G2: Mmh. Bei mei / bei bei ich habe hier auch schon bei diesem hohen Turm hier gesehen, da gab es auch nur zwei Fahrstühle. Also muss man zählen erstmal, wie viele hohe Türme es hier [blickt dabei aus dem Fenster]/	Heurismus der Strukturnutzung (Stiller et al., 2021)
	A2-Str10 Rechnen	Es wird der Vorschlag gemacht zu rechnen, wobei nicht näher spezifiziert wird, womit oder was gerechnet wird.	TransE – Z203: E4: Ja, die rechnen wir dann halt [...]	Verknüpfung mit Algorithmus (Rott, 2013)

7.4 Lösungsstrategien

Abbildung 7.22
Punktebild; Gruppe F Foto
1. (Eigene Aufnahme)

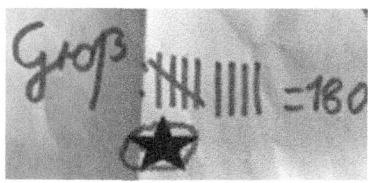

Abbildung 7.23
Strichliste; Gruppe F Foto
2. (Eigene Aufnahme)

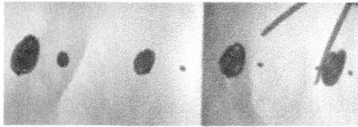

Abbildung 7.24
Strichliste; Gruppe F Foto
3. (Eigene Aufnahme)

Abbildung 7.25 Notieren
von Einzelergebnissen;
Gruppe H Foto 1. (Eigene
Aufnahme)

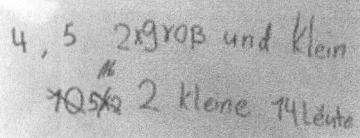

alle kleinen und großen Fahrstühle zu berechnen, bevor das gleiche Vorgehen für alle kleinen Fahrstühle genutzt wird (Kombination A2-Str1c und A2-Str7). Das Ergebnis von E3 wird notiert (A2-Str2a). Unterbrochen wird der Dialog zwischen E1 und E4 nur durch den erneuten Verweis auf „Rechnen" (A2-Str10), was sich an dieser Stelle wahrscheinlich auf die Kombination von Auszählung und Nutzung des Algorithmus' bezieht (Abbildung 7.26).

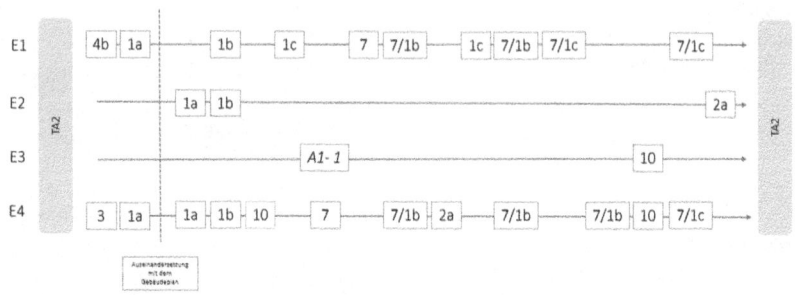

Abbildung 7.26 Gruppe E Prozess Teilaufgabe 2. (Eigene Darstellung)

Zusammenfassung Gruppe E
Der Verlauf zeigt, dass sich die Gruppe der Lösung sukzessiv nähert. Nach allgemeineren Aussagen folgt eine Auseinandersetzung mit dem heuristischen Hilfsmittel „Gebäudeplan", was dazu führt, dass Fallunterscheidungen greifen (das ursprüngliche Problem wird ausdifferenziert und die Fallunterscheidung auf die Legende übertragen). Die Erkenntnis der Gemeinsamkeiten in den Darstellungen zeigt die Nutzung des Invarianzprinzips. Die Auseinandersetzung mit dem Plan und der Legende ist von übergeordneter Bedeutung, da sich auf deren Basis das Verständnis für die Darstellung entwickelt. Die für die Teilaufgabe 1 angenommenen Repräsentanten werden im Abzählprozess mit einem Algorithmus zusammengefügt, sodass ein Analogieschluss zu erkennen ist. Wichtig ist, dass der Übergang zwischen Heuristik und Algorithmus oft fließend verläuft, worauf Rott (2013, S. 315) unter Verweis auf Kilpatrick (1976) verweist. Nachdem die Differenzierungsstrategie zum Tragen kommt, ist dann die *Reihenstrategie* für die Lösung der Aufgabe zu identifizieren – nach Festlegung des Vorgehens wird die Strategie stringent von E1 und E4 bearbeitet.

Gruppe F
Nachdem die Repräsentanten R(gF) und R(kF) festgelegt sind, setzt sich die Gruppe F sehr lange und intensiv mit der Teilaufgabe 2 auseinander (ab TransF – Z273). Das Kind F3 orientiert sich fokussiert am Plan und kann zeigen, an welcher Stelle sich der Fahrstuhl befindet, den die Gruppe aufgrund von Wartungsarbeiten nicht betreten konnte. Während der Auseinandersetzung mit dem Gebäudeplan und der Legende sprechen die Kinder explizit an, dass es eine Unterscheidung zwischen großen und kleinen Fahrstühlen gibt, die man in der

7.4 Lösungsstrategien

Legende ablesen kann (zum Beispiel TransF – Z304). Des Weiteren wird besprochen, dass Notizen gemacht werden müssen; die Auswahl und Verteilung der Stifte nimmt einige Zeit in Anspruch. F4 startet dann den Arbeitsprozess, spricht die Strategie A2-Str1b an und setzt sie direkt um:

```
F4: Also. Am besten zählen wir jetzt erstmal die großen und die kleinen.
Also. Das sind zwei groß und / [zeigt auf Fahrstuhl TT](TransF - Z321)
```

Diese kurze „Fehldeutung" des Plans (es gibt keine zwei großen nebeneinanderliegenden Fahrstühle) taucht im weiteren Verlauf des Gesprächs nicht wieder auf; stattdessen folgt ein Verweis auf das Festhalten der Ergebnisse (A2-Str2a), wobei unklar ist, wie und in welcher Form die Darstellung der Ergebnisse aussehen soll. Während F3, F2 und F1 noch mit der Organisation der Stiftezuteilung beschäftigt sind (TransF – Z322–Z332), folgt F4 der Strategie A2-Str1b und zählt die Stationen mit großem und kleinem Fahrstuhl ab (TransF – Z323, Z328, Z331), um dann in Zeile 333 den Schreibprozess mit einem Punktbild zu beginnen (A2-Str2b), was die Aufmerksamkeit der übrigen Gruppe auf sich zieht.

Direkt im Anschluss (TransF – Zeile 335) fasst F4 sein Vorgehen zusammen und bekommt Bestätigung von F3 (TransF – Zeile 336). Der folgende Einwand von F3 (Trans F – Zeile 341), mit Verweis auf weitere Stationen (auch Strategie A2-Str1b), wird von F1 mit der Aufforderung „F4. Schreib." beendet (TransF – Zeile 342): F4 setzt die Strategie-Kombination aus A2-Str1b und A2-Str2b fort. F1 differenziert die Strategie, indem sie F4 vorschlägt, erstmal nur die großen Fahrstühle zu zählen (A2-Str2b und A2-Str1f).

```
F1: Schreib doch erstmal einfach ein "großen" [kreisende Handbewegung mit
Stift] irgendwohin und dann zählst du erstmal die großen. (TransF - Z345)
```

F3 setzt dies gegen den Willen von F1 um (TransF – 346 f.); eine Kontoverse, die sich schnell auflöst (TransF – 351 ff.). F1, F2 und F3 beschäftigen sich vor allem mit der Darstellungsweise und der Organisation derselben, was zu einem Wechsel von einem Punktebild hin zu einer Strichliste führt (A2-Str2c). F4 beschäftigt sich weiterhin mit dem Gebäudeplan (TransF – Z369) und folgt dem Vorschlag von F1 bezüglich des Strategiewechsels (von A2-Str1b zu A2-Str1f). F4 zählt die großen Fahrstühle und F3 notiert die Anzahl mit Hilfe einer Strichliste (Kombination von A2-Str1f und A2-Str2c). F1 verweist mit Fragen auf die kleinen Fahrstühle, dies wird aber erst nach mehrfacher Intervention aufgegriffen (TransF – Z378, Z381, Z389, Z401). Der ständige Wechsel wird in der grafischen Darstellung sehr deutlich.

Nach der Lösung dieser Teilaufgabe werden die Ergebnisse mit denen aus TA 1a und 1b verknüpft und miteinander schriftlich multipliziert (Abbildung 7.27 und 7.28).

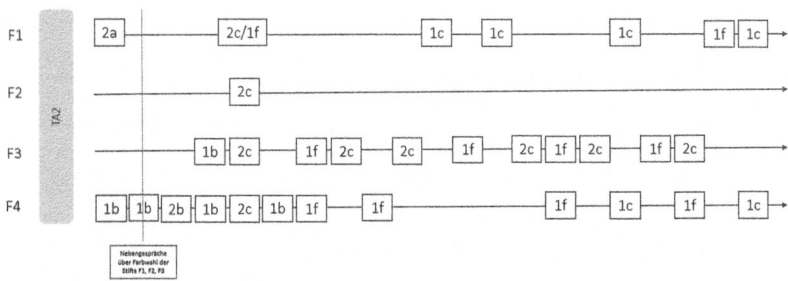

Abbildung 7.27 Gruppe F Prozess Aufgabe 2 – 1. (Eigene Darstellung)

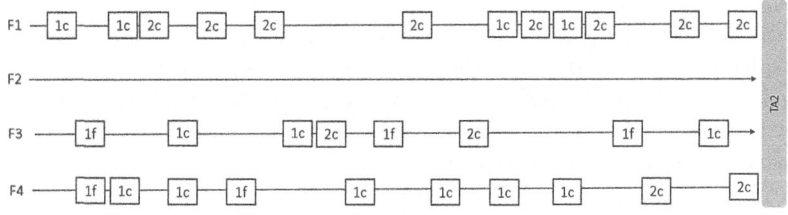

Abbildung 7.28 Gruppe F Prozess Aufgabe 2 – 2. (Eigene Darstellung)

Zusammenfassung Gruppe F
Bei Gruppe F ist die heuristische Strategie der Fallunterscheidung (u. a. Rott, 2013) und auch das Invarianzprinzip (u. a. Bruder, 2005) explizit zu nennen, da die Differenzierung zwischen den Fahrstuhlgrößen und deren Anzahl das Gespräch weitestgehend bestimmen. Viel Raum nimmt die Darstellung der Ergebnisse ein; die Nutzung des heuristischen Hilfsmittels ist zeitintensiv und führt zu Wechseln in der Strategie der Darstellung der Ergebnisse (A2-Str2a, A2-Str2b, A2-Str2c). Die Ausdifferenzierung erfolgt auch in Bezug auf das Auszählen der Fahrstühle (A2-Str1b, A2-Str1f, A2-Str1c). Deutlich wird, dass die *Differenzierungsstrategie* greift und die Umsetzung der einzelnen Bearbeitungsschritte

7.4 Lösungsstrategien

bezogen auf das Auszählen und das Notieren der Ergebnisse parallel ablaufen, sodass eine Kombination mit der *Parallelstrategie* vorliegt.

<u>Gruppe G</u>
Gleich zu Beginn der Modifizierung der Sachsituation benennt die Schülerin G4 die Strategie „Zählen", um die Anzahl der Fahrstühle zu ermitteln und verknüpft dies mit einem möglichen Rechenweg (A2-Str5) (TransG – Z27), was von G2 im Verlauf näher ausdifferenziert wird, indem er auf ein Zählen der Gebäudeteile verweist, in denen sich Fahrstühle befinden (hier: Türme) (A2-Str9) (TransG – Z43) und einen möglichen Rechenweg vorgibt (TransG – Z45, Z48, Z51). Es folgt die Auseinandersetzung mit dem Plan. G2 verknüpft seine Strategie mit dem Auszählen aller Stationen mit großem und kleinem Fahrstuhl (A2-Str1b). G1 folgt der vorgeschlagenen Strategie, korrigiert jedoch das Ergebnis. Es folgt wieder eine Auseinandersetzung mit dem Gebäudeplan, bevor G2 seinen Gedankengang wieder aufnimmt (TransG – Z82, Z84). G3 und G4 schließen sich G2 an, zählen aber entgegen der vorherigen Überlegungen erst die Stationen mit kleinem Fahrstuhl (A2-Str1c) (TransG – ab Z103). Es folgt eine Unterbrechung und erneute Auseinandersetzung mit der anderen Teilaufgabe, bevor G2 auch dies unterbricht und eine Anzahl für die bereits von ihm ausgezählten Fahrstühle nennt, allerdings ohne Differenzierung bezüglich der Größe (A2-Str1a). G4 hat die Strategie A2-Str1c ungeachtet der Aktivitäten der anderen Gruppenmitglieder weiterverfolgt und die kleinen Fahrstühle gezählt, was nun wiederum G2 aufgreift und die Anzahl verdoppelt, da immer zwei Fahrstühle nebeneinander liegen (A2-Str1e). Dies wird notiert (A2-Str2a), bevor G4 die Strategie A2-Str1b zum Abzählen nutzt. G2 ist dem Ansatz von G4 nicht gefolgt und wiederholt die Aussage, während G3 die Ergebnisse zusammenführt. Es folgt ein erneuter Bruch durch die Auseinandersetzung mit der anderen Teilaufgabe 1 (TransG – Z214 bis Z387), bevor G2 unter Nutzung der bisherigen Strategien das Ergebnis zusammenfasst (Abbildung 7.29).

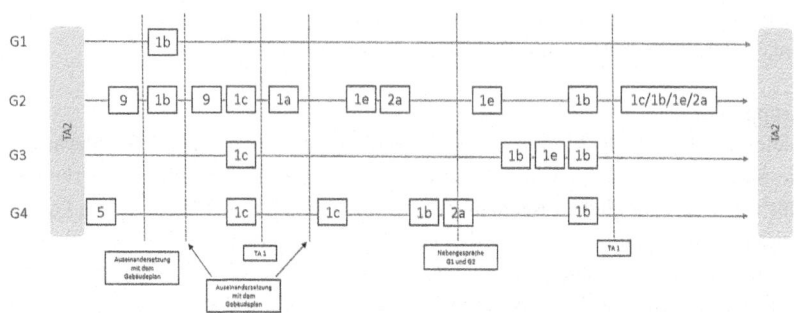

Abbildung 7.29 Gruppe G Prozess Teilaufgabe 2. (Eigene Darstellung)

Zusammenfassung Gruppe G
Auch diese Arbeitsphase der Gruppe ist von vielen Unterbrechungen geprägt (wie bereits bei Teilaufgabe 1). Grundsätzlich ist der Gruppe klar, dass die Aufgabe in weitere Teilaufgaben zerlegt wird (Zerlegungsprinzip; vgl. Bruder, 1988; Bruder & Bauer, 2011; Newell & Simon, 1972; Schukajlow, 2011). Das stringente Vorwärtsarbeiten fällt den Lernenden G1 und G2 schwer, sie springen – wie bereits im Modellierungskreislauf zu sehen und bei der Bearbeitung von Teilaufgabe 1 erläutert ist – zwischen den Aufgaben hin und her, während G3 sich eher zurückhält und G4 ihrem Lösungsansatz nachgeht und diesen weiter ausdifferenziert. Es zeigen sich die kognitiven Herausforderungen einer Fermi-Aufgabe und die damit einhergehenden Probleme beim Modellieren (vgl.Blum, 2007; K. Maaß, 2004; Schukajlow, 2011). Auch für diese Teilaufgabe kann für Gruppe G der Terminus der *Parallelstrategie* angenommen werden.

Gruppe H
Nach der Modifizierung der Sachsituation wendet sich die Gruppe H zuerst der Teilaufgabe 2 zu. Das Mädchen H2 fragt nach, ob die Fahrstühle gezählt werden müssen (TransH – Z14) und nutzt dabei A2-Str5 „Zählen", ohne dies genauer zu definieren. Im Anschluss spezifiziert sie ihre Frage (TransH – Z17) und leitet vom Zählen allgemein zum Zählen mit Begehung über (A2-Str4a), um dann ein Zählen auf einzelnen Ebenen vorzuschlagen (A2-Str6) (TransH – Z17, Z21, Z23). H3 nimmt dies auf und ein „Nachfragen" wird angeregt, wobei offenbleibt, wer gefragt werden soll (A2-Str3). Nach einer kurzen Auseinandersetzung mit dem Gebäudeplan (TransH – Z26 bis Z29) greift H2 die Strategie des „Nachfragens"

7.4 Lösungsstrategien

erneut auf und verknüpft dies mit dem ansässigen Infopunkt in der Universitätshalle – sie bringt somit ihr Vorwissen ein. Bedingt durch einen Hinweis auf dem Gebäudeplan, wird die Legende konkret genutzt und mit den Strategien zum Auszählen der Fahrstühle vorgegeben (A2-Str8 in Kombination mit A2-Str1b und A2-Str1c). H2 hat verstanden, dass an den jeweiligen Stationen eine Klassifizierung vorliegt, die sie direkt einbindet und gibt somit die Richtung der Bearbeitung vor. H3 übernimmt im weiteren Arbeitsprozess die Rolle der Schreiberin und notiert die Einzelergebnisse nach einer Klassifizierung separat. Auch H1 hat sich intensiv mit der Legende auseinandergesetzt und kann auf Stellen im Gebäude verweisen, an denen kein Fahrstuhl ist (Abbildung 7.30).

Abbildung 7.30 Gruppe H Foto 1. (Eigene Aufnahme)

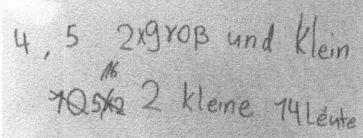

Das direkte Notieren wird von H2 und H3 umgesetzt: H2 gibt die Anweisungen, H3 notiert. H1 und H2 zählen weiter (TransH – Z56 bis Z58), im Anschluss folgt von H2 erneut die Anweisung zur Verschriftung für H3. Es folgt die Auszählung der kleinen Fahrstühle mit dem Hinweis auf Zweierschritte (A2-Str1d) (TransH – Z61). Anschließend kommt es zu Unstimmigkeiten, dabei wird die Strategie A2-Str1d von H2 verworfen und stattdessen das Ergebnis verdoppelt (A2-Str1e), was durch die Kommentare von H3 und H1 bedingt ist (TransH – Z68, Z69). Das Endergebnis der Auszählung wird notiert, und die Gruppe wendet sich der Teilaufgabe 1 zu (Abbildung 7.31).

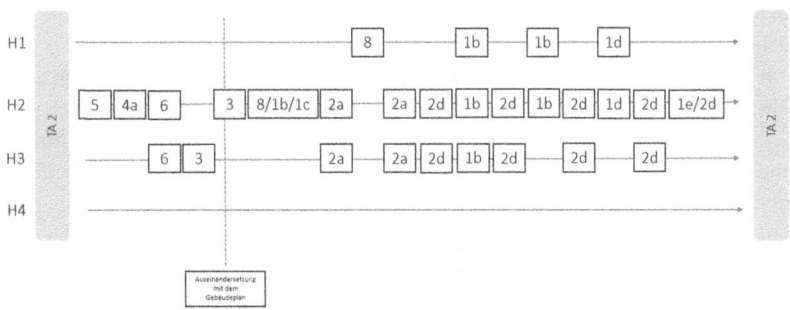

Abbildung 7.31 Gruppe H Prozess Teilaufgabe 2. (Eigene Darstellung)

Zusammenfassung Gruppe H
Bevor sich die Gruppe mit dem Gebäudeplan und somit mit einem heuristischen Hilfsmittel beschäftigt, sind zwei Aspekte signifikant. Zum einen findet durch H2 eine Spezifizierung des Vorgehens statt, was in Bezug auf das Problemlösen dem heuristischen Prinzip der Fallunterscheidung am Nächsten kommt (Rott, 2013, Schwarz, 2006, Stiller, 2021). Dieses Vorgehen wird immer weiter ausgeschärft. Des Weiteren wird ein Vorschlag gemacht, der sich ebenso wie bei Teilaufgabe 2 mit den bisher erforschten Heurismen nicht abbilden lässt: Es wird der Vorschlag gemacht, die Lösung konkret über eine Handlung zu vollziehen. Nach diesem anfänglichen Austausch ist nach der Auseinandersetzung mit dem Gebäudeplan als heuristisches Hilfsmittel deutlich zu erkennen, dass erneut eine *Reihenstrategie* vorliegt: Das Problem wird erkannt und in Schritten der Reihe nach bearbeitet. Dieses stringente Vorgehen nutzt die Gruppe H auch für die Teilaufgabe zur Ermittlung der Repräsentanten.

Gruppe I
Während der Modifizierung der Sachsituation fragen die Kinder I3 und I1 frühzeitig nach, wie sie die Aufgabe lösen sollen (A2-Str4a und A2-Str3). Danach startet die Gruppe mit der Auseinandersetzung mit dem Gebäudeplan. I3 verweist auf die Legende (A2-Str8) und erläutert die grafische Darstellung der einzelnen Stationen, mit direktem Verweis auf zwei Orte mit jeweils zwei kleinen Fahrstühlen (A2-Str1c) (TransI – Z88) und startet anschließend den Abzählprozess ohne Differenzierung (TransI – Z89). Während sich I1 auf die Auszählung der Stationen mit verschieden großen Fahrstühlen beschränkt, ist bei I3 aufgrund des Widerspruchs zwischen Handlung und Äußerung unklar, worauf sich sein

7.4 Lösungsstrategien

Ergebnis bezieht. I1 und I2 nutzen die Strategie A2-Str1b und zählen alle Stationen mit kleinem und großem Fahrstuhl. Die Unstimmigkeit in der Gruppe bleibt bestehen, da I2 im Anschluss die Stationen mit kleinen Fahrstühlen zählt, während I1 und I3 auf die Legende verweisen und dann alle Fahrstühle zählen, ohne auf die Klassifizierung zu achten (A2-Str1a) (TransI – Z96 ff.). Die Diskrepanz fällt keinem Gruppenmitglied explizit auf. Im weiteren Verlauf werden von den Gruppenmitgliedern I1, I2 und I3 immer wieder Strategiewechsel vorgenommen, schlussendlich legt I1 ein Ergebnis fest und verknüpft die herausgefundene Anzahl mit dem Repräsentanten (TransI – Z110 bis Z159), bevor sich die Gruppe ohne Ergebnis der Teilaufgabe 1 zuwendet. Auch dieser Prozess wird von I1 mit dem Verweis auf die Strategie A2-Str1b unterbrochen (TransI – Z160). Wenngleich sich in der Gruppe danach alle einig sind, dass das ausgezählte Ergebnis verdoppelt werden muss (A2-Str1e), bleibt unklar, wie es zwischenzeitlich zu dem Wechsel der Strategie bei der Auszählung gekommen ist (A2-Str1b zu A2-Str1c). Nach der mathematischen Lösung erfolgt wieder ein Wechsel und I3 beschließt eine Kombination von A2-Str1c und A2-Str1e. Anzumerken ist, dass sich die Gruppe auch während dieser Arbeitsphase keine Notizen macht. Das Hilfsmittel kommt nicht zum Einsatz (Abbildung 7.32).

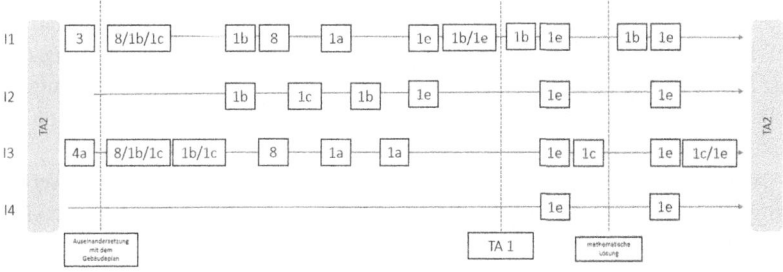

Abbildung 7.32 Gruppe I Prozess Teilaufgabe 2. (Eigene Darstellung)

Analyse Gruppe I
Nach der ersten Auseinandersetzung verwendet Gruppe I verschiedene Abzählstrategien unter Nutzung des heuristischen Hilfsmittels. Die Gruppe macht sich keine Notizen und hält Einzelergebnisse nicht fest, was im Laufe der Auseinandersetzung immer wieder zu Unstimmigkeiten führt, da unabhängig von der ursprünglichen Lösung mit anderen Werten weitergearbeitet wird. Wie bereits bei Teilaufgabe 1 ist der Gruppe das Zerlegungsprinzip (Bruder, 1988; Bruder &

Bauer, 2011; Newell & Simon, 1972; Schukajlow, 2011) bekannt, das stringente Abarbeiten erscheint aber zu komplex, was immer wieder zu Brüchen im Arbeitsprozess führt. Des Weiteren scheint das Invarianzprinzip (Bruder, 1988, 2005; Stiller et al., 2021) nicht stringent übertragbar zu sein. Die Gruppenmitglieder I1, I2 und I3 arbeiten parallel nebeneinander her, nehmen auch Bezug aufeinander, können ihre Arbeitsweisen aber nicht verbinden. An dieser Stelle wird die *Differenzierungsstrategie* für den anfänglichen Prozess angenommen, was im Laufe der Bearbeitung in eine *Parallelstrategie* übergeht – die Gruppenmitglieder arbeiten weitestgehend koexistent, eine Verknüpfung der Strategien mit den Arbeitsschritten findet parallel statt.

7.4.4 Erkenntnisse

Grundsätzlich ist bei der Darstellung der Ergebnisse zur Teilaufgabe 2 zu beachten, dass die heuristischen Hilfsmittel (Gebäudeplan und Darstellung der Ergebnisse) eine übergeordnete Rolle spielen und den Bearbeitungsprozess wesentlich beeinflussen, da durch den Einsatz das weitere Vorgehen bestimmt wird. Der Fokus richtet sich somit auf den Umgang mit den Hilfsmitteln als auch auf die Funktion derselben, während die heuristischen Prinzipien und heuristischen Strategien im Verlauf zu sehen sind, spielen aber eine weniger dominante Rolle als bei Teilaufgabe 1. Insgesamt ist zu sehen, dass in Teilaufgabe 1 ein Lösungsansatz bedeutsam ist, während in Teilaufgabe 2 die Klassifizierung in Bezug auf die Teilergebnisse eine zentrale Rolle einnimmt. (Nicht eingegangen werden kann an dieser Stelle auf die unterschiedlichen Zählstrategien.)

Als heuristisches Hilfsmittel steht allen Gruppen der Gebäudeplan zur Verfügung. Durch Abzählen kann die Anzahl der Fahrstühle mit Hilfe der korrekten Deutung der Legende ermittelt werden. Bei der Auswertung der Prozesse dieses Vorgangs zeigt sich, dass die Kinder teilweise gebündelt addieren – entweder immer Stationen mit großem und kleinem Fahrstuhl oder in Zweier-Schritten bei zwei nebeneinanderliegenden kleinen Fahrstühlen. Des Weiteren ist aber auch ein Auszählen aller Einzelstationen möglich. Darüber ergeben sich – unabhängig von der Wahl der Strategien A2-Str1a bis A2-Str1f – Zwischenergebnisse, die als Teilziel formuliert werden. Allen fünf Gruppen ist zudem klar, dass sich bei Teilaufgabe 2 ein konkretes Ergebnis über das Abzählen ergibt, ein Schätzen der Teilergebnisse wie bei Teilaufgabe 1 ist nicht angezeigt und wird auch nicht genutzt. Der Unterschied zwischen einem geschätzten Repräsentanten und einem mathematischen Abzählergebnis ist impliziert.

Die für den Arbeitsprozess zur Verfügung gestellten Stifte sowie das Papier werden genutzt, um die Ergebnisse zu notieren. Hier zeigen sich zwei Tendenzen – während die Gruppen E, F, G und H Zwischenergebnisse notieren, verzichtet Gruppe I komplett darauf, was eine Hürde für die Verknüpfung zu einem Gesamtergebnis darstellt (siehe Ausführungen zu Gruppe I).

Zudem wird bei Teilaufgabe 2 nicht geschätzt, d. h. den Gruppen ist bewusst, dass es über den Abzählprozess zu einem eindeutigen Ergebnis kommt.

Dominante Heuristiken sind neben dem bereits angesprochenen Einsatz der heuristischen Hilfsmittel die Fallunterscheidung (Rott, 2013; Schwarz, 2006; Stiller et al., 2021), der Analogieschluss (Bruder & Bauer, 2011; Pólya, 1948; Schukajlow, 2011) sowie das Invarianzprinzip (Bruder, 2005; Bruder & Bauer, 2011; Stiller et al., 2021), was ebenfalls nicht losgelöst von der Differenzierung der Merkmalsunterscheidung betrachtet werden kann. Eine Gruppe nutzt für den Prozess erneut die Reihenstrategie (Gruppe H), während die Gruppen I und F der Differenzierungsstrategie viel Raum einräumen, bevor ein Wechsel zur Parallelstrategie abbildbar ist. Die Parallelstruktur wird von den Gruppen E und G dominant benutzt.

7.5 Zusammenfassung der Erkenntnisse zu Lösungsstrategien

Unstrittig ist, dass die Probanden dieser Studie im Rahmen ihrer Gruppenarbeiten eine Vielzahl von Strategien genutzt und angewendet haben. Es bestätigt sich die Aussage von Haberzettl et al. (2018, S. 33), dass der Lösungsweg zu Beginn der Bearbeitung nicht nur unklar ist, sondern auch gemeinsam in der Lerngruppe entwickelt werden muss. Jedes Kind bzw. jede Gruppe nähert sich der Aufgabe auf ihre Weise. Anhand der hier vorgestellten Ergebnisse wird deutlich, dass nicht nur keine exakte Lösung gefordert ist und die Lösungen somit unterschiedlich ausfallen dürfen, es bestätigt sich auch, dass die Bearbeitung nicht in einer exakten Reihenfolge erfolgt. Gerade in Bezug auf das Ziel und die Reihenfolge der Teilaufgaben muss vorangestellt werden, dass– wie bereits erwähnt – das Zerlegungsprinzip (vgl. Bruder, 1988; Bruder & Bauer, 2011), auch als Mittel-Ziel-Analyse (Newell & Simon, 1972; Schukajlow, 2011) oder Divide-and-Conquer-Methode (Stiller et al., 2021) bekannt, bei allen Gruppen zum Einsatz kommt. Die Gruppen zerlegen das Hauptziel in Teilziele (siehe Abschnitt 7.3). Ebenso ist bei allen Gruppen ersichtlich, dass es bei der Teilaufgabe 1 um die Festlegung eines Repräsentanten für die unterschiedlich großen

Fahrstühle geht. Die Fallunterscheidung (z. B. Rott, 2013) als auch das Invarianzprinzip (z. B. Bruder & Bauer, 2011) kommen zum Tragen, da nach der Klassifizierung der Größe spezifiziert wird, was für die Teilaufgabe 2 gesondert betrachtet werden muss, da es nicht allen Gruppen durchgängig gelingt, dies bei der Arbeit mit dem Gebäudeplan stringent umzusetzen. Prinzipiell arbeiten die Gruppen mit der Strategie des Vorwärtsarbeitens (Bruder, 2005; Bruder & Bauer, 2011; Pólya, 1948; Stiller et al., 2021), was durch die Aufgabe bedingt ist (für die Strategie Rückwärtsarbeiten müsste das Endergebnis vorgegeben sein). Das Zerlegen in Teilaufgaben zeigt die Tendenz, vom Ziel aus zu denken, was u. U. auch als kombiniertes Rückwärts- und Vorwärtsarbeiten interpretiert werden kann.

Um die Komplexität der Bearbeitung darzustellen, sind in der folgenden Tabelle zum einen die für die vorliegenden Gruppenarbeiten angenommenen Prozessstrategien sowie die dominanten Heuristiken aufgelistet, angefangen bei der Modifizierung der Teilaufgaben hin zu der Bearbeitung der Teilaufgaben. Da der Fokus dieser Arbeit auf den Lösungsstrategien und den Prozessen liegt, orientiert sich die Verfasserin an den mehrzyklischen Modellierungskreisläufen sowie an dem vierstufigen Verlaufsschema von Pólya (1948); dazu zählen an dieser Stelle das Verstehen der Aufgabe, die Entwicklung einer Lösungsidee als auch in Ansätzen die Ausarbeitung (vgl. Abschnitt 7.3). Der fließende Übergang von der Lösungsidee hin zur Ausarbeitung wird in Bezug auf die Lösungsstrategie untersucht. Die sich in Stufe 3 anschließende Lösung als auch die Validierung mit einem Vergleichswert (hier: Schüler*innen der eigenen Schule), was Stufe 4 entspricht, stehen nicht im Fokus dieser Arbeit (Tabelle 7.6).

7.5 Zusammenfassung der Erkenntnisse zu Lösungsstrategien 235

Tabelle 7.6 Ergebnisse im Überblick. (Eigene Darstellung)

Modifizierung der Teilaufgaben

Gruppe	Prozessdarstellung	Dominante Heuristiken
E, F, G, H, I	vgl. Abb. 6.14/ Tabelle 7.2 und 7.3	Zerlegungsprinzip, Mittel-Ziel-Analyse (Bruder, 1988; Bruder & Bauer, 2011; Newell & Simon, 1972; Schukajlow, 2011; Stiller et al., 2021)

Teilaufgabe 1: Wie viele Kinder können in einem Fahrstuhl fahren?
Teilaufgabe 1a: Wie viele Kinder können in einem kleinen Fahrstuhl fahren?

Gruppe	Prozessdarstellung	Dominante Heuristiken
E	E1 E2 E4 – E4 – E4 – E4 - E4	Symmetrieprinzip (Bruder & Bauer, 2011; Stiller et al., 2021); Systematisches Probieren (Bruder, 2005; Bruder & Bauer, 2011; Schwarz, 2006; Stiller et al., 2021)
F	F1 F2 F3 F4	Symmetrieprinzip (Bruder & Bauer, 2011; Stiller et al., 2021); Systematisches Probieren (Bruder, 2005; Bruder & Bauer, 2011; Schwarz, 2006; Stiller et al., 2021)
G	G2	Heuristisches Hilfsmittel (Bruder, 1988; Bruder & Bauer, 2011)
H	H1 – H1 – H1 – H1 H2 – H2 – H2 – H2 H3 – H3 – H3 – H3 (H4 – H4 – H4 – H4)	Symmetrieprinzip (Bruder & Bauer, 2011; Stiller et al., 2021); Systematisches Probieren (Bruder, 2005; Bruder & Bauer, 2011; Schwarz, 2006; Stiller et al., 2021); Extremalprinzip (Bruder, 2000; Sewerin, 1979)

(Fortsetzung)

Tabelle 7.6 (Fortsetzung)

Modifizierung der Teilaufgaben

Gruppe	Prozessdarstellung	Dominante Heuristiken
I	l1 – l2 – l2 l3 – l3 – l3 l4 – l4 – l4	Symmetrieprinzip (Bruder & Bauer, 2011; Stiller et al., 2021); Systematisches Probieren (Bruder, 2005; Bruder & Bauer, 2011; Schwarz, 2006; Stiller et al., 2021)

Teilaufgabe 1b: Wie viele Kinder können in einem großen Fahrstuhl mitfahren?

Gruppe	Prozessdarstellung	Dominante Heuristiken
E		Heuristische Hilfsmittel (Bruder, 1988; Bruder & Bauer, 2011); Analogieschluss (Bruder & Bauer, 2011; Pólya, 1948; Schukajlow, 2011)
F		Systematisches Probieren (Bruder, 2005; Bruder & Bauer, 2011; Schwarz, 2006; Stiller et al., 2021); Realmodell; Analogieschluss (Bruder & Bauer, 2011; Pólya, 1948; Schukajlow, 2011); Invarianzprinzip (Bruder, 2005; Bruder & Bauer, 2011; Schwarz, 2006; Stiller et al., 2021)
G		Keine Dominanz
H		Systematisches Probieren (Bruder, 2005; Bruder & Bauer, 2011; Schwarz, 2006; Stiller et al., 2021); Realmodell; Symmetrieprinzip (Bruder & Bauer, 2011; Stiller et al., 2021)

(Fortsetzung)

7.5 Zusammenfassung der Erkenntnisse zu Lösungsstrategien

Tabelle 7.6 (Fortsetzung)

Modifizierung der Teilaufgaben

Gruppe	Prozessdarstellung	Dominante Heuristiken
I		Analogieschluss (Bruder & Bauer, 2011; Pólya, 1948; Schukajlow, 2011); Invarianzprinzip (Bruder, 2005; Bruder & Bauer, 2011; Schwarz, 2006; Stiller et al., 2021)

Teilaufgabe 2: Wie viele Fahrstühle gibt es im Hauptgebäude der Universität?

Gruppe	Prozessdarstellung	Dominante Heuristiken
E		Heuristische Hilfsmittel (Bruder, 1988; Bruder & Bauer, 2011); Analogieschluss (Bruder & Bauer, 2011; Pólya, 1948; Schukajlow, 2011)
F		Heuristische Hilfsmittel (Bruder, 1988; Bruder & Bauer, 2011); Invarianzprinzip (Bruder, 2005; Bruder & Bauer, 2011; Schwarz, 2006; Stiller et al., 2021); Fallunterscheidung (Rott, 2013; Schwarz, 2006; Stiller et al., 2021)
G		Keine Dominanz
H		Heuristische Hilfsmittel (Bruder, 1988; Bruder & Bauer, 2011); Fallunterscheidung (Rott, 2013; Schwarz, 2006; Stiller et al., 2021)

(Fortsetzung)

Tabelle 7.6 (Fortsetzung)

Modifizierung der Teilaufgaben

Gruppe	Prozessdarstellung	Dominante Heuristiken
I		Heuristische Hilfsmittel (Bruder, 1988; Bruder & Bauer, 2011); Invarianzprinzip (Bruder, 2005; Bruder & Bauer, 2011; Schwarz, 2006; Stiller et al., 2021)

Anhand der Prozesse sind verschiedene Strategien nachweisbar:

- Bausteinstrategie: Aus verschiedenen Ansätzen, die verschiedenen Hauptkategorien zuzuordnen sind, ergibt sich die dominante Strategie.
- Reihenstrategie: Eine Strategie wird festgelegt und stringent abgearbeitet.
- Parallelstrategie: Zwei oder mehr Strategien werden von den einzelnen Gruppenmitgliedern parallel bearbeitet und verfolgt.
- Differenzierungsstrategie: Nach der Festlegung einer Hauptstrategie wird diese im Verlauf in weitere Subkategorien unterteilt und bearbeitet.

Für die Aufgabenstellung ist die gemeinsame Erfahrung bedeutsam. Wie in den einzelnen Gruppen ersichtlich, beeinflusst dies das Geschehen. Die geteilte Erfahrung (Begehung des Fahrstuhls vor Ort) beeinflusst die Auseinandersetzung mit der Aufgabe ganz wesentlich und hat mehr Dominanz als andere Stützpunkte, die die Kinder im Gespräch einbringen.

Die in der Theorie bisher erforschten und beschriebenen Kategorien für das Problemlösen (vgl. Abschnitt 4.10) lassen sich wiederfinden und abbilden. Die Tätigkeit des Schätzens muss jedoch ergänzt und fokussiert betrachtet werden, da sich an dieser Stelle signifikante Unterschiede im Vorgehen zeigen (vgl. A1-Strategien 3). Ebenso ist festzuhalten, dass in Bezug auf die hier untersuchten Gruppenarbeiten bei Kindern einer Grundschule einige Strategien als Mischform und nicht als „reine" Strategie zu kategorisieren sind.

7.5 Zusammenfassung der Erkenntnisse zu Lösungsstrategien

Als weiterer zentraler Aspekt ist der Einsatz von Hilfsmitteln zu nennen, da auf der vorhandenen Datenbasis ein differenzierteres Betrachten zu erwägen ist. Die Bedeutung von Hilfsmitteln für Grundschulkinder ist signifikant. Die Hilfen werden als Lösungshilfe genutzt, aber auch als Lernhilfe, erleichtern mitunter die Kommunikation, da sie auch als Argumentationshilfe eingesetzt werden (vgl. Schipper, 2016, 290 f.). Kritisch betrachtet werden muss aber auch die möglicherweise beeinflussende Rolle (z. B. Fotos). In Bezug auf das Notieren von Zwischenergebnissen oder auf das Anlegen von Strichlisten wird deutlich, wie wichtig das Festhalten einzelner Ergebnisse auch als Entlastung des Arbeitsgedächtnisses ist. Der Einsatz von Material unter Berücksichtigung der Konventionen, damit diese korrekt verwendet wird (z. B. Verstehen der Legende, korrektes Benutzen des Zollstocks), ist ebenfalls auffällig.

In diesem Zusammenhang ist auch auf das Abbrechen des Modellierungskreislaufes zu verweisen (Gruppe G und Gruppe I). Ein nicht beendeter Kreislauf bzw. nicht genannte Lösungswerte erschweren die Arbeit und die Aufgabenstellung erweist sich als zu komplex.

Die Auswertung hat auch gezeigt, wie wichtig der Umgang mit Näherungswerten ist. Die Kinder entscheiden sich hier zwischen einem Analogieschluss, indem sie bekannte Stützpunkte in Relation setzen oder Stellen ein Modell nach. Auch hier zeigt sich, dass der Lösungsplan nicht feststeht, sondern entwickelt werden muss (Haberzettl et al., 2018). Eine Strategiewahl zeichnet sich durch Flexibilität aus (Lemaire & Lecacheur, 2010; Mandl & Friedrich, 1992; Mandl & Friedrich, 2006). Dies haben alle Gruppen gezeigt.

Gute Aufgaben implizieren unterschiedliche Lösungswege. Die vorgestellte Fermi-Aufgabe zeigt das Potenzial, das sich an dieser Stelle auch für die Differenzierung bietet. Die exemplarischen Bearbeitungswege der fünf Gruppen demonstrieren, dass sich das Differenzierungspotenzial auch von Seiten der Schüler*innen ergibt. Das vorliegende Potenzial zeigt sich unabhängig vom Leistungsstand, der im Vorfeld mitgeteilt worden ist.

Die Bedeutsamkeit bezüglich der prozessbezogenen Kompetenzen des Modellierens und Problemlösens konnten zweifelsfrei nachgewiesen werden. Des Weiteren wurde aber auch auf die Kompetenzen des Kommunizierens und Argumentierens verwiesen. Die Transferleistungen, die von den Kindern sprachlich erbracht werden müssen, sind beachtlich. Gerade der sprachliche Aspekt erweist sich als erheblich und bestätigt die von der Forschung beschriebene Rolle von Kooperation und Kommunikation. Durch die Auseinandersetzung mit der Aufgabe wird eine Interaktion angeregt, es werden Lösungsideen anderer Kinder angehört, weiterentwickelt und auch verworfen. Aus diesem Grund wird der Blick nun auf die interaktiven Muster gelenkt, die es zu untersuchen gilt. Handlungsleitend sind die Ergebnisse und offenen Fragen, die sich auf Basis der Ergebnisse ergeben haben. Es gibt Kinder mit auffällig vielen Ansätzen (z. B. E4), Kinder, die kaum oder keine Lösungsideen einbringen (z. B. H4 und I4), Strategien, die immer wieder genannt werden, sich aber nicht durchsetzen (z. B. der Ansatz von G2), ebenso wie Gruppen, die viele Ideen haben, aber denen die Mittel zur Umsetzung fehlen (z. B. Gruppe G). Des Weiteren sind aber auch Dynamiken zu erkennen, die es interaktionistisch zu untersuchen gilt. Die stringente Arbeitsweise von Gruppe H, die auch Gruppe F in anderer Dynamik zeigt sowie die Entwicklung bei Gruppe E, die zu einer dyadischen Interaktion zwischen E1 und E4 wird. Aufgrund dieser Auffälligkeiten wird im Folgenden eine sequentielle Untersuchung der Interaktionen unternommen, um diese fokussiert und detailliert zu untersuchen.

7.6 Interaktionsanalyse – Fallstudien

Im Zentrum dieser Arbeit stehen neben der Darstellung und Analyse der Lösungsstrategien auch die Interaktionsmuster der mathematisch geprägten Gespräche der Kinder innerhalb ihrer Gruppen. Das Forschungsinteresse richtet sich im vorliegenden Kapitel auf einzelne ausgewählte Sequenzen in denen die Kinder eine Lösung erarbeiten. Dafür werden die Interaktionsmuster in den Kleingruppen untersucht. Durch die Betrachtung von Einzelfällen werden die Partizipationsmöglichkeiten an der inhaltlichen Auseinandersetzung mit Fermi-Aufgaben aufgezeigt. Diese Sequenzen sind auf Basis der Analyse der Lösungsstrategien ausgewählt.

Die theoretische Grundlage für die Analyse und Auswertung ist die Grundlagenarbeit von Röhr (1995), die erweitert und spezifiziert wurden. Leitend sind die Arbeiten von Krummheuer und Brandt (2001), Krummheuer (2007), Krummheuer und Fetzer (2010), Brandt und Höck (2012) sowie Höck (2015). Das daraus entstandene Kategorienmodell ist in Abschnitt 3.5 dargestellt. Mit Hilfe der deduktiven Kategorien werden die einzelnen Sequenzen untersucht und kodiert; für jede Einzeläußerung wird kodiert, ob und welches Muster vorliegt, teilweise auch mit Doppelkodierungen. An dieser Stelle wird das Analyseinstrument unter Ergänzung der Kodierregeln und mit Ankerbeispielen vorgestellt (Tabelle 7.7).

7.6 Interaktionsanalyse – Fallstudien

Tabelle 7.7 Kategorienmodell. (Eigene Darstellung)

Muster 1

Erläuterung	Subkategorien	Kodierregel	Ankerbeispiele	Theoriebezüge
Vorschläge der Kinder für ein gemeinsames Vorgehen	**M1a** Von sich aus	Vorschlag der Zusammenarbeit unter Nutzung des Personalpronomens „wir"	TransE – Z152: E1: Indem wir durch die Uni latschen, und zählen TransH – Z49: H2: / Wir zählen erstmal Groß und Klein, (.) ok? (.) Also, wir zählen erstmal die, äh, // diesen Punkt	Röhr (1995)
	M1b Aufbauend auf Gedanken oder Fragen eines Gruppenmitgliedes	Anknüpfend an den Vorschlag eines Interaktionspartners wird vorgeschlagen, diesen Ansatz gemeinsam zu verfolgen bzw. gemeinsam vorzugehen	TransH – Z40: H3: // Also (.), ok, was soll'n wir jetzt aufschreiben?	Röhr (1995)

(Fortsetzung)

Tabelle 7.7 (Fortsetzung)

Muster 2

Erläuterung	Subkategorien	Kodierregel	Ankerbeispiele	Theoriebezüge
(Weiter-) Entwicklung von Lösungsideen	**M2a** Lösungsidee, die anknüpfend an eine Anregung eines Interaktionspartners weiterentwickelt wird	Ein Vorschlag / eine Idee eines Gruppenmitgliedes wird aufgegriffen und weiterentwickelt. Dies schließt das Nachahmen, Paraphrasieren ebenso mit ein wie die indirekte Akzeptanz, die Idee, die damit als akzeptiert gilt, weiterzuverfolgen	TransE – Z122: E1: Ich würde sagen 20. TransH – Z 150: H2: So, dann sagen wir mal (langgezogen)...), hier bei diesem [...]	Krummheuer und Brandt (2001) Krummheuer und Fetzer (2010) Röhr (1995)
	M2b Ablehnende Reaktion auf eine Idee	Eine Idee / eine Anregung eines Gruppenmitgliedes wird abgelehnt / verneint.	TransE – Z187: E4: Nee [schüttelt den Kopf], das nicht.	Krummheuer (2007)
	M2c Einbringen einer neuen Lösungsidee	Eine (neue) weitere Idee / ein (neuer) Vorschlag wird eingebracht	TransH – Z45: H2: Wir könnten – darf ich mal ganz kurz was machen [greift nach den Stift von H3; steht auf]. Wir könnten ja "2 mal Groß und Klein" hinschreiben	Höck (2015) Krummheuer und Brandt (2001) Krummheuer und Fetzer (2010)
	M2d Nachfrage zu einer Lösungsidee	Anknüpfend an die Lösungsidee eines Interaktionspartners wird eine Nachfrage zum Verständnis bzw. ein Impuls für die Weiterarbeit geliefert.	TransF – Z378: F1: Und kleine?	

(Fortsetzung)

7.6 Interaktionsanalyse – Fallstudien

Tabelle 7.7 (Fortsetzung)

Muster 3

Erläuterung	Subkategorien	Kodierregel	Ankerbeispiele	Theoriebezüge
Argumentatives Vorgehen der Kinder	**M3a** Reaktion auf Fragen	Traduktion: Als Reaktion auf eine Frage oder eine Äußerung eines Mitschülers wird der Inhalt der vorherigen Aussage traduziert und ausgeführt, warum der Ansatz passend ist	TransI – Z92: I1: / Das ist nur so klein [zeigt auf Fahrstuhl EF]. Das ist da nicht Groß und Klein //	Krummheuer und Brandt (2001) Röhr (1995)
	M3b Spontan, zur Erklärung eigener Beiträge	Um eine Lösungsidee argumentativ zu stützen, wird verbal oder gestisch erklärt. Dies geschieht spontan, ohne eine konkrete Aufforderung der Gruppenmitglieder (keine Nachfrage, keine Gegenthese)	TransE – Z174: E2: Und das hier ist [zeigt mit dem linken Zeigefinger auf Fahrstuhl DD] // auch so //. TransG – Z281: G2: Erstmal ist das eine Möglichkeit. Man muss gucken erstmal, wie groß und breit der hier ist [zeigt auf das Foto des großen Fahrstuhls], weil, wenn der größer als der hier ist, dann ist der das gut war, dann kann man hier zum Beispiel zwölf dann können da[...]	Röhr (1995)

(Fortsetzung)

Tabelle 7.7 (Fortsetzung)

Muster 3

Erläuterung	Subkategorien	Kodierregel	Ankerbeispiele	Theoriebezüge
	M3c Nach Feststellung eines Fehlers bzw. bei einer Gegenthese	Ein Lösungsansatz wird nicht nur abgelehnt, sondern es wird ausgeführt und begründet, warum der Lösungsansatz nicht stimmt.	TransE – Z100: E4: Ich so nein [tippt auf das Foto vom Fahrstuhl] 6 mehr, oder sowas (..) So (..) bis 18 (.) 18, 19, sowas. Also, mehr als 20 hätt´ ich nicht (.) nein. TransG – Z203: G2: Das hier ist aber kein Fahrstuhl [...]	Röhr (1995)
	M3d Zur Bestätigung eines Beitrages eines Gruppenmitgliedes	Der Beitrag eines Gruppenmitgliedes wird begründet; die Idee wird akzeptiert, der Grund wird erläutert. Der Inhalt kann dabei imitiert oder traduziert wiedergegeben werden.	TransE – Z132: E4: Ja 5, und nicht // (unv.) // 20. TransI – Z89: I1: Das [zeigt auf Fahrstuhl EF] sind alles die (..), das sind Groß- und Klein	Krummheuer und Brandt (2001)

7.6 Interaktionsanalyse – Fallstudien

Im Folgenden wird die Fallauswahl kurz begründet und im Gesamtkontext verortet. Nach der vorangestellten Beschreibung folgen die Interaktionsbeschreibung sowie die Interpretation und Analyse. Mit Hilfe der qualitativen Inhaltsanalyse werden die von Röhr entwickelten kooperativen Muster für das Lernen „aus der Sache heraus" identifiziert, um auf der Grundlage nachzuhalten, wie sich die Interaktion darstellt. Im Anschluss an die Auswertung mit Hilfe des Kategorienmodells folgt eine Ergänzung mit Hilfe eines Pfeilmusters, um die Entwicklung in der Interaktion grafisch deutlich zu machen. Die auf diese Weise entstehenden Muster, die mit den Zeilenangaben der Transkripte korrespondieren, werden mit den theoretischen Erkenntnissen aus Kapitel 3 beschrieben und ergänzt. Auf diese Weise kann neben der Musterbildung berücksichtigt werden, wie die Redebeiträge mathematisch geprägt sind, wie dies kommuniziert wird und wie die Kinder aufeinander und auf ihre Lösungsansätze Bezug nehmen.

Wie bei der Analyse der Lösungsstrategien werden abhängig von Kontext und Verständlichkeit die Beiträge der Kinder zitiert oder mit Angabe der Zeilen im Transkript paraphrasiert. Bei den grafischen Pfeilmustern ist auch die Interviewerin mit Redebeiträgen vertreten, dies wird nur ausgeführt, wenn es in der Gruppe explizit Berücksichtigung findet.

In der folgenden Tabelle ist die Übersicht über die zu untersuchenden Sequenzen zu sehen (Tabelle 7.8):

Tabelle 7.8 Ausgewählte Sequenzen. (Eigene Darstellung)

GRUPPE	ZEILENANGABEN: SEQUENZ 1	ZEILENANGABEN: SEQUENZ 2
E	TransE – Zeilen 98–122	TransE – Zeilen 152, 154, 169–191
F	TransF – Zeilen 232–259	TransE – Zeilen 373–388
G	TransG – Zeilen 66–93	TransG – Zeilen 281–303
H	TransH – Zeilen 34–59	TransH – Zeilen 134–150
I	TransI – Zeilen 86–116	TransE – Zeilen 151–174

Gruppe E: Sequenz 1
Bei der Darstellung des Lösungsprozesses für die Teilaufgabe 1 ist zum einen die hohe Dichte an Strategien aufgefallen, zum anderen aber auch die Korrelation mit den Beiträgen von E4. Aus diesem Grund wird als erste Sequenz TransE – Z98 bis Z122 zur Analyse herangezogen. Ausgehend von dem Hilfsmittel „Fotos" entwickelt E4 eine Lösungsidee (M2c), an die E2 gestisch anknüpft (M2a) (TransE – Z98), während E3 ebenfalls eine Lösungsidee auf Basis des

heuristischen Hilfsmittels entwickelt (M2c) (TransE – Z99). E4 lehnt die Idee ab, bezieht sich erneut auf ihre Lösungsidee und begründet ihren Ansatz argumentativ mit einer Gegenthese (M2b, M2a, M3c) (TransE – Z100). Diese Entwicklung setzt sich fort: Es werden Vorschläge gemacht, die teilweise argumentativ begründet werden (z. B. M2a/M2b/M2c: TransE – Z101, Z107f, Z109, Z111) (M2 + M3b: Z105), die jedoch von E4 abgelehnt werden (vor allem M3c) (z. B. TransE – Z100, Z102, Z110, Z112, Z115). Dies setzt sich bis zur Nennung eines Schätzwertes von E2 fort (M2a) (TransE – Z116), einem Vorschlag, dem E1 und E4 folgen (M2a) (bis TransE – Z122). Ein kurzer Einwand von I mit Bezug auf den Vorschlag von E1 (TransE – Z113) wird von E1 kommentiert, bleibt aber ansonsten von der Gruppe unberücksichtigt.

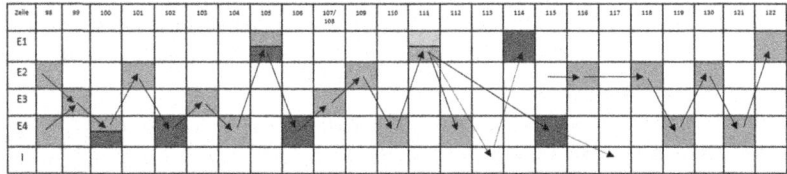

Abbildung 7.33 Gruppe E Sequenz 1. (Eigene Darstellung)

<u>LEGENDE (für Abb. 7.33 bis Abb. 7.42)</u>
   Hellgrau Muster 1
   Mittelgrau: Muster 2
   Dunkelgrau: Muster 3
   ———▶ Anschluss an den vorherigen Redebeitrag
   ------▶ Parallelsequenz (Beschreibung im Text)

<u>Gruppe E Sequenz 2:</u>
Die zweite ausgewählte Sequenz (TransE – Z152ff, sowie Z169–Z191) schließt daran an, dass die Gruppe beide Repräsentanten R(kF) und R(gF) festgelegt hat und sich der Teilaufgabe „Wie viele Fahrstühle gibt es im Hauptgebäude der Universität?" zuwendet. E1 hat diese Teilaufgabe bereits bei der Modifizierung benannt (TransE – Z45, Z50), was er wiederholt und mit zwei konkreten Lösungsvorschlägen kombiniert (TransE – Z152, Z154), wobei er Lösungen vorschlägt, die gemeinsam auszuführen sind (Muster 1a, 2a). Nach dieser vorangestellten Rahmenhandlung startet E4 den Arbeitsprozess, indem sie die Lösungsidee mit einer konkreten Handlung aufgreift (M2a) (TransE – Z169). Während E2 noch

7.6 Interaktionsanalyse – Fallstudien

eine Nachfrage hat und E1 eine Fokussierung versucht (M3b), greifen E2 und E3 die Lösungsidee auf (M2a) (TransE – Z171). E2 und E1 starten einen Austausch über die Lösungsidee, bis sich E4 einschaltet, und einen Ausblick auf das weitere Vorgehen gibt. Sie verknüpft hier das gemeinsame Vorgehen (M1b) mit einer anknüpfenden Lösungsidee (M2a) (TransE – Z175). Diese findet Zuspruch und wird mit Fokus auf das gemeinsame Vorgehen weiterverfolgt, wenngleich E3 einen Einwand in Bezug auf das vorherige Vorgehen hat (TransE – Z178). E4 lässt sich davon nicht ablenken, sondern folgt ihrem Lösungsansatz und präsentiert anschließend die mathematische Lösung. E1 greift die Äußerung auf: Es beginnt ein dyadischer Austausch zwischen E1 und E4, indem sie den Rechenprozess mit den Teilergebnissen fortsetzen. E2 und E3 beteiligen sich nicht mehr an der Interaktion. E4 geht dazu über, nur E1 mit einer Aufforderung zur Zusammenarbeit anzusprechen (TransE – Z184). Die beiden Kinder E1 und E4 setzen ihren Austausch fort. Während E1 eher für den organisatorischen Bereich zuständig ist und den Arbeitsprozess vorantreibt (er beginnt die Sätze und zeigt auf die nächste Stelle auf dem Gebäudeplan), übernimmt E4 den mathematischen Aspekt und rechnet die einzelnen Repräsentanten und Teilergebnisse zusammen. E2 und E3 haben sich an dieser Stelle aus dem aktiven Geschehen zurückgezogen. Zweimal versucht sich E1 selbst mit der Strategienutzung (M2a) (TransE – Z183 und Z186), wird aber einmal von E4 unterbrochen, einmal unterbricht er sich selbst und lehnt seinen Ansatz selbst ab (M2a/M2b). Der Rechenprozess wird unter Nutzung der Muster 2a und 2b fortgesetzt (Abbildung 7.34).

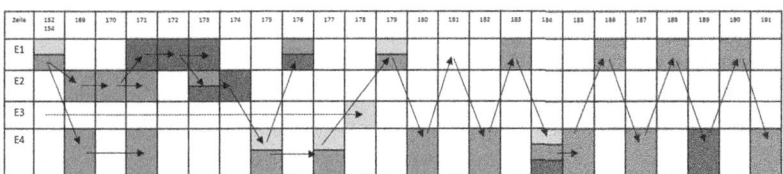

Abbildung 7.34 Gruppe E Sequenz 2. (Eigene Darstellung)

Zusammenfassung Gruppe E:
Mit Hilfe der Kurzbeschreibung, der Kodierung nach dem Kategorienmodell und dem Pfeilbild sind die ablaufenden Interaktionen abbildbar und lassen folgende Schlüsse zu: Das von Röhr (1995, S. 258) beschriebene Muster 1 „Vorschläge der Kinder für ein gemeinsames Vorgehen" zeigt sich in der Sequenz nur einmal,

als E1 die Wir-Form als Adressierung an die Gruppe nutzt (E1 in TransE – Z111). Die gemeinsame Arbeit konzentriert sich hauptsächlich auf die (Weiter-) Entwicklung von Lösungsideen (Muster 2), die vor allem von E4 – auch argumentativ – vertreten werden, insgesamt aber mit unterschiedlichen Akzentuierungen vorliegen. Die argumentativen Ausrichtungen von E1 und E4 beziehen sich dabei auf mathematische Inhalte, um die eigenen Äußerungen zu unterstreichen.

Zu Beginn startet E4 den Arbeitsprozess mit der Aufnahme einer Idee von E1. Alle vier Kinder bringen sich in die Interaktion mit ein, wenngleich erkennbar ist, dass E1 und E4 die meisten Anteile haben. Des Weiteren ist auffällig, dass E4 dabei eine besondere Rolle einnimmt, da sie auf die einzelnen Wortbeiträge reagiert und diese kommentiert. Über ihre Gegenthesen und die Häufigkeit ihrer Beiträge zeigt sich ihre Hartnäckigkeit als auch das Bestreben, die Aufgabe zu lösen. Es entwickelt sich ein gemeinsames Vorgehen, zudem ist E3 nur peripher beteiligt. Da die Kommunikation aber immer wieder über E4 als Dreh- und Angelpunkt der Konversation läuft, nimmt sie die Rolle der Leitenden ein, wenngleich die Ursprungsidee von ihr paraphrasiert ist (vgl. Krummheuer & Brandt, 2001, 41 ff.; vgl. Krummheuer & Fetzer, 2010, 75 f.). Am Ende der Sequenz folgt ein Vorschlag von E2, der auf dem Muster 2a basiert (vgl. auch Röhr, 1995). Die indirekte Akzeptanz des Lösungsvorschlags ist bei allen drei Kindern vorhanden. Das Bemühen von E3, mit den anderen ins Gespräch zu kommen, gelingt nicht.

Im weiteren Verlauf der gemeinsamen Arbeit ist die Entwicklung in der zweiten Sequenz zu betrachten. E4 initiiert die Aktivität und beginnt den Prozess ohne weitere Erläuterung. Der Ansatz der Zusammenarbeit zwischen E1 und E2, der sich am Anfang der Sequenz entwickelt, wird von E4 gestört und unterbrochen. Wenngleich das Muster 1 für das gemeinsame Vorgehen (Röhr, 1995, S. 258) abbildbar ist, entwickelt sich ein dyadischer Austausch zwischen E1 und E4. Der organisatorische Bereich obliegt E1, er ist hier Imitierer und Paraphrasierer (Krummheuer & Brandt, 2001, S. 41; Krummheuer & Fetzer, 2010, S. 76), während E4 den mathematischen Part vorantreibt und somit eher als Initiator gelten kann. Während in der ersten Sequenz E3 nicht mehr aktiv an der Interaktion teilnimmt, sind es bei der Analyse der zweiten Sequenz E2 und E3. Zurückzuführen ist dies auf die Rolle des leitenden Kindes E4, aber auch durch den Dialog zwischen E1 und E4. Beide zeigen in ihren Äußerungen eine mathematische Konvergenz in Bezug auf das Lösen der Aufgabe, unterstützt wird dies mit Muster 1, während die argumentativen Anteile (Muster 3 nach Röhr, 1995) abnehmen, obwohl gerade diese an dieser Stelle signifikant sind, um eine Mitarbeit zu ermöglichen. Es entwickelt sich im Zuge der Gruppenarbeit ein bilateraler Austausch.

7.6 Interaktionsanalyse – Fallstudien

Gruppe F Sequenz 1:
Die erste Sequenz (TransF – Z232–Z259) schließt an die Festlegung der Repräsentanten R(gF) an. Die Festlegung für R(kF) hat vorher zu Unstimmigkeiten geführt (vgl. TransF – Z78–Z115, Modellierungskreislauf F), sodass diese Teilaufgabe wieder aufgegriffen wird. F3 startet den Arbeitsprozess mit einer Äußerung, die die Zusammenarbeit unstrittig macht und eine Nachfrage zu einer Lösungsidee beinhaltet (M1a, M2d).

> F3: Und jetzt müssen wir / Wie lang war der nochmal? [...] (TransF – Z232)

F1 und F2 greifen die Frage auf (M2a) (TransF – Z234, Z235), während F4 den genannten Wert mit Begründung ablehnt (M3c) (TransF – Z236). F2 bleibt bei ihrem Ansatz, der von F4 nicht akzeptiert wird, die vorher beschriebene Unstimmigkeit in Bezug auf den Repräsentanten setzt sich fort. F3 unterstützt den Ansatz von F2 argumentativ mit einer Geste, um ihrer Aussage Nachdruck zu verleihen (haut mit der Hand auf das Foto) (M2b, M3c). Es entwickelt sich eine Kontroverse zwischen F4 und F3 unter Nutzung der Muster 2b, wobei F4 seine Äußerungen mathematisch begründet, F3 nimmt zur argumentativen Unterstützung die Fotos zur Hand (TransF – ab Z245), schwenkt diese hin und her und bekräftigt dies mit „Ja, und?" (TransF – 252). Sie verspricht sich, was von F1 korrigiert wird (TransF – 243, 244) und wiederholt einzelne Worte (TransF – Z250). F3 beendet die Diskussion:

> F3: Dann zehn. Lässt mich nicht erzählen. Mann [lässt das Foto auf den Tisch fallen] [auffälliger Tonfall] (TransF – Z254)

Es schaltet sich F1 ein, die mit der Nennung des Repräsentanten nicht einverstanden ist und unter Nutzung von Muster 2b das Ergebnis ablehnt (TransF – 257), was F3 und F4 akzeptieren (M2a) (TransF – Z258, Z259).

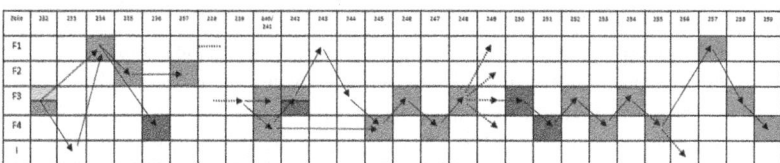

Abbildung 7.35 Gruppe F Sequenz 1. (Eigene Darstellung)

Gruppe F Sequenz 2:
In der zweiten der zu untersuchenden Sequenzen (TransF – Z373–Z388) hat die Gruppe F die Auszählung der kleinen Fahrstühle unter Zuhilfenahme einer Strichliste beendet. F4 leitet den Abzählprozess für die großen Fahrstühle ein: Er zählt laut und handlungsbegleitend mit Zeigegesten (TransF – Z 373) (M2a, M3b). F3 beginnt ebenfalls (TransF – Z374) (M2a). Währenddessen arbeiten F4 und F3 zusammen: F3 macht die Striche und F4 zählt; er möchte anschließen, wird aber von F3 unterbrochen: F3 beendet den Prozess und bestärkt ihre Aussagen, indem sie für jedes genannte Zahlwort einen Strich macht (TransF – Z376). F4 und auch F1 versuchen, den Prozess von F3 mit einem Ansatz zu ergänzen (F4: M2a TransF – Z377, Z379) (F1: M2d TransF – Z378, Z381), F3 verfolgt ihren Ansatz aber weiter (TransF – ab Z380 ff.), ohne die Einwände zu berücksichtigen. F4 wiederholt F3s Auszählung, bestätigt das Ergebnis zuerst und korrigiert dann (M2a) (TransF – Z385). F3 fragt nach, akzeptiert aber die Korrektur, bevor F1 ihre Nachfrage am Ende der ausgewählten Sequenz wiederholt (TransF – Z388) (Abbildung 7.36).

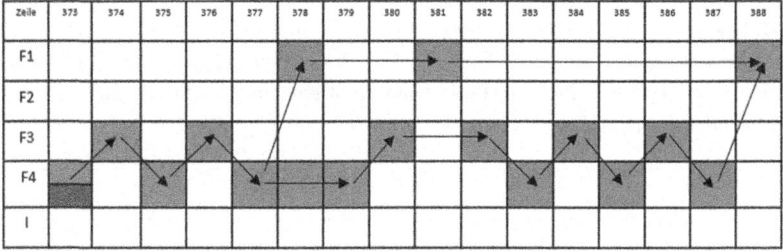

Abbildung 7.36 Gruppe F Sequenz 2. (Eigene Darstellung)

Zusammenfassung Gruppe F
Der Start in der ersten Sequenz folgt dem Muster 1 (Röhr, 1995, S. 258), wobei durch die Nutzung des Modalverbs „müssen" neben der gemeinsamen Aktivität auch eine Zwangsläufigkeit ausgedrückt wird. Im weiteren Vorgehen der Gruppe zeigt sich verstärkt und hauptsächlich das Muster 2, welches nur kurz unterbrochen wird (F3 in TransF – Z239, Z245). An dieser Stelle muss zwischer der Nutzung des Musters 2a durch F4, der bei seiner Idee bleibt und diese weiterverfolgt (vgl. Krummheuer & Brandt, 2001; Krummheuer & Fetzer, 2010; Röhr, 1995), und Muster 2b durch F3, die die Idee von F4 ablehnt/verneint (vgl. Krummheuer, 2007), differenziert werden. Muster 3 kommt zum Tragen, wenn

7.6 Interaktionsanalyse – Fallstudien

Thesen gestützt oder Gegenthesen aufgestellt werden (vgl. Röhr, 1995). Insgesamt reichen die Argumente nicht zur Klärung zwischen F3 und F4, sodass F1 mit einem Vorschlag ein Zeichen, das die Lösung mathematisch eingrenzt, aber auch die Situation zwischen F3 und F4 entschärft und den Konflikt beendet. F3 und F4 erheben in dieser Sequenz beide den Anspruch auf die Rolle des Kreators (vgl. Höck, 2015; Krummheuer & Brandt, 2001; Krummheuer & Fetzer, 2010) und des Leitenden. F1 übernimmt eine vermittelnde Rolle, nutzt die wechselseitige Interaktion von F3 und F4, um eine Konklusion zu liefern.

Das Interaktionsmuster setzt sich in Sequenz 2 fort (s. Abb. 7.35). F3 und F4 setzen ihre Vorgehensweise fort: Beide nutzen diesmal allerdings nur Muster 2a, um die Lösungsidee weiterzuentwickeln (vgl. Krummheuer & Brandt, 2001; Krummheuer & Fetzer, 2010; Röhr, 1995). F3 akzeptiert die Lösung von F4, wobei der Anspruch auf die Rolle der Leitenden / des Leitenden nicht eindeutig geklärt ist, aber eine dyadische Entwicklung vorliegt. Diese Entwicklung wird von F1 begleitet. Sie behält ihren Lösungsansatz im Blick (Muster 2d) und bringt dies mehrfach ein und übernimmt auch hier wieder die Rolle der Klärenden am Ende. Es entwickelt sich eine symmetrische Interaktion durch F1s Begleitung und Klärung, gleichwohl schließt dies nicht zwingend F2 ein, die eine beobachtende Rolle einnimmt.

Gruppe G Sequenz 1

Wie bereits beschrieben gibt es in Gruppe G Schwierigkeiten, die einzelnen nötigen Teilschritte zu beenden, was immer wieder zu Brüchen beim Durchlaufen der Modellierungskreisläufe führt. Die erste Sequenz, die für die Analyse herangezogen wird, um die Interaktion der Gruppe zu beleuchten, erstreckt sich über die Zeilen 66 bis 93. Der Ausschnitt beginnt mit der Teilaufgabe 2, nachdem die Sachsituation modifiziert ist. G2 leitet den Arbeitsprozess ein und liest die Legende vor (TransG – Z66), woraufhin G1 erwähnt, dass er auch gerne auf einer Baustelle arbeiten würde. Die Auseinandersetzung mit der Baustelle auf dem Gebäudeplan hat andere Assoziationen bei ihm ausgelöst als die Bearbeitung der Aufgabe. Begleitet durch die Geste des Zurücklehnens an seinen Stuhl zieht er sich auch gestisch aus der Situation bzw. aus dem Arbeitsprozess heraus (TransG – Z67), was im weiteren Verlauf erneut zu beobachten ist (TransG – Z83).

Derweil macht G2 einen Lösungsvorschlag (M2a) (TransG – Z68), der in den Zeilen 68 bis 76 von G1 und G2 weiterverfolgt wird. Die Gruppe wird von G2 nicht direkt adressiert; er nutzt das unbestimmte Personalpronomen „man" (TransG – Z68). G1 und G2 werden im Austausch argumentativ tätig, begründen dies mit Gesten und postfaktisch: „Ist doch so" (TransG – Z74).

G4 steigt mit einer begründeten Gegenthese in das Geschehen ein und verweist auf die Legende (M3c) (TransG – Z77), was zu einer erneuten Unterbrechung des Arbeitsprozesses führt; stattdessen wird die Legende erneut betrachtet (TransG – Z78–80), bevor G4 den Faden wieder aufnimmt, eine Nachfrage äußert und ihren Ansatz weiterverfolgt (M2d, M2a) (TransG – Z81, Z92). Die anderen sind mit Nebengesprächen beschäftigt, was G3 zwar unterbricht (M2c) (TransG – Z90). G2 lehnt G3s Vorschlag ab (M2b) (TransG – Z91) und verfolgt seinen Ansatz weiter (M2a) (TransG – Z93) (Abbildung 7.37).

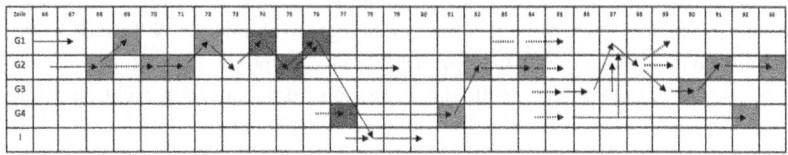

Abbildung 7.37 Gruppe G Sequenz 1. (Eigene Darstellung)

Gruppe G Sequenz 2
In der zweiten Sequenz (TransG – Z281–Z303) beschäftigt sich die Gruppe mit dem Repräsentanten R(gF). G2 startet den Arbeitsprozess und führt die Gewichtsbegrenzung als Vergleichswert an, was er argumentativ begründet (M3b) (TransG – Z281). G3 und G2 entwickeln die Lösungsideen weiter, wobei der Ansatz von G3 (M2a) (TransG – 282) von G2 abgelehnt wird (M2b) (TransG – Z285):

G2: Geht es noch? (TransG - Z285)

G4 deutet dies nicht als Ablehnung (M2c), sondern als Frage (M2d) und entwickelt den Lösungsansatz von G3 weiter (M2a) (TransG – Z286). G3 und G4 setzen dies mit Begründung fort (M3b und M3d) (TransG – Z287, Z289). G3 versucht die ablehnende Nachfrage zu beantworten, indem er auf die Gewichtsgrenzen eingeht und somit G2s Ansatz weiterverfolgt und stützt (M2a, M3b) (TransG – Z293). G2 lehnt die Hilfe ab (M3c) und begründet, warum der Lösungsansatz nicht stimmen kann, kommt aber auf seine Idee zurück und führt sie mit G1 und G3 aus (M2a) (TransG – Z297 ff.). G2 stellt die Gegenthese als Begründung auf, und G3 beendet die Sequenz ebenfalls mit einer Gegenthese (TransG – Z303) (Abbildung 7.38).

7.6 Interaktionsanalyse – Fallstudien 253

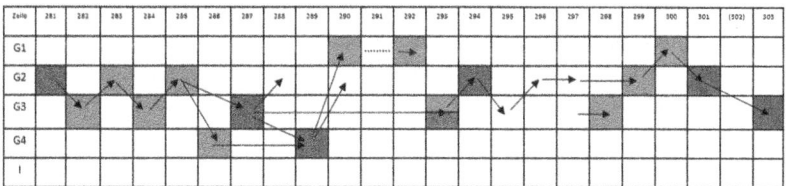

Abbildung 7.38 Gruppe G Sequenz 2. (Eigene Darstellung)

Zusammenfassung Gruppe G
Das Muster 1 „Vorschläge der Kinder für gemeinsames Vorgehen" nach Röhr (1995, S. 258) ist für die Gruppe nicht kodiert. Auffällig ist zudem, dass – wie schon bei der Darstellung der Lösungsstrategien – Interaktionen zur Sache abgebrochen werden und Nebengespräche stattfinden, die zwar thematisch an der Aufgabe, gleichwohl aber nicht am mathematischen Inhalt orientiert sind. G2 versucht, die Rolle des Leitenden zu übernehmen: Er präsentiert sich als „könnend" und wissend und nutzt Wiederholungen, um seinem Lösungsansatz Nachdruck zu verleihen. Die Bearbeitung gerät aber immer wieder ins Stocken, auch der Versuch einer ko-konstruktiven Lösung zwischen G1 und G2 liegt vor, führt aber zu keinem Ergebnis. G3 ergreift die Initiative und bezieht sich auf den Lösungsvorschlag von G2 – er schließt daran an und paraphrasiert die Idee (vgl. Krummheuer & Brandt, 2001; Krummheuer & Fetzer, 2010). Eine Interaktion zwischen G1, G2 und G3 zeigt die Ansätze von G2, die Rolle des Leitenden zu übernehmen, dies gelingt aber nicht in Gänze, was zum einen auf Nebengespräche zurückzuführen ist. Zum anderen liegt kein gemeinsamer Orientierungsrahmen vor; G2 bringt zwar seine Idee unter Nutzung von Muster 2 immer wieder ein, führt sie aber argumentativ nicht aus (Muster 3, nach Röhr, 1995, S. 258). G2 kommt mit seiner Idee nicht weiter. Der Austausch zwischen G3 und G2 zeigt ein Zuwenden von G3 zur Idee und gleichwohl auch eine mögliche Akzeptanz von G2 als Leitenden der Gruppe, aber den Äußerungen von G2 mangelt es an einer mathematischen Grundlage.

Währenddessen arbeitet G4 parallel an ihrer Idee, worauf es bereits in der Analyse der Lösungsstrategien Hinweise gibt. Die Rolle des Leitenden, die G2 übernehmen möchte, kann sich nicht durchsetzen, die Bestrebungen von G4 mit argumentativen Ansätzen (vgl. Röhr, 1995) werden in der zweiten Sequenz zwar von G1 aufgegriffen, finden aber keinen Weg in die Interaktion von G1, G2 und G3. Die Initiative von G4 wird übergangen, da ihr aufgabenbezogenes Wissen nicht zur Entfaltung kommt. Hackbarth (2017, S. 79) spricht an dieser Stelle von einer „Behinderung der Teilhabe". Die Spaltung in zwei Gruppen (G1, G2, G3 vs. G4) zeigt sich in der parallelen Bearbeitung: Obwohl das gleiche Ziel vorliegt, ist der Weg dahin nicht geklärt.

Gruppe H Sequenz 1
Die erste ausgewählte Sequenz bezieht sich auf die Zeilen 34 – 59. Vorangegangen ist, dass sich die Gruppe mit Teilaufgabe 2 beschäftigt und das Mädchen H2 einen Plan zur Lösung der Aufgabe präsentiert (TransH – Z23, Z29). Unter Nutzung von Muster 3b erklärt H2 spontan ihren eigenen Beitrag (TransH – Z34), erläutert das weitere Vorgehen und die Notwendigkeit des Notierens mittels des nicht verhandelbaren Modalverbs „müssen" (TransH – Z35), verknüpft mit dem Personalpronomen „wir" (M1a). H3 möchte die Rolle der Schreibenden einnehmen, fragt zuerst, ob sie schreiben darf und anschließend, was geschrieben werden soll; jetzt unter Nutzung des Pronomens „wir" (M2d) (TransG – Z36) (M1b, M2d) (TransG – Z40). Derweil klären H2 und H1 eine Unklarheit auf dem Gebäudeplan: H2 unterläuft ein Fehler in der Deutung des Gebäudeplans, was von H1 richtiggestellt wird (TransG – Z37, Z38).

Im Anschluss setzt H2 den begonnenen Arbeitsprozess verbal fort (M1b, M2a), indem sie erst alle und dann konkret H3 anspricht, die den Schreibprozess gemäß der Anweisungen beginnt (TransG – Z41). H2 greift ein und beendet den Schreibprozess nach ihren Vorstellungen (TransG – Z43, Z45) – wenngleich sie erst mit der „Wir"-Form und dem Konjunktiv arbeitet (M1b), ändert sie die Ansprache in die „Ich"-Form, nimmt H3 den Stift ab und schreibt (M2b, M2c). Nach einer Nachfrage von H3 (M2d) (TransG – Z46) folgt eine Redepause von 8 Sekunden, die H2 unterbricht und ihre Lösungsidee wieder aufnimmt (M1a, M2a) (TransG – Z47). H3 beginnt einen Satz, um einen Lösungsvorschlag einzubringen (M2c), H2 verfolgt ihren Weg weiter (M2a, M1a), wenngleich sie mit der Nachfrage „Ok?" anschließt. H3 und H1 schließen sich an. In den folgenden Zeilen wird die Lösungsidee von H2 umgesetzt (M2a), auch hier mit Nachfragen zur Rückversicherung (M2d) (TransG – Z49–Z59). Eine direkte Nachfrage richtet H2 an H1 (M2d) (TransG – Z57), um sich bezüglich der ausgezählten Anzahl abzusichern (Abbildung 7.39).

7.6 Interaktionsanalyse – Fallstudien

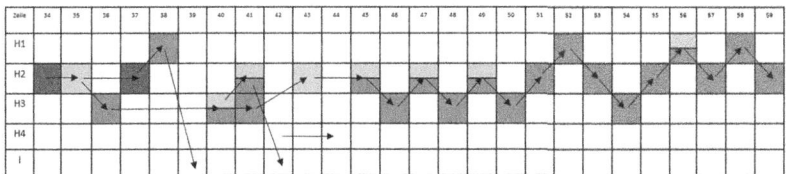

Abbildung 7.39 Gruppe H Sequenz 1. (Eigene Darstellung)

Gruppe H Sequenz 2

Die Gruppe H hat sich unter der Leitung von H2 entschieden, die Strategie A1-1a + für die Festlegung des Repräsentanten R(kF) zu nutzen und wendet sich nun R(gF) zu. H2 hat den Vorschlag gemacht, eine Zeichnung mit Hilfe der Maße anzulegen und strebt eine rechnerische Lösung an (TransH – Z129), während H3 vorschlägt, ein Modell des großen Fahrstuhls mit Hilfe der Maße nachzustellen (TransH – Z128). Während H2 einen weiteren Vorschlag mit dem Hilfsmittel Tafel verknüpft, setzen sich H1, H2 und H3 mit dem Zollstock und den vorgegebenen Maßen aktiv auseinander.

In der ausgewählten Sequenz (TransH – Z134–150) steigt H2 in die Arbeit des Nachstellens vor Ort ein, greift die Lösungsidee auf (M2a), spricht H1 als auch die Gruppe insgesamt aktiv an (M1a) und begründet ihren Vorschlag in Bezug auf den Umgang mit dem Messgerät (M3b) (TransH – Z134). H3 greift dies mit einer Gegenthese auf und nutzt ebenfalls die Begriffe „wir" und „müssen", um ihre These zu stützen, aber auch um den gemeinsamen Ansatz zu stärken (M1b, M3c) (TransH – Z135). H2 begründet ihr Vorgehen argumentativ (M3c) und nutzt dazu Muster 1b und Muster 2b (TransH – Z136). In den folgenden Zeilen (TransH – Z137–Z141) forcieren H1, H2 und H3 die Lösungsidee (M2a) und stellen wie bereits in der Sequenz 1 Verständnisfragen (M2d). Die Feststellung, dass ein Zollstock nur 2 Meter lang ist und nicht 2,10 Meter, wird von H2 und H1 indirekt argumentativ begründet, indem sich beide auf die vorliegende Konvention beziehen (M3d) (TransH – Z142, Z143). H2 löst das Problem und nutzt wieder die Kombination aus dem Pronomen „wir" und dem Modalverb „müssen" (M1a, M3d) (TransH – Z144). In den folgenden Zeilen entwickeln H1, H2 und H3 die Lösungsidee weiter (M2a), es gibt eine Nachfrage von H1 (M2d) unter Nutzung von Muster 1. Die Arbeit wird unterbrochen, als H3 fragt, was in den anderen Gruppen gemacht wird (TransH – H151) (Abbildung 7.40).

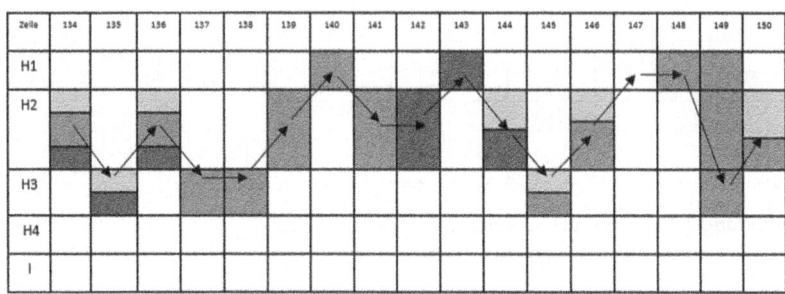

Abbildung 7.40 Gruppe H Sequenz 2. (Eigene Darstellung)

Zusammenfassung Gruppe H
H2 zeigt sowohl bei der Analyse der Lösungsstrategien sowie zu Beginn der ausgewählten Sequenzen mathematisches Wissen und aufmerksames Beobachten; aus diesem Grund sind die beiden vorliegenden Sequenzen ausgewählt worden, um die Interaktionen und mögliche Muster zu untersuchen.

Die erste Sequenz startet mit einer Lösungsidee, die H2 zum einen argumentativ untermauert und zum anderen als gemeinschaftliche Aufgabe formuliert – sie nutzt nicht nur das Personalpronomen „wir", um die gemeinschaftliche Tätigkeit deutlich zu machen, sondern auch das Modalverb „müssen", was neben einer Hierarchisierung auch eine Nicht-Verhandelbarkeit und Dominanz signalisiert. Sie nutzt Muster 1 und 3 (vgl. Röhr, 1995), sie übernimmt erst die Rolle des Kreators (Krummheuer & Fetzer, 2010) und baut dies nach dem Start in die Arbeitsphase in die Rolle der Leitenden und Instruierenden aus, koppelt ihre Funktion aber immer wieder mit Muster 1, um auf das gemeinsame Vorgehen zu verweisen (Röhr, 1995, S. 258). H2 lässt Korrekturen zu und greift sie auf, ergreift aber auch die Initiative, wenn ihr der Prozess nicht zusagt (z. B. bei der Korrektur des Schreibprozesses). Die Rolle, die sie hier einnimmt, gilt von den anderen Gruppenmitgliedern als akzeptiert, H1 und H3 nehmen den Lösungsansatz von H2 an und entwickeln ihn weiter. Besonders H3s Verhalten zeigt, dass sie die Rolle der Schreibenden übernehmen möchte, aber auch auf konkrete Anweisungen von H2 wartet; sie lässt sich die Rolle auch nicht abnehmen, sondern fordert sie mit Gesten zurück. Eine Partizipation über einen gemeinsamen mathematischen Inhalt gelingt zwischen H1, H2 und H3 unter Nutzung des Musters 2 und wird durch Wir-Impulse (Muster 1) gestärkt. H2 gibt die Richtung als Instruierende vor, bindet die anderen beiden aber gleichermaßen ein, während H4 eine beobachtende/teilnehmende Funktion hat, da sie sich nicht aktiv am Geschehen beteiligt. H2 paraphrasiert ihre Ideen (M2a), H1 wechselt beim Weiterentwickeln des Lösungsweges zwischen Traduktion und Paraphrase (M2a).

H2 zeigt auch in der zweiten Sequenz die Tendenz, den Lösungsansatz zu bestimmen, da H1 und H2 aber bereits der Aufforderung von H3 gefolgt sind und mit dem Zollstock arbeiten, nimmt sie den Lösungsansatz auf, argumentiert und unterstreicht erneut den Faktor der gemeinsamen Arbeit. H3 nutzt ebenfalls das Muster 3, um ihre Lösungsidee zu vertreten. Bei der Umsetzung vor Ort, übernimmt H2 wieder die leitende Rolle unter Nutzung einer Kombination der drei Muster nach Röhr (1995). Die Pfeilbilder zeigen die Dominanz von H2 bei der Interaktion zwischen H1 und H3: Sie ist der Dreh- und Angelpunkt der Interaktion. Wenngleich nicht ihre Lösungsidee umgesetzt wird, gelingt es ihr, diese zur gemeinsamen Idee zu machen – eine Entwicklung, die von den drei Agierenden akzeptiert wird. Das Interaktionsmuster aus Sequenz 1 wiederholt sich. Auch die beobachtende/teilnehmende Rolle von H4 ist abbildbar: Sie nimmt an der Interaktion insofern teil, dass sie sich beim Nachstellen des Modells zu den anderen Gruppenmitgliedern stellt.

In beiden Sequenzen sind alle Beiträge von H1, H2 und H3 kodiert, was den Schluss zulässt, dass alle Gruppenmitglieder fokussiert und aufmerksam am mathematischen Inhalt arbeiten. Alle von Röhr beschriebenen Muster sind nachweisbar und zeigen die gemeinsame Interaktion aus der Sache heraus, wenngleich die Leitung von einem Kind übernommen wird.

Gruppe I Sequenz 1

Die erste zu untersuchenden Sequenzen (TransI – Z86–Z116) schließt direkt an die Auseinandersetzung mit dem Gebäudeplan als heuristisches Hilfsmittel für Teilaufgabe 2 an. I3 startet den Arbeitsprozess, indem er eine Lösungsidee einbringt (M2a), die aufgrund seiner Gesten dazu führt, dass sich die anderen Gruppenmitglieder bezüglich eines gemeinsamen Vorgehens angesprochen fühlen. Eine Verständnisfrage von I2 (M2d) (TransI – Z87) wird von I1 argumentativ mit Worten und Gesten beantwortet (M3a) (TransI – Z92). Eine Nachfrage von I2 wird von I und I1 beantwortet, während I3 den Arbeitsprozess parallel mit dem vorgeschlagenen Lösungsweg bereits begonnen hat und ein Ergebnis präsentiert (M2a) (TransI – Z93). I2 reagiert darauf mit einer Nachfrage (M2d) (TransI – Z94) und startet den Prozess, bricht diesen aber wieder ab. Während I1 und I2 die Legende in Bezug auf das Vorgehen als Argument für den Auszählprozess einbringen (M3b) (TransI – Z95, Z96) und dann der Lösungsweg weiter beschritten wird (M2d, M2a), bestätigt I die Antworten zur Legende in Zeile 99. Wieder beginnen I1 und I3 den Arbeitsprozess, I2 ergänzt den Lösungsweg argumentativ, bis I1 die Ausgangsfrage erneut stellt (TransI – Z107), I3 den Prozess erneut beginnt und I1 und I2 dies direkt mathematisch aufgreifen (TansI – Z109). In den folgenden Zeilen geht es dem Muster folgend weiter: I1, I2 und I3 entwickeln die Lösungsidee weiter (M2a), stellen Rückfragen (M2d), präsentieren ein Ergebnis, haben aber aufgrund der fehlenden Klassifizierung der Fahrstühle alle Fahrstühle ausgezählt (TransI – Z110). Danach geht es kommentarlos weiter zur Teilaufgabe 1 und der Frage, wie viele Menschen in einen Fahrstuhl passen, wobei I1, I2 und I3 die Muster 2a und M2d nutzen (Abbildung 7.41).

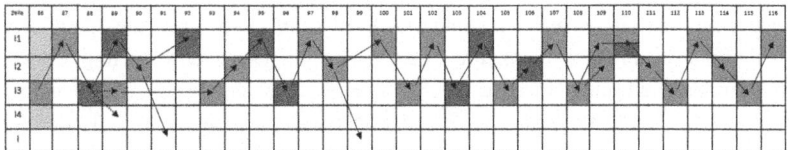

Abbildung 7.41   Gruppe I Sequenz 1. (Eigene Darstellung)

Gruppe I Sequenz 2
Die Gruppe I hat beide Repräsentanten für die Fahrstühle festgelegt, was von I zusammengefasst wird (TransI – Z150). Die zu untersuchende Sequenz (TransI – Z161–Z174) beginnt mit der Bestätigung des Lösungsweges durch I1 und I3 (M2a) (TransI – Z151, 152), während I2 einen anderen Lösungsweg einschlägt (TransI – Z153) und ein differentes Ergebnis präsentiert, was von I3 mit „Hä" als ablehnende Reaktion beantwortet wird (M2b) (TransI – Z154). I1 lehnt ebenfalls ab (M2d), fokussiert aber den weiteren gemeinsamen Weg (M1b) (TransI – Z155). I1 und I2 diskutieren, was damit endet, dass I2 den alternativen Lösungsweg akzeptiert, während I1 den Arbeitsprozess vorantreibt (M2a) (TransI – Z160, Z161). Der Ausspruch von I2 bleibt unbeachtet:

```
I2:[lehnt sich zurück und wieder vor]Du ruinierst mein Leben[…](TransI -
Z161)
```

I4 ist an dieser Stelle kurzfristig eingebunden: Er bestätigt entweder I2's oder I3's These (M2a) (TransI – Z158) und lacht über den Ausspruch von I2 (TransI – Z161).

I1 ist in seinem Arbeitsprozess völlig vertieft und lässt sich nicht stören, was er deutlich äußert (M2a) (TransI – Z162, Z164), während I3 eine Gegenthese bringt (M3c), die sich aber nicht auf den aktuellen Lösungsweg bezieht (TransI – Z163). I2 unterstützt I1 (M2a), während I4 dies unterbricht und richtigstellt, was von I1

7.6 Interaktionsanalyse – Fallstudien

und I2 aber erst ignoriert wird, bevor I1 die Einwände von I4 aufnimmt und das Ergebnis korrigiert (TransI – Z169). I3 verfolgt seinen Ansatz, während I1 eine Rechnung vornimmt, ohne eine Erklärung für sein Vorgehen zu liefern (M2a) (TransI – Z173). Die Sequenz endet mit der Präsentation der mathematischen Lösung durch I2 (M2a) (TransI – Z174) (Abbildung 7.42).

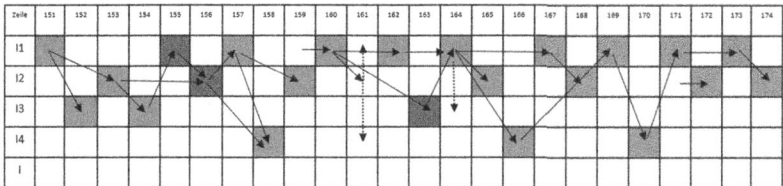

Abbildung 7.42 Gruppe I Sequenz 2. (Eigene Darstellung)

Zusammenfassung Gruppe I
In der Gruppe I vollzieht sich in der ersten Sequenz eine Interaktion zwischen I1, I2 und I3, wobei alle drei gleichermaßen Impulse für die Weiterentwicklung liefern. Bemerkenswert ist, dass übermäßig häufig das Muster 2d kodiert wird – die Kinder betreiben die Weiterentwicklung der Lösungsidee hauptsächlich fragend. Die Fragen beziehen sich auf die Legende, was den Rückschluss zulässt, dass trotz der argumentativen Erklärung am Anfang, bei der Fragen in traduzierter Form beantwortet werden (vgl. Krummheuer & Brandt, 2001, 44 f.; Röhr, 1995, S. 258), dies für die Fragenden nicht auf den mathematischen Prozess übertragbar ist. Die drei Kinder I1, I2 und I3 arbeiten symmetrisch zusammen, der mathematische Inhalt ist aber nicht in Gänze verstanden. Zugleich ist bei der symmetrischen Darstellung auffällig, dass es im Vergleich zu den anderen vier Gruppen keinen Leitenden gibt bzw. auch niemand darauf Anspruch zu erheben scheint. Keines der Kinder äußert sich zu dem gedanklichen Fehler, der sich auf die gesamte Lösung auswirkt. Auch I4 bleibt beobachtender Teilnehmer und schaltet sich nicht ein.

Eine Zuordnung zu den Mustern von Röhr (1995) zeigt, dass in der ersten Sequenz eine Lösungsidee weiterentwickelt wird (M2a), ebenso wie der Vorschlag gemacht wird, zusammenzuarbeiten (M1a). Nachfragen werden besonders zu Beginn argumentativ beantwortet, um das Vorgehen zu erklären.

Das Weiterentwickeln einer Lösungsidee zeigt sich auch bei der Sequenz 2. Die Gruppenmitglieder knüpfen an Vergangenes an und nutzen das Muster 2. In der zweiten Sequenz werden nicht tragfähige Ideen hingenommen und nicht hinterfragt oder korrigiert. Auf Gegenthesen oder ablehnende Äußerungen wird weitestgehend verzichtet. Stattdessen sieht man sehr deutlich an der grafischen Aufarbeitung der Interaktion, dass die Gruppenmitglieder unterschiedliche Lösungswege verfolgen und entsprechend reagieren, z. B. ist I1 mit seinem eigenen Ansatz beschäftigt: Er arbeitet parallel an seiner Idee, wenngleich ihn der zweifache geäußerte Verweis von I4 in zurück in die Interaktion der Gruppe holt. Die Gruppe trennt sich im Arbeitsprozess immer wieder, was in Konklusion zusammen mit dem Nicht-Bemerken der Fehldeutung der Lösung, eine Zusammenarbeit schwierig macht. I4, der in der ersten Sequenz nicht aktiv in Erscheinung tritt, nimmt beobachtend teil und schaltet sich aktiv ein, um ein Ergebnis zu korrigieren.

Besonders Sequenz 2 wirkt unstrukturiert und ohne leitendes Motiv der Gruppe. In beiden Sequenzen ist im Vergleich zu den anderen Gruppen zu bemerken, dass keiner der vier Kinder Anspruch auf die Rolle des Leitenden erhebt. Eine mögliche Korrelation mit den Ergebnissen der Modellierung ist zu überlegen.

7.7 Erkenntnisse der Interaktionsanalyse

Insgesamt ist zu bemerken, dass alle fünf Gruppen sachlich und am mathematischen Inhalt orientiert arbeiten. Sie zeigen eine Ernsthaftigkeit in der Sache und über einen längeren Zeitraum Konzentration und Anstrengungsbereitschaft, um die Fermi-Aufgabe zu lösen. Über die Aufgabe lassen sich die genannten Aspekte steuern: Die meisten Kinder sind motiviert und finden viele, sehr ausdifferenzierte Lösungsstrategien. Zu klären ist nun, wie die Interaktionsprozesse innerhalb der Gruppen ablaufen, um die zweite Forschungsfrage in Gänze beantworten zu können.

Die von Röhr (1995) beschriebenen Muster lassen sich mit dem abgeleiteten Kategorienmodell kodieren und abbilden (vgl. Abschnitt 3.6). Auffällig ist, dass Muster 1 „Vorschläge der Kinder für gemeinsames Vorgehen" (ebd., 1995, S. 228) in den Gruppen im Vergleich wenig zu beobachten ist (vgl. Abbildungen der Sequenzen). Hauptsächlich läuft die Interaktion über Muster 2 „(Weiter-) Entwicklung von Lösungsideen" (veränderte Kategorie auf Basis von Röhr, 1995, S. 238). Muster 3 „Argumentatives Vorgehen der Kinder" (ebd., 1995, S. 247) wird unterstützend genutzt, um eine Lösungsidee zu unterfüttern oder eine Gegenthese aufzustellen. Dies ist laut der Analyse ein entscheidender Faktor, der identifiziert werden konnte, damit eine Lösungsidee Erfolg hat.

7.7 Erkenntnisse der Interaktionsanalyse

In den folgenden Ausführungen spielen die Aspekte der Rollenübernahme – sowohl durch Interagierende als auch Nicht-Agierende – sowie die Interaktionsmuster, die für die vorliegende Studie angenommen werden, zentrale Rollen. Die theoretischen Bezüge zu Wocken (1998) als auch zur Interaktionsanalyse von Peter-Koop (2004, 2006) werden hergestellt. Dabei erfolgt ein Rückgriff auf die Kategorisierungen von Jones und Gerard (1976) sowie auf die beschriebenen Typen von Howe (2009) sowie Brandt und Höck (2012).

Bei Gruppe E und Gruppe H sind zwei Schülerinnen auszumachen, die die Rolle der Leitenden übernehmen. In Gruppe E ist das E4, in Gruppe H übernimmt H2 die Leitungsrolle. Anhand der Pfeilpartituren ist deutlich erkennbar, dass die Interaktionen in den jeweiligen Gruppen über die beiden laufen. Während bei H2 dies bereits zu Beginn feststeht und von der restlichen Gruppe weitestgehend akzeptiert wird, muss E4 sich diese Rolle erst über reaktive Kontingenz (Jones & Gerard, 1976) „erarbeiten": Sie ist das Korrektiv, welches die Lösungsideen der anderen ablehnt. Zu Beginn der ersten Sequenz liegt bei E4 noch kein Plan vor, die anderen drei Kinder bringen jeweils eine Lösungsidee ein, auf die E4 reagiert (vgl. dazu auch Peter-Koop, 2006, S. 52). E4 geht auf die genannten Ideen ein, lehnt sie ab und begründet teilweise, warum der Ansatz nicht stimmen kann, während sich ihre drei Gesprächspartner kontingent verhalten. Zum Abschluss der ersten Sequenz versucht E2 erneut, eine Strategie zu platzieren, die E4 als Strategie zwar annimmt, aber mit einem anderen Zahlenwert verknüpft. In der zweiten Sequenz startet E2 wieder einen Versuch und beginnt einen argumentativ angelegten Dialog mit E1. Wieder schaltet sich E4 ein: Sie hat eine Strategie, der E1 reaktiv folgt. E4 übernimmt zum einen die mathematische Lösung ihrer Strategie, gleichzeitig baut sie aber ihre Rolle aus und festigt sie. E1 agiert als Paraphrasierer und Imitierer, während E2 abgehängt ist und E3 noch über einen anderen Ansatz nachdenkt. In dieser leistungshomogenen Gruppe, die von der Klassenlehrerin als leistungsschwach bezeichnet ist, übernimmt E4 erst die Rolle des Korrektiv, darüber baut sie ihre Rolle zur Leitenden aus und nutzt die asymmetrische Entwicklung für die Durchsetzung ihrer Strategie in Sequenz 2. Nach Howe (2009) liegt ein asymmetrischer Verlauf vor (Typ 2). Nachdem E1 die Idee von E4 aufgreift, gilt für die dyadische Interaktion der beiden Typ 0: Am Anfang steht eine Idee, die für den Interaktionspartner E1 schlüssig ist und akzeptiert wird; er verhält sich subsidiär-unterstützend zu E4 (vgl. Brandt & Höck, 2012).

In der leistungshomogenen Gruppe H, in der alle vier Mädchen durch besonders gute Leistungen im Mathematikunterricht auffallen, ergibt sich ebenfalls eine reaktive Kontingenz diese ist aber anders angelegt. H2 übernimmt die Rolle der Leitenden und nutzt dafür Typ 0 nach Brandt und Höck (2012): H2 nennt eine Idee, die für den Rest der Gruppe schlüssig ist, sodass keine divergierenden Ideen nötig zu sein scheinen. Sie manifestiert ihre Rolle dadurch, dass die Interaktionen mit H1 und H3 über sie laufen (siehe Pfeilpartitur). Besonders H3 richtet sich auf H2 aus (z. B. mit der Bitte um Instruktionen).

Als sich am Anfang der zweiten Sequenz die beiden Lösungsidee von H2 nicht durchsetzen und auch nicht diskutiert werden, da sich die Idee von H3 als schlüssig erwiesen hat und H1 und H4 der Aufforderung zum Nachstellen des Modells folgen, unternimmt H2 zwei Versuche, ihre Ideen durchzusetzen, was nicht gelingt. H2 entwickelt die angefangene Idee weiter, erneut läuft die Interaktion schwerpunktmäßig über sie als Leitende und ist somit erneut als asymmetrisch zu bezeichnen (Typ 2 nach Howe, 2009). Im Abgleich mit den Interaktionsmustern von Jones und Gerald (1976) bestätigen sich für Gruppe E und Gruppe H die Ergebnisse zur asymmetrischen Kontingenz: Die Gruppen richten sich auf einen Leitenden aus, dieser handelt isoliert strategisch, während sich die anderen nicht eigenstrategisch verhalten. Zudem ist die von Peter-Koop (2004, 2006) bei ihren Studien als vorherrschend beschriebene reaktive Kontingenz bei E4 zu beobachten. E4 nutzt die Muster 2b und Muster 3c vorerst ohne eigene Strategie; in der zweiten Sequenz kann sie nach einem reaktiven Austausch zwischen E2 und E1 ihre Rolle behaupten.

Bereits bei diesen beiden Gruppen wird deutlich, dass sich in den Interaktionsbeziehungen Mischformen zeigen. Es ist aber auch möglich, Sequenzen in weitere Einheiten der Interaktion zu zerlegen, wie es besonders bei E1 und E4 der Fall ist.

Die Interaktion in Gruppe F zwischen zwei leistungsstarken Schüler*innen (F1 und F4), und zwei sehr leistungsschwachen Schülerinnen (F2 und F3), startet mit einer Aufforderung von F3 und einer Nachfrage zum Vorgehen. Danach werden zwei Lösungsansätze präsentiert: F2 nennt ein Ergebnis, dass sie wiederholt, F4 nennt einen Begründungsansatz. Die beiden finden mit ihren Ansätzen noch nicht zusammen. F3 setzt erneut an und steigt in eine dyadische Interaktion mit F4 ein, um eine Lösungsstrategie zu entwickeln. Beide verhandeln jeweils ihre eigene Strategie, bevor F1 sich korrektiv einschaltet und eine Lösung nennt, die die anderen akzeptieren. In der zweiten Sequenz arbeiten F3 und F4 arbeitsteilig zusammen: F3 übernimmt den organisatorischen Teil, während F4 die Auszählung übernimmt. Auch hier ist F1 das Korrektiv, sie verfolgt eine weitere Strategie, die für die weitere Bearbeitung wichtig ist und erinnert an diese. Während somit F3 und F4 die Lösung erarbeiten, hat F2 den Überblick. Eine dominante Rolle ist in diesen Sequenzen nicht ersichtlich. Bei der Konstellation von F1, F3 und F4 gibt es Anzeichen für eine Wechselseitigkeit, da die Kinder sich aufeinander einstellen. Wenngleich die Strategien zu Beginn komplementär sind, entwickelt sich ein kooperativ-solidarisches Arbeiten zwischen F1, F3 und

7.7 Erkenntnisse der Interaktionsanalyse

F4 (Wocken, 1998, 46 f.), welches weitestgehend einem symmetrischen Verlauf entspricht (Typ 1 nach Howe, 2009), was F2 als teilnehmende Beobachterin in der Interaktion nicht miteinschließt.

In Gruppe G entwickelt sich ein Dialog zwischen G1 und G2, der von der Strategie von G2 geprägt ist. G1 reagiert, ohne eine eigene Strategie zu verfolgen. G4 handelt eigenstrategisch, platziert ihre Äußerungen, die als subsidiär gedeutet werden können, wird aber nicht in die Interaktion einbezogen. G2 bekommt in der zweiten Sequenz Unterstützung von G3. Diese subsidiäre Äußerung, die an G2s Lösungsansatz anknüpft, wird von G2 jedoch abgelehnt. Es gibt einen erneuten Bruch in der Interaktion. Während G3 und G1 reaktiv agieren, verfolgt G4 eigenstrategisch ihre Idee. G2 handelt ebenfalls vorrangig eigenstrategisch und kann Unterstützung nicht annehmen (oder nicht umsetzen). Es zeigt sich ein paralleles Arbeiten von G4 und den übrigen drei Kindern. Eine Typenzuordnung nach Howe ist nur über die Asymmetrie möglich: Es werden innerhalb der Gruppe unterschiedliche Lösungen angesprochen, eine gemeinsame Weiterentwicklung bleibt aber im Sinne einer zielführenden Lösung aus. Bemerkenswert ist, dass es in der Gruppe keine offensichtlichen Dominanzen gibt. Die Differenzkonstruktionen deuten zwar auf eine gemeinsame Lösungsentwicklung des Ansatzes von G2 hin, dies kann aufgrund fehlender mathematischer Kompetenzen nicht umgesetzt werden – es fehlt der gemeinsame Orientierungsrahmen.

In Gruppe I wirkt das ganze Vorgehen der Gruppe sehr unstrukturiert und ohne gemeinsamen Fokus, was sich nicht nur an den Modellierungskreisläufen, sondern auch an beiden Pfeilpartituren zeigt. Während in der ersten Sequenz vor allem reaktives Verhalten zu erkennen ist, indem sich aus mehreren Lösungsansätzen und Nachfragen ein symmetrisches Muster zwischen I1, I3 und I2 abzeichnet, entwickelt sich in der zweiten Sequenz ein konträres Bild, denn während I1 zwar eigenstrategisch seine Idee umzusetzen versucht, arbeiten die anderen Kinder ihm zu, indem sie auf seine Ansätze reagieren. Die reaktiven Ansätze dominieren die Situation in dieser leistungsheterogenen Gruppe. Auffällig ist das Einsteigen von I4 in der zweiten Sequenz als „Quereinsteiger", der I1 unterstützend zur Hilfe kommt, indem er sich auf ein früheres Ergebnis bezieht. Dies lässt den Schluss zu, dass I4 zwar aktiv keine Redebeiträge hat, aber an der Interaktion als folgender Beobachter sehr wohl teilnimmt und als Korrektiv agiert, als sich ein fehlerhafter Lösungsansatz aufgrund falscher Annahmen zeigt.

Das Verhalten von I4 ist ähnlich dem von F2. Beide sind bei den ausgewählten Sequenzen mit Beiträgen eher unterrepräsentiert. Während I4 sich jedoch einschaltet, als es um einen Fehler geht, den es für die Gesamtlösung zu korrigieren gilt, ist F2 nach einer dem Nennen einer Idee nicht aktiv. Bei der weiteren Bearbeitung (vgl. den Modellierungskreislauf von Gruppe F) übernimmt F2 dann die schriftliche Berechnung der Multiplikationsaufgabe, sodass sie sich gemäß der für sie eigenen angenommenen Kompetenzen einbringt. Es liegt eine „gedankliche Partizipation" nach Hähn (2021, S. 328) vor. Bei der Beteilung von E2 und E3 sowie von G4 stellt es sich anders dar. Alle drei Kinder bringen in ihrer Gruppe Strategien mit ein, sie partizipieren, werden aber nicht eingebunden bzw. ihre Ideen werden abgelehnt. Hackbarth spricht von einer „Behinderung der Teilhabe" (2017, S. 79) – sie können ihr aufgabenbezogenes Wissen nicht entfalten. H4 bringt sich in die Interaktion nicht aktiv selbst mit ein, wenngleich besonders an der häufigen Nutzung von Muster 1 durch H2 erkennbar ist, dass alle Gruppenmitglieder angesprochen sind.

Die analysierten Fallbeispiele sind ausgewählt, um exemplarisch die Prozesse der Interaktion darzustellen. Zu beobachten sind (Tabelle 7.9):

Die Lernsituationen von Wocken (1998) sind mit den vorliegenden empirischen Daten nur bedingt nachzuweisen, da sich die von ihm dargestellten Lernsituationen auf dyadische Interaktionen beziehen, die hier nur bedingt vorliegen und nicht ohne genauere Analyse zu übertragen sind. Daher ist die Darstellung in der Tabelle mit Vorsicht zu betrachten.

Dennoch können die o.g. Interaktionsmuster als Beispiele dienen, um zu beschreiben, in welcher Form sich Interaktionsmuster bei der Auseinandersetzung mit Fermi-Aufgaben zeigen. Sie erheben nicht den Anspruch als Prototypen zu fungieren, sodass keine Verallgemeinerungen möglich sind, auch weil viele Mischformen vorliegen. Die einzelnen Muster können aber als Anstoß verstanden werden, die Interaktionen mit Blick auf die seltenen symmetrischen Momente zu untersuchen, um die Partizipation im Sinne einer kooperativ-komplementären Lernsituation (nach Wocken) zu untersuchen und Stellschrauben zu analysieren, die dies forcieren.

Gezeigt werden konnte mit Hilfe der empirischen Daten, dass die „positive Interdependenz" (Avci-Werning & Lanphen, 2013; Green & Green, 2005; vgl. u. a. Johnson & Johnson, 1989, 1999) als Basiselement identifiziert werden konnte: Die Gruppen fühlen sich für eine gemeinsames Ziel verantwortlich und arbeiten sehr ernsthaft an einer Lösung. Auch Ablenkungen und Nebengespräche sind selten, und wenn dann inhaltlich am Thema orientiert, was für eine Konzentration auf die Aufgabe spricht. Das Muster 2 der gemeinsamen (Weiter-) Entwicklung der Lösungsansätze ist das vorherrschend kodierte Muster. Diese wird von Röhr (1995) als kooperatives Muster angenommen, was sich aufgrund der Definition von Interaktion und Kooperation in Kapitel 3 nicht übertragen ließ und durch die empirischen Ergebnisse nicht betätigt werden konnte: Kooperatives, symmetrisches sowie solidarisches Miteinanderarbeiten entspricht nicht dem Vorgehen der Kinder. Zwar kann durch die Aufgabe ein gemeinsames Arbeiten

7.7 Erkenntnisse der Interaktionsanalyse

Tabelle 7.9 Dominante Interaktionsmuster. (Eigene Darstellung)

Gruppe	(Kurz-)Beschreibung der ausgewählten Sequenzen	Muster nach Röhr (1995) nach Modell (Abschn. 3.6)	Lernsituationen nach Wocken (1998)	Typen nach Howe (2009) und Brandt & Höck (2015)	Jones & Gerard (1976)
E	E1, E2 und E3 entwickeln Lösungsideen, die von E4 abgelehnt werden. E4 übernimmt die Rolle der Leitenden. Es entwickelt sich ein dyadischer Austausch zwischen E1 und E4.	Muster 2a Muster 2b	subsidiär	Ansätze für Typ 2, die zu Typ 0 führen (nur für E1 und E4)	Reaktive Kontingenz asymmetrische Kontingenz
F	Es findet ein Austausch zwischen F1, F3 und F4 statt. F1 übernimmt die korrektive Rolle und klärt.	Muster 2a Muster 2b	kooperativ-solidarisch	Typ 1	Wechselseitige Kontingenz
G	Die Gruppe teilt sich auf und arbeitet parallel (G1, G2, G3 vs. G4).	Muster 2a Muster 2b	Von subsidiär hin zur koexistenten Situation	–	Reaktive Kontingenz
H	H2 übernimmt die Rolle der Leitenden, die sie argumentativ ausführt; eine divergente Idee wird von ihr als Leitende übernommen.	Muster 3b Muster 2a Muster 1	Kooperativ-solidarisch	Typ 0	Asymmetrische Kontingenz
I	I1 arbeitet parallel zu den anderen Gruppenmitgliedern an seiner Idee, die von den anderen reaktiv (nachfragend und korrektiv) begleitet wird.	Muster 2a Muster 2d	Koexistent	Typ 2	Reaktive Kontingenz

angeregt werden, um dies kooperativ zu gestalten, es sind allerdings noch Fragen offen. Die Aufgabe ist geeignet, um eine Interaktion anzuregen; die Zusammenarbeit lässt sich über die Aufgabe und somit über den Fachinhalt steuern, kann aber nicht als Garant für symmetrische Zusammenarbeit angenommen werden, wie die Ergebnisse der einzelnen Arbeiten deutlich machen. Es zeigen sich nach Howes Typenbildung asymmetrische Verläufe, die kurzzeitig von symmetrischen Verläufen unterbrochen werden Zu bedenken ist bei der Tabelle auch, dass die Kinder, die sich aus der Interaktion rausnehmen, gesondert zu betrachten sind.

Gleichwohl liefert die Aufgabe genug Differenzierungsmöglichkeiten, damit jeder sich mit Lösungsideen und Ansätzen sowie aufgrund der eigenen Fähigkeiten und Fertigkeiten einbringen kann: Die Aufgabe bietet genügend Potenzial für eine Differenzierung aus der Sache heraus.

Die Implikationen, die sich für Forschung und Unterricht ergeben, besonders für inklusive Settings, gilt es nun zu diskutieren.

Forschungsfragen, Diskussion und Ausblick 8

In dem abschließenden Kapitel dieser Forschungsarbeit folgt ein Fazit und Ausblick. Zuerst werden die Forschungsfragen beantwortet und anhand der Entwicklungsfrage aufgezeigt, welche Implikationen sich für die weitere Arbeit ergeben. Gleichwohl muss an dieser Stelle ein kritischer Blick auf die eigene Forschungsarbeit und die studienabhängigen Grenzen erfolgen, bevor abschließend die abgeleiteten Perspektiven angesprochen werden. Diese abgeleiteten Implikationen werden sowohl für die Forschung als auch für die schulische Praxis näher beleuchtet.

8.1 Beantwortung der Forschungsfragen

Zu Beginn der Arbeit sind neben dem Forschungskontext „Inklusion und inklusiver Mathematikunterricht in der Grundschule" die weiteren zentralen Bausteine dieser empirischen Arbeit dargelegt: Das kooperative Lernen als Aushandlungs- und Kooperationsprozesse von Interaktionspartnern und die Arbeit mit Fermi-Aufgaben zur Förderung der Modellierungs- und Problemlösekompetenzen. Bisherige Forschungen haben die Modellierungskreisläufe, die von Grundschüler*innen durchlaufen werden, untersucht; die im Hintergrund ablaufenden Problemlösestrategien sind nach aktuellem Stand für Schüler*innen von weiterführenden Schulen gut erforscht, für die Primarstufe fehlt es jedoch an dezidierter Forschung. Das kooperative Lernen wird gemeinhin als „Schlüssel" für das Gelingen von inklusiven Unterrichtssettings proklamiert, um über Partizipation und Ko-Konstruktion ein gemeinsames Arbeiten zu ermöglichen. Auch an dieser Stelle zeigt sich eine Forschungslücke in Bezug auf die ablaufenden Interaktionsmuster beim kooperativen Arbeiten „aus der Sache heraus". Es haben

© Der/die Autor(en), exklusiv lizenziert an Springer Fachmedien Wiesbaden GmbH, ein Teil von Springer Nature 2024
N. Flottmann, *Fermi-Aufgaben im inklusiven Mathematikunterricht der Grundschule*, Bielefelder Schriften zur Didaktik der Mathematik 16,
https://doi.org/10.1007/978-3-658-44602-4_8

sich folgerichtig die zwei zentralen Forschungsfragen angeschlossen, die auf Forschungsdefizite hinweisen. Als Grundlage wurde die Fermi-Aufgabe „Fahrrad" für die Vorstudie konzipiert, deren Gestaltung auf den aktuellen fachdidaktischen Anforderungen für gute Aufgaben beruht. Auf Basis des Design-Based-Research Ansatzes wurde eine weitere Aufgabe – die „Fahrstuhl"-Aufgabe – konzipiert und fachdidaktisch analysiert. Die Aufgabe entspricht ebenfalls den fachdidaktischen Anforderungen.

Im Folgenden geht es darum, die operationalisierten Forschungsfragen zu beantworten.

Forschungsfrage 1:
Welche Lösungsschritte sind zu beobachten, und welche Lösungsstrategien wenden die Kleingruppen auf Basis der Modellierungskreisläufe bei der Lösung der Fermi-Aufgabe „Fahrstuhl" an?

Der Fokus der ersten Forschungsfrage liegt auf der wissenschaftlichen Auswertung und Analyse der Prozesse beim Lösen der Fermi-Aufgabe „Fahrstuhl". Ziel ist es, auf Basis der ablaufenden Modellierungen, die mehrzyklisch als Kreismodell dargestellt sind, neben den finalen Lösungsschritten, die vom mathematischen Modell zur mathematischen Lösung führen, genau zu betrachten, WIE die Gruppe zur finalen Strategie gelangt bzw. wie sich die Strategien zusammenfügen und auf welche Problemlösestrategien die Schüler*innen zurückgreifen.

Als eminent ist der Fokus auf die Prozesse zu nennen, der es ermöglicht, einen gezielten Blick auf das Denken der Kinder zu werfen, was die alleinige Präsentation einer mathematischen Lösung am Ende einer Gruppenarbeit nicht vermag. Wie vielschichtig diese Ansätze sein können, zeigt bereits die Komplexität der Aufgabe. Diese macht es unumgänglich, die Aufgabe in Teilaufgaben zu zergliedern, um mit den Teilergebnissen ein Gesamtergebnis zu ermitteln und die Aufgabe final lösen zu können. Die Anwendung des Zerlegungsprinzip gelingt allen Gruppen. Um die Vielzahl der genutzten Strategien zu kategorisieren, sind die Strategien ausgeschärft und mit Theoriebezügen unterfüttert worden. Entstanden ist ein Prozessmodell, das die dominanten Prozesse erfasst: Bausteinstrategie, Reihenstrategie, Parallelstrategie und Differenzierungsstrategie. Diese Strategien treten in den Teilaufgaben als Rein- und als Mischform auf. In Anlehnung an die theoretischen Ausführungen, die sich besonders auf die Einteilung der Heurismen nach Bruder (1988) sowie Bruder und Bauer (2011)und das Kodiermanual von Rott (2013) stützen, ist festzuhalten, dass je nach Teilaufgabe und Gruppe unterschiedliche Strategien dominieren: Die Spannbreite deckt die bereits bekannten Problemlösestrategien der Forschung aus den Sekundarstufen 1 und 2 ab, muss

8.1 Beantwortung der Forschungsfragen

aber zum einen unter dem Aspekt des Alters der Grundschüler*innen, zum anderen aber auch bei den vorliegenden Vorgehensweisen ergänzt werden. Besonders zu betonen ist an dieser Stelle die gemeinsame, geteilte Erfahrung der Kinder, da darauf die weiteren Entscheidungen und Lösungsvorschläge gründen. Über die konkrete Handlungserfahrung (die den Kindern der Vorstudie zum Teil fehlte), war es möglich, Analogieschlüsse zu ziehen sowie das Invarianz- und das Extremalprinzip nutzen. Eminent ist die Tätigkeit des Schätzens, die zum einen als Basis tragfähige Stützpunktvorstellungen benötigt, zum anderen die Subkategorien nach Joram, E., Subrahmanyam und Gelman (1998), Hildreth (1983) sowie Siegler (1988) einschließt. Mindestens genauso entscheidend ist der Einsatz von Hilfsmitteln und die damit verbundene Funktion (Schipper, 2016).

Forschungsfrage 2:
Welche Interaktionsmuster sind bei der Entwicklung der Lösungsstrategien in den Gruppen identifizierbar? Lassen sich zwischen dem Modellierungsprozess und dem Lösungserfolg Zusammenhänge erkennen?

Bei der Entwicklung einer Lösung bzw. dem (Weiter-) Entwickeln von Lösungsansätzen und Lösungsstrategien zeigen sich vor allem reaktive Muster. Unabhängig davon, ob ein Kind dabei bereits eigenstrategisch handelt oder nicht, entwickelt sich die Interaktion über die Aktivität der Gruppe. Die Aufgabe kann somit die Interaktion fördern und als Lenkungstyp steuern.

Die Zusammenarbeit lässt sich insgesamt als asymmetrisch bezeichnen. Auch wenn in einzelnen Sequenzen symmetrische Ansätze zu identifizieren sind, ist offensichtlich, dass es in den Gruppen Kinder gibt, die sich nicht beteiligen oder als teilnehmender Beobachter fungieren.

Das kooperative Arbeiten „aus der Sache heraus" lässt sich zwar aufgrund des vorliegenden (kleinen) Datensatzes nicht bestätigen, gleichwohl zeigt sich aber ganz deutlich, dass es über eine Fermi-Aufgabe möglich ist, die Gruppenmitglieder zu aktivieren und vielfältige Lösungsstrategien zu entwickeln. Das von Röhr (1995) beschriebene Muster 2, das für diese Arbeit aufgrund aktueller theoretischer Ansätze angepasst wurde, zeigt deutlich, dass die Kinder an Lösungsideen arbeiten. Das kooperative Lernen als solches bleibt aber noch genauer zu untersuchen.

Zwischen den Modellierungsprozessen und den Interaktionsmustern lassen sich erste Zusammenhänge erkennen. Zum einen muss an dieser Stelle betont werden, dass alle Gruppen zu einem im plausiblen Toleranzbereich liegendem Ergebnis gelangen – unter Berücksichtigung der Analyse auftretender Rechenfehler. In den Gruppen E und H zeigt sich nach Übernahme einer Leitenden ein stringentes Durchlaufen der mehrzyklischen Modellierungskreisläufe, was als Anstoß für weitere Untersuchungen genommen werden sollte. Wenn sowohl der Modellierungskreislauf als auch die Interaktion in der Gruppe unterbrochen wird und sich eine eher konvergente Asymmetrie entwickelt, ist ein Lösungserfolgt deutlich schwieriger zu erreichen.

Ein entscheidender Aspekt, der den Zusammenhang zwischen Lösungserfolg und argumentativen Ansätzen verbindet, ist die Sprache, die sich als ausschlaggebend identifizieren lässt.

Wenn man die Kenntnisse über den Leistungsstand der Kinder und die genannten Diversitätsmerkmale durch die Lehrkräfte im Vorfeld betrachtet, zeigt sich nach der Auswertung der beiden Forschungsfragen die überaus interessante Schlussfolgerung, sowohl für die einzelnen Gruppen und ihre erfolgreiche Bearbeitung der Aufgabe als auch für das einzelne Kind und die Herausforderungen, denen es sich gestellt hat: Die beschriebenen Schwierigkeiten (Konzentration, DaZ, Leistungsschwäche in Mathematik) korrelieren nicht mit den Interaktionen am Lösungsprozess.

Entwicklungsfrage:
Welche Implikationen ergeben sich aus den Ergebnissen, und welche zielführenden Gestaltungsmerkmale lassen sich für den Einsatz von Fermi-Aufgaben für inklusive Lerngruppen ableiten?

Anhand der Ergebnisse ist (erneut) deutlich geworden, welches Potenzial Fermi-Aufgaben bieten, ganz besonders für den Bereich Differenzierung, der im Umgang mit der vorliegenden Heterogenität/Diversität der Schüler*innen unverzichtbarer Bestandteil des inklusiven Mathematikunterrichts sein sollte. Zudem ist nachgezeichnet, dass eine motivierende, realitätsbezogene Aufgabe die Kinder herausfordert und „aus der Sache heraus" zu einer Interaktion führt. Die Arbeit am gemeinsamen Gegenstand ergibt sich intuitiv.

Die Implikationen, die sich aus den dargestellten Ergebnissen ableiten lassen, zeigen zum einen die Stärkung der inhaltsbezogenen Kompetenzen (z. B. im Umgang mit Schätzaufgaben, aber auch im Umgang mit mathematischen Werkzeugen), zum anderen stärken sie die prozessbezogenen Kompetenzen. Die Fermi-Aufgabe fordert nicht nur Modellierungs- und Problemlösekompetenzen heraus, sondern auch, dass die Kinder miteinander kommunizieren und dass sie argumentieren. An dieser Stelle ergibt sich eine wichtige Implikation für Schule und Forschung: Es konnte gezeigt werden, wie fundamental Sprache und der damit einhergehende sprachliche Austausch ist. Zum einen wird Sprache für

8.1 Beantwortung der Forschungsfragen

die Artikulation eines Lösungsansatzes gebraucht, zum anderen ist Sprache fundamental wichtig, um die eigene Lösungsidee zu vertreten und zu begründen. Besonders bei den Interaktionsmustern ist deutlich geworden, dass „fehlende" Äußerungen dazu führen können, dass andere Teilnehmer der Gruppe nicht folgen können oder den Anschluss verlieren (z. B. Gruppe E, Sequenz 2).

Ein weiterer wichtiger Faktor, den es zu berücksichtigen gilt, ist der gemeinsame Orientierungsrahmen als Gestaltungsmerkmal. Fehlt dieser, fehlt die Konvergenz in Bezug auf zu ermittelnde Daten (siehe Vorstudie, siehe Gruppe G). Ebenso wichtig ist der Einsatz von heuristischen Hilfsmitteln, die gezielt als Unterstützung einzusetzen sind, um den Kindern die Möglichkeit eines Darstellungswechsels zu ermöglichen. Zugleich muss das eingesetzte Material auf seine Funktion hin überprüft werden, denn auf diese Weise kann es als Lernhilfe, als Lösungshilfe und auch als Argumentationshilfe dienen.

Zentral ist auch die Implikation, die sich für die Rolle der Lehrkraft abzeichnet: Wie sich gezeigt hat, finden die Kinder auch ohne (oder gerade ohne?) Intervention der Lehrkraft plausible Ergebnisse. Nichtsdestotrotz ist ein besonderer Blick auf die Schüler*innen nötig, die sich nicht am Interaktionsgeschehen beteiligen. An dieser Stelle ist nach den Gründen zu suchen (selbstgewählt, Überforderung, Behinderung der Teilhabe durch andere etc.). Auffälligkeiten bezüglich der Rolle der/des Leitenden (siehe Gruppe E und Gruppe H) sind bereits bei der Gruppeneinteilung mitzudenken, da sich eine Reihenstrategie entwickeln kann, die die Anzahl der Lösungsideen möglicherweise reduziert und somit den Blick einschränkt.

Eine Verschriftung der (Zwischen-) Ergebnisse ist ebenfalls eine wichtige Implikation: Zum einen entlastet dies das Arbeitsgedächtnis, zum anderen wird damit eine Lösung fixiert, die als akzeptiert gelten und zur weiteren Berechnung genutzt werden kann.

In diesem Setting ist eine Reflektion nicht durchgeführt worden. Die Ergebnisse weisen aber darauf hin, dass ein gemeinsamer Austausch über die Lösungsstrategien neue Wege eröffnen kann, da diese auf ganz diversen Prinzipien und Strategien beruhen. Diese aufgezählten Implikationen werden in Abschnitt 8.4 aufgegriffen.

8.2 Grenzen und kritische Reflexion der Untersuchung

Wie jede empirische Studie weist auch die hier vorliegende Studie Grenzen auf. An dieser Stelle muss auf die forschungsmethodischen Entscheidungen verwiesen werden, die der Studie zugrunde liegen. Der qualitative Blick auf die Daten gewährt einen Zugang zu den Strategien der Kinder und macht Prozesse sichtbar, was als einschränkend gedeutet werden kann. Über quantitative Daten hätten Zusammenhänge aufgedeckt werden können, die auf diese Weise nicht sichtbar geworden sind. Das betrifft auch das Hintergrundwissen über die Schüler*innen, welches in der Studie aus den Einschätzungen der Lehrkräfte generiert ist und sich vor allem auf den Leistungsstand bezieht. Wenngleich bewusst auf einen Pre- und Posttest zur Erfassung der inhaltsbezogenen Kompetenzen verzichtet worden ist, wäre bei einer erneuten Erhebung zu überlegen, ob der Leistungsstand und die emotionale und soziale Entwicklung mit Hilfe standardisierter Tests zu unterfüttern wäre, um konkrete Aussagen zum Wissensstand der Kinder, zu ihrer Entwicklung und zu ihrem Sozialverhalten treffen zu können (z. B. mit den Diagnoseinstrumenten Demat3 + (Roick, Gölitz & Hasselhorn, 2018) und FEESS 3–4 (Rauer & Schuck, 2003)). Der individuelle Lernhintergrund könnte gezielter in den Blick genommen werden.

In diesem Zusammenhang muss auch auf das Laborsetting hingewiesen werden. Die Schüler*innen befanden sich in einem Schüler*innenlabor einer Universität. Wenngleich keine signifikanten Unterschiede in der Bearbeitung der Aufgabe zu erwarten sind, da sich die Arbeit im außerschulischen Lernort ebenso wie die Videoaufzeichnung nicht offensichtlich niedergeschlagen hat, ist eine Beeinflussung nicht in Gänze auszuschließen.

Neben den forschungsmethodischen Entscheidungen fußt die Studie auf theoretischen Rahmentheorien, die in Kapitel 3 und 4 dargelegt worden sind und die leitend für die theoretische Fokussierung, für die Formulierung der Forschungsfragen und für die Analyseschwerpunkte sind.

Begründet durch die Entscheidung für den qualitativen Forschungsansatz ist die Auswertung eines kleines Datensatzes erfolgt. Unter diesem Gesichtspunkt muss aber bedacht werden, dass die Ergebnisse – bezogen auf beide Forschungsfragen – nicht generalisierbar sind oder verallgemeinert werden sollten, sondern weiterer Forschung zur Überprüfung, Absicherung und sicher auch Ergänzung bedarf. Es wurden Fallbeispiele analysiert, die exemplarische Lösungsprozesse und Interaktionsmuster aufzeigen.

8.2 Grenzen und kritische Reflexion der Untersuchung

Im Bereich der Lösungsstrategien ist auf die Grenzen der Kodierung zu verweisen. Es wurden Redebeiträge und Gesten / beobachtbares Verhalten weitestgehend transkribiert und kodiert, damit dieses im Gesamtzusammenhang gesehen werden kann. Teilweise sind diese Zusammenhänge direkt sichtbar, teilweise erschließen sie sich nur über den Gesamtzusammenhang. Nicht erfasst werden konnten nicht artikulierte Strategien oder nicht über das Kodiermanual abzubildende, unbewusste Strategien.

Zur Aufgabe der Hauptstudie ist zu sagen, dass sie zwar in Gänze die Anforderungen an eine gute Aufgabe erfüllt, die die Differenzierung über die Kinder zulässt und motivierend und realitätsnah ist. Bei Teilaufgabe 1a hätte der Einsatz einer Handkamera bei der Begehung vor Ort aber das Abbilden weiterer Strategien auf Video ermöglichen können. Ebenso ist bei der zweiten Teilaufgabe eine Vielzahl an interessanten Ansätzen zu sehen, die sich aber in erster Linie auf das Hilfsmittel des Gebäudeplans beziehen. An dieser Stelle sollte bei einer weiteren Erhebung auf das frühzeitige Präsentieren von Hilfsmitteln verzichtet werden (hier wäre zum Beispiel eine konkrete Handlung oder das selbstständige Besorgen des Gebäudeplans denkbar gewesen, wenngleich hier die Zeit und der Umfang der Aufgabenbearbeitung neu angedacht werden müssten). Steiner hat bereits 1976 gesagt dass Hilfsmittel erst dann zur Verfügung gestellt werden sollen, wenn die Schüler*innen danach verlangen (Steiner, 1976, S. 237 f.).

Ein weiterer Faktor, der zu reflektieren ist und der an das frühzeitige Unterstützen mit Hilfsmitteln anschließt, ist die Rolle der Forschenden. Mit Blick auf die Daten muss eine kritische Selbstreflexion erfolgen, um Interventionen zu minimieren. Diese hatten in diesem Forschungskontext, wie die Analyse gezeigt hat, keinen Einfluss auf die Arbeit, da sie von den Gruppen weitestgehend ignoriert wurden (bis auf organisatorische und konkrete Verständnisfragen zum Gebäudeplan).

Das abgeleitete Kategorienmodell (vgl. Abschnitt 4.10) hat sich laut Analyse und Gegenkodierung als tragfähig erwiesen. Der Umgang mit dem deduktiv angelegten Kategorienmodell auf Basis von Röhr sowie Ergänzungen anderer Autoren für die Partizipation zeigte sich hingegen deutlich schwieriger zu kodieren (vgl. die Gegenkodierungen in Abschnitt 6.3), da die Muster im Gesamtzusammenhang und nicht isoliert zu sehen sind. Bei den Überprüfungen bezüglich der Muster und dem vorgestellten Kodiermanual sind die Ergebnisse ebenfalls reliabel, zeigen aber Schwächen. An dieser Stelle sind dafür zwei Faktoren auszumachen. Zum einen ist auf den Gesamtzusammenhang zu verweisen: Ankerbeispiele sind häufig aus dem Kontext gerissen und müssen im Gesprächsverlauf zu sehen sein. Zum anderen ist auszuschärfen, ab wann das Muster 3 „Argumentatives Vorgehen der Kinder" exakt anzuwenden ist. Mit Hilfe des Modells in Abschnitt 7.7

ist der Versuch unternommen worden, die Erkenntnisse gebündelt darzustellen. Es bieten sich aber aufgrund der Überlegungen noch Optimierungen an.

Die Kombination aus Fermi-Aufgaben und kooperativem Lernen „aus der Sache heraus" für den Mathematikunterricht ist selbstverständlich nur eine angenommene Gelingensbedingung für den inklusiven Unterricht für das Lernen am gemeinsamen Gegenstand. Dementsprechend können weder die Aufgabe noch die Kategorienmodelle unreflektiert übernommen werden.

Wie bei jeder Studie tun sich Fragen auf, die Anschlussmöglichkeiten aufzeigen. Aus den Ergebnissen lassen sich Implikationen für die Forschung ableiten, um die Prozessstrategien und die Interaktionsmuster auf ihre Übertragbarkeit zu prüfen. Des Weiteren ergeben sich Implikationen für die schulische Praxis. Beidem wird im folgenden Text nachgegangen.

8.3 Implikationen für die Forschung

In der Darstellung der Befunde und zentralen Ergebnisse ist bereits auf erste Implikationen hingewiesen worden, die an dieser Stelle für die Forschung explizit formuliert werden.

Die Befunde zu den Forschungsfragen zeigen, dass Fermi-Aufgaben ein hohes Potenzial haben, um das Lernen am gemeinsamen Gegenstand zu ermöglichen und dabei die unterschiedlichen Diversitätsfacetten anzusprechen. Es ist eine Vielfalt an Lösungsstrategien abbildbar, und die Kinder nutzen die motivierende und realitätsbezogene Aufgabe, um miteinander zu agieren und eine plausible Lösung zu finden.

In Bezug auf die Lösungsstrategien heißt dies für weitere Forschungsarbeit, dass mit dem Kodiermanual von Rott (2013) auf Basis der Grobstruktur von Bruder (1988) (erweitert und ergänzt von Bruder & Bauer, 2011) ein tragfähiges und exzeptionelles Kategorienmodell vorliegt, das es für die Modellierungs- und Problemlösefähigkeiten von Grundschüler*innen weiter zu erforschen und zu ergänzen gilt. Eine Anpassung auf Grundschulniveau wäre an dieser Stelle folgerichtig, zumal für beide Kompetenzen gilt, dass die Forschung in diesen Bereichen unterrepräsentiert ist. Gleichwohl konnten die theoretischen Ausführungen dieser Arbeit zeigen, wie zentral diese für den Alltag und für tragfähige Stützpunktvorstellungen sind, denn „Mathematics is not simply the famous problems that great mathematics have worked on; all mathematics is created in the process of formulating and solving problems" (Kilpatrick, 1985, S. 3). Der Blick der Forschung muss sich an dieser Stelle auf die Prozesse fokussieren.

8.3 Implikationen für die Forschung

Die mit Hilfe der erhobenen Daten entwickelten Prozessstrategien erheben nicht den Anspruch auf Allgemeingültigkeit, können aber als Ansatzpunkt für weitere Forschung dienen, um zu überprüfen, ob diese auch bei anderen Gruppen und anderem Datenmaterial abbildbar sind.

Im Zuge der Analyse der Heurismen zeigte sich der besondere Stellenwert von Hilfsmitteln, besonders als Bezugspunkt für Argumentationen, aber auch als „Stütze" für leistungsschwächere Schüler*innen. Diese Ergebnisse können mit der bereits vorhandenen Forschung zu Material und Darstellungswechseln untersucht werden, um zu konkretisieren, welche Rolle heuristische Hilfemittel für den Grundschulbereich spielen. Die aufgezeigten Hilfsmittel von Bruder und Bauer (2011) konzentrieren sich auf Unterstützung für die Sekundarstufe, während Grundschüler*innen deutlich mehr Handlungserfahrung und konkrete Materialien benötigen, um „Zahlen, Zahl- und Aufgabenbeziehungen, Operationen und Rechengesetze „sichtbar" zu machen" (Schulz, 2020, S. 22). Ein dezidierter Blick auf heuristische Hilfsmittel, die die Lehrkraft vorgibt oder die die Grundschüler*innen eigenaktiv vorschlagen und nutzen, wäre ein weitere Ansatzpunkt. Und auch hier spielt Sprache eine zentrale Rolle: „Obwohl der Mathematikunterricht in der Grundschule vielfältige konkrete Erfahrungen mit Material ermöglicht, wird die mathematische Bedeutung dieser Erfahrungen durch Sprache vermittelt" (Bochnik, Heinze & Ufer, 2013, S. 7).

Vorstellbar – vor allem im Kontext mit der vielfach zitierten Unterstützung der Sprachbildung – wäre weitere Forschung zu den von Herold-Blasius (2019) entwickelten Strategieschlüsseln.

Gleichwohl hat die vorliegende Studie einen Befund reproduziert, der von Peter-Koop (2006) erhoben wurde: Die reaktive Kontingenz ist neben pseudokontingentem Verhalten vorherrschender Interaktionstyp. Es sind weitere differenzierte Betrachtungen nötig, um gezielt formulieren zu können, welche Komponenten für ein ko-konstruktives Problemlösegespräch unterstützend und lernförderlich ist. Wenngleich die Studie gezeigt hat, dass Interaktionen aus der Sache heraus möglich sind, so sind diese nicht gleichzusetzen mit kooperativen Prozessen. Zudem muss der Blick noch sehr viel gezielter auf Kinder gelenkt werden, die aus unterschiedlichen Gründen, nicht oder nicht mehr interagieren. Betrachtet man an dieser Stelle die durchaus plausiblen Ergebnisse der einzelnen Gruppen, ist die Korrelation von Ergebnis und Kooperation an dieser Stelle nicht nachzuweisen, wofür die Asymmetrie ein Zeichen ist.

„Eine selbstorganisierte Interaktion aus der Sacher heraus ist als Ziel anzustreben, stellt jedoch in seiner Offenheit auf verschiedenen Ebenen hohe Anforderungen an die soziale und fachliche Kompetenz der Lernenden" (Häsel-Weide & Hintz, 2017, S. 83).

An dieser Stelle gilt es anzusetzen, um den Anspruch, aber auch das Ziel eines inklusiven Mathematikunterrichts aus Forschungsperspektive im Blick zu behalten. Unstrittig ist, dass es guter Aufgaben für den Mathematikunterricht bedarf (vgl. Kapitel 2); ausbaufähig ist hingegen, Lernumgebungen zu schaffen, die Teilhabe aller Schüler*innen ermöglichen und produktive Partizipation eröffnen. Auch hier gilt wieder: „Für die Internalisierung von Operationen und die Ausbildung von mentalen Prozessen ist eine Interaktion mit anderen Personen über Sprache notwendig" (Heinze, Herwartz-Emden & Reiss, 2007, S. 569).

Die Mikroanalyse hat gezeigt, dass Interaktionen beobachtbar und eminent sind. Zugleich wird aber auch sehr deutlich, dass die Kompetenzen, die die Grundschüler*innen dieser Studie gezeigt haben, versprachlicht werden müssen, damit alle profitieren.

8.4 Implikationen für den inklusiven Mathematikunterricht

In den Abschnitten 4.4 bis 4.6 ist ausführlich dargelegt, welches Potenzial Fermi-Aufgaben im Unterricht als gute Aufgabe für den inklusiven Unterricht bieten. Die damit einhergehenden Herausforderungen und möglichen Schwierigkeiten sind theoretisch und allgemeingültig vorgestellt.

In den nun folgenden Implikationen erfolgt eine Orientierung an den empirischen Befunden der vorliegenden Studie, die bereits bei der Beantwortung der Entwicklungsfrage in Abschnitt 8.1 benannt worden sind und an dieser Stelle systematisch notiert sind.

Als Lehrkraft ist es wichtig, sich mit den Anforderungen und zugleich mit den Schwierigkeiten des Aufgabentyps auseinanderzusetzen, um darauf vorbereitet zu sein und unterscheiden zu können, wann eine Intervention nötig ist. Gerade das auf den ersten und möglicherweise oberflächlichen Blick unstrukturierte und unsystematische Vorgehen der Schüler*innen, das auch Peter-Koop (2006, S. 48) beschreibt, sollte nicht abschrecken, sondern „ausgehalten" werden. Die Ergebnisse zeigen durchaus plausible Resultate. Abweichungen gründen auf Rechenfehlern (z. B. bei der schriftlichen Multiplikation) oder Abzählfehlern (z. B. beim Auszählen der Fahrstühle auf dem Gebäudeplan) und können an dieser Stelle als Gesprächsanlass genutzt werden, um die Rechenwege nachzuvollziehen und für die Förderung zu nutzen (Götze et al., 2020).

8.4 Implikationen für den inklusiven Mathematikunterricht

Ein weiterer wichtiger Aspekt, der sich bei der Studie gezeigt hat, ist der gemeinsame Orientierungsrahmen, den es nicht zu unterschätzen gilt. Gerade der Vergleich der Vorstudie und der Hauptstudie zeigt, wie sehr die gemeinsam gemachte Erfahrung das Gespräch trägt und den Einsatz von Strategien begünstigt und fördert.

Ebenfalls nicht zu unterschätzen ist der Einsatz von heuristischen Hilfsmitteln, der wohlbedacht und gezielt unter Berücksichtigung des Lernstandes der Kinder erfolgen sollte. Dazu zählen bei dieser Studie der Umgang mit einem konventionellen Messwerkzeug oder auch das Deuten eines Gebäudeplans.

Der Umgang mit Schätzungen und Näherungswerten ist für den Alltag fundamental. Diese Forderung ist in den Bildungsstandards nachzulesen (vgl. KMK, 2022), das zeigen empirische Untersuchungen (u. a. Hoth et al., 2022; Joram, E., Subrahmanyam & Gelman, 1998) und auch unterrichtspraktische Settings (z. B. Franke & Ruwisch, 2010; Hoth & Fricke, 2023; Rasch & Sturm, 2018). Maßgeblich ist eine plausible Lösung, nicht zwingend eine exakte. Aber auch dies muss von den Schüler*innen gelernt werden (Guder & Schwarzkopf, 2001, S. 81), weicht es doch vom Rechnen mit exakten Ergebnissen ab.

Zu berücksichtigen ist auch die „Zweisprachigkeit des Sachrechnens" (Falkner, 1999, S. 37), die sich auch in der vorliegenden Studie als Herausforderung gezeigt hat: Kinder brauchen die Sprache, die fundamental ist, um eigene Ideen zu formulieren, zu erklären und zu begründen. Helfen kann an dieser Stelle – neben einem grundsätzlich sprachlich orientierten Mathematikunterricht, der auf Kommunikation und Argumentation setzt – ein gemeinsam über die Zeit entstandenes Fachvokabular für die Begründung der eigenen Meinung, aber auch für mathematischen Fachwortschatz. In der Gruppe F erklärt F4 über die Begriffe „Spalte" und „Zeile", wie er sich eine systematische Aufstellung im Fahrstuhl vorstellt.

Bei der Darstellung der Modellierungskreisläufe und der Auswertung zeigt sich auch die Bedeutung des Notierens von Zwischenergebnissen. Die Fermi-Aufgabe ist komplex; das Gesamtergebnis ist aus mehreren Teilergebnissen zu errechnen. Fehlen hier Werte oder wird mit anderen Ergebnissen weitergerechnet, wirkt sich dies folglich auf das Gesamtergebnis aus (vgl. z. B. Gruppe I).

Die zentralen Ergebnisse zu den Lösungsstrategien machen deutlich, dass die Schüler*innen über eine Vielzahl von Strategien verfügen. Aufgabe der Lehrkraft muss es sein, diese zu erkennen und für alle sichtbar zu machen, um gemeinsam zu reflektieren, dass es mehrere Lösungswege gibt, die man durchaus nebeneinanderstellen und diskutieren kann. Ein Ansatz könnte auf Datenbasis sein, eine Berechnung über das Schätzen der Personen in einem großen Fahrstuhl mit dem Nachstellen eines Realmodells zu vergleichen. Des Weiteren kann ein erhobener

Wert aber auch mit den Gewichts- und Personenangaben im Fahrstuhl verglichen werden. Auch der Umgang mit Widersprüchen und Schwierigkeiten sind wichtige Lernschritte.

Wichtig ist, diese Potenziale als Lehrkraft zu sehen und zu nutzen – unabhängig vom Leistungsstand der Schüler*innen zeigt sich ein divergentes und heterogenes Bild der Ansätze. Die immer wieder angesprochene Ressource der Diversität der Schüler*innen birgt an dieser Stelle ein Potenzial, das es explizit zu nutzen gilt.

Nicht zu vernachlässigen ist bei der Unterrichtsplanung auch die Erkenntnis, die aus den Interaktionsmustern resultiert. Kinder arbeiten „aus der Sache heraus" motiviert und zielorientiert, aber häufig in reaktiver Kontingenz. Die Rolle des Leitenden kann an dieser Stelle zu einer Einschränkung und Einengung, wenn nicht sogar zu einer Behinderung der Teilhabe (Hackbarth, 2017) führen. Die Kinder nutzen Fermi-Aufgaben als Anlässe der Zusammenarbeit und bringen sich ein, aber auch hier sind ein entsprechender Wortschatz und eine entsprechende Unterrichtskultur fundamental.

Wenngleich die Validierung und Reflektion der vorgestellten Studie nicht im Zentrum der Analyse stehen, sei an dieser Stelle auf die Bedeutung beider Handlungsschritte verwiesen.

Es zeigt sich mit Blick auf die zentralen Ergebnisse, dass die Förderung des gemeinsamen Problemlösens und Modellierens viele unterschiedliche Aspekte hat. Es ist als Lehrkraft wichtig, die eigene Lerngruppe gut zu kennen. Gruppenarbeiten und besonders das kooperative Arbeiten bedarf einer realistischen Betrachtung, und sollte aufgrund der dargestellten häufig asymmetrischen Verläufe auch kritisch hinterfragt werden. Krummheuer (2007, S. 83) führt aus, „dass sich bei nicht hinreichender Kenntnisnahme dieser Dynamiken und Komplexität die Peer-Kultur (…) im Unterrichtsalltag" mit einem Potenzial entwickeln kann, dass er als kontrafunktional benennt, was bis zur Destruktivität führen kann. Gleichwohl ist eine Involvierung der Schüler*innen bei der Unterschiedlichkeit in der Lösungsfindung und den Erfahrungen beim Problemlösen eine nicht zu unterschätzende Gelingensbedingung von Unterricht, wie die Studie von Hattie belegt (Hattie, 2009, S. 37).

Die Balance dieses Spannungsfeldes obliegt der Lehrkraft, die dafür eine situationsbezogene Interpretationskompetenz benötigt (Krummheuer, 2004). (Weitere Ausführungen dazu u. a. bei Borsch, 2019; Brandt & Nührenbörger, 2009a, 2009b; Hattie, 2013.)

8.5 Fazit und Perspektiven

Die vorliegende Forschungsarbeit fokussiert zum einen die Darstellung der Lösungsprozesse, zum anderen das kooperative Lernen „aus der Sache heraus" – beides am Beispiel einer selbst gestalteten Fermi-Aufgabe. Die Analyse ist in einen Forschungskontext eingebettet, der das Lernen am gemeinsamen Gegenstand und den Einsatz von guten, substantiellen Aufgaben für den inklusiven Mathematikunterricht fordert, um die Vielfalt der Schüler*innen als Ressource zu verstehen ist; einem Unterricht, in dem Inklusion nicht nur gesetzt ist, sondern auch umgesetzt wird.

Das besondere Potenzial von Fermi-Aufgaben für die prozessbezogenen Kompetenzen des Modellierens, aber auch des Problemlösens, Kommunizierens und Argumentierens ist deutlich geworden. Diese Kompetenzen werden durch den Einsatz sinnvoll miteinander verknüpft. Gerade der Förderung der prozessbezogenen Kompetenzen als wesentliches Ziel des Mathematikunterrichts der Grundschule kann durch den gezielten Einsatz von Fermi-Aufgaben Rechnung getragen werden. Anhand der Ergebnisse konnte gezeigt werden, welche weiteren Vorteile der Einsatz von Fermi-Aufgaben hat / haben kann. Die Analyse der Lösungsstrategien und die Erkenntnisse machen deutlich, welcher „Schatz" an Vorgehensweisen und Lösungsideen bei den Schüler*innen vorhanden ist: Welche Bezüge stellen die Kinder her?; Wie leiten sie Informationen ab?; Wie nutzen sie ihre abgeleiteten Informationen?; Wie setzen sie ihr Fachwissen ein?; Wie nutzen sie Strategien und heuristische Hilfsmittel? Dies alles sind Potenziale, die bei einer Arbeit in der Schule nicht erfassbar sind, wenn alle Gruppen im Klassenraum parallel arbeiten und die Reflektion im Anschluss an die Arbeitsphase auf die mathematische Lösung ausgerichtet ist.

Die Ergebnisse haben aber nicht nur bezüglich der Lösungsprozesse und Lösungsstrategien eine hohe praktische Relevanz. Es zeigt sich, dass über eine Aufgabe, die fachdidaktisch die Ansprüche an eine substantielle Aufgabe erfüllt, eine Interaktion „aus der Sache heraus" möglich ist: Die Kinder arbeiten mit vielen Ideen, durchgehender Konzentration und großer Ernsthaftigkeit an einem komplexen Problem. Sie bauen nicht nur ihre Kompetenzen im Modellieren und Problemlösen aus, sondern haben vielfältige Gelegenheiten des Kommunizierens und Argumentierens. Mit Hilfe der Muster von Röhr (1995), die entsprechend der Aufgabe und der aktuellen Diskussion zum Thema Kooperation und Ko-Konstruktion angepasst sind, kann durchgängig gezeigt werden, dass die Kinder an Lösungsideen arbeiten und diese gemeinsam (weiter-)entwickeln. Der Ansatz „Lernen aus der Sache heraus" trägt entschieden dazu bei, Interaktionen herauszufordern und ko-konstruktive Situationen zwischen den Schüler*innen zu begünstigen, wenngleich angemerkt werden muss, dass sich ein kooperativ-solidarisches Verhalten im Sinne von Wocken (1998) mit Hilfe der vorliegenden Daten nicht zwingend ergibt. Verstärkt zeigen sich asymmetrische Kontingenzen, die es weiterhin zu untersuchen gilt.

Es zeigt sich zum einen die hohe praktische Relevanz der Ergebnisse, wie Aufgaben gezielt eingesetzt werden können, um Modellierungs- und Problemlösekompetenzen zu fordern und zu fördern, zum anderen, wie Kinder miteinander arbeiten und agieren.

Gleichwohl „… wissen wir aber natürlich, dass der Unterricht nicht allein durch die Einspeisung gut durchdachter Aufgaben produktiv wird – vielmehr handelt sich um einen oftmals spontanen Prozess, der nach seinen eigenen Regeln darüber entscheidet, ob eine Lernumgebung auch wirklich die anvisierten Lernprozesse unterstützt" (Nührenbörger, Schwarzkopf, 2019, S. 15). Ausgehend von diesem Zitat gilt es weiterzuarbeiten, um herauszufinden, welche Regeln bei den Interaktionen – nämlich bei eben diesen zitierten spontan ablaufenden Prozessen – zugrundliegen.

Die aus der Theorie und Empirie gewonnenen Erkenntnissen zeigen die Potenziale, aber auch mögliche Schwierigkeiten und weisen immer wieder auf einen zentralen Aspekt hin: Die Sprache. Der Austausch untereinander ist fundamental wichtig und wirkt sich begünstigend auf jede Interaktion aus, denn für eine Interaktion mit anderen Personen ist die Sprache notwendig (vgl. Heinze et al, 2007, S. 569). Gerade bei der Analyse der Interaktionsprozesse hat sich durch die Dichte der Nachfragen, durch die Präsentation einer mathematischen Lösung ohne Erklärung, durch nicht ausgesprochene festgelegte Repräsentanten oder ohne argumentative Erklärungen gezeigt, wie sehr der fehlende Austausch die Ko-Konstruktion be- und auch verhindern kann. Gleichwohl ist unstrittig, dass ein intensiver Austausch mit dem mathematischen Inhalt angeregt worden ist. Sprache ist ein entscheidender Faktor, um eine symmetrische und ausgewogene Zusammenarbeit zu forcieren. Das ist wahrlich kein neuer Forschungsgegenstand, aber einer, der fokussiert in das Gelingen eines inklusiven Mathematikunterrichts einbezogen werden muss.

Auch hier ist zu bedenken: „Kein Modell passt auf alles, keine Analyse erweist sich als vollständig" (Reich, 2012b, S. 50). Es ist nicht das Anliegen der vorliegenden Forschungsarbeit, ein Lernangebot anzubieten, das für alle inklusiven Settings im Mathematikunterricht geeignet ist. Es geht vielmehr darum, **eine** Option aufzuzeigen, wie das Lernen am gemeinsamen Gegenstand unter Berücksichtigung der Lernausgangslage selbstdifferenzierend „aus der Sache heraus" gelingen kann. Es gibt keinen Königsweg, zudem ist weitere Forschung nötig.

8.5 Fazit und Perspektiven

Interaktionsprozesse sollten verstärkt gefördert werden, um einen fachlichen Austausch der Kinder zu ermöglichen, zugleich viele gemeinsame Lernsituationen zu schaffen und die Diversität der Schüler*innen für produktive Lernprozesse zu nutzen.

> „Es geht um die doppelte Zielsetzung, sowohl die Entwicklung der individuellen Potenziale zu ermöglichen und anzuregen als auch die Gemeinsamkeit und Zugehörigkeit aller zu pflegen. Die widersprüchlichen Pole Verschiedenheit und Gleichheit müssen durch eine dialektische Balance von Individualisierung und Gemeinsamkeit ausgeglichen und versöhnt werden." (Wocken, 2014a, 55 f.)

Gerade in der aktuellen Diskussion zeigt sich die doppelte Dialektik: Als Antwort auf die zunehmende Heterogenitätsdebatte wird die individuelle Förderung gefordert und umgedeutet, um der Lernausgangslage der Kinder in angemessener Form zu begegnen (Hess & Lipowsky, 2017). Die Individualisierung ersetzt das gemeinsame Mathematiktreiben, und die Gemeinsamkeit beschränkt sich häufig auf das Arbeiten im gleichen Klassenraum. Die Heterogenität der Schülerschaft führt zu einer Individualisierung: „Ab einem bestimmten Grad an Lernschwierigkeiten werden oft ansonsten selbstverständliche fachdidaktische Prinzipien und Standards zunehmend verlassen" (Scherer & Moser Opitz, 2010, S. 21). Der „individualisierte Unterricht" ist eine Möglichkeit, der vorliegenden Heterogenität im Sinne einer individuellen Förderung zu begegnen, zieht aber inhaltliche Konsequenzen mit sich. Die Schüler*innen arbeiten nicht alle zur gleichen Zeit am gleichen, sondern an unterschiedlichen Inhalten (vgl. Rademacher, 2017, S. 32). Dies ist schon fast als Antagonismus zur fachdidaktischen Forderung zu sehen. Die Möglichkeit der natürlichen Differenzierung mit Fokussierung auf mathematische Kernideen tritt in den Hintergrund. Hähn (2021, S. 18) schreibt an dieser Stelle von einer Entlarvung isolierter Inhalte und bezieht sich dabei auf Krauthausen und Scherer (2016). Die prozessbezogenen Kompetenzen, insbesondere das Kommunizieren und Argumentieren, finden schwerlich ihren Raum. Unterricht stolpert in die sogenannte „Individualisierungsfalle" (Brügelmann, 2011; Häsel-Weide & Nührenbörger, 2017b). Über-Individualisierung führt zu einer Zergliederung der Lerninhalte und forciert einen Rückschritt zur Kleinschrittigkeit, was als überwunden galt. Durch Individualisierung verringert sich der soziale Austausch, Potenziale einer Lerngruppe können sich nicht ausreichend entfalten und vorhandene Ressourcen nicht genutzt werden, was Krauthausen und Scherer (2010) in Formen wahrnehmen, „…die einer Abschaffung des sozialen Lernens gleichkommt" (ebd., S. 4). Das Motto sollte – wie bereits zitiert – lauten: „So viel gemeinsam wie möglich, so individuell unterstützt wie nötig." (Rottmann & Peter-Koop, 2015a, S. 6).

Für den Mathematikunterricht der Grundschule bedarf es keiner neuen Konzepte, die wesentlichen Gelingensbedingungen stehen bereits fest (vgl. Abschnitt 2.2). Wir brauchen somit keine neue Didaktik (Krähenmann, Labhart, Schnepel, Stöckli & Moser Opitz, 2015), sondern eine Anpassung an bestehende Konzepte und an die Lerngruppen (Lütje-Klose & Miller, 2015). Fundamental ist neben der Ausgewogenheit zwischen individueller Förderung und gemeinsamem Lernen gleichwohl auch eine Balance aus Offenheit und Strukturiertheit: Offenheit in Bezug auf das Denken der Kinder, ihre Lösungswegen und ihre Lerntempi, als auch in Bezug auf Organisation und Methodik, Strukturiertheit in Bezug auf Lerninhalte, Arbeitsmitteln und Lernbegleitung (vgl. Krähenmann et al., 2015). Inklusiver Mathematikunterricht ist machbar – es liegen tragfähige Ansätze vor, aber ohne Veränderungen auf bildungspolitischer Ebene bleibt es eine Aufgabe von Einzelakteuren. Die notwendigen schulischen Rahmenbedingungen müssen geschaffen werden (Käpnick, 2016c, S. 280).

Literaturverzeichnis

Abbott, C. (2000). *Symbols now*. Leamington Spa: Widgit Software.
Ahlgrimm, F., Krey, J. & Huber, S. G. (2012). Kooperation – was ist das? Implikationen unterschiedlicher Begriffsverständnisse. In S. G. Huber & F. Ahlgrimm (Hrsg.), *Kooperation. Aktuelle Forschung zur Kooperation in und zwischen Schulen sowie mit anderen Partnern* (S. 17–29). Münster: Waxmann.
Albarracín, L. & Gorgorio, N. (2014). Devising a plan to solve Fermi problems involving large numbers. *Educ Stud Math, 86*, 79–96.
Albarracín, L. & Gorgorio, N. (2019). Using large number estimation problems in primary education classrooms to introduce mathematical modelling. *International Journal of Innovation in Science and Mathematics Education, 27*(2), 45–57.
Ärlebäck, J. B. (2009). On the use of Realistic Fermi problems for introducing mathematical modelling in school. *The Montana Mathematics Enthusiast, 6*(2), 331–364.
Ashman, A. F. (2008). School and inclusive practices. In Gillies, Robyn M., Ashman, Adrian, Terwel, Jan (Hrsg.), *The Teacher's Role in Implementing Cooperative Learning in the Classroom* (S. 163–183). Boston: Springer.
Avci-Werning, M. (2007). Kooperatives Lernen – Entwicklung für die ganze Schule. *lernchancen, 55*, 4–9.
Avci-Werning, M. & Lanphen, J. (2013). Inklusion und kooperatives Lernen. In R. Werning & A.-K. Arndt (Hrsg.), *Inklusion: Kooperation und Unterricht entwickeln* (S. 150–175). Bad Heilbrunn: Klinkhardt.
Baker, E., Wang, M. & Walberg, H. (1994). The effects of inclusion on learning. *Educational Leadership, 52*(4), 33–35.
Bakker, A. (2018). *Design Research in Education – A practical guide for Early Career Researchers*. London: Routledge.
Bastian, J. (2007). *Einführung in die Unterrichtsentwicklung*. Weinheim: Beltz.
Bauersfeld, H. (2003). „Gute" Aufgaben versus Problemsituationen. In S. Ruwisch & A. Peter-Koop (Hrsg.), *Gute Aufgaben im Mathematikunterricht der Grundschule* (S. 15–24). Offenburg: Mildenberger.
Bauersfeld, H. & Cobb, P. (1995). *The Emergence of Mathematical Meaning: Interaction in Classroom Cultures*. New York: Erlbaum.

Baumert, B. & Vierbuchen, M.-C. (2018). Eine Schule für alle – wie geht das? Qualitätsmerkmale und Gelingensbedingungen für eine inklusive Schule und inklusiven Unterricht. *Zeitschrift für Heilpädagogik, 69*, 526–541.

Baumert, J. (2011). *Expertenrat „Herkunft und Bildungserfolg". Empfehlungen für Bildungspolitische Weichenstellung in der Perspektive auf das Jahr 2020*. Stuttgart: Ministerium für Kultur, Jugend und Sport Baden-Württemberg.

Baumert, J. & Kunter, M. (2006). Stichwort: Professionelle Kompetenz von Lehrkräften. *Zeitschrift für Erziehungswissenschaft, 9*, 469–520.

Beck, C. & Maier, H.. Mathematikdidaktik als Textwissenschaft. Zum Status von Texten als Grundlage empirischer mathematikdidaktischer Forschung. *Journal für Mathematik-Didaktik, 15*(1/2), 5–78.

Beishuizen, M. (1997). Development of mathematical strategies und procedures up to 100. In M. Beishuizen, K. P. E. Gravemeijer & E. C. D. M. van Lieshout (Hrsg.), *The Role of Contexts and Models in the Development of Mathematical Strategies and Procedures* (S. 127–162). Utrecht: CIP-Gegevens Koniklijke Bibliotheek, Den Haag.

Benölken, R. (2016). Offene substanzielle Aufgaben – Ein möglicher Schlüssel auch und gerade für die Gestaltung inklusiven Mathematikunterrichts. In F. Käpnick & R. Benölken (Hrsg.), *Individuelles Fördern im Kontext von Inklusion. Tagungsband aus Anlass des zehnjährigen Bestehens des Projektes „Mathe für kleine Asse" und des einjährigen Jubiläums des Projektes „MaKosi"* (S. 201–213). Münster: WTM.

Benölken, R., Berlinger, N. & Veber, M. (Hrsg.). (2018). *Alle zusammen! Offene, substanzielle Problemfelder als Gestaltungsbaustein für inklusiven Mathematikunterricht*. Münster: WTM.

Benölken, R., Veber, M. & Berlinger, N. (2018). Gestaltung fachlich fundierter Lehr-Lern-Settings für alle ohne Ausschluss – Grundlegende Verortung. In R. Benölken, N. Berlinger & M. Veber (Hrsg.), *Alle zusammen! Offene, substanzielle Problemfelder als Gestaltungsbaustein für inklusiven Mathematikunterricht* (S. 1–15). Münster: WTM.

Berelsen, B. (1952). *Content Analysis in Communication Research*. Glencoe: Free Press.

Biewer, G. & Koenig, O. (2019). Personenkreis. In H. Schäfer (Hrsg.), *Handbuch Förderschwerpunkt geistige Entwicklung* (S. 35–44). Weinheim: Beltz.

Bisanz, J. & LeFevre, J.-A. (1990). Strategic and nonstrategic processing in the development of mathematical cognition. In D. F. Bjorklund (Hrsg.), *Children´s strategies. Contemporary Views of Cognitive Development* (S. 213–244). Hillsdale, New Jersey: Lawrence Erlbaum Associates.

Bittrich, K. & Blankenberger, S. (2011). *Experimentelle Psychologie. Ein Methodenkompendium ; Experimente planen, realisieren, präsentieren*. Weinheim: Beltz.

Blum, W. (1985). Anwendungsorientierter Mathematikunterricht in der didaktischen Diskussion. In Kahle, D. (u.a.) (Hrsg.), *Mathematische Semesterberichte. Zur Pflege des Zusammenhangs zwischen Schule und Universität* (S. 195–232). Göttingen: Vandenhoeck & Ruprecht. Verfügbar unter: https://kobra.uni-kassel.de/bitstream/handle/123456789/2009061728274/BlumDiskussion1985.pdf;sequence=1 (Zugriff am 6.4.22)

Blum, W. (2007). Mathematisches Modellieren – zu schwer für Schüler und Lehrer? In Beiträge zum Mathematikunterricht (Hrsg.), *Vorträge auf der 41. Tagung für Didaktik der Mathematik vom 26.3. bis 30.3.2007 in Berlin* (S. 3–11). Hildesheim: Franzbecker.

Blum, W. & Borromeo Ferri, R. (2009a). Mathematical Modelling: Can it be taught and learnt? *Journal of Mathematical Modelling and Application, 1*(1), 45–58.

Blum, W. & Borromeo Ferri, R. (2009b). Modellieren – schon in der Grundschule? In A. Peter-Koop (Hrsg.), *Lernumgebungen – ein Weg zum kompetenzorientierten Mathematikunterricht in der Grundschule. Festschrift zum 60. Geburtstag von Bernd Wollring* (S. 142–153). Offenburg: Mildenberger.
Blum, W., Drüke-Noe, C., Hartung, R. & Köller, O. (Hrsg.). (2006). *Bildungsstandards Mathematik: konkret. Sekundarstufe I: Aufgabenbeispiele, Unterrichtsanregungen, Fortbildungsideen.* Berlin: Cornelsen.
Blum, W. & Leiss, D. (2005). Modellieren im Unterricht mit der „Tanken"-Aufgabe. *Mathematik lehren, 128*, 18–21.
Blumer, H. (1986). *Symbolic Interactionism. Perspective and Method.* Los Angeles: University of California Press.
Boban, I. & Hinz, A. (2003). *Index für Inklusion. Lernen und Teilhabe in der Schule der Vielfalt entwickeln.* Verfügbar unter: https://www.eenet.org.uk/resources/docs/Index%20G erman.pdf (Zugriff am 9.6.2023)
Boban, I. & Hinz, A. (2007). Orchestring Learning?! Der Index für Inklusion fragt – Kooperatives Lernen hat Antworten. In I. Demmer-Dieckmann & A. Textor (Hrsg.), *Integrationsforschung und Bildungspolitik im Dialog* (S. 117–126). Bad Heilbrunn: Klinkhardt.
Boban, I. & Hinz, A. (2009). Integration und Inklusion als Leitbegriffe der schulischen Sonderpädagogik. In G. Opp & G. Theunissen (Hrsg.), *Handbuch schulische Sonderpädagogik* (S. 29–35). Bad Heilbrunn: Klinkhardt.
Bochmann, R. & Kirchmann, R. (2008). *Kooperativer Unterricht in der Grundschule. Teamarbeit als Motor für individuelles Lernen.* Essen: Neue Deutsche Schule.
Bochmann, R. & Kirchmann, R. (2012). *Kooperatives Lernen in der Grundschule. Zusammen arbeiten – aktive Kinder lernen mehr.* Essen: Neue Deutsche Schule.
Bochnik, K., Heinze, A. & Ufer, S. (2013). Warum auch die Mathematik die Sprache braucht: Hürden im Mathematikunterricht, wenn Sprachkenntnisse fehlen. *Grundschule Mathematik, 39*, 6–9.
Bohnsack, R. (2013). Gruppendiskussionsverfahren und dokumentarische Methode. In B. Friebertshäuser, A. Langer & A. Prengel (Hrsg.), *Handbuch qualitative Forschungsmethoden in der Erziehungswissenschaft* (S. 205–218). Weinheim: Beltz.
Boller, S., Fabel-Lamla, M. & Wischer, B. (2018). Kooeration in der Schule. Ein einführender Problemaufriss. *Friedrich-Jahresheft, XXXVI*, 6–9.
Bönig, D. (2003). Schätzen – der Anfang guter Aufgaben. In S. Ruwisch & A. Peter-Koop (Hrsg.), *Gute Aufgaben im Mathematikunterricht der Grundschule* (S. 102–110). Offenburg: Mildenberger.
Bönig, D. & Lange, J. (2017). Fermi-Aufgaben mit Größen. In U. Häsel-Weide & M. Nührenbörger (Hrsg.), *Gemeinsam Mathematik lernen – mit allen Kindern rechnen* (S. 208–219). Frankfurt am Main: Grundschulverband.
Bönsch, M. (1995). *Differenzierung in Schule und Unterricht. Ansprüche, Formen, Strategien.* München: Ehrenwirth.
Booth, T. & Ainscow, M. (2019). *Index für Inklusion. Ein Leitfaden für Schulentwicklung.* Weinheim: Beltz.
Borromeo Ferri, R. (2006). Theoretical and empirical differentiations of phases in the modelling process. *ZDM, 38*(2), 86–95.
Borromeo Ferri, R. (2011). *Wege zur Innenwelt des mathematischen Modellierens. Kognitive Analysen zu Modellierungsprozessen im Mathematikunterricht.* Wiesbaden: Vieweg.

Borromeo Ferri, R. & Blum, W. (2013). Barriers and motivation of primary teachers for implementing modelling in mathematics lessons. In B. Ubuz, C. Haser & M. A. Mariotti (Hrsg.), *CERME 8. Proceedings of the Eight Congress of the European Society for Research in Mathematics Education : Manavgat-Side, 2013* (S. 1000–1009). Manavgat-Side (Turkey): Middle East Technical University.

Borromeo Ferri, R., Greefrath, G. & Kaiser, G. (Hrsg.). (2013). *Mathematisches Modellieren für Schule und Hochschule. Theoretische und didaktische Hintergründe*. Wiesbaden: Springer.

Borromeo Ferri, R., Grünewald, S. & Kaiser, G. (2013). Effekte kurzzeitiger Interventionen auf die Entwicklung der Modellierungskompetenzen. In R. Borromeo Ferri, G. Greefrath & G. Kaiser (Hrsg.), *Mathematisches Modellieren für Schule und Hochschule. Theoretische und didaktische Hintergründe* (S. 41–56). Wiesbaden: Springer.

Borromeo Ferri, R., Leiss, D. & Blum, W. (2006). Der Modellierungskreislauf unter kognitionspsychologischer Perspektive. *Beiträge zum Mathematikunterricht*, 53–56.

Borsch, F. (2019). *Kooperatives Lernen. Theorie – Anwendung – Wirksamkeit*. Stuttgart: Kohlhammer.

Borsch, F., Gold, A., Kronenberger, J. & Souvignier, E. (2007). Der Experteneffekt: Grenzen kooperativen Lernens in der Primarstufe? *Unterrichtswissenschaft*, 35, 202–213.

Böttinger, T. (2016). *Inklusion. Gesellschaftliche Leitidee und schulische Aufgabe*. Stuttgart: Kohlhammer.

Brandt, B. (2004). *Kinder als Lernende. Partizipationsspielräume und -profile im Klassenzimmer ; eine mikrosoziologische Studie zur Partizipation im Klassenzimmer*. Frankfurt am Main: Lang.

Brandt, B. (2022). Wohaar! Einer würde mir reichen! Das Bilderbuch 365 Pinguine im Mathematikunterricht der Grundschule. In C. Müller-Brauers, K. Bräuning & C. Schomaker (Hrsg.), *Bilderbücher im Grundschulunterricht. Fachübergreifende Lernfelder und inklusive Potentiale* (S. 326–349). Tübingen: Narr Francke Attempto.

Brandt, B. & Höck, G. (2012). Ko-Konstruktion in mathematischen Problemlöseprozessen – partizipationstheoretische Überlegungen. In B. Brandt, R. Vogel & G. Krummheuer (Hrsg.), *Die Projekte erStMaL und MaKreKi. Mathematikdidaktische Forschung am "Center for Individual Development and Adaptive Education" (IDeA)* (S. 245–284). Münster: Waxmann.

Brandt, B. & Naujok, N. (2010). Identität, Argumentation und Partizipation – Mathematiklernen im Kontext biographischer und alltäglicher Lebenswelten. In B. Brandt, M. Fetzer & M. Schütte (Hrsg.), *Auf den Spuren interpretativer Unterrichtsforschung in der Mathematikdidaktik. Götz Krummheuer zum 60. Geburtstag* (S. 15–42). Münster: Waxmann.

Brandt, B. & Nührenbörger, M. (2009a). Kinder im Gespräch über Mathematik. *Die Grundschulzeitschrift*, 23, 28–33.

Brandt, B. & Nührenbörger, M. (2009b). Strukturierte Kooperationsformen im Mathematikunterricht der Grundschule – Materialheft zu Heft 23. *Die Grundschulzeitschrift*, 23, 1–31.

Braun, E. A. (2020). *Offene lebensweltorientierte Aufgaben zum Thema Zootiere. Entwicklung, Evaluation und empirische Nutzung eines Lern- und Arbeitsmaterials für die Grundschule*. Münster: WTM.

Breitenbach, E. (2017). Inklusive Diagnostik – „alter Wein in neuen Schläuchen"? In E. Fischer & C. Ratz (Hrsg.), *Inklusion – Chancen und Herausforderungen für Menschen mit geistiger Behinderung* (S. 102–122). Weinheim: Beltz.

Brinker, K. & Sager, S. F. (2010). *Linguistische Gesprächsanalyse. Eine Einführung*. Berlin: Erich Schmidt Verlag.

Brown, A. L. (1992). Design Experiments: Theoretical and methodological challenges in creating complex interventions in classroom settings. *The Journal of the Learning Sciences, 2*(2), 141–172.

Bruder, R. (1988). *Grundfragen mathematikmethodischer Theoriebildung unter besonderer Berücksichtigung des Arbeitens mit Aufgaben*. Potsdam: Päd. Hochschule Potsdam.

Bruder, R. (2000). Problemlösen im Mathematikunterricht – ein Lernangebot für alle? *Mathematische Unterrichtspraxis*, (1), 2–11.

Bruder, R. (2005). *Problemlösenlernen für alle*, Soltau. Verfügbar unter: http://sinus-transfer.uni-bayreuth.de/fileadmin/MaterialienIPN/Bruder.pdf (Zugriff am 4.12.2022)

Bruder, R. & Bauer, C. (2011). *Problemlösen lernen im Mathematikunterricht*. Berlin: Cornelsen.

Brügelmann, H. (2011). Den Einzelnen gerecht werden – in der inklusiven Schule. Mit einer Öffnung des Unterrichts raus aus der Individualisierungsfalle! *Zeitschrift für Heilpädagogik, 9*(62), 355–362.

Bruner, J. (1972). *Der Prozess der Erziehung*. Berlin: Berlin-Verlag.

Brüning, L. & Saum, T. (2009). *Strategien zur Schüleraktivierung. Erfolgreich unterrichten durch kooperatives Lernen*. Essen: Neue Deutsche Schule.

Brüsemeister, T. (2008). *Qualitative Forschung. Ein Überblick*. Wiesbaden: VS Verlag für Sozialwissenschaften. https://doi.org/10.1007/978-3-531-91182-3

Buchholtz, N. (2021). Voraussetzungen und Qualitätskriterien von Mixed-Methods-Studien in der mathematikdidaktischen Forschung. *Journal für Mathematik-Didaktik, 42*, 219–242. https://doi.org/10.1007/s13138-020-00173-0

Büchter, A., Herget, W., Leuders, T. & Müller, J. (2007). *Die Fermi-Box. Modellieren – Problemlöseb – Argumentieren: Aufgabenkartei inkl. Lehrerkommentar Klasse 5–7: Aufgabenkartei inkl. Kommentar für Lehrende. Klasse 5–7*. Stuttgart: VPM.

Büchter, A. & Leuders, T. (2005). *Mathematikaufgaben selbst entwickeln*. Berlin: Cornelsen.

Buholzer, A. & Kummer Wyss, A. (2010). Heterogenität als Herausforderung für Schule und Unterricht. In A. Buholzer & A. Kummer Wyss (Hrsg.), *Alle gleich – alle unterschiedlich! Zum Umgang mit Heterogenität in Schule und Unterricht* (S. 7–13). Seelze: Klett/ Kallmeyer.

Büttner, G., Warwas, J. & Adl-Amini, K. (2012). Kooperatives Lernen und Peer Tutoring im inklusiven Unterricht. *Zeitschrift für Inklusion online, 1–2*.

Castelli, S., Fast, V. & Kleine, M. (2016). *Mathe.Methoden. Unterrichtsmethoden in der Praxis*. Bamberg: C.C. Buchner.

Clarke, D. J. & McDonough, A. (1989). The problems of the problem solving classroom. *Australian Mathematics Teacher, 45*(2), 20–24.

Cobb, P., Confrey, J., diSessa, A., Lehrer, L. & Schauble, L. (2003). Design experiments in educational research. *Educational researcher, 32*(1), 9–13.

Cobb, P., Yackel, E. & McClain, K. (Hrsg.). (2000). *Symbolizing and communicating in mathematics classrooms*. Mahwah, New York: Erlbaum.

Cohen, E. (1993). Bedingungen für produktive Kleingruppen. In G. L. Huber (Hrsg.), *Neue Perspektiven der Kooperation. Ausgewählte Beiträge der Internationalen Konferenz 1992 über Kooperatives Lernen* (S. 45–54). Baltmannsweiler: Schneider.

Collins, A. (1990). *Toward a Design Science of Education. Technical report No.1.* New York: Center for Technology in Education.

Colmer, B. (2006). Guess what…? Ben Colmer looks at the difference between a "guess" and an "estimate" and provides compelling reasons to develop children´s estimation skills for use in everyday life. *Australian Primary Mathematics Classroom, 11*(4), 29–32.

Deckert-Peaceman, H. & Scholz, G. (2017). Individualisierung: Begriff, Metapher oder nur ein Wort? Implikationen für die Grundschulforschung. In F. Heinzel & K. Koch (Hrsg.), *Individualisierung im Grundschulunterricht. Anspruch, Realisierung und Risiken* (S. 41–49). Wiesbaden: Springer.

Dexel, T. (2017). *Integrationshelfer*innen im inklusiven Unterricht der Grundschule. Eine qualitativ-rekonstruktive Analyse.* Berlin: LIT.

Dexel, T. (2020). *Diversität im Mathematikunterricht der Grundschule. Theoretische Grundlegung und empirische Untersuchungen zu Gelingensbedingungen inklusiven Mathematiklernens* (Diversität und Inklusion im Kontext mathematischer Lehr-Lern-Prozesse). Münster: WTM.

Diekmann, A. (2007). *Empirische Sozialforschung. Grundlagen, Methoden, Anwendungen.* Reinbek bei Hamburg: Rowohlt.

Dittmar, N. (2009). *Transkription. Ein Leitfaden mit Aufgaben für Studenten, Forscher und Laien.* Wiesbaden: VS Verlag für Sozialwissenschaften. Verfügbar unter: http://deposit.d-nb.de/cgi-bin/dokserv?id=3105259&prov=M&dok_var=1&dok_ext=htm (Zugriff am 9.6.2023)

Döring, N. & Bortz, J. (2016). *Forschungsmethoden und Evaluation in den Sozial- und Humanwissenschaften.* Berlin: Springer. https://doi.org/10.1007/978-3-642-41089-5

Dresing, T. & Pehl, T. (Hrsg.). (2017). *Praxisbuch Interview, Transkription & Analyse. Anleitungen und Regelsysteme für qualitativ Forschende.* Marburg: Eigenverlag.

DZLM (Deutsches Zentrum für Lehrerbildung Mathematik, Hrsg.). (2015). *Mathe inklusiv mit PIKAS.* Verfügbar unter: https://pikas-mi.dzlm.de (Zugriff am 15.11.2022)

Efthimiou, C. J. & Llewellyn, R. A. (2007). Cinema, Fermi problems and general education. *Physics Education, 42*(3), 253–261.

Eilerts, K. & Kolter, J. (2015). Wie modellieren Grundschulkinder? In R. Rink (Hrsg.), *Von guten Aufgaben bis Skizzen zeichnen. Zum Sachrechnen im Mathematikunterricht der Grundschule: eine Festschrift für Marianne Grassmann* (S. 71–84). Baltmannsweiler: Schneider.

Eilerts, K. & Skutella, K. (Hrsg.). (2018). *Neue Materialien für einen realitätsbezogenen Mathematikunterricht 5.* Wiesbaden: Springer.

Emmrich, M. (2016). Differenz und Differenzierung im Bildungssystem: Schulische Grammatik der Inklusion/Exklusion. *Zeitschrift für Pädagogik, 62,* 42–57.

Falkner, H. (1999). *Wie viele Pinguine passen in einen Fahrstuhl? Neues Sachrechnen in der Grundschule.* München: Oldenbourg.

Faust-Siehl, G. & Speck-Hamdan, A. (Hrsg.). (2001). *Schulanfang ohne Umwege. Mehr Flexibilität im Bildungswesen.* Frankfurt am Main: Grundschulverband.

Ferrando, I. & Albarracín, L. (2019). Students from grade 2 to grade 10 solving a Fermi problem: analysis of emerging models. *Mathematics Education Research Journal, 86*(1), 1–18. Verfügbar unter: https://doi.org/10.1007/s13394-019-00292-z

Fetzer, M. (2019). *Inklusiver Mathematikunterricht. Ideen für die Grundschule.* Baltmannsweiler: Schneider.

Feuser, G. (1995). *Behinderte Kinder und Jugendliche. Zwischen Integration und Aussonderung.* Darmstadt: Wissenschaftliche Buchgesellschaft.

Feuser, G. (1998). Gemeinsames Lernen am Gemeinsamen Gegenstand: Didaktisches Fundamentum einer allgemeinen (integrativen) Pädagogik. In A. Hildeschmidt & I. Schnell (Hrsg.), *Integrationspädagogik. Auf dem Weg zu einer Schule für alle* (S. 19–35). Weinheim: Juventa.

Feuser, G. (2001). Prinzipien einer inklusiven Pädagogik. *Behinderte in Familie, Schule und Gesellschaft*, (2), 25–29. Verfügbar unter: http://bidok.uibk.ac.at/library/beh2-01-feuser-prinzipien.html (Zugriff am 2.3.2022)

Feuser, G. (2010). Integration und Inklusion als Möglichkeitsräume. In A.-D. Stein, S. Krach & I. Niediek (Hrsg.), *Integration und Inklusion auf dem Weg ins Gemeinwesen. Möglichkeitsräume und Perspektiven* (S. 17–31). Bad Heilbrunn: Klinkhardt.

Feuser, G. (2011). Entwicklungslogische Didaktik. In A. Kaiser, D. Schmetz, P. Wachtel & B. Werner (Hrsg.), *Didaktik und Unterricht* (S. 86–100). Stuttgart: Kohlhammer.

Flick, U. (2007). *Qualitative Sozialforschung. Eine Einführung* (Rororo Rowohlts Enzyklopädie, Bd. 55694). Reinbek bei Hamburg: Rowohlt.

Flottmann, N., Streit-Lehmann, J. & Peter-Koop, A. (2021). *ElementarMathematisches BasisInterview*. Offenburg: Mildenberger.

Fölling-Albers, M. (1994). Kinder brauchen Kinder. Soziales Lernen in der Grundschule. *Grundschule, 26*(4), 8–10.

Franke, M. (2003). *Didaktik des Sachrechnens in der Grundschule.* Heidelberg: Spektrum.

Franke, M. & Ruwisch, S. (2010). *Didaktik des Sachrechnens in der Grundschule.* Heidelberg: Spektrum. https://doi.org/10.1007/978-3-8274-2695-6

Freudenthal, H. (1973). *Mathematik als pädagogische Aufgabe.* Stuttgart: Ernst Klett Verlag.

Freudenthal, H. (1974). Die Stufen im Lernprozeß und die heterogene Lerngruppe im Hinblick auf die Middenschool. *Neue Sammlung*, (14), 161–172.

Freudenthal, H. (1978). *Vorrede zu einer Wissenschaft vom Mathematikunterricht.* München, Wien: Oldenbourg.

Friebertshäuser, B., Langer, A. & Prengel, A. (Hrsg.). (2013). *Handbuch qualitative Forschungsmethoden in der Erziehungswissenschaft.* Weinheim: Beltz.

Fthenakis, W. (2009). Bildung neu definieren und hohe Bildungsqualität von Anfang an sichern. *Betrifft KINDER, 3*, 6–10.

Fuchs, M. (2006). *Vorgehensweisen mathematisch potentiell begabter Dritt- und Viertklässler beim Problemlösen. Empirische Untersuchungen zur Typisierung spezifischer Problembearbeitungsstile.* Berlin: LIT.

Fuhs, B. (2007). *Qualitative Methoden in der Erziehungswissenschaft* (Grundwissen Erziehungswissenschaft). Darmstadt: Wissenschaftliche Buchgesellschaft.

Gaidoschik, M. (2010). *Die Entwicklung von Lösungsstrategien zu den additiven Grundaufgaben im Laufe des ersten Schuljahres.* Unveröffentliche Dissertation. Wien: Universität Wien.

Galbraith, P. & Stillman, G. (2002). Assumptions and context: Pursuing their role in modelling activity. In João Filipe Matos, Werner Blum, Ken Houston & Susana Carreira (Hrsg.), *Modelling and Mathematics Education: ICTMA 9: Applications in Science and Technology* (S. 300–310). Chichester: Horwood Publishing.

Gillies, R. M. & Asaduzzaman, K. (2008). The effects of teacher discourse on students'discourse, problem-solving and seasoning during cooperative learning. *International Journal of Educational Research, 47*, 232–340.

Gillies, R. M. & Ashman, A. F. (2000). The Effects of Cooperative Learning on Students with Learning Difficulties in the Lower Elementary School. *Journal of Special Education, 34*, 19–27.

Gillies, Robyn M., Ashman, Adrian, Terwel, Jan (Hrsg.). (2008). *The Teacher's Role in Implementing Cooperative Learning in the Classroom.* Boston: Springer. https://doi.org/10.1007/978-0-387-70892-8

Ginnold, A. (2008). *Der Übergang Schule – Beruf von Jugendlichen mit Lernbehinderung. Einstieg – Ausstieg – Warteschleife.* Bad Heilbrunn: Klinkhardt.

Glaser, B. G. & Strauss, A. L. (2017). *The Discovery of Grounded Theory.* New York: Routledge. https://doi.org/10.4324/9780203793206

Gläser-Zikuda, M., Seidel, T., Rohlfs, C. & Gröschner, A. (Hrsg.). (2012). *Mixed methods in der empirischen Bildungsforschung.* Münster: Waxmann.

Götze, D. (2007). *Mathematische Gespräche unter Kindern. Zum Einfluss sozialer Interaktion von Grundschulkindern beim Lösen komplexer Aufgaben* (Bd. 55). Hildesheim: Franzbecker.

Götze, D., Selter, C. & Zannetin, E. (2020). *Das KIRA-Buch: Kinder rechnen anders. Verstehen und Fördern im Mathematikunterricht.* Hannover: Klett/Kallmeyer.

Gräsel, C., Fußangel, K. & Pröbstel, C. (2006). Lehrkräfte zur Kooperation anregen – eine Aufgabe für Sisyphos? *Zeitschrift für Pädagogik, 52*(2), 205–219.

Grassmann, M. (2008). Es geht auch ohne… Anregungen zum Einsatz von Fermi-Aufgaben. *Grundschule, 9*, 34–36.

Grassmann, M., Mirwald, E., Klunter, M. & Veith, U. (1995). Was können Mathematikanfänger bereits vor ihrer ersten Mathematikstunde? *Grundschulunterricht*, (42), 25–27.

Greefrath, G. (2006). *Modellieren lernen mit offenen realitätsnahen Aufgaben.* Köln: Aulis-Verlag.

Greefrath, G. (2010). *Didaktik des Sachrechnens in der Sekundarstufe.* Heidelberg: Spektrum.

Greefrath, G. & Leuders, T. (2009). Nicht von ungefähr. Runden – Schätzen Nähern. *PM – Praxis der Mathematik in der Schule, 4*(28), 1–6.

Greefrath, G. & Stein, M. (Hrsg.). (2012). *Problemlöse- und Modellbildungsprozesse bei Schülerinnen und Schülern. Neudruck des Bandes zum Minisymposium auf der 41. Jahrestagung der Gesellschaft für Didaktik der Mathematik in Berlin 2007.* Münster: WTM.

Green, N. & Green, K. (2005). *Kooperatives Lernen im Klassenraum und Kollegium. Das Trainingsbuch.* Seelze: Kallmeyer.

Grosche, M. (2015). Was ist Inklusion? Ein Diskussions- und Positionsartikel zur Definition aus Sicht empirischer Bildungsforschung. In P. Kuhl, P. Stanat, B. Lütje-Klose, C. Gresch, H. A. Pant & M. Prenzel (Hrsg.), *Inklusion von Schülerinnen und Schülern mit sonderpädagogischem Förderbedarf in Schulleistungserhebungen* (S. 17–39). Wiesbaden: Springer.

Guder, K.-U. & Schwarzkopf, R. (2001). Wie lange sind wir in diesem Jahr in der Schule? – ein Unterrichtsversuch zur Reflexion über Modellbildung in der Grundschule. In C. Selter (Hrsg.), *Mathematik lernen und gesunder Menschenverstand. Festschrift für Gerhard Norbert Müller* (S. 75–82). Leipzig: Klett.

Gummels, I. (2020). *Wie kooperatives Lernen im inklusiven Unterricht gelingt*. Wiesbaden: Springer. https://doi.org/10.1007/978-3-658-29114-3

Haberzettl, N., Klett, S. & Schukajlow, S. (2018). Mathematik rund um die Schule – Modellieren mit Fermi-Aufgaben. In K. Eilerts & K. Skutella (Hrsg.), *Neue Materialien für einen realitätsbezogenen Mathematikunterricht 5* (S. 31–41). Wiesbaden: Springer.

Habicht, C. (2012). Fermi-Aufgaben bearbeiten. Wie können Lösungsprozesse unterstützt werden? *Mathematik differenziert, 3*(3), 24–29.

Hackbarth, A. (2017). *Inklusionen und Exklusionen in Schülerinteraktionen* (Perspektiven sonderpädagogischer Forschung). Frankfurt am Main: Klinkhardt.

Haeberlin, U., Bless, G., Moser, U. & Klaghofer, R. (1999). *Die Integration von Lernbehinderten. Versuche, Theorien, Forschungen, Enttäuschungen, Hoffnungen*. Bern: Haupt.

Hähn, K. (2021). *Partizipation im inklusiven Mathematikunterricht. Analyse gemeinsamer Lernsituationen in geometrischen Lernumgebungen*. Wiesbaden: Springer.

Häsel-Weide, U. (2011). Sachrechnen. In U. Heimlich & F. B. Wember (Hrsg.), *Didaktik des Unterrichts im Förderschwerpunkt Lernen. Ein Handbuch für Studium und Praxis* (S. 280–293). Stuttgart: Kohlhammer.

Häsel-Weide, U. (2016a). „Mathematik inklusive": Lernchancen im inklusiven Anfangsunterricht. In Institut für Mathematik und Informatik Heidelberg (Hrsg.), *Beiträge zum Mathematikunterricht 2016* (S. 365–369). Münster: WTM.

Häsel-Weide, U. (2016b). *Vom Zählen Zum Rechnen. Struktur-Fokussierende Deutungen in Kooperativen Lernumgebungen*. Wiesbaden: Springer.

Häsel-Weide, U. (2017). Inklusiven Mathematikunterricht gestalten. Anforderungen an die Lehrerausbildung. In J. Leuders, T. Leuders, S. Prediger & S. Ruwisch (Hrsg.), *Mit Heterogenität im Mathematikunterricht umgehen lernen* (S. 17–28). Wiesbaden: Springer.

Häsel-Weide, U. (2019). Lernumgebungen für den inklusiven Mathematikunterricht wischen reichhaltiger Offenheit und fokussierter Förderung. In B. Baumert & M. Willen (Hrsg.), *Zwischen Persönlichkeitsbildung und Leistungsentwicklung. Fachspezifische Zugänge zu inklusivem Unterricht im interdisziplinären Diskurs* (S. 175–181).

Häsel-Weide, U. & Hintz, A.-M. (2017). Soziale Begegnungen beim (kooperativen) Lernen im Mathematikunterricht. In U. Häsel-Weide & M. Nührenbörger (Hrsg.), *Gemeinsam Mathematik lernen – mit allen Kindern rechnen* (S. 78–108). Frankfurt am Main: Grundschulverband.

Häsel-Weide, U. & Nührenbörger, M. (2015). Aufgabenformate für einen inklusiven Arithmetikunterricht. In A. Peter-Koop, T. Rottmann & M. M. Lüken (Hrsg.), *Inklusiver Mathematikunterricht in der Grundschule* (S. 58–74). Offenburg: Mildenberger.

Häsel-Weide, U. & Nührenbörger, M. (Hrsg.). (2017a). *Gemeinsam Mathematik lernen – mit allen Kindern rechnen*. Frankfurt am Main: Grundschulverband.

Häsel-Weide, U. & Nührenbörger, M. (2017b). Grundzüge des inklusiven Mathematikunterrichts. Mit allen Kindern rechnen. In U. Häsel-Weide & M. Nührenbörger (Hrsg.), *Gemeinsam Mathematik lernen – mit allen Kindern rechnen* (S. 8–21). Frankfurt am Main: Grundschulverband.

Häsel-Weide, U. & Nührenbörger, M. (2017c). Produktives Fördern im inklusiven Mathematikunterricht – Möglichkeiten einer mathematisch ausgerichteten Diagnose und individuellen Förderung. In F. Hellmich & E. Blumberg (Hrsg.), *Inklusiver Unterricht in der Grundschule* (S. 213–230). Stuttgart: Kohlhammer.

Hattie, J. (2013). *Lernen sichtbar machen*. Baltmannsweiler: Schneider.

Heid, L.-M. (2016). *Das Schätzen von Längen und Fassungsvermögen*. Wiesbaden: Springer.

Heimlich, U. & Wember, F. B. (Hrsg.). (2016). *Didaktik des Unterrichts im Förderschwerpunkt Lernen. Ein Handbuch für Studium und Praxis*. Stuttgart: Kohlhammer.

Heinze, A., Herwartz-Emden, L. & Reiss, K. (2007). Mathematikkenntnisse udn sprachliche Kompetenz bei Kindern mit Migrationshintergrund zu Beginn der Grundschulzeit. *Zeitschrift für Pädagogik, 4*(53), 562–581.

Heinze, A., Weiher, D. F., Huang, H.-M. E. & Ruwisch, S. (2018). Which estimation situations are relvant for a valid assessment of measurement estimation skills? In E. Bergquist, M. Österholm, C. Granberg & L. Sumpter (Hrsg.), *Proceedings of the 42nd Conference of the International Group of Psychology of Mathematics Education* (Bd. 3, S. 67–74). Umea / Sweden.

Helmke, A. (2003). *Unterrichtsqualität erfassen, bewerten, verbessern*. Seelze: Kallmeyer.

Helmke, A. (2009). *Unterrichtsqualität und Lehrerprofessionalität. Diagnose, Evaluation und Verbesserung des Unterrichts*. Seelze: Klett/Kallmeyer.

Hengartner, E. (2004). Lernumgebungen für Rechenschwache bis Hochbegabte: Natürliche Differenzierung im Mathematikunterricht der Grundschule. *Grundschulunterricht, 51*(2), 11–14.

Henn, H.-W. (2000). Warum manchmal Katzen vom Himmel fallen... oder... von guten und von schlechten Modellen. In U. Hirt (Hrsg.), *Modellbildung, Computer und Mathematikunterricht. Proceedings ; Bericht über die 16. Arbeitstagung des Arbeitskreises „Mathematikunterricht und Informatik" in der Gesellschaft für Didaktik der Mathematik e.V. vom 1. bis 4. Oktober 1998 in Wolfenbüttel* (S. 9–17). Hildesheim: Franzbecker.

Herold-Blasius, R. (2019). *Problemlösen mit Strategieschlüsseln* (Research). Dissertation. Wiesbaden.

Herrle, M., Kade, J. & Nolda, S. (2013). Erziehungswissenschaftliche Videographie. In B. Friebertshäuser, A. Langer & A. Prengel (Hrsg.), *Handbuch qualitative Forschungsmethoden in der Erziehungswissenschaft* (S. 599–619). Weinheim: Beltz.

Hess, M. & Lipowsky, F. (2017). Lernen individualisieren und Unterrichtsqualität verbessern. In F. Heinzel & K. Koch (Hrsg.), *Individualisierung im Grundschulunterricht. Anspruch, Realisierung und Risiken* (S. 23–31). Wiesbaden: Springer.

Hildreth, D. J. (1983). The use of strategies in estimating measurements. *Arithmetic Teachers, 30*(5), 50–54.

Hinrichs, G. (2008). *Modellierung im Mathematikunterricht*. Heidelberg: Spektrum.

Hinz, A. (2004). Vom sonderpädagogischen Verständnis der Integration zum integrationspädagogischen Verständnis der Inklusion!? In I. Schnell & A. Sander (Hrsg.), *Inklusive Pädagogik* (S. 41–74). Bad Heilbrunn: Klinkhardt.

Hinz, A. (2010). *Aktuelle Erträge der Debatte um Inklusion – worin besteht der „Mehrwert" gegenüber Integration?* Verfügbar unter: https://www.bdja.org/files/hinz-aktuelle_ertr__ge_der_debatte_um_inklusion.pdf (Zugriff am 1.10.2022)

Hirt, U. & Wälti, B. (Hrsg.). (2016). *Lernumgebungen im Mathematikunterricht. Natürliche Differenzierung für Rechenschwache bis Hochbegabte*. Seelze: Klett/Kallmeyer.

Höck, G. (2015). *Ko-Konstruktive Problemlösegespräche im Mathematikunterricht. Eine Studie zur lernpartnerschaftlichen Entwicklung mathematischer Lösungen unter Grundschulkindern.* Münster, Westf.: Waxmann.

Hofer, U. (2019). Förderung von Schülerinnen und Schülern mit Sehbeeinträchtigungen. In J. Kahlert (Hrsg.), *Die Inklusionssensible Grundschule. Vom Anspruch zur Umsetzung* (S. 196–221). Stuttgart: Kohlhammer.

Hollenbach-Biele, N. & Klemm, K. (2020). *Inklusive Bildung zwischen Licht und Schatten: Eine Bilanz nach zehn Jahren inklusiven Unterrichts.* Gütersloh: Bertelsmann Stiftung.

Horstkemper, M. (2006). Fördern heißt diagnostizieren – Pädagogische Diagnostik als wichtige Voraussetzung für individuellen Lernerfolg. *Friedrich-Jahresheft, 24*, 4–7.

Hoth, J. & Fricke, S. (2023). Schätzen von Längen in der Grundschule. Ein (mentales) Vergleichen mit Stützpunkten. *Mathematik differenziert, 1*, 40–43.

Hoth, J., Heinze, A., Huang, H.-M. E., Weiher, D. F., Niedermeyer, I. & Ruwisch, S. (2022). Elementary School Students' Length Estimation Skills—Analyzing a Multidimensional Construct in a Cross-Country Study. *International Journal of Science and Mathematics Education.* https://doi.org/10.1007/s10763-022-10323-0

Houston, K. S. & Neill, N. (2003). Investigatin students modelling skills. In Q.-X. Ye, W. Blum, K. S. Houston & Q.-Y. Jiang (Hrsg.), *Mathematical modelling in education and culture. ICTMA 10* (S. 54–66). Chichester: Horwood Publishing Limited.

Howe, C. (2009). Collaborative group in the middle childhood. Joint construction, unresolved contradiction and the growth of knowledge. *Human Development, 52*(4), 215–239.

Hülse, J. & Neubert, B. (2015). Putzt du in der Woche mehr als eine Stunde lang deine Zähne? – Förderung des Kommunizierens mit Fermi-Aufgaben. *Grundschulunterricht, 2*, 29–33.

Hunold, P. (2019). *Fermi-Aufgaben in inklusiven Settings am Beispiel der Aufgabe „Wie viele Kinder können wohl gleichzeitig in allen Fahrstühlen des Hauptgebäudes der Uni fahren". unveröffentlichte Hausarbeit.* Universität Bielefeld: Fakultät für Mathematik.

Ingenkamp, K. & Lissmann, U. (2008). *Lehrbuch der pädagogischen Diagnostik.* Weinheim: Beltz.

Johnson, D. W. & Johnson, R. T. (1986). Mainstreaming and cooperative learning strategies. *Exceptional Children, 52*(6), 553–561.

Johnson, D. W. & Johnson, R. T. (1989). *Cooperation and competition. Theory and research.* Edina, Minn.: Interaction Book Co.

Johnson, D. W. & Johnson, R. T. (1999). *Learning together and alone: Cooperative, Competitive, and Individualistic Learning.* Boston: Allyn & Bacon.

Johnson, D. W., Johnson, R. T. & Holubec, E. J. (1993, 2009). *Circles of learning. Cooperation in the classroom.* Edina, Minn.: Interaction Book Co.

Johnson, D. W., Johnson, R. T. & Johnson Holubec, E. (1994). *The new circles of learning. Cooperation in the classroom and school.* Alexandria, Va: Association for Supervision and Curriculum Development.

Johnson, D. W., Johnson, R. T. & Stanne, M. B. (2000). *Cooperative Learning Methods: A Meta Analysis,* University of Minnesota. Verfügbar unter: http://tablelearning.com/uploads/File/EXHIBIT_B.pdf

Jones, E. & Gerard, H. (1976). *Foundations of social psycholgy.* New York: Wiley.

Joram, E., Subrahmanyam & Gelman, R. (1998). Measurement estimation: Learning to map the route from number to quantity and back. *Review of Educational Research, 68*, 413–449.

Jung, J. (2019). Möglichkeiten des gemeinsamen Lernens im inklusiven Mathematikunterricht. Eine interaktionistische Perspektive. In B. Brandt & K. Tiedemann (Hrsg.), *Mathematiklernen aus interpretativer Perspektive I. Aktuelle Themen, Arbeiten und Fragen* (S. 103–126). Münster: Waxmann.

Jütte, H. & Lüken, M. M. (2021). Mathematik inklusiv unterrichten – Ein Forschungsüberblick zum aktuellen Stand der Entwicklung einer inklusiven Didaktik für den Mathematikunterricht in der Grundschule. *Zeitschrift für Grundschulforschung, 14*, 31–48.

Kahlert, J. (Hrsg.). (2019). *Die Inklusionssensible Grundschule. Vom Anspruch zur Umsetzung*. Stuttgart: Kohlhammer.

Kahlert, J. & Grasy, B. (2019). Vom inklusiven Anspruch zum inklusionsorientierten Handeln – Anmerkungen zu einigen Missverständnissen in der Inklsuionsdebatte. In J. Kahlert (Hrsg.), *Die Inklusionssensible Grundschule. Vom Anspruch zur Umsetzung* (S. 11–32). Stuttgart: Kohlhammer.

Kaiser, G., Blum, W., Borromeo Ferri, R. & Greefrath, G. (2015). Anwendungen und Modellieren. In R. Bruder, L. Hefendehl-Hebeker, B. Schmidt-Thieme & H.-G. Weigand (Hrsg.), *Handbuch der Mathematikdidaktik* (S. 357–383). Berlin: Springer.

Kaiser-Meßmer, G. (1986). *Anwendungen im Mathematikunterricht. Band 1 – Theoretische Konzeptionen*. Bad Salzdetfurth: Franzbecker.

Käpnick, F. (2016a). Konzeptionelle Eckpfeiler einer sinnvollen Inklusion im Mathematikunterricht. In F. Käpnick (Hrsg.), *Verschieden verschiedene Kinder. Inklusives Fördern im Mathematikunterricht der Grundschule* (S. 99–138). Seelze: Klett/Kallmeyer.

Käpnick, F. (2016b). Prozessbegleitende Diagnostik als Basis für die individuelle Förderung jedes Kindes. In F. Käpnick (Hrsg.), *Verschieden verschiedene Kinder. Inklusives Fördern im Mathematikunterricht der Grundschule* (S. 99–154). Seelze: Klett/Kallmeyer.

Käpnick, F. (Hrsg.). (2016c). *Verschieden verschiedene Kinder. Inklusives Fördern im Mathematikunterricht der Grundschule*. Seelze: Klett/Kallmeyer.

Käpnick, F. & Benölken, R. (Hrsg.). (2016). *Individuelles Fördern im Kontext von Inklusion. Tagungsband aus Anlass des zehnjährigen Bestehens des Projektes „Mathe für kleine Asse" und des einjährigen Jubiläums des Projektes „MaKosi"*. Münster: WTM.

Käpnick, F. & Benölken, R. (2020). *Mathematiklernen in der Grundschule*. Wiesbaden: Springer.

Katzenbach, D. (2017). Inklusion und Heterogenität. In T. Bohl, J. Budde & M. Rieger-Ladich (Hrsg.), *Umgang mit Heterogenität in Schule und Unterricht. Grundlagentheoretische Beiträge, empirische Befunde und didaktische Reflexionen* (S. 123–139). Bad Heilbrunn: Klinkhardt.

Kaufmann, S. (2006). Umgang mit unvollständigen Aufgaben. Fermi-Aufgaben in der Grundschule. *Die Grundschulzeitschrift, 191*, 16–19.

Kelle, U. & Erzberger, C. (2013). Qualitative und quantitative Methoden: kein Gegensatz. In U. Flick, E. Kardorff & I. Steinke (Hrsg.), *Qualitative Forschung. Ein Handbuch* (S. 299–309). Reinbek: Rowohlt.

Kelle, U., Reith, F. & Metje, B. (2017). Empirische Forschungsmethoden. In M. K. Schweer (Hrsg.), *Lehrer-Schüler-Interaktion* (S. 27–63). Wiesbaden: Springer.

Kilpatrick, J. (1985). A retrospective account of the past 25 years on teaching mathematical problem solving. In E. Silver (Hrsg.), *Teaching and learning mathematical problem solving: Multiple research perspectives* (S. 1–15). New York: Routledge.

Klafki, W. & Stöcker, H. (1985). Innere Differenzierung des Unterrichts. In W. Klafki (Hrsg.), *Neue Studien zur Bildungstheorie und Didaktik. Zeitgemäße Allgemeinbildung und kritisch-konstruktive Didaktik* (S. 119–154). Weinheim: Beltz.

Klemm, K. (2013). *Inklusion in Deutschland – eine bildungsstatistische Analyse,* Bertelsmann-Stiftung.

Klemm, K. (2015). *Inklusion in Deutschland – Daten und Fakten.* Gütersloh: Bertelsmann Stiftung.

Klieme, E. (2009). *PISA 2009. Bilanz nach einem Jahrzehnt.* Münster: Waxmann.

KMK (Hrsg.). (1994). *Empfehlungen zur sonderpädagogischen Förderung in den Schulen in der Bundesrepublik Deutschland. Beschluss vom 6.5.1994.* München: Luchterhand. Verfügbar unter: https://www.kmk.org/fileadmin/veroeffentlichungen_beschluesse/1994/1994_05_06-Empfehl-Sonderpaedagogische-Foerderung.pdf (Zugriff am 10.2.2022)

KMK (Hrsg.). (1999). *Empfehlungen zum Förderschwerpunkt Lernen. Beschluss der Kultusministerkonferenz vom 1.10.1999.* Verfügbar unter: https://www.kmk.org/fileadmin/Dateien/pdf/PresseUndAktuelles/2000/sopale.pdf (Zugriff am 20.2.2022)

KMK (Hrsg.). (2004). *Bildungsstandards im Fach Mathematik für den Primarbereich. Beschluss vom 15.10.2004.* München: Luchterhand.

KMK (Hrsg.). (2010). *Pädagogische und rechtliche Aspekte der Umsetzung des Übereinkommens der Vereinten Nationen vom 13. Dezember 2006 über die Rechte von Menschen mit Behinderung (Behindertenrechtskonvention – VN-BRK) in der schulischen Bildung. Beschluss vom 18.11.2010.* Verfügbar unter: https://www.kmk.org/fileadmin/veroeffentlichungen_beschluesse/2010/2010_11_18-Behindertenrechtkonvention.pdf (Zugriff am 27.5.2022)

KMK (Hrsg.). (2011). *Inklusive Bildung von Kindern und Jugendlichen mit Behinderungen in Schulen. Beschluss vom 20.10.2011.* München: Luchterhand.

KMK (Hrsg.). (2014). *Sonderpädagogische Förderung an Schulen 2003 bis 2012. Dokumentation Nr. 202.* Verfügbar unter: https://www.kmk.org/fileadmin/pdf/Statistik/Dokumentationen/Dokumentation_SoPaeFoe_2012.pdf (Zugriff am 5.2.2022)

KMK (Hrsg.). (2016). *Sonderpädagogische Förderung an Schulen 2005 bis 2014. Dokumenation Nr. 210.* Verfügbar unter: https://www.kmk.org/fileadmin/Dateien/pdf/Dokumentationen/Dok_210_SoPae_2014.pdf (Zugriff 5.2.2022)

KMK (Hrsg.). (2018). *Sonderpädagosiche Förderung in Schulen 2007 bis 2016. Dokumentation Nr. 214.* Verfügbar unter: https://www.kmk.org/fileadmin/Dateien/pdf/Statistik/Dokumentationen/Dok_214_SoPaeFoe_2016.pdf (Zugriff am 5.2.2022)

KMK (Hrsg.). (2022a). *Bildungsstandards für das Fach Mathematik Primarstufe. Beschluss vom 15.10.2005, i.d.F. vom 23.07.2022.* Berlin, Bonn. Verfügbar unter: https://www.kmk.org/fileadmin/Dateien/veroeffentlichungen_beschluesse/2022/2022_06_23-Bista-Primarbereich-Mathe.pdf (Zugriff am 22.11.2022)

KMK (Hrsg.). (2022b). *Sonderpädagogische Förderung in Schulen 2011 bis 2020. Dokumentation Nr. 231.* Verfügbar unter: https://www.kmk.org/fileadmin/Dateien/pdf/Statistik/Dokumentationen/Dok231_SoPaeFoe_2020.pdf (Zugriff am 6.2.2022)

Kocaj, A., Kuhl, P., Rjosk, C., Jansen, M., Pant, H. A. & Stanat, P. (2015). Der Zusammenhang zwischen Beschulungsart, Klassenkomposition und schulischen Kompetenzen von

Kindern mit sonderpädagogischem Förderbedarf. In P. Kuhl, P. Stanat, B. Lütje-Klose, C. Gresch, H. A. Pant & M. Prenzel (Hrsg.), *Inklusion von Schülerinnen und Schülern mit sonderpädagogischem Förderbedarf in Schulleistungserhebungen* (S. 335–370). Wiesbaden: Springer.

Konrad, K. & Traub, S. (2019). *Kooperatives Lernen. Theorie und Praxis in Schule, Hochschule und Erwachsenenbildung.* Baltmannsweiler: Schneider. Verfügbar unter: http://www.socialnet.de/rezensionen/isbn.php?isbn=978-3-8340-0374-4

Korff, N. „In allen anderen Fächern ist das einfach einfacher." Belief-Systeme von Primarstufenlehrer/innen zu einem inklusiven Unterricht. In *Lütje-Klose, Langer et al. (Hg.) 2011 – Inklusion in Bildungsinstitutionen* (S. 150–156).

Korff, N. (2015a). Inklusiven Mathematikunterricht von den Vorstellungen von Lehrerinnen und Lehrern entwickeln. In A. Peter-Koop, T. Rottmann & M. M. Lüken (Hrsg.), *Inklusiver Mathematikunterricht in der Grundschule* (S. 181–210). Offenburg: Mildenberger.

Korff, N. (2015b). *Inklusiver Mathematikunterricht in der Grundschule. Erfahrungen, Perspektiven und Herausforderungen.* Baltmannsweiler: Schneider.

Korff, N. (2016). „Ich bin froh, dass ich uns das zugetraut habe!". Fermi-Aufgaben im inklusiven Mathematikunterricht. *Grundschulunterricht, 1,* 9–13.

Kornmann, R. (1994). Von der prinzipiell nie falschen Legitimation negativer Ausleseentscheidungen zum Etikettierungs-Ressourcen-Dilemma, oder: Gibt es überhaupt Perspektiven für eine förderungsorientierte Diagnostik? *Behinderte in Familie, Schule und Gesellschaft, 17*(1), 51–59.

Kornmann, R. (1996). Der sonderpädagogische Förderbedarf – seine Feststellung und Einlösung. *Behinderte in Familie, Schule und Gesellschaft, 19,* 15–22.

Korten, L. (2020). *Gemeinsame Lernsituationen im inklusiven Mathematikunterricht. Zieldifferentes Lernen am gemeinsamen Lerngegenstand des flexiblen Rechnens in der Grundschule.* Wiesbaden: Springer. Verfügbar unter: https://doi.org/10.1007/978-3-658-30648-9

Kottmann, B. (2007). Die Feststellung von sonderpädagogsichen Förderbedarf: Benachteiligung der Benachteiligten. In I. Demmer-Dieckmann & A. Textor (Hrsg.), *Integrationsforschung und Bildungspolitik im Dialog* (S. 99–108). Bad Heilbrunn: Klinkhardt.

Kracauer, S. (1952). The Challenge of Qualitative Content Analysis. *Public Opinion Quarterly, 16,* 631–642.

Krähenmann, H., Labhart, D., Schnepel, S., Stöckli, M. & Moser Opitz, E. (2015). Gemeinsam lernen – individuell fördern: Differenzierung im inklusiven Mathematikunterricht. In A. Peter-Koop, T. Rottmann & M. M. Lüken (Hrsg.), *Inklusiver Mathematikunterricht in der Grundschule* (S. 43–57). Offenburg: Mildenberger.

Krajewski, K. (2008). *Vorhersage von Rechenschwäche in der Grundschule.* Hamburg: Kovac Verlag.

Krajewski, K. & Ennemoser, M. (2013). Entwicklung und Diagnostik der Zahl-Größen-Verknüpfung zwischen 3 und 8 Jahren. In M. Hasselhorn, A. Heinze, W. Schneider & U. Trautwein (Hrsg.), *Diagnostik mathematischer Kompetenzen* (S. 41–65). Göttingen: Hogrefe.

Krauthausen, G. (2018). *Einführung in die Mathematikdidaktik – Grundschule.* Berlin, Heidelberg: Springer. https://doi.org/10.1007/978-3-662-54692-5

Krauthausen, G. & Scherer, P. (2006). *Einführung in die Mathematikdidaktik.* München: Elsevier.

Krauthausen, G. & Scherer, P. (2010). *Umgang mit Heterogenität. Natürliche Differenzierung im Mathematikunterricht der Grundschule* (Handreichungen des Programms SINUS an Grundschulen). Kiel: IPN. Verfügbar unter: http://www.sinus-an-grundschulen.de/filead min/uploads/Material_aus_SGS/Handreichung_Krauthausen-Scherer.pdf

Krauthausen, G. & Scherer, P. (2016). *Natürliche Differenzierung im Mathematikunterricht. Konzepte und Praxisbeispiele aus der Grundschule.* Seelze: Klett/Kallmeyer.

Kroesbergen, E. H. & van Luit, J. E. H. (2003). Mathematics interventions for children with special educational needs. A Meta-Analysis. *Remedial und Special Education, 24*(2), 97–114.

Kronenberger, J. & Souvignier, E. (2005). Fragen und Erklärungen beim kooperativen Lernen in Grundschulklassen. *Zeitschrift für Entwicklungspsychologie und Pädagogische Psychologie, 37*(2), 91–100.

Krummheuer, G. (1992). *Lernen mit Format. Elemente einer interaktionistischen Lerntheorie; diskutiert an Beispielen mathematischen Unterrichts.* Weinheim: Deutscher Studien-Verlag.

Krummheuer, G. (1997). *Narrativität und Lernen. Mikrosoziologische Studien zur sozialen Konstitution schulischen Lernens.* Weinheim: Beltz.

Krummheuer, G. (2004). Wie kann man Mathematikunterricht verändern? Innovation von Unterricht aus Sicht eines Ansatzes der interpretativen Unterrichtsforschung. *Journal für Mathematik-Didaktik, 25*(2), 112–129.

Krummheuer, G. (2007). Kooperatives Lernen im Mathematikunterricht der Grundschule. In K. Rabenstein & S. Reh (Hrsg.), *Kooperatives und selbstständiges Arbeiten von Schülern. Zur Qualitätsentwicklung von Unterricht* (S. 61–86). Wiesbaden: VS Verlag für Sozialwissenschaften.

Krummheuer, G. & Brandt, B. (2001). *Paraphrase und Traduktion. Partizipationstheoretische Elemente einer Interaktionstheorie des Mathematiklernens in der Grundschule.* Weinheim: Beltz.

Krummheuer, G. & Fetzer, M. (2010). *Der Alltag im Mathematikunterricht. Beobachten – Verstehen – Gestalten* (unveränd. Nachdr). München: Elsevier.

Krummheuer, G. & Naujok, N. (1999). *Grundlagen und Beispiele interpretativer Unterrichtsforschung.* Opladen: Leske + Budrich.

Kuckartz, U. (2010). *Einführung in die computergestützte Analyse qualitativer Daten* (Lehrbuch). Wiesbaden: VS Verlag für Sozialwissenschaften. https://doi.org/10.1007/978-3-531-92126-6

Kuckartz, U. (2014). *Mixed Methods.* Wiesbaden: Springer. https://doi.org/10.1007/978-3-531-93267-5

Kuckartz, U. (2018). *Qualitative Inhaltsanalyse. Methoden, Praxis, Computerunterstützung.* Weinheim: Juventa Verlag ein Imprint der Julius Beltz GmbH & Co. KG.

Kunter, M., Baumert, J., Blum, W., Klusmann, U., Krauss, S. & Neubrand, M. (Hrsg.). (2011). *Professionelle Kompetenz von Lehrkräften. Ergebnisse des Forschungsprogramms COACTIV.* Münster: Waxmann.

Lang, A. (2019). Zwischen Menschenpyramide und Schulhaus. Wie man mit Fermi-Aufgaben Größenvorstellungen fördern kann. *Grundschulunterricht, 2*, 20–25.

Langer, A. (2013). Transkribieren – Grundlagen und Regeln. In B. Friebertshäuser, A. Langer & A. Prengel (Hrsg.), *Handbuch qualitative Forschungsmethoden in der Erziehungswissenschaft* (S. 515–526). Weinheim: Beltz.

Largo, R. H. & Beglinger, M. (2010). *Schülerjahre. Wie Kinder besser lernen.* München: Piper.
Leikin, R. & Zaslavsky, O. (1997). Facilitatin student interactions in mathematics in a cooperative learning setting. *Journal for Research in Mathematics Education, 28*(3), 331–354.
Leiss, D. (2007). „Hilf mir, es selbst zu tun". *Lehrerinterventionen beim mathematischen Modellieren.* Hildesheim: Franzbecker.
Leiss, D. & Tropper, N. (2014). *Umgang mit Heterogenität im Mathematikunterricht. Adaptives Lehrerhandeln beim Modellieren.* Berlin: Springer. https://doi.org/10.1007/978364 2451096
Lemaire, P. & Lecacheur, M. (2010). Strategy switch costs in arithmetic problem solving. *Memory & Cognition, 38*(3), 322–332.
Leonhardt, A. (2019). Förderbereich Hören. In J. Kahlert (Hrsg.), *Die Inklusionssensible Grundschule. Vom Anspruch zur Umsetzung* (S. 176–195). Stuttgart: Kohlhammer.
Lesh, R. & Doerr, H. M. (2000). Symbolizing, communication and mathematizing: Key components of models and modeling. In P. Cobb, E. Yackel & K. McClain (Hrsg.), *Symbolizing and communicating in mathematics classrooms* (S. 361–383). Mahwah, New York: Erlbaum.
Leuders, J. (2016). Inklusives Mathematiklernen bei Sehbeeinträchtigung und Blindheit – Herausforderungen und Konzepte. In A. S. Steinweg (Hrsg.), *Inklusiver Mathematikunterricht – Mathematiklernen in ausgewählten Förderschwerpunkten. Tagungsband des AK Grundschule in der GDM 2016* (S. 41–56). Bamberg: University of Bamberg Press.
Leuders, J., Leuders, T., Prediger, S. & Ruwisch, S. (Hrsg.). (2017). *Mit Heterogenität im Mathematikunterricht umgehen lernen.* Wiesbaden: Springer. https://doi.org/10.1007/ 978-3-658-16903-9
Leuders, T. (2008). Kooperation im Mathematikunterricht fördern – Fachliches und soziales Lernen miteinander verbinden. In R. Bruder, T. Leuders & A. Büchter (Hrsg.), *Mathematikunterricht entwickeln. Bausteine für kompetenzorientiertes Unterrichten* (S. 129–154). Berlin: Cornelsen.
Leuders, T. & Philipp, K. (2015). Differenzierung. In J. Leuders & K. Philipp (Hrsg.), *Mathematik – Didaktik für die Grundschule* (Didaktik für die Grundschule, S. 130–147). Berlin: Cornelsen.
Leuders, T. & Prediger, S. (2017). Flexibel differenzieren erfordert fachdidaktische Kategorien. In J. Leuders, T. Leuders, S. Prediger & S. Ruwisch (Hrsg.), *Mit Heterogenität im Mathematikunterricht umgehen lernen* (S. 3–16). Wiesbaden: Springer.
Lindmeier, C. & Lütje-Klose, B. (2015a). Inklusion als Querschnittsaufgabe in der Erziehungswissenschaft. *Erziehungswissenschaft, 26*(2), 7–16.
Lindmeier, C. & Lütje-Klose, B. (2015b). Inklusion als Querschnittsaufgabe in der Erziehungswissenschaft. *Erziehungswissenschaft, 26*, 7–16.
Lipowsky, F. (2015). Unterricht. In E. Wild & J. Möller (Hrsg.), *Pädagogische Psychologie* (S. 69–105). Berlin: Springer.
Lorenz, J. H. (2000). Aus Fehlern wird man… Irrtümer der Mathematikdidaktik des 20. Jahrhunderts. *Grundschule, 1*, 19–22.
Luder, R. & Kunz, A. (2012). Bildungsstandards in der Sonderpädagogik. *Vierteljahreszeitschrift für Heilpädagogik und ihre Nachbargebiete, 2*, 156–160.
Lütje-Klose, B. (2012). *Inklusiver Unterricht als gemeinsame Bildungsaufgabe.* Vortrag im Rahmen des 6. bildungspolitischen Symposiums NRW am 3.3.2012, Essen.

Lütje-Klose, B. & Miller, S. (2015). Inklusiver Unterricht – Forschungsstand und Desiderate. In A. Peter-Koop, T. Rottmann & M. M. Lüken (Hrsg.), *Inklusiver Mathematikunterricht in der Grundschule* (S. 10–32). Offenburg: Mildenberger.

Lütje-Klose, B., Neumann, P., Gorges, J. & Wild, E. (2018). Die Bielefelder Längsschnittstudie zum Lernen in inklusiven und exklusiven Förderarrangements (BiLieF) – Zentrale Befunde. *DDS – Die deutsche Schule, 110*(2), 109–123.

Maaß, J. (2015). *Modellieren in der Schule. Ein Lernbuch zu Theorie und Praxis des realitätsbezogenen Mathematikunterrichts*. Münster: WTM.

Maaß, K. (2004). *Mathematisches Modellieren im Unterricht. Ergebnisse einer empirischen Studie*. Hildesheim: Franzbecker.

Maaß, K. (2005). Modellieren im Mathematikunterricht der Sekundarstufe 1. *Journal für Mathematik-Didaktik, 26*(2), 114–142.

Maaß, K. (2011). *Mathematisches Modellieren in der Grundschule*. Kiel.

Maaß, K. (2018). Qualitätskriterien für den Unterricht zum Modellieren in der Grundschule. In K. Eilerts & K. Skutella (Hrsg.), *Neue Materialien für einen realitätsbezogenen Mathematikunterricht 5* (S. 1–16). Wiesbaden: Springer.

Mandl, H. & Friedrich, H. F. [H. F.] (Hrsg.). (1992). *Lern- und Denkstrategien. Analyse und Intervention*. Göttingen: Hogrefe.

Mandl, H. & Friedrich, H. F. [Helmut F.] (Hrsg.). (2006). *Handbuch Lernstrategien*. Göttingen: Hogrefe.

Mayring, P. (1996). *Einführung in die qualitative Sozialforschung. Eine Anleitung zu qualitativem Denken*. Weinheim: Dt. Studien-Verlag.

Mayring, P. (2007). *Qualitative Inhaltsanalyse. Grundlagen und Techniken*. Weinheim: Beltz.

Mayring, P. (2015). *Qualitative Inhaltsanalyse. Grundlagen und Techniken* (Beltz Pädagogik). Weinheim: Beltz.

Mayring, P. (2016). *Einführung in die qualitative Sozialforschung. Eine Anleitung zu qualitativem Denken*. Weinheim: Beltz.

Meijer, C. (2003). *Inclusive education and classroom practices*. Middelfart: European Agency for Development in Special Needs Education.

Merkens, H. (2017). Auswahlverfahren, Sampling, Fallkonstruktion. In U. Flick, E. v. Kardorff & I. Steinke (Hrsg.), *Qualitative Forschung. Ein Handbuch* (Rororo Rowohlts Enzyklopädie, Bd. 55628, 12. Auflage, Originalausgabe, S. 286–299). Reinbek bei Hamburg: Rowohlt.

Meyer, H. (2004). *Was ist guter Unterricht?* Berlin: Cornelsen.

Miller, M. (1986). *Kollektive Lernprozesse. Studien zur Grundlegung einer soziologischen Lerntheorie* (Erste Auflage). Frankfurt am Main: Suhrkamp.

Miller, S. & Kemena, P. (2011). Die Sicht von Grundschullehrkräften und Sonderpädagogen auf Heterogenität – Ergebnisse einer quantitativen Erhebung. In B. Lütje-Klose, M.-T. Langer, B. Serke & M. Urban (Hrsg.), *Inklusion in Bildungsinstitutionen. Eine Herausforderung an die Heil- und Sonderpädagogik // Tagungsband dokumentiert die Ergebnisse der 46. Arbeitstagung der Dozentinnen und Dozenten für Sonderpädagogik in den Deutschsprachigen Ländern, die vom 27. bis 28. September 2010 in Bielefeld stattfand* (S. 124–134). Bad Heilbronn: Klinkhardt.

Ministerium für Bildung, Wissenschaft und Kultur Mecklenburg-Vorpommern. (2017). *Strategie der Landesregierung zur Umsetzung der Inklusion im Bildungssystem in Mecklenburg-Vorpommern bis zum Jahr 2023. Inklusionsstrategie unseres Landes im*

Überblick. Verfügbar unter: https://www.regierung-mv.de/Landesregierung/bm/Bildung/Inklusion/?id=14056&processor=veroeff (Zugriff am 20.2.2022)

Misoch, S. (2015). *Qualitative Interviews*. Berlin, München: De Gruyter. https://doi.org/10.1515/9783110354614

Möller, J. (2013). Effekte inklusiver Beschulung aus empirischer Sicht. In J. Baumert, V. Masuhr, J. Möller, T. Riecke-Baulecke, H.-E. Tenorth & R. Werning (Hrsg.), *Schulmanagement-Handbuch 146. Inklusion* (S. 15–37). München: Oldenbourg.

Moser, V. & Lütje-Klose, B. (2016). Schulische Inklusion. Einleitung zum Beiheft. *Zeitschrift für Pädagogik, 62*(4), 7–13.

Moser Opitz, E. (2011). Integrative Schulung. In L. Criblez, B. Müller & J. Oelkers (Hrsg.), *Die Volksschule – zwischen Innovationsdruck und Reformkritik* (S. 140–150). Zürich: Verlag Neue Züricher Zeitung.

Moser Opitz, E. (2014). Inklusive Didaktik im Spannungsfeld von gemeinsamen Lernen und effektiver Förderung. Ein Forschungsüberblick und eine Analyse von didaktischen Konzeptionen für inklusiven Unterricht. *Jahrbuch für allgemeine Didaktik, 4*(3), 52–68.

Möwes-Butschko, G. (2010). *Offene Aufgaben aus der Lebensumwelt Zoo. Problemlöse- und Modellierungsprozesse von Grundschülerinnen und Grundschülern bei offenen realitätsnahen Aufgaben*. Münster: WTM.

MSB – Ministerium für Schule und Bildung des Landes NRW (Hrsg.). (2021). *Lehrplan Mathematik für die Grundschulen des Landes Nordrhein-Westfalen*. Frechen: Ritterbach.

MSW – Ministerium für Schule und Weiterentwicklung des Landes NRW (Hrsg.). (2008). *Lehrplan Mathematik für die Grundschulen des Landes Nordrhein-Westfalen*. Frechen: Ritterbach.

Müller, G. N. (1995). Kinder rechnen mit der Umwelt. In G. N. Müller & E. C. Wittmann (Hrsg.), *Mit Kindern rechnen* (S. 42–64). Frankfurt am Main: Grundschulverband.

Müller, G. N. & Wittmann, E. C. (1984). *Der Mathematikunterricht in der Primarstufe*. Braunschweig: Vieweg.

Müller, G. N. & Wittmann, E. C. (1984, 1998). *Der Mathematikunterricht in der Primarstufe. Ziele, Inhalte, Prinzipien, Beispiele*. Braunschweig: Vieweg.

Müller-Heise, S. (2012). „Wie seid ihr vorgegangen? Wo hattet ihr Probleme?". Reflexionen zu Fermi-Aufgaben in Klasse 3 und 4. *Mathematik differenziert, 3*(3), 30–33.

Myschker, N. (2009). *Verhaltensstörungen bei Kindern und Jugendlichen. Erscheinungsformen, Ursachen, hilfreiche Maßnahmen*. Stuttgart: Kohlhammer.

Neubert, B. & Thiel, O. (2012). Sachrechnen – ein schwieriges, aber wichtiges Thema. *Mathematik differenziert, 3*(3), 4–6.

Newell, A. & Simon, H. (1972). *Human Problem Solving*. Englewood Cliffs, NJ: Prentice-Hall.

Nührenbörger, M. (2009). Interaktive Konstruktionen mathematischen Wissens – Epistemologische Analysen von Kindern im jahrgangsgemischten Anfangsunterricht. *Journal für Mathematik-Didaktik, 30*(2), 147–172.

Nührenbörger, M. (2010). Einsichtsvolles Mathematiklernen im Kontext von Heterogenität. In A. Lindmeier & S. Ufer (Hrsg.), *Beiträge zum Mathematikunterricht 2010. Vorträge auf der 44. Tagung für Didaktik der Mathematik vom 08.03.2010 bis 12.03.2010 in München* (S. 641–644). Münster: WTM.

Nührenbörger, M. & Pust, S. (2016). *Mit Unterschieden rechnen. Lernumgebungen und Materialien für einen differenzierten Anfangsunterricht Mathematik* (3. Auflage). Seelze: Klett/ Kallmeyer.
Nührenbörger, M. & Schwarzkopf, R. (2010). Die Entwicklung mathematischen Wissens in sozial-interaktiven Kontexten. In C. Böttinger, K. Bräuning, M. Nührenbörger, R. Schwarzkopf & E. Söbbeke (Hrsg.), *Mathematik im Denken der Kinder. Anregungen zur mathematikdidaktischen Reflexion* (S. 73–81). Seelze: Klett/Kallmeyer.
Nührenbörger, M. & Verboom, L. (2005). *Eigenständig lernen – Gemeinsam lernen. Mathematik in heterogenen Klassen im Kontext gemeinsamer Lernsituationen*. Kiel: IPN.
Oechsle, U. (2020). *Mathematikunterricht im Kontext von Inklusion*. Wiesbaden: Springer. https://doi.org/10.1007/978-3-658-28448-0
Padberg, F. & Benz, C. (2021). *Didaktik der Arithmetik. Fundiert, vielseitig, praxisnah* (Mathematik Primarstufe und Sekundarstufe I + II). Berlin: Springer. Verfügbar unter: http://www.springer.com/
Pauli, C. & Reusser, K. (2000). Zur Rolle der Lehrperson beim kooperativen Lernen. *Schweizerische Zeitschrift für Bildungswissenschaften, 22*(3), 421–442.
Peter-Koop, A. (2000). „Sachaufgaben ohne Zahlen" – ein alternativer Zugang zum Sachrechnen. *Grundschulunterricht, 47*(3), 32–36.
Peter-Koop, A. (2002). Real-world problem solving in small groups: Interaction patterns of third and fourth graders. In B. Barton, K. C. Irwin, M. Pfannkuch & M. O. Thomas (Hrsg.), *Mathematics education in the South Pacific. Proceeding of the 25th Annual Conference of the Mathematics Education Research Group of Australasia Incorporated* (S. 559–566).
Peter-Koop, A. (2003). „Wie viele Autos stehen in einem 3-km-Stau?" – Modellbildungsprozesse beim Bearbeiten von Fermi-Problemen in Kleingruppen. In S. Ruwisch & A. Peter-Koop (Hrsg.), *Gute Aufgaben im Mathematikunterricht der Grundschule* (S. 111–130). Offenburg: Mildenberger.
Peter-Koop, A. (2004). Fermi problems in primary mathematics classroom: Pupils' interactive modelling process. In I. Putt, R. Faragher & M. McLean (Hrsg.), *Mathematics education for the third millenium: towards 2010. Proceeding of the 27th annual conference of the Mathematics Education Research Group of Australia, Townsville* (S. 454–461). Sydney: MERGA.
Peter-Koop, A. (2005). Fermi Problems in primary mathematics classrooms. Forstering children's mathematical modelling processes. *APMC, 10*(1), 4–8.
Peter-Koop, A. (2006). Grundschulkinder bearbeiten Fermi-Aufgaben in Kleingruppen. Empirische Befunde zu Interaktionsmustern. In E. Rathgeb-Schnierer & U. Roos (Hrsg.), *Wie rechnen Matheprofis? Ideen und Erfahrungen zum offenen Mathematikunterricht ; Festschrift für Sybille Schütte zum 60. Geburtstag* (S. 41–56). München: Oldenbourg.
Peter-Koop, A. (2016). Inklusion im Mathematikunterricht – Gemeinsames Lernen am gemeinsamen Gegenstand. *Grundschulunterricht, 1*, 4–8.
Peter-Koop, A. (2021). Bedeutung und Diagnostik von Vorläuferfähigkeiten für das Mathematiklernen im Anfangsunterricht. In H. Schäfer & C. Rittmeyer (Hrsg.), *Handbuch Inklusive Diagnostik. Kompetenzen feststellen – Entwicklungsbedarfe identifizieren – Förderplanung umsetzen* (S. 191–206). Weinheim: Beltz.
Peter-Koop, A., Rottmann, T. & Lüken, M. M. (Hrsg.). (2015). *Inklusiver Mathematikunterricht in der Grundschule*. Offenburg: Mildenberger.

Petillon, H. (1993). *Soziales Lernen in der Grundschule. Anspruch und Wirklichkeit*. Frankfurt am Main: Diesterweg.

Piaget, J. (1972). *Psychologie der Intelligenz*. Freiburg: Walter.

Piezunka, A., Schaffus, T. & Grosche, M. (2017). Vier Definitionen von schulischer Inklusion und ihr konsensueller Kern Ergebnisse von Experteninterviews mit Inklusionsforschenden. *Unterrichtswissenschaft, 45*(4), 207–222.

Pik As. (2009). *Haus 7: Gute Aufgaben*. Verfügbar unter: https://pikas.dzlm.de/gute-aufgaben-1 (Zugriff am 8.5.2022)

Pik As. (2010). *Fermi-Aufgaben: Nicht nur Frage-Rechnung-Antwort!* Verfügbar unter: https://pikas.dzlm.de/pikasfiles/uploads/upload/Material/Haus_7_-_Gute_-_Aufgaben/IM/Informationstexte/H7_IM_Fermi-Aufgaben.pdf (Zugriff am 6.4.2022)

Pliquet, V., Selter, C. & Korten, L. (2017). Aufgaben adaptieren. Gemeinsames Mathematiklernen anregen und individuelle Lernfortschritte ermöglichen. In U. Häsel-Weide & M. Nührenbörger (Hrsg.), *Gemeinsam Mathematik lernen – mit allen Kindern rechnen* (S. 34–45). Frankfurt am Main: Grundschulverband.

Plomp, T. & Nieveen, N. (2013). *Educational Design Research*. Enschede: SLO.

Pollak, H. (1977). The interaction between mathematics and other school subjects (including integrative courses). In H. Athen & H. Kunle (Hrsg.), *Proceedings of the Third International Congress on Mathematical Education* (S. 255–264). Karlsruhe: Zentralblatt für Didaktik der Mathematik.

Pólya, G. (1948). *How to solve it. A new aspect of mathematic method*. Princeton, N.J.: Princeton University Press.

Pool Maag, S. & Moser Opitz, E. (2014). Inklusiver Unterricht – grundsätzliche Fragen und Ergebnisse einer explorativen Studie. *Empirische Sonderpädagogik, 6*, 133–146.

Prediger, S. (2018). Design-Research als fachdidaktisches Forschungsformat. In Fachgruppe für Didaktik der Mathematik der Universität Paderborn (Hrsg.), *Beiträge zum Mathematikunterricht* (S. 33–40). Münster: WTM.

Prediger, S. (2021). Von Unterrichtsforschung zu Design- Research auf Professionalisierungsebene: Diskurssensible Gesprächsführung lernen. In Uta Quasthoff, Vivien Heller & Miriam Morek (Hrsg.), *Diskurserwerb in Familie, Peergroup und Unterricht : Passungen und Teilhabechancen* (S. 347–378). Berlin, Boston: De Gruyter. https://doi.org/10.1515/9783110707168-012

Prediger, S., Götze, D., Steinbring, H., Tiedemann, K. & Verboom, L. (2017). *Mathematik und Sprache : Tagungsband des AK Grundschule in der GDM 2017*. https://doi.org/10.20378/IRBO-50325

Prediger, S. & Höveler, K. (2017). Vielfältige Rechenwege finden, erläutern und begründen – Gemeinsames Lernen in inklusiven Klassen inszenieren. *Mathematik lehren,* (34), 11–16.

Prengel, A. (1995). *Pädagogik der Vielfalt. Verschiedenheit und Gleichberechtigung in interkultureller, feministischer und integrativer Pädagogik*. Opladen: Leske + Budrich.

Prengel, A. (2006). *Pädagogik der Vielfalt. Verschiedenheit und Gleichberechtigung in Interkultureller, Feministischer und Integrativer Pädagogik*. Wiesbaden: Verlag für Sozialwissenschaften.

Prengel, A. (2012). Inklusion international: Zwischen normativer Gewissheit und alltäglicher Unvollkommenheit. In A. Lanfranchi & J. Steppacher (Hrsg.), *Schulische Integration gelingt. Gute Praxis wahrnehmen, Neues entwickeln* (S. 18–30). Bad Heilbrunn: Klinkhardt.

Prengel, A. (2013). *Inklusive Bildung in der Primarstufe. Eine wissenschaftliche Expertise des Grundschulverbandes.* Frankfurt am Main: Grundschulverband.

Prengel, A. (2020). Zur Qualität pädagogischer Beziehungen – Theoretische Zugänge und professionelle Kodifizierungen einer inklusionsrelevanten Handlungsebene, Zeitschrift für Inklusion. 1. Verfügbar unter: https://www.inklusion-online.net/index.php/inklusion-onl ine/article/view/556 (Zugriff am 2.6.2020)

Preuß, B. (2012). *Hochbegabung, Begabung und Inklusion.* Wiesbaden: VS Verlag für Sozialwissenschaften. https://doi.org/10.1007/978-3-531-19486-8

Preuß, B. (2018). *Inklusive Bildung im schulischen Mehrebenensystem. Behinderung, Flüchtlinge, Migration und Begabung.* Wiesbaden: Springer. https://doi.org/10.1007/978-3-658-20558-4

Rademacher, S. (2017). Zur Praxis des individualisierten Grundschulunterrichts. In F. Heinzel & K. Koch (Hrsg.), *Individualisierung im Grundschulunterricht. Anspruch, Realisierung und Risiken* (S. 32–40). Wiesbaden: Springer.

Ramsenthaler, C. (2013). Was ist „Qualitative Inhaltsanalyse"? In M. Schnell, C. Schulz, H. Kolbe & C. Dunger (Hrsg.), *Der Patient am Lebensende* (S. 23–42). Wiesbaden: Springer.

Rasch, R. (2015). Modellieren lernt man durch Modellieren. Beispiel: der Einsatz von Text- und Sachaufgaben. *Grundschulunterricht, 2,* 4–8.

Rasch, R. & Sturm, N. (2018). Modellierungspotenzial problemhaltiger Textaufgaben. In K. Eilerts & K. Skutella (Hrsg.), *Neue Materialien für einen realitätsbezogenen Mathematikunterricht 5* (S. 99–112). Wiesbaden: Springer.

Rathgeb-Schnierer, E. (2006). *Kinder auf dem Weg zum flexiblen Rechnen. Eine Untersuchung zur Entwicklung von Rechenwegen bei Grundschulkindern auf der Grundlage offener Lernangebote und eigenständiger Lösungsansätze.* Hildesheim: Verlag Franzbecker.

Ratz, C. (Hrsg.). (2011). *Unterricht im Förderschwerpunkt geistige Entwicklung. Fachorientierung und Inklusion als didaktische Herausforderungen.* Oberhausen: Athena.

Ratz, C. & Moser Opitz, E. (2016). Mathematische Förderung von Schülerinnen und Schülern mit Down Syndrom. *Zeitschrift für Heilpädagogik, 67,* 400–411.

Rauer, W. & Schuck, K.-D. (2003). *FEESS 3-4. Fragebogen zur Erfassung emotionaler und sozialer Schulerfahrungen von Grundschulkindern der dritten und vierten Klasse.* Göttingen: Beltz.

Reich, K. (Hrsg.). (2012a). *Inklusion und Bildungsgerechtigkeit. Standards und Regeln zur Umsetzung einer inklusiven Schule* (Pädagogik). Weinheim und Basel: Beltz. Verfügbar unter: http://sub-hh.ciando.com/book/?bok_id=303446

Reich, K. (2012b). *Konstruktivistische Didaktik. Das Lehr- und Studienbuch mit Online-Methodenpool.* Weinheim: Beltz.

Reindl, S. (2014). *Lösungsstrategien Addition und Subtraktion. Eine Studie zur Nutzung und Wirkung im Grundschulalter.* Münster, New York: Waxmann.

Reit, X.-R. (2016). *Denkstrukturen in Lösungsansätzen von Modellierungsaufgaben.* Wiesbaden: Springer. https://doi.org/10.1007/978-3-658-13189-0

Renkl, A. & Mandl, H. (1995). Kooperatives Lernen: Die Frage nach dem Notwendigen und dem Ersetzbaren. *Unterrichtswissenschaft, 23*(4), 292–300.

Richter, D. & Pant, H. A. (2016). *Lehrerkooperation in Deutschland. Eine Studie zu kooperativen Arbeitsbeziehungen bei Lehrkräften der Sekundarstufe I.* Gütersloh.

Rinkens, H.-D., Rottmann, T. & Träger, G. (Hrsg.). (2016). *Welt der Zahl 4.* Braunschweig: Schroedel.

Rix, A. & Nitschke-Junge, B. (2018). Entwicklungsbereiche und Förderschwerpunkte. In B. Lütje-Klose, T. Riecke-Baulecke & R. Werning (Hrsg.), *Basiswissen Lehrerbildung: Inklusion in Schule und Unterricht. Grundlagen in der Sonderpädagogik* (S. 152–181). Seelze: Klett/Kallmeyer.

Röhr, M. (1995). *Kooperatives Lernen im Mathematikunterricht der Primarstufe*. Wiesbaden: Deutscher Universitätsverlag.

Röhr, M. (1999). Kooperation im Mathematikunterricht – Erfahrungen mit einem Konzept nach drei Jahren Erprobung. In C. Selter & G. Walther (Hrsg.), *Mathematikdidaktik als design science. Festschrift für Erich Christian Wittmann* (S. 159–169). Leipzig: Klett.

Rohrbeck, C. A., Ginsburg-Block, M. D., Fantuzzo, J. W. & Miller, T. R. (2003). Peer-Assisted Learning Interventions With Elementary School Students: A Meta-Analytic Review. *journal of Educational Psychology, 95*(2), 240–257.

Roick, T., Gölitz, D. & Hasselhorn, M. (2018). *DEMAT 3+. Deutscher Mathematiktest für dritte Klassen*. Göttingen: Hogrefe.

Rott, B. (2013). *Mathematisches Problemlösen. Ergebnisse einer empirischen Studie*. Münster: WTM.

Rottmann, T. & Peter-Koop, A. (2015a). Gemeinsames Lernen am gemeinsamen Gegenstand als Ziel inklusiven Mathematikunterrichts. In A. Peter-Koop, T. Rottmann & M. M. Lüken (Hrsg.), *Inklusiver Mathematikunterricht in der Grundschule* (S. 5–9). Offenburg: Mildenberger.

Rottmann, T. & Peter-Koop, A. (2015b). Gemeinsames Lernen am gemeinsamen Gegenstand als Ziel inklusiven Unterrichts. In A. Peter-Koop, T. Rottmann & M. M. Lüken (Hrsg.), *Inklusiver Mathematikunterricht in der Grundschule* (S. 5–9). Offenburg: Mildenberger.

Rottmann, T., Streit-Lehmann, J. & Fricke, S. (2015). Mathematische Diagnostik in der Schuleingangsphase – ein Überblick über gängige Verfahren und Tests. In A. Peter-Koop, T. Rottmann & M. M. Lüken (Hrsg.), *Inklusiver Mathematikunterricht in der Grundschule* (S. 135–155). Offenburg: Mildenberger.

Ruf, U. & Gallin, P. (1999). *Dialogisches Lernen in Sprache und Mathematik*. Seelze: Klett/Kallmeyer.

Ruf, U. & Gallin, P. (2005). *Dialogisches Lernen in Sprache und Mathematik. Band 2: Spuren legen – Spuren lesen*. Seelze: Klett/Kallmeyer.

Ruwisch, S. (2003). Gute Aufgaben im Mathematikunterricht der Grundschule – Einführung. In S. Ruwisch & A. Peter-Koop (Hrsg.), *Gute Aufgaben im Mathematikunterricht der Grundschule* (S. 5–14). Offenburg: Mildenberger.

Ruwisch, S. & Peter-Koop, A. (Hrsg.). (2003). *Gute Aufgaben im Mathematikunterricht der Grundschule*. Offenburg: Mildenberger.

Ruwisch, S. & Schaffrath, S. (2011). *Fragenbox Mathematik. Kann das stimmen?* Stuttgart: VPM.

Sander, A. (2004). Konzepte einer inklusiven Pädagogik. *Zeitschrift für Heilpädagogik, 5*, 240–244.

Scherer, P. (2017). Gemeinsames Lernen oder Einzelförderung? – Grenzen und Möglichkeiten inklusiven Mathematikunterrichts. In F. Hellmich & E. Blumberg (Hrsg.), *Inklusiver Unterricht in der Grundschule* (S. 194–212). Stuttgart: Kohlhammer.

Scherer, P. & Moser Opitz, E. (2010). *Fördern im Mathematikunterricht der Primarstufe*. Heidelberg: Spektrum. https://doi.org/10.1007/978-3-8274-2693-2

Schipper, W. (2016). *Handbuch für den Mathematikunterricht an Grundschulen*. Braunschweig: Schroedel.
Schipper, W., Wartha, S. & Schroeders, N. v. (2013). *Bielefelder Rechentest für das zweite Schuljahr. BIRTE 2 ; Handbuch zur Diagnostik und Förderung* (2. Aufl.). Braunschweig: Schroedel.
Schmidt, B. (2010). *Modellieren in der Schulpraxis. Beweggründe und Hindernisse aus Lehrersicht* (Texte zur mathematischen Forschung und Lehre, Bd. 72). Hildesheim, Berlin: Franzbecker.
Scholz, M. (2007). Der Weg von der Integration zur Inklusion – Versuch einer Begriffsbestimmung. *Sonderpädagogik in Bayern, 50*(1), 2–9.
Schöttler, C. (2019). *Deutung dezimaler Beziehungen. Epistemologische und partizipatorische Anlalysen von dyadischen Interaktionen im inklusiven Mathematikunterricht*. Wiesbaden: Springer.
Schrader, W. & Heimlich, U. (2016). Analyse der Lernausgangslage. In U. Heimlich & F. B. Wember (Hrsg.), *Didaktik des Unterrichts im Förderschwerpunkt Lernen. Ein Handbuch für Studium und Praxis* (S. 339–350). Stuttgart: Kohlhammer.
Schukajlow, S. (2011). *Mathematisches Modellieren: Schwierigkeiten und Strategien von Lernenden als Bausteine einer lernprozessorientierten Didaktik der neuen Aufgabenkultur*. Münster: Waxmann.
Schukajlow, S. & Blum, W. (Hrsg.). (2018). *Evaluierte Lernumgebungen zum Modellieren*. Wiesbaden: Springer. https://doi.org/10.1007/978-3-658-20325-2
Schukajlow, S. & Leiss, D. (2011). Selbstberichtete Strategienutzung und mathematische Modellierungskompetenz. *Journal für Mathematik-Didaktik, 32*, 53–77. Verfügbar unter: https://doi.org/10.1007/s13138-010-0023-x
Schulz, A. (2020). *Erfolgreich rechnen lernen. Prävention von Schwierigkeiten – Diagnose – Förderung*. Landesinstitut für Schule und Medien Berlin-Brandenburg (LISUM).
Schütte, M. (2009). *Sprache und Interaktion im Mathematikunterricht der Grundschule. Zur Problematik einer impliziten Pädagogik für schulisches Lernen im Kontext sprachlich-kultureller Pluralität*. Münster: Waxmann.
Schütz, A. & Luckmann, T. (1979). *Strukturen der Lebenswelt (Band 1)*. Frankfurt am Main: Suhrkamp.
Schwarz, W. (2006). *Heuristische Strategien des Problemlösens. Eine fachmethodische Systematik für die Mathematik*. Münster: WTM.
Seitz, S. (2006). *Inklusive Didaktik: Die Frage nach dem 'Kern der Sache'*. Zeitschrift für Inklusion: 1. Verfügbar unter: https://www.inklusion-online.net/index.php/inklusion-onl ine/article/view/184
Seitz, S. (2008). Zum Umgang mit Heterogenität – inklusive Didaktik. In J. Ramseger & M. Wagener (Hrsg.), *Chancenungleichheit in der Grundschule. Ursachen und Wege aus der Krise* (S. 175–178). Wiesbaden: VS Verlag für Sozialwissenschaften.
Seitz, S., Finnern, N.-K., Korff, N. & Scheidt, K. (Hrsg.). (2012). *Inklusiv gleich gerecht? Inklusion und Bildungsgerechtigkeit*. Bad Heilbrunn: Klinkhardt.
Seitz, S. & Scheidt, K. (2012). *Vom Reichtum inklusiven Unterrichts – sechs Ressourcen zur Weiterentwicklung*. Zeitschrift für Inklusion: 1–2.
Selter, C. (1995). Zur Fikitivität der Stunde Null im arithmetischen Anfangsunterricht. *Mathematische Unterrichtspraxis, 2*, 11–19.

Selter, C. (Hrsg.). (2017). *Guter Mathematikunterricht. Konzeptionelles und Beispiele aus dem Projekt PIKAS.* Berlin: Cornelsen.
Sermier Dessemontet, R., Benoit, V. & Bless, G. (2011). Schulische Intergration von Kindern mit einer geistigen Behinderung. Untersuchung der Entwicklung der Schulleistungen und der adaptiven Fähigkeit, der Wirkung auf die Lernentwicklung der Mitschüler sowie der Lehrereinstellung zur Integration. *Empirische Sonderpädagogik, 3*(4), 291–307.
Sewerin, H. (1979). *Mathematische Schülerwettbewerbe. Beschreibungen, Analysen, Aufgaben, Trainingsmethoden : mit Ergebnissen e. Umfrage zum Bundeswettbewerb Mathematik.* München: Manz.
Siegel, A. W., Goldsmith, L. T. & Madson, C. R. (1982). Skill in estimation problems of extent and numerosity. *Journal for Research in Mathematics Education, 13,* 211–232.
Siegler, R. (1988). Strategy choice procedures and the development of multiplication skill. *Journal of Experimental Psychology, 117,* 258–275.
Siegler, R. (2002). Microgenitic studies of self-explanation. In N. Granott & J. Parziale (Hrsg.), *Microdevelopment. Transition processes in development and learning* (S. 31–58). Cambridge: Cambridge Univ. Press.
Siegler, R. & Lemaire, P. (1997). Older and younger adults´ strategies coices in multipilkation: Testing predictions of ASCM via the coice/ no choice method. *Journal of Experimental Psychology, 126,* 71–92.
Sikora, S. & Voß, S. (2018). *Mathematikunterricht in der inklusiven Grundschule.* Stuttgart: Kohlhammer.
SINUS-Transfer. (o.J.). *Modul 8: Kooperatives Lernen. Methode: Ich – Du – Wir.* Verfügbar unter: http://www.sinus-transfer.de/module/modul_8kooperatives_lernen/methoden/ich_du_wir.html (Zugriff am 8.6.2022)
Slavin, R. E. (1995). *Cooperative learning: Theory, research and practice.* Boston: Allyn & Bacon.
Sliwka, A. (2012). Diversität als Chance und als Ressource in der Gestaltung wirksamer Lernprozesse. In K. Fereidooni (Hrsg.), *Das interkulturelle Lehrerzimmer. Perspektiven neuer deutscher Lehrkräfte auf den Bildungs- und Integrationsdiskurs* (S. 169–176). Wiesbaden: Springer.
Sliwka, A. (2014). Schulentwicklung für Diversität und Inklusion. Organisationsstruktur und Lernkultur an Schulen in der kanadischen Provinz Alberta. In S. Trumpa, S. Seifried, E. Franz & T. Klauß (Hrsg.), *Inklusive Bildung. Erkenntnisse und Konzepte aus Fachdidaktik und Sonderpädagogik* (S. 334–351). Weinheim: Beltz.
Souvignier, E. (2016). Kooperatives Lernen. In U. Heimlich & F. B. Wember (Hrsg.), *Didaktik des Unterrichts im Förderschwerpunkt Lernen. Ein Handbuch für Studium und Praxis* (S. 138–148). Stuttgart: Kohlhammer.
Speck-Hamdan, A. (2015). Inklusion: Der Anspruch an die Grundschule. In D. Blömer, M. Lichtblau, A.-K. Jüttner, K. Koch, M. Krüger & R. Werning (Hrsg.), *Perspektiven auf inklusive Bildung. Gemeinsam anders lehren und lernen* (S. 13–22). Wiesbaden: Springer.
Stern, E. (1992). Die spontane Strategieentwicklung in der Arithmetik. In H. Mandl & H. F. Friedrich (Hrsg.), *Lern- und Denkstrategien. Analyse und Intervention* (S. 101–122). Göttingen: Hogrefe.
Stiller, D., Krichel, K. & Schwarz, W. (2021). *Heuristik im Mathematikunterricht. Bedeutung des Problemlösens in der Geschichte und seine didaktische Funktion für die Zukunft.* Berlin, Heidelberg: Springer.

Streit-Lehmann, J., Flottmann, N. & Peter-Koop, A. (2022). *ElementarMathematisches BasisInterview. Zahlen und Operationen. Handbuch Förderung.* Offenburg: Mildenberger.
Sturm, T. (2011). Bildungsgerechtigkeit als Betrachtungsfolie einer inklusiven Schule. In B. Lütje-Klose, M.-T. Langer, B. Serke & M. Urban (Hrsg.), *Inklusion in Bildungsinstitusttionen. Eine Herausforderung an die Heil- und Sonderpädagogik // Tagungsband dokumentiert die Ergebnisse der 46. Arbeitstagung der Dozentinnen und Dozenten für Sonderpädagogik in den Deutschsprachigen Ländern, die vom 27. bis 28. September 2010 in Bielefeld stattfand* (S. 54–59). Bad Heilbronn: Klinkhardt.
Sturm, T. (2012). Meilensteile der Inklusionsforschung: Schulpädagogik und Hochschulentwicklung. In S. Seitz, N.-K. Finnern, N. Korff & K. Scheidt (Hrsg.), *Inklusiv gleich gerecht? Inklusion und Bildungsgerechtigkeit* (295–299). Bad Heilbronn: Klinkhardt.
Sturm, T. (2016). *Lehrbuch Heterogenität in der Schule.* München, Basel: Ernst Reinhardt Verlag.
Sutter, T. (2004). Systemtheorie und Subjektbildung. Eine Diskussion neuer Perspektiven am Beispiel des Verhältnisses von Selbstsozialisation und Ko-Konstruktion. In M. Grundmann & R. Beer (Hrsg.), *Subjekttheorien interdisziplinär. Diskussionsbeiträge aus Sozialwissenschaften, Philosophie und Neurowissenschaften* (Individuum und Gesellschaft, Bd. 1, S. 155–184). Münster: LIT-Verl.
Tarim, K. & Akdeniz, F. (2008). The effects of cooperative learning on Turkish elementary students' mathematics achievement and attitude towards mathematics using TAI and STAD methods. *Educational Studies in Mathematics, 67,* 77–91. Verfügbar unter: https://doi.org/10.1007/s10649-007-9088-y
Tent, L., Witt, M., Zschoche-Lieberum, C. & Buerger, W. (1991). Über die pädagogische Wirksamkeit der Schule für Lernbehinderte. *Zeitschrift für Heilpädagogik, 42*(5), 289–320.
Terhart, E. (1978). *Interpretative Unterrichtsforschung. Kritische Rekonstruktion und Analyse konkurrierender Forschungsprogramme der Unterrichtswissenschaft.* Stuttgart: Klett-Cotta.
Textor, A. (2007). *Analyse des Unterrichts mit „schwierigen" Kindern. Hintergründe, Untersuchungsergebnisse, Empfehlungen.* Bad Heilbronn: Klinkhardt.
Textor, A. (2018). *Einführung in die Inklusionspädagogik.* Bad Heilbronn: Klinkhardt.
Threfall, J. (2002). Flexible mental calculation. *Educational Studies in Mathematics, 50,* 29–47.
Tiedemann, K. (2012). *Mathematik in der Familie. Zur familialen Unterstützung früher mathematischer Lernprozesse in Vorlese- und Spielsituationen.* Dissertation. Münster: Waxmann.
Tiedemann, K. (2015). Unterrichtsfachsprache. Zur interaktionalen Normierung von Sprache im Mathematikunterricht der Grundschule. *mathematica didactica, 38,* 37–62.
Trautmann, M. & Wischer, B. (2011). *Heterogenität in der Schule. Eine kritische Einführung.* Wiesbaden: VS Verlag für Sozialwissenschaften. https://doi.org/10.1007/978-3-531-928 93-7
UN-BRK. (2008). Gesetz zu dem Übereinkommen der Vereinten Nationen vom 13. Dezember 2006 über die Rechte von Menschen mit Behinderungen sowie zu dem Fakultativprotokoll vom 13. Dezember 2006 zum Übereinkommen der Vereinten Nationen über die Rechte von Menschen mit Behinderungen. *Bundesgesetzblatt, Teil II, Nr. 35,* 1419–1457.

Van den Akker, J., Gravemeijer, K., McKenney, S. & Nieveen, N. (2006). *Educational design research*. London: Routledge.
Veber, M., Bertels, D. & Käpnick, F. (2016). Die Wegweiser: Didaktisch-methodische Grundorientierung. In F. Käpnick (Hrsg.), *Verschieden verschiedene Kinder. Inklusives Fördern im Mathematikunterricht der Grundschule* (S. 117–138). Seelze: Klett/ Kallmeyer.
Verschaffel, L., Corte, E. de, van Vaerenbergh, G., Bogaerts, H. & Ratinchx, E. (1999). Learning to solve mathematical solving problems: a design expermient with fifth graders. *Mathematical thinking and learning, 1*(3), 195–229.
Verschaffel, L., Greer, B. & Corte, E. de. (2000). Making Sense of Word Problems. *Educational Studies in Mathematics, 42*(2), 211–213. https://doi.org/10.1023/A:1004190927303
Voigt, J. (1984). *Interaktionsmuster und Routinen im Mathematikunterricht. Theoretische Grundlagen und mikroethnische Falluntersuchungen*. Weinheim: Beltz.
Voigt, J. (1986). Sozial-interaktive Bedingungen der Entwicklung mathematischer Fähigkeiten im gegenwärtigen Mathematikunterricht. In H.-G. Steiner (Hrsg.), *Grundfragen der Entwicklung mathematischer Fähigkeiten* (S. 281–292). Köln: Aulis.
Voigt, J. (2013). Eine Alternative zum Modellierungskreislauf. In G. Greefrath, F. Käpnick & M. Stein (eds.), *Beiträge zum Mathematikunterricht 2013. Vorträge auf der 47. Tagung für Didaktik der Mathematik vom 04.03.2013 bis 08.03.2013 in Münster* (S. 1046–1049). Münster: WTM.
Vygotskij, L. S. (1978). *Mind in society. The development of higher psychological processes*. Cambridge, MA: Harvard University Press.
Walter-Klose, C. (2013). Kinder und Jugendliche mit Körperbehinderung im gemeinsamen Unterricht. *Zeitschrift für Grundschulforschung, 6*(1), 59–71.
Walther, G., Selter, C. & Neubrand, J. (2008). Die Bildungsstandards Mathematik. In G. Walther, D. Granzer & O. Köller (Hrsg.), *Bildungsstandards für die Grundschule: Mathematik konkret* (S. 16–41). Berlin: Cornelsen.
Wälti, B., Schütte, M. & Friesen, R.-A. (2020a). *Mathematik kooperativ spielen, üben, begreifen. Band 1. Lernumgebungen für heterogene Gruppen (Schwerpunkt 3. bis 5. Schuljahr)*. Hannover: Klett/Kallmeyer.
Wälti, B., Schütte, M. & Friesen, R.-A. (2020b). *Mathematik kooperativ spielen, üben, begreifen. Band 2: Lernumgebungen für heterogene Lerngruppen (Schwerpunkt 5. bis 7. Schuljahr)*. Hannover: Klett/Kallmeyer.
Webb, N. M. (1982). Peer interaction and learning in cooperative small groups. *journal of Educational Psychology, 74*, 642–655.
Weidner, J. (Hrsg.). (2006). *Konfrontative Pädagogik. Konfliktbearbeitung in sozialer Arbeit und Erziehung*. Wiesbaden: VS Verlag für Sozialwissenschaften.
Wellenreuther, M. (2018). *Lehren und Lernen – aber wie? Ein Studienbuch für das Lehramtsstudium*. Baltmannsweiler: Schneider.
Wember, F. B. (2013). Herausforderung Inklusion: Ein präventiv orientiertes Modell schulischen Lernens und vier zentrale Bedingungen inklusiver Unterrichtsforschung. *Zeitschrift für Heilpädagogik*, (10), 380–388.
Werner, B. (2019). *Mathematik inklusive. Grundriss einer inklusiven Fachdidaktik*. Stuttgart: Kohlhammer.

Werning, R. (2017). Aktuelle Trends inklusiver Schulentwicklung in Deutschland. Grundlagen, Rahmenbedingungen und Entwicklungsperspektiven. In B. Lütje-Klose, S. Miller, S. Schwab & B. Streese (Hrsg.), *Inklusion: Profile für die Schul- und Unterrichtsentwicklung in Deutschland, Österreich und der Schweiz. Theoretische Grundlagen, empirische Befunde, Praxisbeispiele* (S. 17–30). Münster: Waxmann.
Werning, R. (2018). Förderschwerpunkt Lernen. In B. Lütje-Klose, T. Riecke-Baulecke & R. Werning (Hrsg.), *Basiswissen Lehrerbildung: Inklusion in Schule und Unterricht. Grundlagen in der Sonderpädagogik* (S. 204–218). Seelze: Klett/Kallmeyer.
Werning, R. & Avci-Werning, M. (2016). *Herausforderung Inklusion in Schule und Unterricht. Grundlagen, Erfahrungen, Handlungsperspektiven.* Seelze: Klett/Kallmeyer.
Werning, R. & Löser, J. (2012). Inklusion. In R. Werning, R. Balgo, W. Palmowski & M. Sassenroth (Hrsg.), *Sonderpädagogik. Lernen, Verhalten, Sprache, Bewegung und Wahrnehmung* (S. 295–316). München: Oldenbourg.
Werning, R. & Lütje-Klose, B. (2016). *Einführung in die Pädagogik bei Lernbeeinträchtigungen.* München: Ernst Reinhardt Verlag.
Wildt, M. (2007). „Lebendige" Lernumgebungen schaffen. Kooperatives Arbeiten im Mathematikunterricht. *lernchancen, 56,* 34–36.
Winter, H. (1975). Allgemeine Lernziele im Mathematikunterricht? *Zentralblatt für Didaktik der Mathematik, 3,* 106–116.
Winter, H. (1989, 1991, 2016). *Entdeckendes Lernen im Mathematikunterricht.* Wiesbaden: Springer.
Winter, H. (1992, 2003). *Sachrechnen in der Grundschule. Problematik des Sachrechnens ; Funktionen des Sachrechnens ; Unterrichtsprojekte.* Frankfurt am Main: Cornelsen.
Winter, H. (1994). Modelle als Konstrukte zwischen lebensweltlichen Situationen und arithmetischen Begriffen. *Grundschule, 3,* 10–13.
Winter, H. (2003). Gute Aufgaben für das Sachrechnen. In M. Baum & H. Wielpütz (Hrsg.), *Mathematik in der Grundschule. Ein Arbeitsbuch* (S. 177–183). Seelze: Klett/Kallmeyer.
Wittich, C. (2017). *Mathematische Förderung durch kooperativ-strukturiertes Lernen.* Wiesbaden: Springer.
Wittmann, E. C. (1992, 1994). Wider die Flut der „bunten Hunde" und der „grauen Päckchen": Die Konzeption des aktiv-entdeckenden Lernens und des produktiven Übens. In E. C. Wittmann & G. N. Müller (Hrsg.), *Handbuch produktiver Rechenübungen (Band 1 und Band 2)* (S. 157–170). Stuttgart: Klett.
Wittmann, E. C. (1995a). Aktiv-entdeckendes und soziales Lernen im Arithmetikunterricht. In G. N. Müller & E. C. Wittmann (Hrsg.), *Mit Kindern rechnen* (S. 10–41). Frankfurt am Main: Grundschulverband.
Wittmann, E. C. (1995b). Mathematics Education as a 'design science'. *Educational Studies in Mathematics, 29*(4), 355–374.
Wittmann, E. C. (1996). Offener Mathematikunterricht in der Grundschule – vom Fach aus. *Grundschulunterricht, 43*(6), 3–7.
Wittmann, E. C. & Müller, G. N. (1987). *Mathe 2000. Mathe verstehen,* Universität Dortmund. Verfügbar unter: https://www.mathe2000.de/Projektbeschreibung
Wittmann, E. C. & Müller, G. N. (Hrsg.). (1992, 1994). *Handbuch produktiver Rechenübungen (Band 1 und Band 2).* Stuttgart: Klett.

Wocken, H. (1998). Gemeinsame Lernsituationen. Eine Skizze zur Theorie des gemeinsamen Unterrichts. In A. Hildeschmidt & I. Schnell (Hrsg.), *Integrationspädagogik. Auf dem Weg zu einer Schule für alle* (S. 37–52). Weinheim: Juventa.

Wocken, H. (2005). *Andere Länder, andere Schüler? Vergleichende Untersuchung von Förderschülern in den Bundesländern Brandenburg, Hamburg und Niedersachsen. Forschungsbericht.* Verfügbar unter: http://bidok.uibk.ac.at/library/wocken-forschungsbericht.html (Zugriff am 17.2.2022)

Wocken, H. (2007). Fördert Förderschule? Eine empirische Rundreise durch Schulen für „optimale Förderung". In I. Demmer-Dieckmann & A. Textor (Hrsg.), *Integrationsforschung und Bildungspolitik im Dialog* (S. 35–60). Bad Heilbrunn: Klinkhardt.

Wocken, H. (2010). Integration & Inklusion. Ein Versuch die Integration vor der Abwertung und die Inklusion vor Träumereien zu bewahren. In A.-D. Stein, S. Krach & I. Niediek (Hrsg.), *Integration und Inklusion auf dem Weg ins Gemeinwesen. Möglichkeitsräume und Perspektiven* (S. 204–234). Bad Heilbrunn: Klinkhardt.

Wocken, H. (2014a). Frei herumlaufende Irrtümer. Eine Warnung vor pseunklusiven Betörungen. *Gemeinsam leben, 1*(22), 52–62.

Wocken, H. (2014b). *Das Haus der inklusiven Schule. Baustellen – Baupläne – Bausteine.* Hamburg: Feldhaus Edition Hamburger Buchwerkstatt.

Wocken, H. (2016). Inklusion didaktisch: Entwurf einer inklusiven Unterrichtstheorie. In M. Dederich, I. Beck, U. Bleidick & G. Antor (Hrsg.), *Handlexikon der Behindertenpädagogik. Schlüsselbegriffe aus Theorie und Praxis* (S. 139–151). Stuttgart: Kohlhammer.

Wollring, B. (2004). *Kooperative Aufgabenformate und Lernumgebungen im Mathematikunterricht der Grundschule. Lernumgebungen für selbstständiges und kooperatives Lernen ; Workshop der Studienwerkstätten für Lehrerausbildung an der Universität Kassel am 03.Juli 2003.* Kassel: Kassel-Univ.-Presse.

Woolfolk, A. (2008). *Pädagogische Psychologie.* München: Pearson Studium.

Yackel, E., Cobb, P. & Wood, T. (1993). The Relationship of Individual Children´s Mathematical Conceptual Development to Small-Group-Interactions. *Journal for Research in Mathematics Education, 6,* 45–54.

Youniss, J. (1982). Die Entwicklung und Funktion von Freundschaftsbeziehungen. In W. Edelstein & M. Keller (Hrsg.), *Perspektivität und Interpretation. Beiträge zur Entwicklung des sozialen Verstehens* (S. 78–109). Frankfurt am Main: Suhrkamp.

SPRINGER NATURE

GPSR Compliance

The European Union's (EU) General Product Safety Regulation (GPSR) is a set of rules that requires consumer products to be safe and our obligations to ensure this.

If you have any concerns about our products, you can contact us on ProductSafety@springernature.com

In case Publisher is established outside the EU, the EU authorized representative is:

Springer Nature Customer Service Center GmbH
Europaplatz 3
69115 Heidelberg, Germany

The manufacturer's authorised representative in the EU is Springer Nature Customer Service Centre GmbH, Europaplatz 3, 69115 Heidelberg, Germany. If you have any concerns regarding our products, please contact ProductSafety@springernature.com

Printed and bound by CPI Group (UK) Ltd, Croydon, CR0 4YY
25/03/2026
02078187-0002